机械设计制造及其自动化专业教材 | 省品牌专业建设精品教材

U1017651

机械制造技术基础

主　编　任乃飞　任旭东

副主编　樊曙天　郭　娟

　　　　岳陆游

参　编　范　真　王树林

　　　　郭二廊　张新洲

　　　　王　园

主　审　蔡　兰

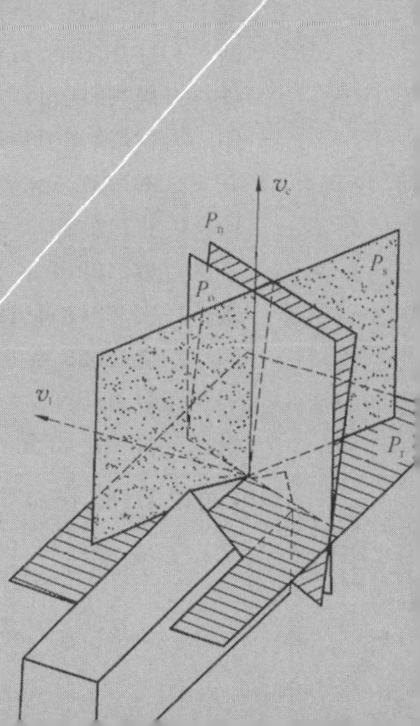

江苏大学出版社

JIANGSU UNIVERSITY PRESS

镇　江

内容简介

本书是根据教育部高等学校机械设计制造及其自动化专业教学指导委员会建议的指导性教学计划和课程大纲，将机械制造专业原来金属切削原理及刀具、金属切削机床概论、机械制造工艺学与机床夹具设计等制造类课程内容整合编写而成。全书共分为7章，内容包括绪论、机械加工基础知识、切削过程及控制、典型表面加工、机械加工质量及其控制、工艺规程设计、机械制造技术的发展等。

本书可作为高等工科院校机械类(机械设计制造及其自动化、机械工程、车辆工程、机械电子工程、材料成型及控制工程等)专业的教材，也可作为职业技术院校、成人高校等相关专业的教材或参考书，也可供机械制造工程技术人员和企业管理人员参考使用。

图书在版编目(CIP)数据

机械制造技术基础 / 任乃飞，任旭东主编. — 镇江：江苏大学出版社，2018.12(2023.1重印)
ISBN 978-7-5684-0746-5

Ⅰ. ①机… Ⅱ. ①任… ②任… Ⅲ. ①机械制造工艺—高等学校—教材 Ⅳ. ①TH16

中国版本图书馆 CIP 数据核字(2018)第018938号

机械制造技术基础
Jixie Zhizao Jishu Jichu

主　　编/任乃飞　任旭东
责任编辑/吴蒙蒙
出版发行/江苏大学出版社
地　　址/江苏省镇江市京口区学府路301号(邮编：212013)
电　　话/0511-84446464(传真)
网　　址/http://press.ujs.edu.cn
排　　版/镇江市江东印刷有限责任公司
印　　刷/镇江恒华彩印包装有限责任公司
开　　本/787 mm×1 092 mm　1/16
印　　张/19.25
字　　数/499千字
版　　次/2018年12月第1版
印　　次/2023年1月第4次印刷
书　　号/ISBN 978-7-5684-0746-5
定　　价/52.00元

如有印装质量问题请与本社营销部联系(电话：0511-84440882)

前　言

机械制造技术基础是机械设计制造及其自动化专业教学指导委员会推荐设置的一门综合性主干技术基础课程，是将机械制造专业原来金属切削原理及刀具、金属切削机床概论、机械制造工艺学与机床夹具设计等制造类课程整合而成，其目的是为学生在机械制造技术方面奠定最基本的知识和最基本的技能，培养学生理论联系实际解决机械制造技术问题的初步能力，为机械类专业培养适应社会需要的工程师服务，并为后续专业课的学习、毕业设计及毕业后从事机械设计与制造打下基础。它与前期的机械原理及设计、工程材料及其成形基础、公差与检测技术等课程，以及后续的专业综合实验、生产实习、课程设计、机械制造装备设计等专业必修课和选修课一起构成了机械制造领域的知识、能力培养课程体系。

本书是为适应机械类专业本科人才的培养目标及机械制造技术基础课程教学大纲的要求，结合编者多年的教学实践及教学研究成果编写而成的。全书以机械制造技术的基础知识、基本理论和基本方法为主线，以培养学生分析和解决问题的能力为目标，在介绍传统机械制造技术与工艺装备的同时，注重现代机械制造技术与制造模式的应用与发展，较系统地构建了机械制造技术的基础体系。该书内容包括金属切削基本原理，金属切削机床、刀具、夹具等基本知识，典型表面的加工方法，机械加工精度及表面质量的分析与控制方法，机械加工和装配工艺规程的设计，先进生产模式及机械制造技术的发展趋势等。本书按 64～80 学时教学计划编写，各校在使用时可根据具体情况酌情增减有关内容。

本书由任乃飞、任旭东担任主编，樊曙天、郭娟、岳陆游担任副主编。具体编写分工如下：绪论由任乃飞编写，第 1 章由樊曙天、王树林编写，第 2 章由任乃飞、郭二廓编写，第 3 章由郭娟编写，第 4 章由任旭东、王园编写，第 5 章由范真、张新洲编写，第 6 章由岳陆游编写。全书由任乃飞统稿，江苏大学蔡兰教授主审。

本书在编写过程中还得到了许多专家、同仁的大力支持和帮助，在此表示衷心的感谢！在编写中，由于编者参阅了众多的教材、专著、学术论文及网络资料，可能存在部分参考资料没有列入参考文献的现象，在此一并向其作者表示衷心的感谢！

由于编者水平和经验所限，书中难免有疏漏和不妥之处，敬请同行和读者批评指正。

编　者

2018 年 6 月

目 录

第 2 章 切削过程及控制 / 53

第0章　绪　论

0.1　机械制造业在国民经济中的地位和作用

1. 机械

人类成为“现代人”的标志是制造工具。机械始于工具，工具是简单的机械。人类最初制造的各种石刀、石斧、石锤、木质和皮质的简单粗糙的工具是后来出现的机械的先驱。现代各种复杂精密的机械都是从古代简单的工具逐步发展起来的。从制造简单工具演进到制造由多个零件、部件组成的现代机械，经历了漫长的过程。人类社会发展的历史证明，社会生产创造着人类的社会物质文明，推动了人类社会的发展。据统计，发达国家60%～70%的财富来源于制造业生产的产品。而制造业的主要支柱是机械。

机械可以完成人类用双手和双目及双足、双耳直接完成和不能直接完成的工作，而且完成得更快、更好。在当今社会，任何现代生产和工程领域都需要应用机械，例如农业、林业、矿山等需要农业机械、林业机械、矿山机械；冶金和化学工业需要冶金机械、化工机械；纺织和食品加工工业需要纺织机械、食品加工机械；房屋建筑和道路、桥梁、水利等工程需要工程机械；电力工业需要动力机械；交通运输业需要各种车辆、船舶、飞机等；各种商品的计量、包装、储存、装卸需要各种相应的工作机械。人们的日常生活中，也越来越多地应用各种机械，如汽车、自行车、缝纫机、钟表、照相机、洗衣机、冰箱、空调机、吸尘器等。现在人类已创造出越来越精巧和越来越复杂的机械，使过去的许多幻想成为现实。人类现在已能上游天空和宇宙，下潜大洋深层，远窥百亿光年，近察细胞和分子。

所谓机械，是指机器和机构的泛称，是将已有的机械能或非机械能转换成便于利用的机械能，以及将机械能变换为某种非机械能或用机械能做一定工作的装备或器具。前一类机械包括风力机、水轮机、汽轮机、内燃机、电动机、气动马达、液压马达等，统称为动力机械。第二类机械包括发电机、热泵、液压泵、压缩机等，这些机械统称为能量变换机械。第三类机械是利用人、畜或动力机械所提供的机械能以改变工作对象（原料、工件或工作介质）的物理状态、性质、结构、形状、位置等的机械，例如制冷装置、造纸机械、粉碎机械、物料搬运机械等，这类机械统称为工作机械。

各种机械的共同特征：①都是人类制造的实体组合；②其组成件之间有确定的相对运动和力的传递；③进行机械能的转换或机械能的利用。还有一些装置或器械，其组成件间没有相对运动，也没有机械能的转换和利用，如蒸汽发生器、凝汽器、换热器，反应塔、精馏塔、压力容器等，但由于它们是通过机械加工而制成的产品，也被认为属于机械范畴。

机械是现代社会进行生产和服务的五大要素（即人、资金、能量、材料和机械）之一，并且能量和材料的生产还必须有机械的参与。

2. 制造与制造技术

所谓制造，简单地讲就是将构想、设计的产品做出来。当第一个猿人以一块锋锐的石头砍砸、刮削一根木棒，使之变得尖锐而光滑，以应打猎之需，或者当猿人学会了连缀树叶或兽皮，以供御寒或遮羞之需的时候，人类就开始了原始的制造活动，一个波澜壮阔、延及子孙万代的壮举从此就拉开了帷幕。在制造活动中，人类向大自然索取，为自身所用。通过制造活动，人类改造了自然，创造了光辉灿烂的物质文明和精神文明，同时，也创造了人类自身。

对于制造的概念目前有两种理解：

(1) 传统的狭义制造

按照通常意义的理解，人们一般将“制造”理解为产品的加工过程、工艺过程。例如著名的 Longman 词典对“制造”的解释为“通过机器进行(产品)制作或生产，特别是适用于大批量”。它往往只包括生产车间内与物流有关的加工和装配过程，所以制造也常常被理解为从原材料或半成品经加工和装配后形成最终产品的具体操作过程，包括毛坯制作、零件加工、检验、装配、包装、运输等。这是一个“小制造”的概念，是对“制造”的狭义理解，按照这种理解方式，制造过程主要考虑企业内部生产过程中物料形态的转变过程，即物质流，而较少涉及生产过程中的信息流。

(2) 广义制造

制造是人类借助于手工或工具，运用主观掌握的知识和技能，采用有效的方法，按所需目的将制造资源(物料、能源、设备工具、资金、技术、信息和人力等)转化为可供人们使用或利用的工业品或生活消费品，并投放市场的全过程。因此，制造不是指单纯的加工和装配过程，而要包括市场调研和预测、产品设计、选材和工艺设计、生产准备、生产加工、质量保证、生产过程管理、市场营销、售前售后服务及报废后的回收处理等产品寿命周期内一系列相互联系的活动。这是一个“大制造”的概念，是对“制造”的广义理解，在当今的信息时代，制造的广义概念已为越来越多的人所接受。

所谓机械制造，是指各种机械、仪器、仪表制造过程的总称。也就是说，要获得一个合格的零件和产品，必然要经过一系列从原材料到成品的制造过程，这种制造过程称为机械制造。

所谓制造技术，是使原材料变成产品的技术的总称，是指完成制造活动所需的一切手段的总和。这些手段包括运用一定的知识、技能，操纵可以利用的物质、工具，采取各种有效的策略、方法等。制造技术是制造企业的技术支柱，是制造企业持续发展的根本动力。它是国民经济得以发展，也是制造业本身赖以生存的关键基础技术，高质量的制造业必然要有先进的制造技术作为后盾。世界上所有国家，特别是经济比较发达的国家都非常重视制造技术的发展。美国一直是制造业的大国，但是在 20 世纪 50 年代，由于只重视高技术和军用技术的发展，忽视了制造技术的发展，从而严重影响其在国际经济竞争中的竞争力，在汽车、家电等产业上受到了日本有力的挑战，丧失了许多市场，导致了 20 世纪 90 年代初的经济衰退。这一严重局面无疑引起了美国决策层的重视，重新审视和反省自己的产业政策，认为在重要的高速增长的技术市场上失利的一个重要原因就是美国没有把自己的技术应用到制造上。随后制订了一系列振兴制造业的计划，使先进制造技术在美国迅速发展，从而促进了美国经济的全面复苏。

与大、小制造概念相对应，对于制造技术的理解也有广义和狭义之分。广义地理解制造技术，它涉及生产活动的各个方面和生产的全过程，制造技术被认为是一个从产品概念到最终产品的集成活动。狭义理解制造技术则重点放在加工和装配工艺上，即从原材料或半成品经加工和装配后形成最终产品的过程，以及在此过程中所施行的一切手段的总和。狭义地理解制造技术，主要是从专业和技术的角度出发，研究如何使物料形态按照预期的方向发生变化，以及如何使这种变化更加有效。本书内容讨论中，则以"小制造"概念为基础，这是由本课程的内容和性质所决定的。

制造（加工）技术的分类方法很多，例如：

① 重量增加的加工、重量减少的加工和重量不变的加工。这是以工件经过加工后，其重量的变化进行划分的。

② 去除加工、变形加工和覆盖加工。这是根据工件经加工后其形态特征的变化进行划分的。

③ 结构制造、表面加工、性能改变和装配（连接）。这是根据工件（制品）加工的内容进行划分的。

④ 切削加工和少无切屑加工。这是根据加工工件有无切屑产生或产生多少进行划分的。其中后者常包括非传统加工和模压技术等。

⑤ 冷加工和热加工。这是根据加工的温度参数特征进行划分的。

⑥ 切削加工和现代加工技术。这是根据加工方法的总体特征和发展阶段进行划分的。其中后者主要指一些更高效的非传统加工方法和采用先进模具加工工件的方法等。

如果从工件材料被加工的能量形式来看，制造技术可综合成如下三个方面：

① 常规制造及钳工，即以切削加工为主。这里面的制造手段涉及切削机床（如锯床、刨床、拉床、铣床、车床、钻床、镗床、磨床、数控切削机床、加工中心等）、钳工装备及夹具、刀具、量具、辅具等。这种制造技术是世界上最古老的制造方法之一。

② 特种制造（或叫非传统制造）及焊接、热处理，即主要通过物理、化学等能量进行制造。这里面的制造手段涉及特种加工机床（如电火花加工机床、电解加工机床、激光加工机床等）。

③ 模压制造，或称成形及成型加工，即主要通过模具使材料发生变形（有时是断裂）来制造制品。这里面涉及的制造手段有模具、压力设备等。其中模具是产品更新换代并取得效益的关键。目前模具技术已经成为十分重要的一种制造技术，是制造领域最活跃的方向之一，有着巨大的市场潜力和发展空间。

所谓机械制造技术，是指机械制造过程中所涉及的各种技术的总称，是完成机械制造活动所施行的一切手段的总和。它是国民经济得以发展的基础，也是机械制造业本身赖以生存的关键技术。

3. 制造业在国民经济中的地位和作用

所谓制造业，是指所有与制造有关的行业的总称，是将各种原材料加工制造成可使用产品的工业。国民经济行业通常可以划分为第一产业、第二产业和第三产业，制造业属于第二产业的范畴，并通常将第二产业中除了建筑业和能源工业以外的其他行业均视为制造业。所以今天，制造工业已经发展成为一个规模庞大、包罗万象的行业，凡制造各种生活用品或生产设备以满足市场需要的行业，均属于制造业。它一方面创造价值、生产物质财富和新的知识，另一方面还担负着为国民经济各部门以及科技、国防等提供各种技术装备的重任。

制造业在众多国家尤其是发达国家的国民经济中占有十分重要的位置，是国民经济的支柱产业和物质基础，是国家综合竞争力的重要标志和社会进步的象征，是国家安全的基本保证。其整体能力和发展水平标志着一个国家或地区的经济实力、国防实力、科技水平和生活水准。也决定着一个国家，特别是发展中国家实现现代化和民族复兴的进程。没有强大的制造业，一个国家将无法实现经济快速、健康、稳定的发展，人民的生活水平难以提高。目前，美国 68%的财富来源于制造业，日本国民生产总值的 49%是由制造业提供的。中国的制造业在国民生产总值中也占有 40%的比例。另外，中国的制造业还创造了一半的财政收入，吸引了一半的城市就业人口和农村剩余劳动力，创造了接近 3/4 的外汇收入。可以说，没有发达的制造业就不可能有国家真正的繁荣和富强。

机械制造业是制造业的核心，是为国民经济各部门提供各种技术装备的工业部门，带动性强，涉及面广。国民经济各部门的生产水平和经济效益在很大程度上取决于机械制造业所提供装备的技术性能、质量和可靠性，国民经济的发展速度在很大程度上取决于机械制造工业技术水平的高低和发展速度，机械制造业还是传统产业借以实现产业升级的基础和根本手段。

18 世纪中叶开启工业文明以来，世界强国的兴衰史和中华民族的奋斗史一再证明，没有强大的机械制造业，就没有国家和民族的强盛。纵观世界各国，任何一个经济强大的国家，无不具有强大的机械制造业，许多国家的经济腾飞，机械制造业功不可没。打造具有国际竞争力的机械制造业，是我国提升综合国力、保障国家安全、建设世界强国的必由之路。国家要发展、要强盛，需要强大的国民生产力，而这一切的基础就是机械制造业的发展。简而言之，国家离不开机械制造工业。

机械制造业是国民经济的基础产业，它的发展直接影响国民经济各部门的发展，也影响国计民生和国防力量的加强。例如，生活中的生活用品，穿的衣服，吃的食品，住的房子，进出车辆，都需要机械的制作。再到国家强大和安全稳定，如强大的经济和军事实力，公路铁路和高铁，导弹火箭，航天卫星。因此，各国都把机械制造业的发展放在首要位置。随着机械产品国际市场竞争的日益加剧，各大公司都把高新技术注入机械产品的开发中，作为竞争取胜的重要手段。机械制造业是国民经济发展的支柱产业，国民经济中的任何行业的发展，必须依靠机械制造业的支持并提供装备。

当今制造科学、信息科学、材料科学、生物科学等四大支柱科学相互依存，但后三种科学必须依靠制造科学才能形成产业和创造社会物质财富。而制造科学的发展也必须依靠信息、材料和生物科学的发展，机械制造业是任何其他高新技术实现工业价值的最佳集合点。没有机械制造业，就不可能有这一切。

从 20 世纪 50 年代以来，在美国大学中设置工业工程专业，培养机械制造系统人才，着眼于世界市场竞争，企图霸占国际制造业市场。20 世纪 70 年代美国转向吸取德、日经验，使中、小批量生产通过成组技术实现生产系统柔性化和自动化，使得美国迅速成为强国。而在机械制造业的国际竞争中，德国和日本是胜利者。机械制造业是德国传统优势产业之一，产品出口额及国际市场份额均居全球首位，在其国民经济中的地位举足轻重。德国公司在全球化浪潮里巧妙地利用优势发展自己。德国在工业化完成之前一直属于落后的农业国家，手工作坊所生产的产品向来被认为是次等劣质货。“德国制造”曾经是一个耻辱的标志。不过，这个原本带有侮辱色彩的字样，若干年后则成为质量和信誉的代名词，德国机械制造、化工、环保技术等行业在世界享有盛誉。对于日本，二战以后，由于技术革新的成功，使得日本的相机、手表和时钟这些精密仪器行业，瞬间成为站在世界舞台前列的成功者。以相机为例，朝鲜战争中相机由于占领军需求的增加而增加，日本国内的需求也开始扩大。低价相机的上市，迎来了相机的鼎盛时期，确立了相机作为一种面向大众的耐用消费品的地位。当相机从一种奢侈品演变成为一种大众消费品时，厂商开始从依靠技工的小批量生产向使用机械和自动化的大规模批量生产方向转变，因此也加强了该产业在国际上的竞争能力。

新中国成立后，尤其是改革开放以来，我国的制造业和制造技术得到了长足进步和发展，为国民经济各部门提供重大装备的能力不断提高，一个具有相当规模和水平的制造体系已经形成，使得中国成为世界瞩目的制造业大国。我国制造业总体的生产规模排在美国、日本、德国之后，位居世界第四位，中国制造的许多产品遍布世界各地，中国品牌开始走向世界。许多经济学家预测，中国将成为继英国、美国和日本之后的又一个“世界工厂”。但是，应该看到我国的制造业和制造技术与西方工业发达国家、制造业强国相比还存在着很大的差距，而且差距缩小速度缓慢。与世界先进水平相比，我国制造业大而不强，在自主创新能力、资源利用效率、产业结构水平、信息化程度、质量效益等方面差距明显，转型升级和跨越发展的任务紧迫而艰巨。当今高新技术的迅猛发展，正悄然改变着人类的生活方式，推动着世界迈入了知识经济时代，而知识经济的本质与核心就是创新。如何用高新技术改造传统的制造业、特别是机械制造业，不断进行概念创新、技术创新、产品创新和管理创新，以适应更快、更好、更便宜、更能满足特殊要求的市场需求，是摆在我国制造业，特别是机械制造业面前的一个十分艰巨的任务。为此，必须紧紧抓住薄弱环节，紧扣战略重点，以先进的装备制造和机电一体化产品为突破口，加速机械制造业的发展，使我国成为真正意义上的制造强国。

当前，新一轮科技革命和产业变革与我国加快转变经济发展方式形成历史性交汇，国际产业分工格局正在重塑。必须紧紧抓住这一重大历史机遇，实施制造强国战略，加强统筹规划和前瞻部署，力争通过三个十年的努力，到新中国成立一百年时，把我国建设成为引领世界制造业发展的制造强国，为实现中华民族伟大复兴的中国梦打下坚实基础。

0.2 本课程的内容和学习要求

本课程是机械类专业的一门核心主干技术基础课程，课程设置的目的是为学生在机械制造技术方面奠定最基本的知识和最基本的技能。它融合了机械制造过程的机械加工工艺基础、金属切削原理及刀具、金属切削机床及夹具设计、机械制造工艺学等知识，从培养学生综合素质和工程应用能力出发，以机械制造工艺过程为主线，将基本概念、基础知识、基本理论、基本方法与工程应用有机地结合在一起，重点介绍了金属切削基本原理，金属切削机床、刀具、夹具等基本知识，典型表面的加工方法，机械加工精度及表面质量的分析与控制方法，机械加工和装配工艺规程的设计，先进生产模式及机械制造技术的发展趋势等。

通过本课程的学习，要求学生能对机械制造过程有一个总体的了解与把握，具体应达到如下几个要求：

① 初步掌握金属切削过程的基本规律和机械加工的基本知识，能按具体工艺要求选择合理的加工条件；

② 了解金属切削机床的基本组成，能正确选择机械加工方法与机床、刀具、夹具及切削加工参数，初步具备制定机械加工工艺规程、设计机床夹具的能力；

③ 掌握机械加工精度和表面质量的基本理论和基础知识，初步具备分析解决现场工艺问题的能力；

④ 了解当今先进制造技术和制造模式的发展概况，初步具备对制造单元、制造系统及生产模式选择决策的能力。

0.3 本课程的特点和学习方法

机械制造技术既是一门科学，有其系统性和内在规律；又是一门技术，凝聚了大量实践经验的结晶。所以本课程具有涉及面广、知识点散、综合性强、实践性强、灵活性大等特点，它既是一门技术基础课，为其他专业课的学习打下良好基础；又是一门专业课，其知识在机械制造专业领域内可直接应用于生产，指导实践。

(1) 综合性

机械制造技术是一门综合性很强的技术，要用到多种学科的理论和方法，包括物理学、化学的基本原理，数学、力学的基本方法，以及机械学、材料科学、电子学、控制论、管理科学等多方面的知识。而现代机械制造技术则更是有赖于计算机技术、信息技术和其他高技术的发展，反过来机械制造技术的发展又极大地促进了这些高技术的发展。

(2) 实践性

机械制造技术本身是机械制造生产实践的总结，因此具有极强的实践性。机械制造技术是一门工程技术，它所采用的基本方法是“综合”。机械制造技术要求对生产实践活动不断地进行综合，并将实际经验条理化和系统化，使其逐步上升为理论；同时又要及时地将其应用于生产实践之中，用生产实践检验其正确性和可行性；并用经检验过的理论和方法对生产实践活动进行指导和约束。

(3) 灵活性

生产活动是极其丰富的，同时又是各异的和多变的。机械制造技术总结的是机械制造生产活动的一般规律和原理，将其应用于生产实际要充分考虑企业的具体情况，如生产规模的大小，技术力量的强弱，设备、资金、人员的状况等。对于不同的生产条件，所采用的生产方法和生产模式可能完全不同。而在基本相同的生产条件下，针对不同的市场需求和产品结构及生产进行的实际情况，也可以采用不同的工艺方法和工艺路线。这充分体现了机械制造技术的灵活性。

针对上述特点，在学习本课程时，要特别注意综合应用以往所学过的知识，注意应用多学科的理论和方法来分析和解决机械制造过程中的实际问题；同时要特别注意紧密联系生产实际，充分理解机械制造技术的基本概念，牢固掌握机械制造技术的基本理论和基本方法，以及这些理论和方法的灵活运用。只有具备较多的实践知识，才能在学习时理解得深入透彻。因此，在学习本课程时，除了参考大量的书籍之外，必须更加重视实践性教学环节,即通过课程实验、生产实习、课程设计、多媒体教学、现场教学及工厂调研等来更好地体会和加深理解所学内容,注意实践知识的学习和不断积累,加强感性实践与理论知识的紧密结合,培养分析和解决实际问题的能力,这是学习本课程的最好方法。

习题和思考题

0-1 什么是制造与机械制造?什么是制造技术与机械制造技术?什么是制造业与机械制造业?它们在国民经济中有何重要作用?

0-2 何谓狭义制造与广义制造?

0-3 简述制造(加工)技术的分类方法。

0-4 简述机械制造技术基础课程的内容和学习要求。

0-5 简述机械制造技术基础课程的特点和学习方法。

第 1 章　机械加工基础知识

1.1　机械加工工艺过程

1.1.1　生产过程和工艺过程

制造业是通过制造过程将制造资源（物料、能源、设备工具、资金、技术、信息、人力等）转化为可供利用的工业品或生活消费品的行业。机械制造业的产品是通过制造获得的各种具有机械功能的物体——机器、部件、零件。

通常，机械制造企业的决策者根据市场分析或订单，决定生产制造某种产品，然后组织研究设计部门进行产品的开发和设计，工艺部门进行工艺设计，供应部门准备需要的原材料、设备和装备，生产部门做生产组织准备，毛坯车间进行毛坯制造。这些准备工作完成后，再进行零件加工和处理、机器装配和调试、性能测试和质量检验，以及许多其他与之相关的环节。产品最终制造完成后，还需要销售和售后服务，并由市场获得反馈信息，调整计划，依据市场经营需求进行生产，这一过程就是机械制造过程。机械制造过程及其与市场和用户的关系如图 1-1 所示。

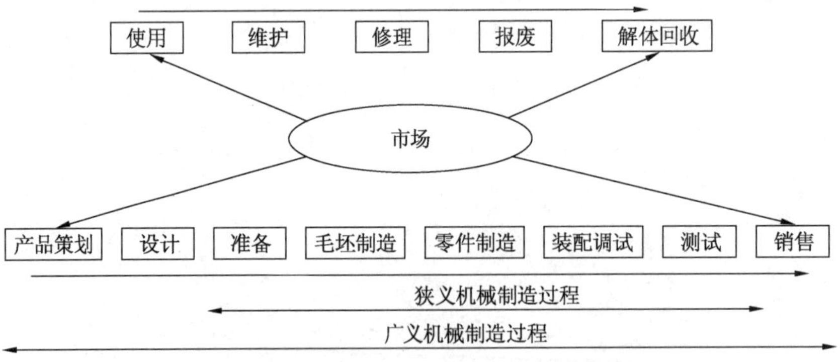

图 1-1　机械制造过程及其与市场和用户的关系

从狭义的机械制造概念理解，生产过程是指利用各种原理、技术、设备和工具对原材料、半成品进行加工或处理，使之最终成为机械产品的过程，即狭义的机械制造过程是由原材料转化为最终产品的一系列相互关联的劳动过程的总和。它包括生产组织准备、原材料准备、毛坯制造、零件制造、机器装配、生产过程中的物料运输、质量检验，以及许多其他与之相关的内容。

在生产过程中，那些与原材料向产品转变直接相关的过程称为工艺过程。它包括毛坯制造、零件加工、热处理、质量检验和机器装配等。而为保证工艺过程正常进行所需要的刀具、夹具制造及机床调整维修等则属于辅助过程。

通常，机械加工是获得机器零件的最主要手段。在工艺过程中，以机械加工方法按一定顺序逐步地改变毛坯形状、尺寸、表面层性质，直至加工出合格零件的过程称为机械加工工艺过程。生产过程、工艺过程、辅助过程和机械加工工艺过程的关系如图 1-2 所示。

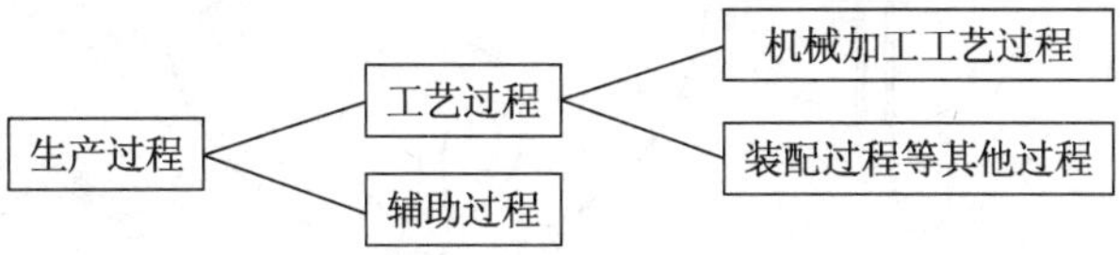

图 1-2　生产过程、工艺过程、辅助过程和机械加工工艺过程的关系

1.1.2　机械加工工艺过程的组成

为便于工艺过程的设计、执行和生产组织管理，需要把工艺过程划分为不同层次的单元。它们分别是工序、安装、工步和走刀。零件的机械加工工艺过程由若干走刀。

在一个工序中可能包含一个或几个安装，每一安装中又可能包含一个或几个工步，每一工步中包含一或几个走刀。

(1) 工序

一个(或一组)工人在一个工作地点(指安置机床、钳工台等的地点)，对一个(或同时加工的几个)工件所连续完成的那部分机械加工工艺过程称为工序。它包括在这个工件上连续进行的直到转向加工下一个工件为止的全部动作，是工艺过程划分、生产组织、调度和工作计划安排的基本单元。如果在车床上加工一批轴，先对整批轴进行粗加工，然后依次对它们进行精加工。这时，由于加工连续性中断，虽然加工是在同一工作地点进行的，但包括两个工序。

在零件加工工艺过程中通常还包括检验、打标记等一些虽然不改变零件形状、尺寸和表面性质，但却对工艺过程的完成有直接影响的工序。一般称这些工序为辅助工序。

(2) 安装

在完成机械加工的工序中，使工件在机床上或夹具中占据某一正确位置并被夹紧的过程，称为装夹。有时，工件在机床上需经过多次装夹才能完成一个工序的工作内容。工件在一次装夹后所完成的那部分工序称为安装。例如，在车床上加工轴，先从一端加工出部分表面，然后掉头加工另一端，这时的工序内容就包括两次安装。

(3) 工位

有时，为了减少因多次装夹而带来的装夹误差和时间损失，可以用可转位(或移动)的工作台或夹具，使工件能在一次装夹后相对机床获得多个加工位置。一次装夹工件后，工件与夹具或设备的可动部分一起相对刀具或设备的固定部分所占据的每一个位置称为工位。习惯上，也将每一加工位置上完成的工序内容称为工位。

图 1-3 是在一台三工位回转工作台机床上加工轴承盖螺钉孔的示意图。操作者在上下料工位Ⅰ处装上工件，当该工件依次通过钻孔工位Ⅱ、扩孔工位Ⅲ后，即可在一次装夹后把 4 个阶梯孔加工完毕。这样，既减少了装夹次数，各工位的加工与装卸工件又是同时进行

的，生产率可以大幅提高。

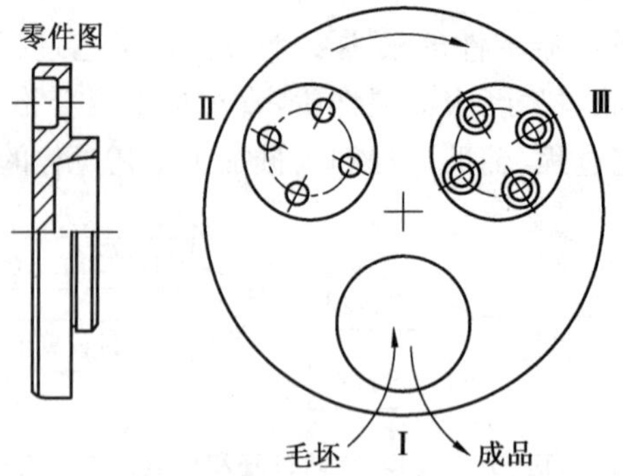

图 1-3　轴承盖螺钉孔的三工位加工

（4）工步

在加工表面和加工工具不变的情况下，所连续完成的那部分工序称为工步。在一个安装中可以完成一个或几个工步。

为提高生产效率而使用一组同时工作的刀具对零件的几个表面同时进行加工时，也把它看作一个工步，并称为复合工步。图 1-4 是一个复合工步的例子。

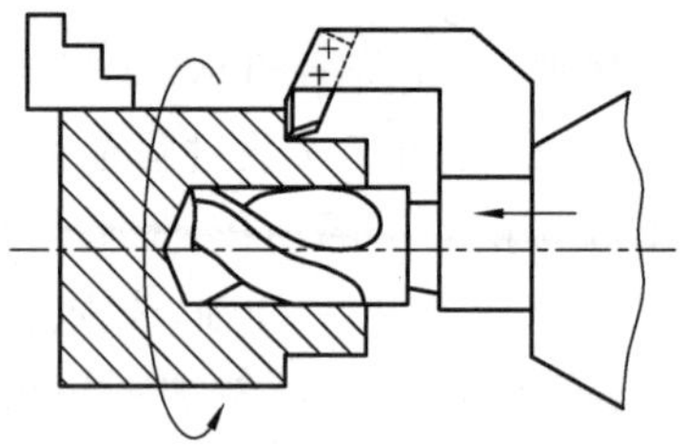

图 1-4　使用组合刀具的复合工步

（5）走刀

刀具以加工进给速度相对工件所完成一次进给运动的工步部分称为走刀。当工件上有较厚的材料层需要切除时，就需要多次走刀来完成一个工步。

表 1-1 左方是单件生产带键槽阶梯轴的机械加工工艺过程，其车端面打中心孔、车另一端面打中心孔、顶车大圆柱面、顶车小圆柱面工作是在一台车床上连续完成的，属一个工序。它包括四次安装，每次安装有一个工位。在第一、二次安装中各包括车端面和钻中心孔两个工步。第三次安装包括车外圆和倒角两个工步。车外圆工步中的加工余量是分两次工作行程切除的。第四次安装包括车外圆、切槽和倒角三个工步。车削后将工件转移到铣床上铣键槽。因机床和操作者已经更换，铣键槽工作是一个单独的工序。

表 1-1　阶梯轴加工工艺过程分析

零件图

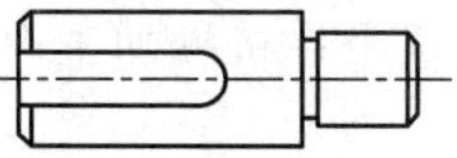

单件生产工艺过程	工序	安装	工位	工步	工作行程
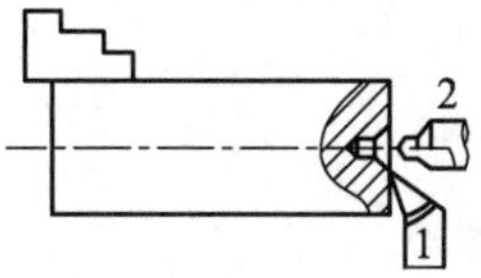	Ⅰ车各部成形	Ⅰ	Ⅰ	1	1
				2	1
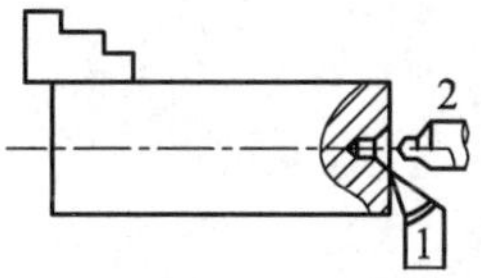		Ⅱ	Ⅰ	1	1
				2	1
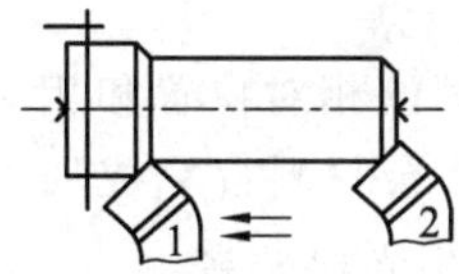		Ⅲ	Ⅰ	1	2
				2	1
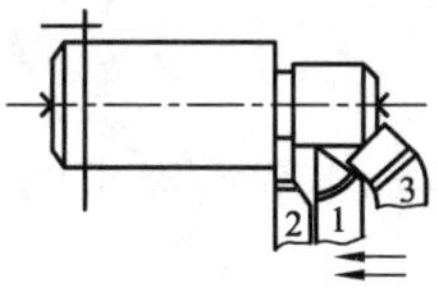		Ⅳ	Ⅰ	1	2
				2	1
				3	1
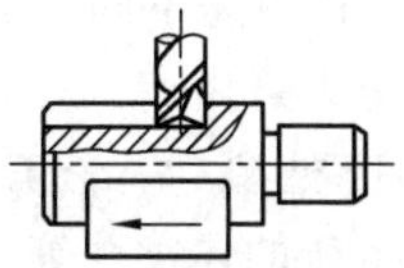	Ⅱ铣键槽	Ⅰ	1	1	1

成批生产工艺过程	工序	安装	工位	工步	工作行程
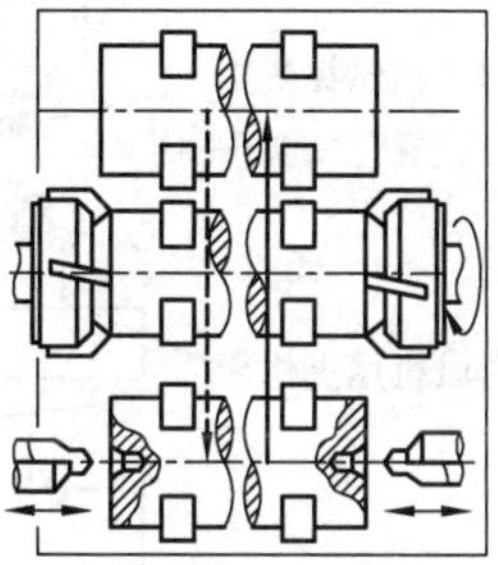 三工位铣端面钻中心孔机床	Ⅰ铣端面打中心孔	Ⅰ	1. 装卸	1	1
			2. 铣端面	1	1
			3. 钻中心孔	1	1
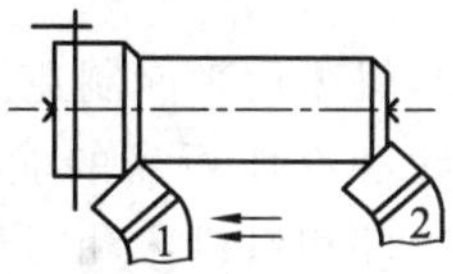	Ⅱ车	Ⅰ	1	1	2
				2	1
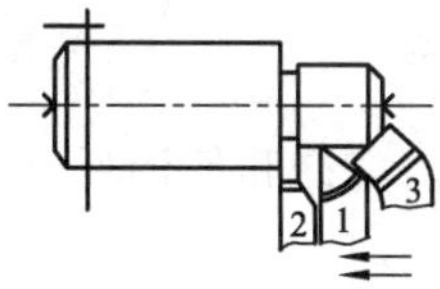	Ⅲ车	Ⅰ	1	1	2
				2	1
				3	1
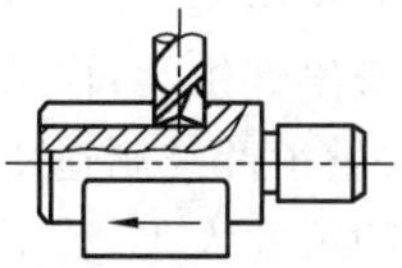	Ⅳ铣键槽	Ⅰ	1	1	1

批量生产该零件时(见表 1-1 右方),先在铣端面钻中心孔机床上同时铣两端面并钻出中心孔。毛坯在机床的装料位置上被夹紧后,由工作台带动向前运动。经过铣端面工位时由端面铣刀铣出两端面。当运动至钻中心孔工位时,中心钻头伸出,在工件两端面上钻出中心孔。最后,工件随工作台返回装料位置被卸下。该工序包括一个安装并有三个工位。第二道工序为车外圆,整批工件依次车削大端圆柱面。转入第三道工序再依次车削小端圆柱面。最后是铣键槽工序。在每一工序中,工步及工作行程的划分与前述单件生产的情形相似。

1.1.3　机械加工工艺系统

在零件加工过程中,被加工的是工件,直接完成加工过程的是刀具,决定被加工工件尺寸和精度的是刀具与工件之间的相对位置。如图 1-5 所示,刀具固定于机床之上,工件通过夹具也固定于机床之上，刀具—机床—夹具—工件构成一个闭环，切削加工尺寸关系通过它们也构成一个闭环，即刀具和工件之间的相对运动和位置决定于这一闭环。它们形成了一个统一体来共同影响加工过程。这个在机械加工中由机床、刀具、夹具和工件所组成的统一体称为机械加工工艺系统。

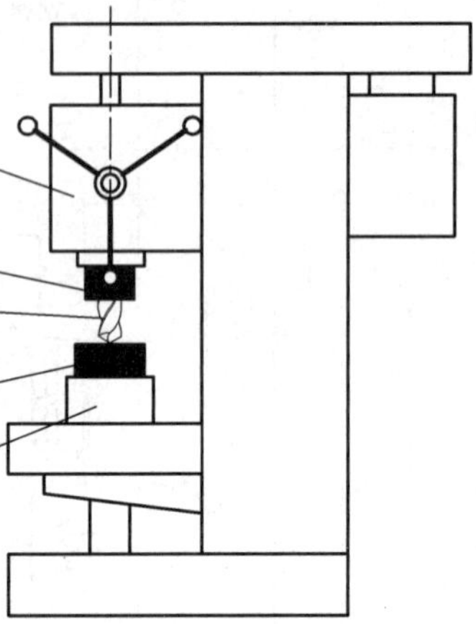

图 1-5　立式钻床上钻孔

在机械加工工艺系统中，机床用来向制造过程提供刀具和工件之间的相对位置和相对运动，以及为改变工件的形状和性质所需的能量；刀具从工件上切除多余材料以完成加工工作；夹具用以正确地确定工件相对机床和刀具位置，并在加工时将它牢固地夹紧。

1.1.4　生产纲领和生产类型

工艺过程的要求是优质、高产和低消耗，由于产品的种类和数量不同，其符合要求的工艺路线也大不相同。

社会对各种机械产品的需要量取决于它的类型和用途。产品的类型和用途不同，生产类型也不同。某些产品只需要单件生产，而另外一些产品则需要成批甚至大量生产。

单件生产、成批生产和大量生产是制造工厂(或车间)的三种不同生产类型。一个工厂划分生产类型的依据有产品的尺寸大小、特征、生产纲领、批量及其投入生产的连续性等。

生产纲领是指工厂的生产任务，其内容包括产品对象(结构型号和类别)全年、季度或每月的产量。产品中某零件的生产纲领，除了工厂规定的年生产计划外，还必须包括它的备品率及平均废品率，即

$$N=Mn(1+\alpha+\beta)$$

式中：N——零件的生产纲领；

M——产品的生产纲领；

n——每一产品中包含该零件的数量；

α——备品率；

β——平均废品率。

生产纲领对工厂的生产组织和生产过程起决定性的作用，包括决定各工作地点的专业化程度、所用工艺方法、设备和工艺装备(工艺装备是指工具、刀具、量具、辅助工具等)，因此也就影响产品的生产的品质、效率和成本。同一种产品由于生产量不同(也就是生产纲

领不同)，就可以有完全不同的生产过程，因此研究产品的制造工艺就必须了解各种生产类型的工艺特点。由于产品结构与工艺有密切关系，所以对产品设计者来说，也必须根据所设计产品的生产类型的工艺特点，合理地决定其结构形状和技术要求。表 1-2 所示是根据同一产品的不同产量而划分的生产类型。

表 1-2　划分生产类型的参考数据

生产类型		同类零件的年产量/件		
		重型零件 (零件重＞2 000 kg)	中型零件 (零件重 100～2 000 kg)	轻型零件 (零件重＜100 kg)
单件生产		≤5	≤10	≤100
成批生产	小批	＞5～100	＞10～200	＞100～500
	中批	＞100～300	＞200～500	＞500～5 000
	大批	＞300～1 000	＞500～5 000	＞5 000～50 000
大量生产		＞1 000	＞5 000	＞50 000

各种生产类型的工艺特点如下：

(1) 单件生产

单件生产是指制造的产品数量不多，生产过程中各工作地点的工作完全不重复或不定期重复。单件生产适用于需要量不大的产品或是生产劳动量很大，生产周期很长，投资额巨大的产品的生产。重型机械、轧钢机、大型船舶的生产，各种精密机械的试制过程，一般都属于单件生产。

单件生产中所用设备除了有特殊技术要求的工作外，绝大多数采用通用设备和通用的工艺装备，机床在车间内按类型排列，一般利用划线和试切方法加工零件。零件的加工质量和生产率主要依靠操作技术好的工人来保证。生产过程中所用的工艺规程比较简单，一般只有反映工序顺序的工艺路线卡片。单件生产的工艺特点是能适应产品品种多变和产量小的情况。

(2) 成批生产

成批生产指产品成批地投入制造，通过一定的时间间隔生产呈周期性地重复。成批生产的标志是在每一工作地点周期性地完成若干个工序。一般通用机床、光学仪器、液压传动装置、火炮、车辆等的生产均属于成批生产。每批制造的相同产品的数量称为批量。根据批量的大小，又可将成批生产分为大批、中批和小批生产三种类型。小批生产与单件生产的工艺特点比较接近，大批生产与大量生产的工艺特点比较接近，因此它们常常被相提并论。

在成批生产中，一方面采用通用设备和通用工艺装备，另一方面也采用专用的设备和大量的专用工艺装备。车间中设备的布置应考虑零件加工顺序，制订的工艺规程比单件生产时所用的详细。在零件的生产过程中较多地采用尺寸自动达到法加工，因而对工人的操作技术水平的要求可以较低。某些零件的制造过程可以组织流水生产。

(3) 大量生产

大量生产指一种产品长期地在同一工作地点进行的生产，其主要标志是每一工作地点长期固定地重复同一工序。大量生产的产品一般是具有广泛用途而类型比较固定的产品，如汽车、拖拉机、轴承、缝纫机、自行车、弹药、轻武器等。

大量生产的主要特征是广泛采用专用的设备和工艺装备，它们在车间的布置都按工艺先后顺序排列，并采用流水生产的组织形式，生产过程的机械化、自动化程度最高；主要采用尺寸自动达到法加工；工艺规程的制订工作非常细致。

在成批和大量生产的条件下都可采用流水生产组织，其生产过程是：工件经某一工序加工完毕后随即(或稍经停留)交给下一工序进行加工。流水生产的主要特征是：① 每一工序在固定工作地点进行；② 按工序的先后顺序排列工作地点；③ 生产有节奏(或称节拍)，即要求各工序的工作时间同期化(工序时间都与生产所规定的节奏相等或成其整数倍)。

生产节奏的计算式为

$$\tau=\frac{F}{N}K$$

式中：F—— 机床一年的名义工作时间，min；

N——零件的年生产纲领；

K——机床的利用率；

τ——生产节奏，即生产每个零件所需的时间，min/件。

具备这三个特征的生产是属于先进的连续流水生产，一般的流水生产最后一个特征并不明显。

由上述分析看出，生产类型的不同影响工艺过程的内容，同时在一定程度上也影响产品的结构设计和技术条件的制定。

由于大批、大量生产中广泛采用高效的专用机床和自动机，并按流水生产线加工，因而可降低产品成本。但是，上述适用于大批、大量生产的传统的“单机”和“线”，都具有很大的“刚性”(指专用性)，即很难改变原有的生产对象以适应新产品生产的需要。

一方面，随着科学技术的飞速发展，功能更完善、效率更高的新产品不断涌现；另一方面，随着人们生活水平的不断提高，对民用产品各式品种的要求越来越高，这均导致了产品能取得较高利润的“有效寿命”越来越短。这就要求机械制造业能寻找到既能高效生产又能快速转产的“柔性”制造方法，寻找到把多品种、小批量生产组织成大批量生产的成组技术。由于电子计算机(特别是微型电子计算机)的迅猛发展，并在机械加工领域中获得越来越广泛的应用(例如，从“单机”的数控机床到生产单元，以至到“线’的柔性制造系统的应用)，为机械产品的多品种、小批量的生产自动化开拓了广阔的前景。

1.2　切削加工表面的形成

1.2.1　零件表面的类型

机器零件的结构形状尽管千差万别，但其轮廓都是由一些单一的几何表面(例如：平面、内外旋转表面及自由曲面等)按一定位置关系构成的。各种表面的组合构成了不同的零件形状，所以零件的切削加工归根到底是表面成形问题。

零件表面可以看作一条线(称为母线)沿另一条线(称为导线)运动的轨迹。母线和导线统称为形成表面的发生线。常见的零件表面按其形状可分为旋转表面、纵向表面和特形表面3类。

(1) 旋转表面

图1-6a所示圆柱表面由平行于轴线的母线 A 沿着圆导线 B 转动形成。图1-6b所示圆锥表面由不平行于轴线,但与轴线相交的直母线 A 沿圆导线 B 转动形成。图1-6c所示球面由圆母线 A 沿圆导线 B 转动形成。

(2) 纵向表面

图1-6d所示平面由直母线 A 沿直导线 B 移动形成。图1-6e所示曲面由直母线 A 沿曲线导线 B 移动形成,也可看成由母线 A 沿直导线 B 移动形成(见图1-6f)。

(3) 特形表面

图1-6g所示螺旋面由直母线 A 沿螺旋导线 B 运动(一边做旋转运动 v',一边做轴向移动 v'')形成。

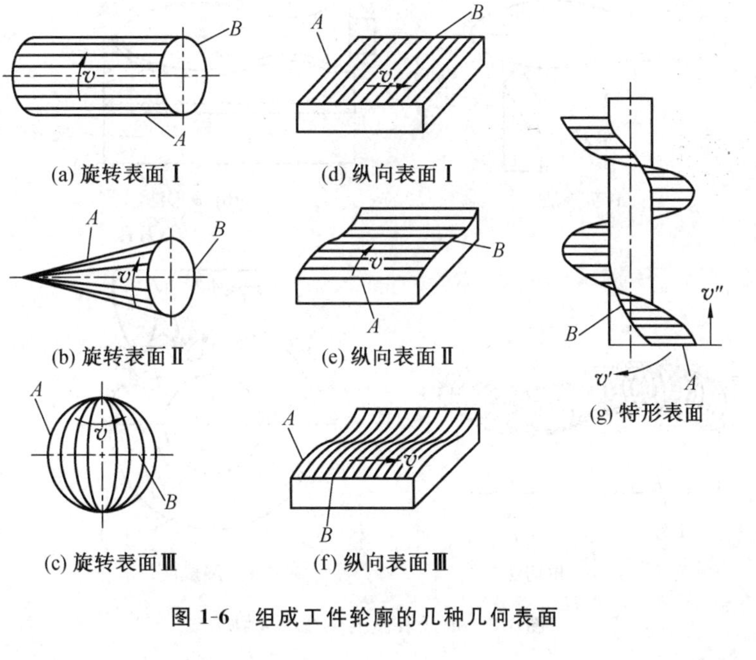

图1-6　组成工件轮廓的几种几何表面

1.2.2　零件表面切削加工成形方法

切削加工是用切削刀具从工件上切除多余的材料,形成零件表面。要研究零件表面的形成方法,应首先研究表面发生线的形成方法。在机床上,发生线是由刀具的切削刃与工件间的相对运动得到的。由于使用的刀具切削刃形状和采取的加工方法不同,形成发生线的方法也就不同,归纳起来有以下4种。

(1) 轨迹法(见图1-7a)

刀具切削点1按一定的规律做轨迹运动3,形成所需的发生线2。采用轨迹法来形成发生线时刀具需要有一个独立的成形运动。

(2) 成形法(见图1-7b)

刀具刀刃就是切削线1,它的形状及尺寸与需要成形的发生线2一致。用成形法来形成发生线时刀具不需要专门的成形运动。

(3) 相切法(见图 1-7c)

刀具刀刃为旋转切削刀具(铣刀、砂轮)上的切削点 1。加工时,刀具中心按一定规律做轨迹运动 3,切削点运动轨迹与工件相切就形成了发生线 2。用相切法形成发生线刀具需要有两个独立的成形运动,即刀具的旋转和刀具中心按一定规律运动。

(4) 展成法(见图 1-7d)

刀具刀刃为切削线 1,它与需要成形的发生线 2 不相同。在形成发生线的过程中,切削线 1 与发生线 2 做纯滚动运动(展成运动),切削线 1 与发生线 2 逐点相切,发生线 2 是切削线 1 的包络线。用展成法形成发生线时,刀具和工件需要有一个独立的复合成形运动 3(展成运动)。

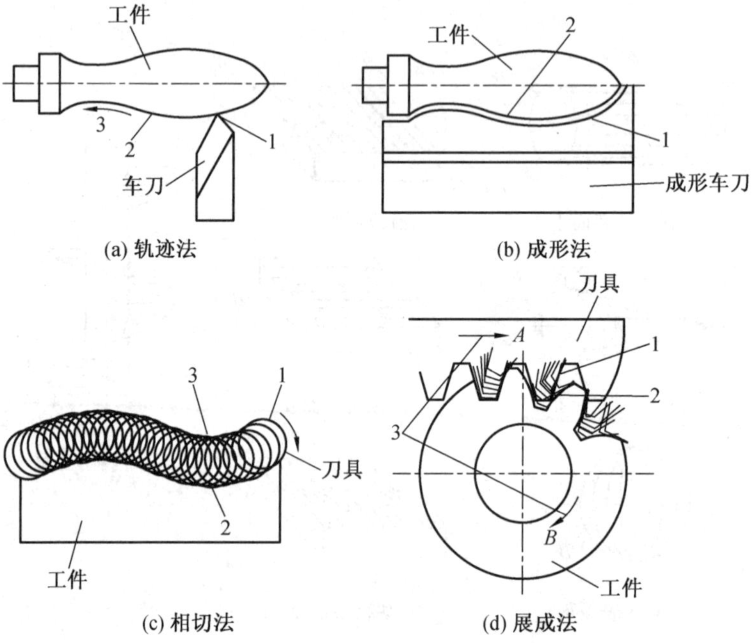

(a) 轨迹法　(b) 成形法　(c) 相切法　(d) 展成法

图 1-7　形成表面发生线的 4 种方法

1.2.3　零件加工所需的表面成形运动

在切削加工中,为了获得所需的工件表面形状,必须使刀具和工件按上述 4 种方法之一完成各自的运动。切削加工中,机床为刀具和工件提供用来形成零件表面所需的相对运动,称为表面成形运动,这是机床上最基本的运动。成形运动分为主运动和进给运动,如图 1-8 所示。

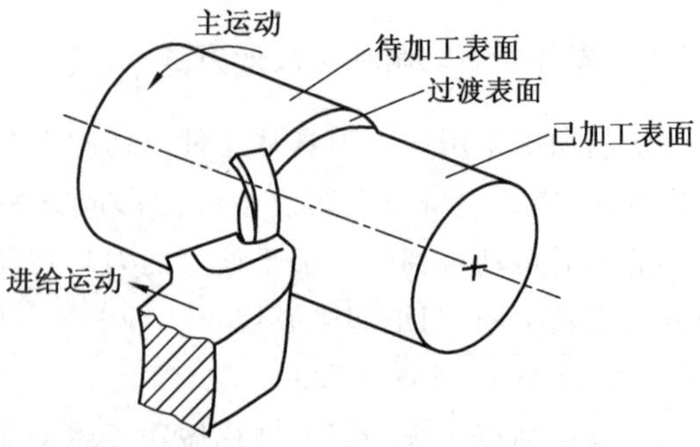

图 1-8　外圆车削的切削运动和加工表面

① 主运动

主运动是机床上形成切削速度并消耗大部分切削动力的运动,是必不可少的成形运动。主运动可由工件或刀具来实现，例如车床主轴带动工件的转动，钻床主轴带动钻头的转动，龙门刨床工作台带动工件的直线运动等。主运动可以是旋转运动或直线运动。

② 进给运动

进给运动是配合主运动维持切削加工连续不断进行的运动。根据刀具相对于工件被加工表面运动方向的不同，进给运动可分为纵向进给、横向进给、圆周进给、径向进给和切向进给运动等。

除了上述表面成形运动之外，为完成工件加工，机床还必须具备与形成发生线不直接有关的一些辅助运动，以实现加工中的各种辅助动作。辅助运动主要有切入运动、分度运动、操纵和控制运动等。

随着切削运动的进行，零件所要求的表面逐渐形成，在这一过程中，工件上有 3 个不断变化着的表面：

① 待加工表面——加工时即将被去除金属层的表面。

② 已加工表面——已被切除多余金属新形成的符合要求的工件表面。

③ 过渡表面（或称切削表面）——位于待加工表面和已加工表面之间的，正在由刀具的切削刃在工件上形成的表面。

常见切削加工方法的切削运动如图 1-9 所示。

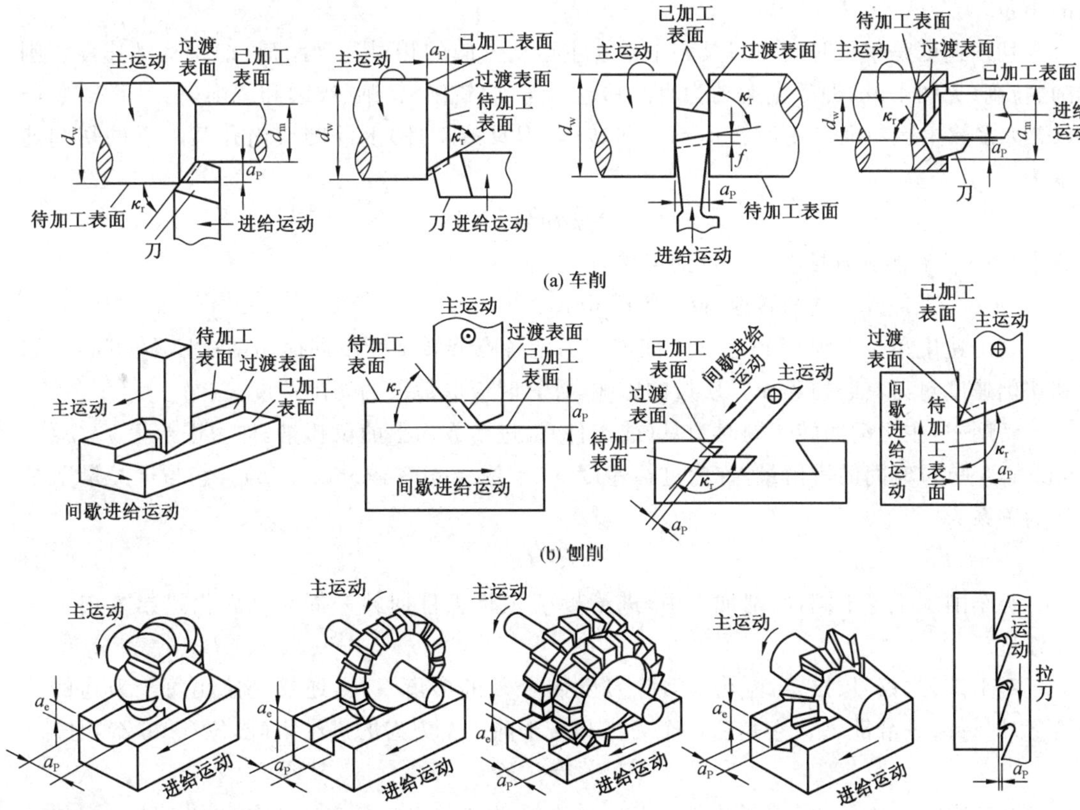

(a) 车削

(b) 刨削

(c) 铣削

(d) 拉削

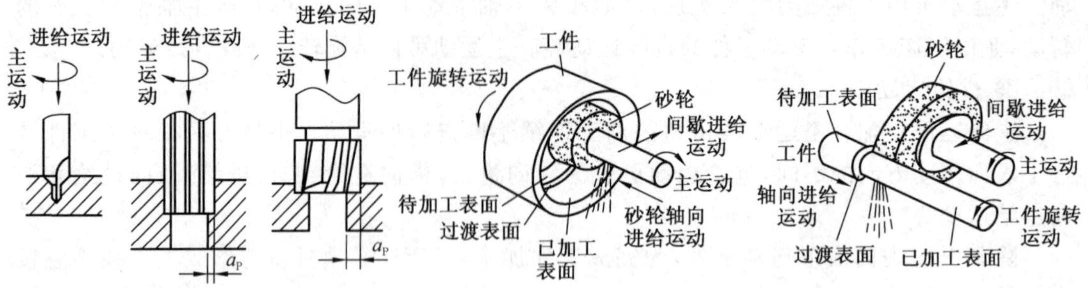

(e) 钻、铰削　　(f) 磨削

图 1-9　几种常见切削运动示意图

1.2.4　切削用量及切削层参数

(1) 切削用量

在切削加工中，切削速度 v_c、进给量 f 和背吃刀量(切削深度)a_p，称为切削用量。切削用量的大小反映单位时间内金属切除量的多少，也直接影响切削力、功率、温度、刀具使用寿命等。所以，在切削加工时，要根据工件材料、刀具材料和其他技术经济要求来选择适宜的用量。

切削速度是单位时间内刀具和工件在主运动方向的相对运动距离，即主运动速度。刨削、拉削(见图 1-9b，d)等主运动为直线移动。车削、铣削、钻削、铰削和磨削(见图 1-9a，c，e，f)等大多数主运动则采用回转运动。回转体(刀具或工件)上外圆或内孔某一点的切削速度为

$$v_c = \pi dn/1\,000 \tag{1-1}$$

式中：d——工件或刀具上某一点的回转直径，mm；

n——工件或刀具的转速，r/s 或 r/min。

切削速度单位习惯用 m/min。如因刀刃上各点旋转半径不同而切削速度不同时，考虑到切削速度对刀具磨损和加工质量的影响，计算时应取最大的切削速度。

切削中，主运动回转一周时刀具(或工件)沿进给方向上的位移量，称为进给量 f(单位：mm/r)。单位时间的进给量，称为进给速度 v_f(单位：mm/s 或 mm/min)。它与进给量 f 之间的关系为

$$v_f = fn \tag{1-2}$$

与车削加工等不同，磨削加工中，进给量 f 是指工件回转一周时砂轮沿进给方向上的位移量。

对于铣刀、铰刀、拉刀、齿轮滚刀等刀齿数为 Z 的多齿刀具，还要规定出每个刀齿的进给量，即每齿进给量 f_z。它是后一个刀齿相对于前一个刀齿的进给量(单位：mm/Z)，且

$$f_z = f/Z \tag{1-3}$$

对于图 1-9 所示的车削和刨削，背吃刀量 a_p 为工件上已加工表面和待加工表面间的垂直距离(单位：mm)。外圆车削时背吃刀量为

$$a_p = (d_w - d_m)/2 \tag{1-4}$$

对于钻削

$$a_p = d_m/2 \tag{1-5}$$

式(1-4)、(1-5)中：d_w——待加工表面直径，mm；

d_m——已加工表面直径，mm。

(2) 切削层参数

切削层是指切削过程中，由刀具在切削部分的一个单一动作(或指切削部分切过工件的一个单程，或指只产生一圈过渡表面的动作)所切除的工件材料层。外圆车削时的切削层，就是工件转一转，主切削刃移动一个进给量 f 所切除的一层金属层(见图 1-10b 中的 $ABCD$)。通常用通过切削刃上的选定点并垂直于该点切削速度 v_c 的平面内的切削层参数来表示它的形状和尺寸。

① 切削层公称厚度 h_D：垂直于过渡表面测量的切削层尺寸，即相邻两过渡表面之间的距离。它反映了切削刃单位长度上的切削负荷。车外圆时，若车刀主切削刃为直线，则切削层公称厚度 h_D(mm)为

$$h_D = f\sin\kappa_r \tag{1-6}$$

式中：κ_r——车刀主偏角。

② 切削层公称宽度 b_D：沿过渡表面测量的切削层尺寸。它反映了切削刃参加切削的工作长度。当车刀主切削刃为直线时，外圆车削的切削层公称宽度 b_D(mm)为

$$b_D = a_P/\sin\kappa_r \tag{1-7}$$

③ 切削层公称面积 A_D：切削层在切削层尺寸平面内的面积。由定义知，切削层公称面积 A_D(mm^2)为

$$A_D = h_D b_D \tag{1-8}$$

由于角度 κ_r 及刀尖圆弧的存在，在工件已加工表面上留有图 1-10c 所示的残留面积，实际切削层的面积 $A'_D < A_D$。

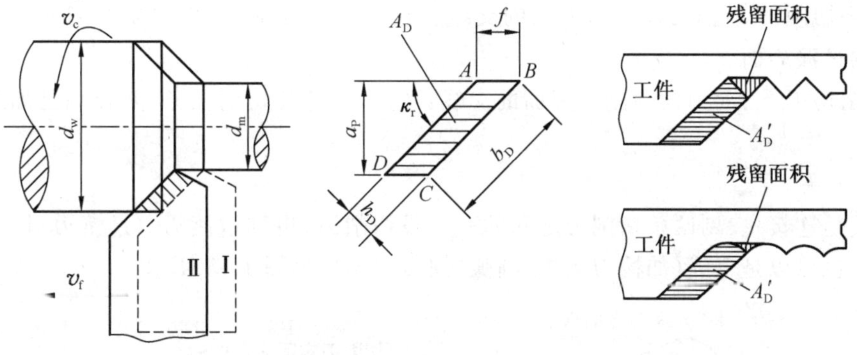

(a) 切削用量　(b) 切削层参数　(c) 残留面积

图 1-10 切削用量和切削层参数

1.3 金属切削刀具的基本知识

1.3.1 刀具组成

根据切削加工方式的不同，金属切削刀具有多种不同的形式，有车刀、铣刀、钻头、铰

刀、拉刀等。总体来说,刀具由刀体和刀头组成。刀体供刀具在机床上安装、夹持之用,刀头即刀具切削部分在加工中起切削工件的作用。刀头和刀体可以用刀具材料做成一个整体刀具,也可以分别用不同的材料制作后用焊接或机械夹固的方式联结成一个整体,此时,刀头部分用刀具材料制作,刀体部分可以用一般钢材制作。

刀具的切削部分担负主要的切削工作,直接从工件上切下切屑。刀具的种类虽然很多,但它们切削部分的几何形状与参数都可以以外圆车刀的切削部分为基本形状。因此,刀具切削部分几何形状的确定通常以车刀切削部分几何形状为基础来定义,其结构要素如图 1-11 所示。

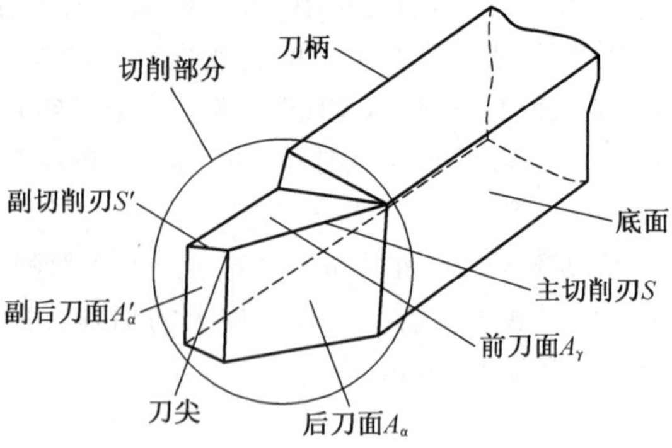

图 1-11　车刀切削部分结构要素

(1) 刀面

① 前刀面 A_γ:刀具上切屑流过的表面。如果前刀面是由几个相互倾斜的表面组成的,就可从切削刃开始,依次把它们称为第一前刀面、第二前刀面等。

② 后刀面 A_α:与工件上新形成的过渡表面相对的刀具表面。也可以分为第一后刀面、第二后刀面等。

③ 副后刀面 A_α':与副切削刃毗邻、与工件上已加工表面相对的刀面。同样也可分为第一副后刀面、第二副后刀面等。

(2) 切削刃(见图 1-12)

前刀面上直接进行切削的边锋,称为切削刃。切削刃有主切削刃和副切削刃之分。

① 主切削刃 S:前刀面与后刀面的交线。在切削过程中,承担主要的切削任务并形成工件上的过渡表面。

② 副切刃 S′:前刀面与副后刀面的交线。它参与部分切削任务,并影响已加工表面的粗糙度。

(3) 刀尖

刀尖是连接主、副两条切削刃之间的一小段切削刃,也称过渡刃。过渡刃可以没有(交点刀尖),也可以是直线(如棱刀尖)或圆弧(圆弧刀尖),如图 1-13 所示。

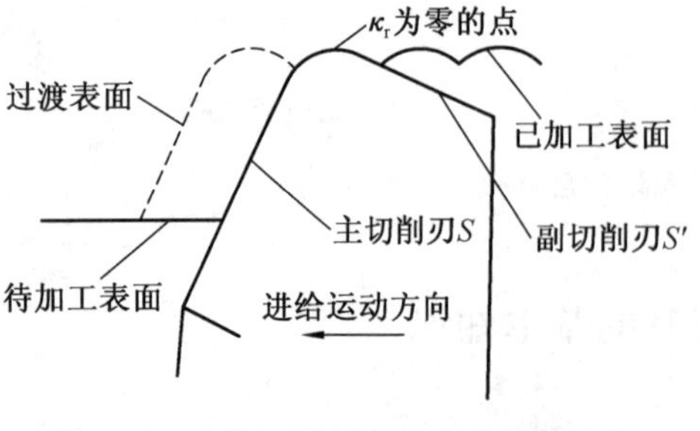

图 1-12　有关刀具切削部分术语的说明

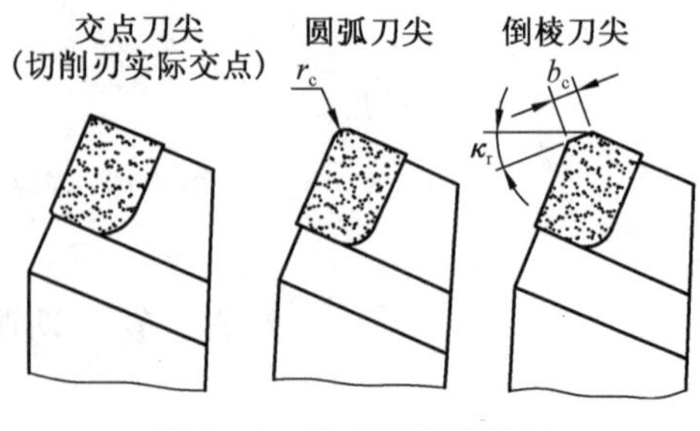

图 1-13　刀尖形状示意图

1.3.2　刀具角度

(1) 刀具角度的参考系

刀具表面在空间的相对位置，可以用一定的几何角度表示。用来确定刀具几何角度的参考系有两类：一类称为刀具标注角度参考系，即在刀具设计图标注、制造、测量和刃磨时使用的参考系；另一类称为刀具工作角度参考系，它是确定刀具在切削运动中有效工作角度的基准。前者由主运动方向确定，而后者则由合成切削运动方向确定。通常刀具工作角度近似地等于刀具标注角度，故在此重点介绍刀具标注角度参考系。

构成刀具标注角度参考系的主要参考平面有：基平面、切削平面、正交平面和切削刃法剖面（见图 1-14）。

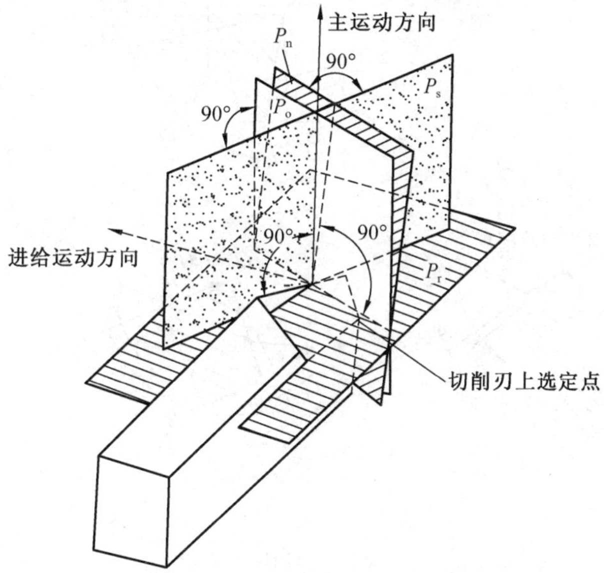

图 1-14　刀具角度的正交平面和法剖面参考系

① 基平面（简称基面）P_r：通过切削刃选定点且垂直于主运动方向的平面。通常它平行或垂直于刀具的制造、安装的定位平面或轴线。

② 切削平面 P_s：通过切削刃选定点、与主切削刃相切并垂直于基面的平面，也就是切削刃与切削速度方向构成的平面。

基面和切削平面是刀具标注角度参考系中两个基本的参考平面，再加上以下所述的任一剖面，便构成各种不同的刀具标注角度参考系。

③ 正交平面 P_o 和正交平面参考系：正交平面 P_o 是通过切削刃选定点，同时垂直于基面和切削平面的平面。它必然垂直于切削刃在基面上的投影。图 1-14 中 $P_r-P_s-P_o$ 组成正交平面参考系。这是目前生产中最常用的刀具标注角度参考系。

④ 切削刃法剖面 P_n 和法剖面参考系：法剖面 P_n 是通过切削刃选定点并垂直于切削刃的平面。在图 1-14 中，由 $P_r-P_s-P_n$ 组成一个法剖面参考系。正交平面参考系与法剖面参考系的基面和切削平面相同。

(2) 刀具的标注角度

刀具在设计、制造、刃磨和测量时，用标注角度参考系中的刀具标注角度来标明切削刃和刀面在空间的位置。所定义的角度均应为切削刃选定点处的角度；凡未指明者，则一般是指切削刃上与刀尖毗邻的那一点的角度。现以图 1-15 所示普通车刀的标注角度为例对诸标注角度加以说明。这些定义也可以用于其他类型的刀具。其主要视图是车刀在基面上的投影图 R 向(P_r)、车刀在切削平面上的投影图 S 向(P_s)、正交平面的剖视图 $O—O$ 剖视图(P_o)和法剖面的剖视图 $N—N$ 剖视图(P_n)。

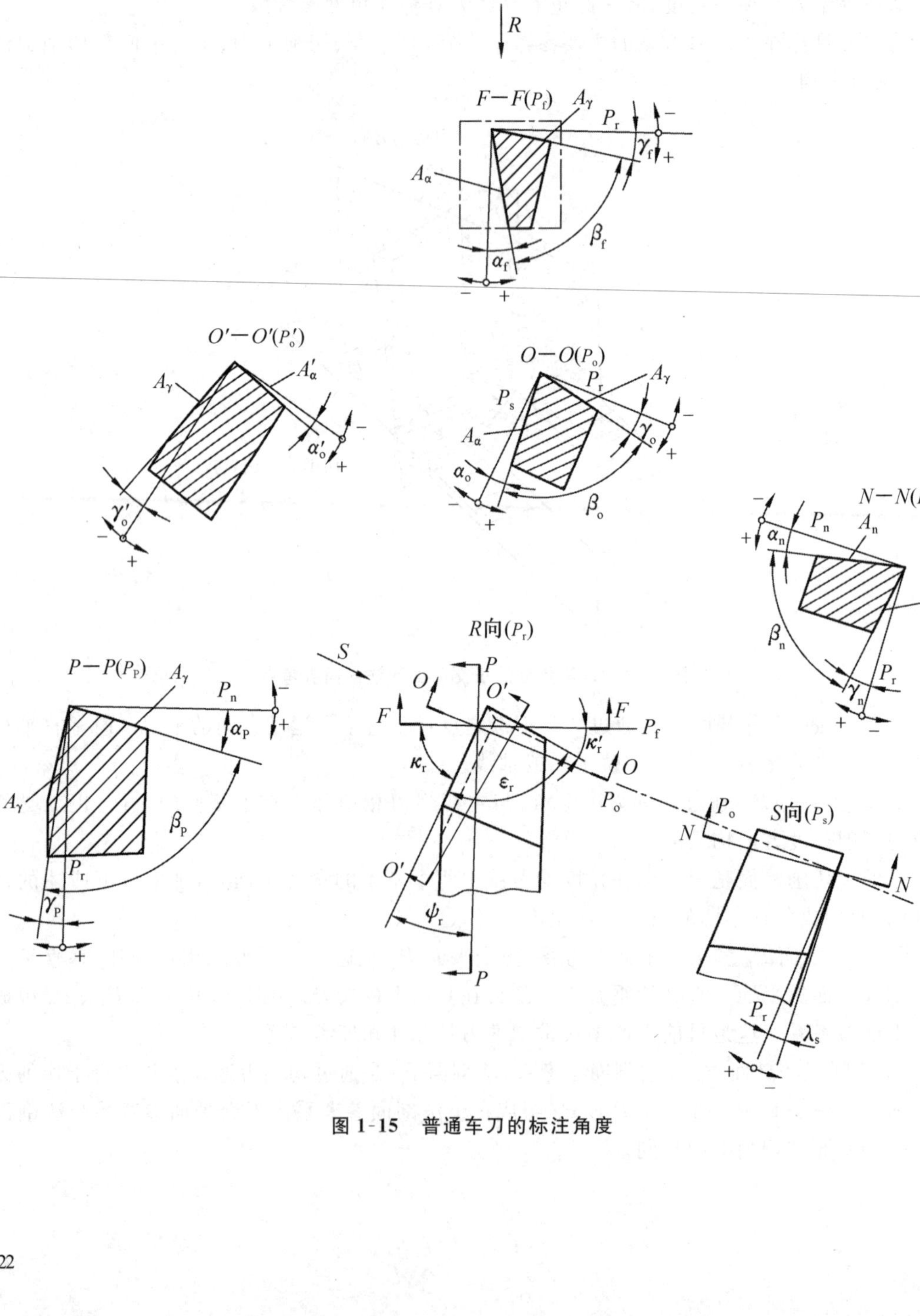

图 1-15　普通车刀的标注角度

① 正交平面参考系内的标注角度。

第一,在正交平面 P_o 内的标注角度。

前角 γ_o:在正交平面内度量的基面与前刀面间的夹角。当前刀面与切削平面间的夹角小于90°时取正号,大于90°时则取负号。

后角 α_o:在正交平面内度量的后刀面与切削平面间的夹角。当后刀面与基面夹角小于90°时取正号,大于90°时取负号。

楔角 β_o:在正交平面内度量的后刀面与前刀面间的夹角。

上述三个角度之和为90°。

第二,在基面 P_r 内的标注角度。

主偏角 κ_r:在基面内度量的切削平面与进给平面间的夹角。它也是主切削刃在基面上投影与进给运动方向的夹角。

副偏角 κ'_r:在基面内度量的副切削刃与进给运动方向在基面上投影间的夹角。

刀尖角 ε_r:在基面内度量的切削平面和副切削平面间的夹角。它也是主切削刃和副切削刃在基面上投影间的夹角。

显然地,上述三个角度之和为180°。

第三,在切削平面 P_s 内的标注角度。

刃倾角 λ_s:在切削平面内度量的主切削刃与基面间的夹角。如图1-16所示,当刀尖处在切削刃最高位置时,刃倾角取正号;若刀尖处于切削刃最低位置时,刃倾角取负号;当主切削刃与基面平行时,刃倾角为零。

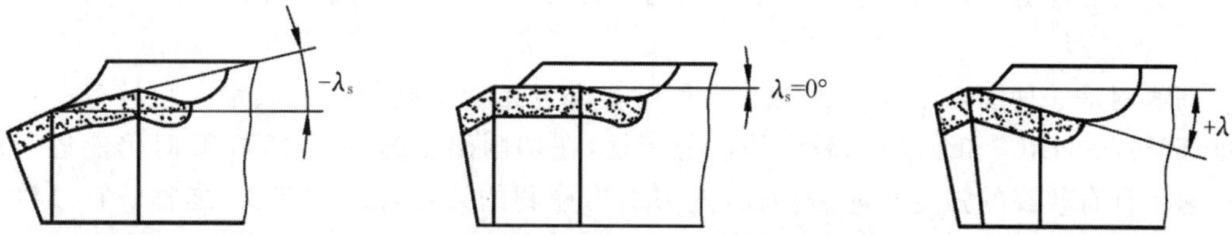

图1-16 车刀的刃倾角

第四,副切削刃上正交平面 P'_o 内的标注角度。

副后角 α'_o:在副切削刃上的正交平面 P'_o 内度量的副后刀面与副切削刃上切削平面 P'_s 之间的夹角。

以上所述角度中,基本角度只有前角 γ_o、后角 α_o、主偏角 κ_r、副偏角 κ'_r、刃倾角 λ_s 和副后角 α'_o 这6个,其余是派生角度。

② 法剖面参考系内的标注角度。

法剖面参考系和正交平面参考系的区别仅在于以法剖面代替正交平面作为测量前角、后角和楔角的平面。法剖面的标注角度有法前角 γ_n、法后角 α_n 和法楔角 β_n,而其余角度完全相同。

(3) 刀具工作角度

上述刀具标注角度是在假定运动和安装条件下的标注角度。如果考虑合成运动和实际安装情况，则刀具的参考系将发生变化，刀具角度也发生变化。按照刀具工作中的实际情况，在刀具工作角度参考系中确定的角度，称为刀具工作角度。一般不必进行工作角度的计算。只有在进给运动和刀具安装对工作角度产生较大影响时，才需计算工作角度。例如，在以大进给量切断小直径工件、车螺纹或丝杠、铲背、刀具安装位置有较大变化时等。

1.3.3 刀具材料

刀具材料指刀具切削部分的材料。它们直接影响刀具的切削性能、加工生产率、加工质量和成本。

(1) 刀具材料应具备的基本性能

在切削过程中，刀具切削部分不仅要承受很大的切削力和摩擦，而且要承受切削所产生的高温。因此，刀具材料应具备以下性能：① 刀具材料必须具有高于工件材料的硬度，否则无法切入工件；② 为了承受切削力和切削过程中的冲击和振动，刀具材料应有足够的强度和韧性；③ 要求刀具材料有良好的抵抗磨损的能力；④ 要求刀具材料在高切削温度下保持高硬度、高强度的性能，即耐热性，并有良好的抗扩散、抗氧化的能力；⑤ 尽量大的导热系数和小的线膨胀系数，这样由刀具传导出去的热量多，有利于降低切削温度和提高刀具的使用寿命，并可减少刀具的热变形；⑥ 为便于制造刀具和提高刀具的性能价格比，要求刀具材料具有良好的工艺性(可加工性、可磨削性和热处理特性)和经济性。

(2) 常用刀具材料

刀具材料的种类很多，其中，碳素工具钢和合金工具钢耐热性差，仅用于手工工具的制造。陶瓷、金刚石和立方氮化硼，由于质脆、工艺性差及价格昂贵等原因，使用范围较小，但有不断扩大的趋势。目前在生产中最常见的刀具材料主要是高速钢和硬质合金。

① 高速钢。

高速钢是一种加入了较多钨、钼、铬和钒等合金元素的高合金工具钢。它具有一定的硬度(63～70 HRC)和耐磨性，较强的热稳定性，在切削温度达 500～650 ℃时仍能进行切削。它还具有较高的强度和冲击韧性，能刃磨出锋利的刃口，故有“锋钢”之称。它可以加工从有色金属到高温合金的范围广泛的材料。高速钢刀具制造工艺性好，容易锻造、切削和磨削，容易磨出锋利的刀刃。因此适宜制造各类切削刀具，特别是在复杂刀具(钻头、丝锥、成形刀具、拉刀、齿轮刀具等)的制造中占有重要地位。

高速钢按用途不同，可分为通用型高速钢和高性能高速钢；按制造工艺方法不同，可分为熔炼高速钢和粉末冶金高速钢。通用型高速钢(如 W18Cr4v 和 W6Mo5cCr4V2)是切削硬度在 250～280 HBS 以下的大部分结构钢和铸铁的基本刀具材料，应用最为广泛。切削普通钢料时的切削速度一般不高于 40～60 m/min。高性能高速钢(W6Mo5Cr4V2Co6 和 W6Mo5Cr4V2A1 等)的切削性能较通用型高速钢好，适合于加工奥氏体不锈钢、高温合金、钛合金和超高强度钢等难加工材料。

② 硬质合金。

硬质合金是用具有高耐磨性和高耐热性的 WC、TiC 等金属粉末，以 Co、Ni 作为粘结剂，用粉末冶金法制得的合金。其硬度为 89～93 HRA(相当于 74～82 HRC)，能耐 850～1 000 ℃的高温，具有很好的耐磨性，允许使用的切削速度可达 100～300 m/min，可加工包括淬硬钢在内的多种材料，因此得到广泛的应用。但硬质合金的抗弯强度低，冲击韧性差，所以很少用于制造整体刀具。一般用它制成各种形状的刀片，焊接或夹固在刀体上使用。常用的硬质合金有钨钴类（YG类）、钨钴钛类（YT类）、通用硬质合金（YW类）和TiC（N）基硬质合金（YN类）等。表1-3给出了几种常见硬质合金牌号及应用范围。

表1-3 几种常见硬质合金牌号及应用范围

<table>
<tr><th>牌 号</th><th>性 能</th><th>应用范围</th></tr>
<tr><td>YG3X</td><td rowspan="7">硬度、耐磨性、切削速度↑
抗弯强度、韧性、进给量↓</td><td>铸铁、有色金属及其合金的精加工和半精加工，不能承受冲击载荷</td></tr>
<tr><td>YG3</td><td>铸铁、有色金属及其合金的精加工和半精加工，不能承受冲击载荷</td></tr>
<tr><td>YG6X</td><td>普通铸铁、冷硬铸铁、高温合金的精加工和半精加工</td></tr>
<tr><td>YG6A</td><td>铸铁、有色金属及其合金的半精加工和粗加工</td></tr>
<tr><td>YG6</td><td>铸铁、有色金属及其合金、半金属材料的粗加工，也用于断续加工</td></tr>
<tr><td>YG8</td><td>冷硬铸铁、有色金属及其合金的半精加工，也可用于高锰钢、淬硬钢的半精加工和精加工</td></tr>
<tr><td>YT30</td><td>碳素钢、合金钢的精加工</td></tr>
<tr><td>YT15，YT14</td><td rowspan="4">硬度、耐磨性、切削速度↑
抗弯强度、韧性、进给量↓</td><td>碳素钢、合金钢在连续切削时的粗加工、半精加工，也可用于断续切削时的精加工</td></tr>
<tr><td>YT5</td><td>碳素钢、合金钢的粗加工，也可用于断续切削</td></tr>
<tr><td>YW1</td><td>高温合金、高锰钢、不锈钢等难加工材料及普通钢料、铸铁、有色金属及其合金铁粗加工和半精加工</td></tr>
<tr><td>YW2</td><td>高温合金、高锰钢、不锈钢等难加工材料及普通钢料、铸铁、有色金属及其合金的粗加工和半精加工</td></tr>
</table>

③ 陶瓷材料。

陶瓷是以氧化铝（Al_2O_3）或氮化硅（SiN_4）等为主要成分，经压制成形后烧结而成的刀具材料。陶瓷刀具材料分为三类：氧化铝基陶瓷、氮化硅基陶瓷和复合氮化硅-氧化铝陶瓷。它具有硬度高、化学性能稳定、耐氧化的优点。陶瓷刀具与传统硬质合金刀具相比，具有下列优点：a.可加工硬度高达65 HRC的高硬度难加工材料；b.使用寿命可提高几倍至几十倍；c.可进行高速切削，切削效率提高3～10倍。但其强度低、韧性和导热性差，主要用于精加工。近年，由于改进了陶瓷刀具材料的制造工艺，使其抗弯强度、断裂韧性和抗冲击性能有很大提高，应用范围日益扩大。除适于一般精加工和半精加工外，还可用于某些粗加工。

④ 涂层刀具。

目前80%以上都是涂层刀具。它是在硬质合金或高速钢刀体上涂覆氧化铝、碳氮化钛、氮化铝钛、碳氮化铝钛等，具有优异的高温性能。涂层工艺有化学气相沉积法（CVD）和物理气相沉积（PVD）法。涂层硬质合金刀具具有高的硬度和耐磨性、高的耐热性、高的抗粘结性能和化学稳定性、摩擦系数小等特点。有的还适合于高速切削。所以，近20年来涂层硬质合金刀具有了很大发展，在工业先进国家已在可转位刀具中占50%～60%以上。但它不适于特别重载下的粗加工和冲击大的断续切削及高硬度材料(如淬硬钢、冷硬铸铁)加工。

⑤ 金刚石。

天然和人造金刚石都是碳的同素异构体，是自然界中最硬的材料。天然金刚石质量好，价格昂贵，只用作超精密加工切削工具。人造金刚石刀具材料主要有以下几种：a. 聚晶金刚石(PCD)，其晶粒无序排列，硬度均匀。它可加工铝合金、铜合金、硬质合金、纤维增强材料、木材等有色金属合耐磨非金属材料。通常 PCD 是在硬质合金基片上烧结的，制成人造聚晶金刚石复合片(PCD/C)，再切割成刀片焊接在刀体上使用。b. 人工合成单晶金刚石，具有最高的导热率及与天然金刚石同等的强度，和比 PCD 更好的耐磨性。c. 金刚石涂层，是用 CVD 法制得的多晶金刚石。其结构致密，热稳定性接近天然金刚石。它可在基体上沉积成厚度小于 30 μm 的 CVD 薄膜和沉积成厚度达 1 mm 的无衬底的 CVD 厚膜。CVD 厚膜可以钎焊在基体上使用。金刚石刀具能切削陶瓷、高硅铝合金、硬质合金等难加工材料，还可以切削有色金属及其合金，但不能切削铁族材料。因为碳元素和铁元素有很强的亲和性，会加快刀具磨损。当温度高于 700 ℃时，金刚石将转化为石墨结构而丧失了硬度。

⑥ 立方氯化硼。

立方氮化硼(CBN)是以六方氮化硼为原料，经高温高压获得的人工合成材料，硬度仅次于金刚石，与金刚石并称为超硬材料。它具有很好的热稳定性，可承受 1 000 ℃以上的切削温度。它的最大优点是在 1 200～1 300 ℃时也不会与铁族金属起反应，既能胜任淬硬钢、冷硬铸铁的粗车和精车，又能胜任高温合金、热喷涂材料、硬质合金及其他难加工材料的高速切削，其切削速度比硬质合金高 5 倍。CBN 刀具材料多制成厚 0.5 mm 左右的 PCBN 聚晶层直接烧结或钎焊在硬质合金基体上，做成 PCBN 复合片(CBN/CC)，再采用机械夹固或焊接方法固定在刀头上。PCBN 刀具可以在 500～1 500 m/min 高速下加工铸铁，在 100～400 m/min 下加工 45～65 HRC 的淬硬钢，在 100～200 m/min 下加工耐热合金。

1.4 金属切削机床的基本知识

金属切削机床是用切削加工或磨削加工的方法，切去毛坯上或工件上的余量，将其加工成合格零件的机器，实际上也就是制造机械零件的机器，称为“工作母机”或者“工具机”。金属切削机床为加工工件提供正确的相对位置、相对运动和切削能量，在机械制造业中得到广泛使用。

1.4.1 对金属切削机床的基本要求

机床在机械制造业中占据重要地位，随着国民经济的发展，对机床品种、数量、规格、工艺性能、质量及自动化程度的要求越来越高。从使用和制造的角度出发，对机床提出的主要要求有以下两方面。

(1) 机床的性能方面

① 工艺范围。指机床适应不同加工要求的能力。它包括机床上可完成的加工方法,工件材料与毛坯种类,加工零件的类型、规格、尺寸范围等。根据工艺范围的差别,可分为通用机床和专用机床两类。

a. 通用机床。如普通的车床、铣床、钻床等,可用于加工对象经常变化而加工数量并不是特别大的场合。这就要求普通机床工艺范围宽,适应性强(例如,卧式车床可车削外圆、端面、钻、扩、铰、镗孔等)。用通用机床可减少设备数量,做到一机多用。但通用机床结构复杂,自动化程度及生产效率偏低,而成本偏高。

b. 专用机床。专用机床是针对特定零件的一部分加工任务而设计的,所以,结构较简单,效率较高,成本较低,适用于大批大量生产,因而,专用机床的工艺范围不可能较宽。

② 加工精度。机床的加工精度是指该机床加工的零件表面的实际几何参数与理想几何参数(设计时规定)的符合程度。这些几何参数包括零件加工表面的尺寸、形状、位置及粗糙度。机床精度及静刚度是影响加工精度的两大主要因素,切削加工过程中,机床的热变形和振动等因素,对加工精度也会产生较大影响。

机床精度包括几何精度、运动精度、传动精度及定位精度。几何精度是指机床各主要部件的几何形状精度及相互位置精度;运动精度是指机床按工作速度运转时的几何精度;传动精度是指在机床的传动系统中,按规定的变速比使末端件获得转速或位移的准确程度;定位精度是指机床主要部件到达运动终点时的实际位置与指定位置的接近程度。除对机床本身的精度有很高要求以外,还要求机床整体和主要零部件(如主轴)在受力条件下有抵抗变形的能力,即刚度高,以利保持机床的加工精度。机床的精度等级越高,造价越高,故应根据工件的加工要求合理选择机床的精度等级。

③ 生产效率及自动化程度。提高机床的生产效率是机床使用商的普遍要求。生产效率即单位时间内机床所能加工的工件数量。目前,提高机床的生产效率仅从提高材料切除率,缩短切削时间方面着手是远远不够的,还必须在保证加工精度和成本合算的前提下,使机床能有效地减少辅助时间,提高机床的自动化程度,减轻操作者劳动强度,使机床能够适应管理进步与技术进步的趋势。

按机床的自动化程度,常将机床分为全自动、半自动和普通机床三类。全自动机床具有完整的自动工作循环,包括自动装卸工件、自动换刀、自动转位,启动后能连续地自动运行和自动加工而不需人工干预;半自动机床也能自动完成切削加工全过程,但要人工装卸工件、人工换刀和人工转位;普通机床没有加工过程的自动循环控制,在人工操纵下可以连续完成一次切削加工。

对于大批量生产的单一产品,可采用专用设备、专用流水线和自动线等刚性措施来解决高效生产的问题,通常采用的自动化措施有:刚性自动线、组合机床、自动机床和半自动机床及普通机床的自动化改造等。对于多品种小批量生产,常采用数控机床、加工中心、柔性制造系统等来提高自动化水平。

④ 人机适应性。人机适应性的基本要求是可靠、安全和舒适。机床的可靠性是指在规定的使用期限内正常工作而不发生故障的性能,这是保证产品质量、劳动生产率及降低成本,尤其是在流水线及自动线上保证生产节奏的最重要的特性。为保证机床操纵的安全性能,机床上应具有过载保护、意外保护、触电保护、旋转体和高速移动体防护及工件、夹具与

切屑防护等各方面的措施和装置，有的机床还设有供给切削液的装置或吸尘装置。机床操纵件应能适应一般人的身高及手和脚的正常活动范围，使其操作方便、省力；对自动线、数控机床、加工中心等自动化程度高的机床，操纵面板和显示界面要明确、友好，应具有较好的人机交互功能。另外，机床的外观造型及色调应使操作者有愉悦之感且不影响视力，还要防止加工过程中的噪声、烟雾、气味、强光等不良因素对周围环境的污染。

(2) 机床的经济性方面

机床的经济性包括机床制造商的经济效益及机床使用商的经济效益两方面。机床的经济性涉及很多方面，例如：产品定义、外观设计、结构设计、工艺设计、成本核算、质保措施、运输安装、合理使用、维修折旧、报废回收等。机床品种系列化，零部件通用化和标准化是生产和使用机床的一项重要的技术经济措施。机床品种系列化包括：制定机床参数标准、编制机床的系列型谱、进行机床的系列设计。品种系列化可以使机床生产厂家有规范地设计、研制机床新产品，也便于用户选择使用机床。机床零部件的通用化、标准化，可使零部件生产批量扩大，降低制造成本，也便于更换和维修。

1.4.2 机床的基本结构和传动

(1) 金属切削机床的基本结构

在切削加工时，工件和刀具都安装在机床上，在机床相应机构的带动下，工件和刀具按一定的规律运动，通过切削刀具对工件的切削作用把多余的金属切除掉，使加工表面成形。金属切削机床的主要作用就是使被加工工件表面成形，机床结构则是为保证实现工件表面成形而构建的。

机床的基本结构包括如下几个部分：

① 动力源。机床动力源一般采用交流异步电动机、步进电动机、直流或交流伺服电动机及液压驱动装置等，它们为机床执行机构的运动提供动力。机床可以是几个运动共用一个动力源，也可以是一个运动单独使用一个动力源。

② 运动执行机构。运动执行机构为机床执行运动的部件，如主轴、刀架和工作台等，它们带动被加工工件或刀具旋转或移动。

③ 传动机构。传动机构将机床动力源的运动和动力传给运动执行机构，或将运动由一个执行机构传递到另一个执行机构，以保持两个运动之间的准确传动关系。传动机构还可以改变运动的方向、速度及类别(例如将旋转运动变为直线运动)。

④ 控制系统。控制系统一般是指数控机床上由计算机及相应的软、硬件构成的控制系统。它对机床运动进行控制，实现各运动之间的准确协调。

⑤ 支承系统。支承系统是机床的机械本体，包括床身、框架及相关机械联接在内的支承结构，属于机床的基础部分。

在不同的机床中，根据其功能和应用范围的不同，上述几个组成部分可繁可简，实现功能要求的具体方式也不同。由于计算机数控技术的发展，机床结构发生了很大变化，但上述几个组成部分是必不可少的，我们在分析一台机床时，一定要从认识这台机床的基本结构入手。

(2) 金属切削机床的传动

如上所述，机床为了得到所需的运动，要通过传动机构把执行机构和动力源，或者把执行机构与执行机构联接起来，构成传动联系。构成一个传动联系的一系列传动件称为传动链。根据传动联系的性质，传动链可分为外联系传动链和内联系传动链两类。

① 外联系传动链。机床动力源和运动执行机构之间的传动联系称为外联系传动链。外联系传动链的作用是使执行机构按预定的速度运动，并传递一定的动力。外联系传动链传动比的变化只影响执行机构的运动速度，不影响发生线的性质，因此，外联系传动链不要求动力源与执行机构间有严格的传动比关系。例如，在车床上用轨迹法车削圆柱面时，主轴的旋转和刀架的移动就是两个互相独立的成形运动，有两条外联系传动链。两个执行件的运动可以各自独立调整，互不影响。

② 内联系传动链。执行件与执行件之间的传动联系称为内联系传动链。内联系传动链的作用是将两个或两个以上的单独运动组成复合的成形运动，内联系传动链所联系执行件之间的相对速度及相对位移量有严格的要求，例如，在车床上用螺纹车刀车螺纹时，为了保证所加工螺纹的导程，主轴（工件）每转一转，车刀必须移动一个导程。联系主轴一刀架之间的螺纹加工传动链，就是一条有严格传动比要求的内联系传动链，如果传动比不准确，车螺纹时就不能得到所规定的导程。

数控机床各执行件之间的运动关系是由数控装置控制协调的，在数控机床上一般无内联系传动链。

1.4.3 机床的分类

机床是机械加工系统的主要组成部分。为适应不同的加工对象和加工要求，机床有许多品种和规格。为便于区别、使用和管理，需对机床加以分类并编制型号。

机床的分类方法很多，最基本的是按机床的主要加工方法、所用刀具及其用途进行分类。根据我国制定的机床型号编制方法，机床共分为 11 类：车床、钻床、镗床、磨床、齿轮加工机床、螺纹加工机床、铣床、刨插床、拉床、锯床和其他机床。在每一类机床中，又按工艺范围、布局和结构性能等，分为 10 个组，每一组又分为若干系（系列）。

在上述基本分类的基础上，机床还可根据其他特征进一步细分。

同类机床按应用范围（通用性程度）又可分为通用机床、专门化机床和专用机床。通用机床的工艺范围很宽，可以加工一定尺寸范围内的各种类型零件，完成多种多样的工序，例如卧式车床、摇臂钻床、万能升降台铣床等。专门化机床的工艺范围较窄，只能加工一定尺寸范围内的某一类（或少数几类）零件，完成某一种（或少数几种）特定工序，例如，曲轴车床、凸轮轴车床等。专用机床的工艺范围最窄，通常只能完成某一特定零件的特定工序，例如，加工机床主轴箱的专用镗床、加工机床导轨的专用导轨磨床等。组合机床也属于专用机床。

同类机床按工作精度又可分为普通精度机床、精密机床和高精度机床。

机床还可按重量、尺寸、自动化程度、主要工作部件（如主轴等）的数目等进行分类。随着机床特别是数控机床的不断发展，机床的分类方法将不断变化。

1.4.4 金属切削机床型号的编制方法

机床型号是机床产品的代号，用以简明地表示机床的类型、性能和结构特点、主要技术参数等。我国机床型号编制方法的现行国家标准是《金属切削机床型号编制方法》(GB/T

15375—2008)，机床型号由一组汉语拼音字母和阿拉伯数字按一定规律组合而成。

(1) 通用机床的型号编制

① 型号表示方法。通用机床型号由基本部分和辅助部分组成，中间用“/”隔开，读作“之”。基本部分需统一管理，辅助部分是否纳入型号由企业自定。通用机床型号的表示方法：

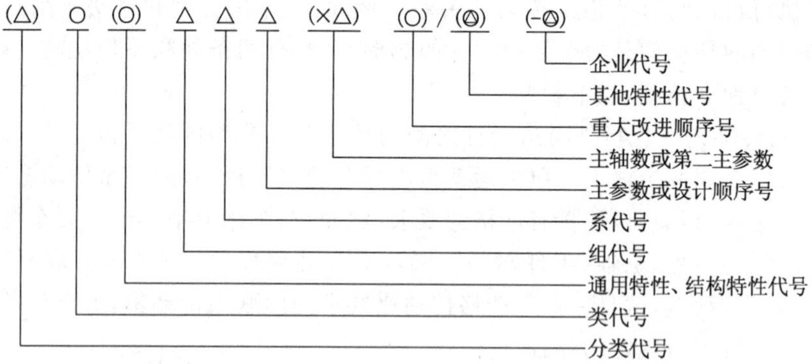

注：1. 有“( )”的代号或数字，无内容时，可不表示；若有内容则不带括号。

2. 有“○”符号者，为大写的汉语拼音字母。

3. 有“△”符号者，为阿拉伯数字。

4. 有“◎”符号者，为大写的汉语拼音字母或阿拉伯数字，或两者兼有。

② 机床类、组、系的划分及其代号。机床的类别用大写的汉语拼音字母表示(见表 1-4)。需要时，类以下还可有若干分类，分类代号用阿拉伯数字表示，放在类代号之前，作为型号的首位，但第一分类不予表示。如磨床类机床就有 M、2M、3M 三个分类。

表 1-4 机床的类别代号

类别	车床	钻床	镗床	磨床			齿轮加工机床	螺纹加工机床	铣床	刨插床	拉床	锯床	其他机床
代号	C	Z	T	M	2M	3M	Y	S	X	B	L	G	Q
读音	车	钻	镗	磨	二磨	三磨	牙	丝	铣	刨	拉	割	其

每类机床按其结构性能及使用范围划分为 10 个组，用数字 0～9 表示。每组机床又分若干个系(系列)。系的划分原则是：凡主参数相同，并按一定公比的等比数列排列，工件和刀具本身的相对运动特点基本相同，且基本结构及布局也相同的机床，划为同一系。机床的组、系代号分别用一位阿拉伯数字表示，位于类代号或特性代号之后。机床的类、组划分见表 1-5。

表 1-5 金属切削机床类、组划分

类别＼组别	0	1	2	3	4	5	6	7	8	9
车床 C	仪表车床	单轴自动车床	多轴自动、半自动车床	回轮、转塔车床	曲轴及凸轮轴车床	立式车床	落地及卧式车床	仿形及多刀车床	轮、轴、辊、锭及铲齿车床	其他车床

续表

类别＼组别	0	1	2	3	4	5	6	7	8	9
钻床 Z		坐标镗钻床	深孔钻床	摇臂钻床	台式钻床	立式钻床	卧式钻床	铣钻床	中心孔钻床	其他钻床
镗床 T			深孔镗床		坐标镗床	立式镗床	卧式铣镗床	精镗床	汽车、拖拉机修理用镗床	其他镗床
磨床 M	仪表磨床	外圆磨床	内圆磨床	砂轮机	坐标磨床	导轨磨床	刀具刃磨床	平面及端面磨床	曲轴、凸轮轴、花键轴及轧辊磨床	工具磨床
磨床 2M		超精机	内圆珩磨机	外圆及其他珩磨机	抛光机	砂带抛光及磨削机床	刀具刃磨及研磨机床	可转位刀片磨削机床	研磨机	其他磨床
磨床 3M		球轴承套圈沟磨床	滚子轴承套圈滚道磨床	轴承套圈超精机		叶片磨削机床	滚子加工机床	钢球加工机床	气门、活塞及活塞环磨削机床	汽车、拖拉机修磨机床
齿轮加工机床 Y	仪表齿轮加工机		锯齿轮加工机	滚齿及铣齿机	剃齿及衍齿轮	插齿机	花键轴铣床	齿轮磨齿机	其他齿轮加工机	齿轮倒角及检查机
螺纹加工机床 S				套螺纹机	攻螺纹机		螺纹铣床	螺纹磨床	螺纹车床	
铣床 X	仪表铣床	悬臂及滑枕铣床	龙门铣床	平面铣床	仿形铣床	立式升降台铣床	卧式升降台铣床	床身铣床	工具铣床	其他铣床
刨插床 B		悬臂刨床	龙门刨床			插床	牛头刨床		边缘及模具刨床	其他铣床
拉床 L			侧拉床	卧式外拉床	连续拉床	立式内拉床	卧式内拉床	立式外拉床	键槽、轴瓦及螺纹拉床	其他拉床
锯床 G			砂轮片锯床		卧式带锯床	立式带锯床	圆锯床	弓锯床	镗锯床	
其他机床 Q	其他仪表机床	管子加工机床	木螺钉加工机		刻线机	切断机	多功能机床			

③ 机床的特性代号。当某类型机床除有普通型外还具有某种通用特性时，则在类代号之后加上通用特性代号（见表 1-6），例如“MG”表示高精度磨床。若仅有某种通用特性，而无普通型者，则通用特性不必表示，例如 C1107 型单轴纵切车床，由于这类自动车床没有“非自动型”，所以不必用“Z”表示通用代号。对主参数相同而结构、性能不同的机床，在型号中加结构特性代号予以区分。结构特性代号为汉语拼音字母，位置排在类代号之后，当型号中有通用特性代号时，排在通用特性代号之后；例如，CA6140 型卧式车床中的“A”就是结构特征代号。

表 1-6　通用特性代号

通用特性	高精度	精密	自动	半自动	数控	加工中心（自动换刀）	仿形	轻型	加重型	简式或经济型	柔性加工单元	数显	高速
代号	G	M	Z	B	K	H	F	Q	C	J	R	X	S
读音	高	密	自	半	控	换	仿	轻	重	简	柔	显	速

④ 机床主参数和设计顺序号。机床主参数代表机床规格的大小，用折算值（主参数乘以折算系数，如 1/10 等）表示。某些通用机床，当无法用一个主参数表示时，则在型号中用设计顺序号表示。

⑤ 主轴数和第二主参数的表示方法。对于多轴车床、多轴钻床等机床，其主轴数以实际值列入型号，置于主参数之后，用“×”分开，读作“乘”。第二主参数一般是指最大数、最大转矩、最大工件长度、工作台工作面长度等。第二主参数也用折算值表示。

⑥ 机床的重大改进顺序号。当机床的性能及结构布局有重大改进，并按新产品重新设计、试制和鉴定时，在原机床型号的尾部，加重大改进顺序号，以区别于原机床型号。序号按 A、B、C……的顺序选用。

⑦ 其他特征代号及其表示方法。其他特征代号置于辅助部分之首，主要用以反映各类机床的特征。例如，对于一般机床，可以反映同一型号机床的变型。

⑧ 企业代号及其表示方法。企业代号中包括机床生产厂或机床研究单位代号，置于辅助部分末尾，用“—”号分开，读作“至”。

通用机床型号编制实例：CA6140 型卧式车床

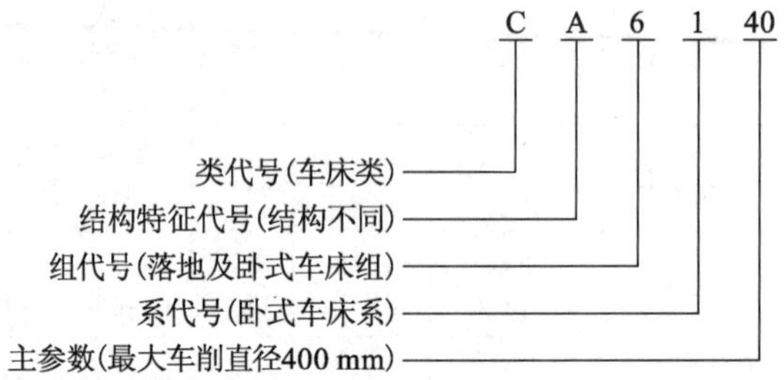

（2）专用机床的型号编制

专用机床型号由设计单位代号和设计顺序号组成。专用机床型号表示方法为

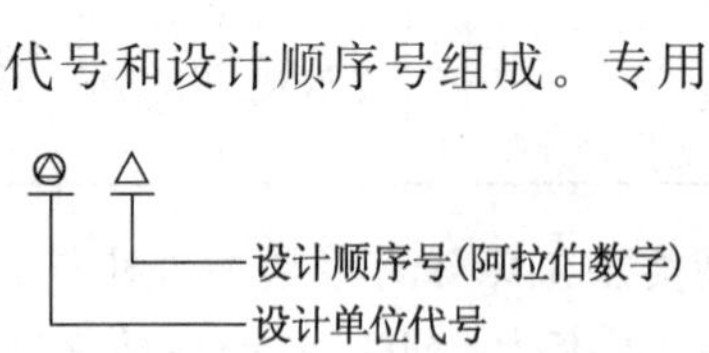

① 设计单位代号。设计单位代号包括机床生产厂和机床研究单位代号，位于型号首。

② 专用机床的设计顺序号。专用机床的设计顺序号按该单位的设计顺序（由“001”始）排列，位于设计单位代号之后，并用“—”号隔开，读作“至”。

需要说明的是，我国的机床型号编制方法自 1957 年第一次颁布以来，已做过 7 次修改和补充（1959 年、1963 年、1971 年、1976 年、1985 年、1994 年和 2008 年）。目前工厂中使用和生产的机床有相当一部分还是按照 1994 年以前颁布的机床型号编制方法编制的，其含义可查阅相应的标准。

1.5　工件的装夹和夹具基本知识

1.5.1　机床夹具概述

在机床上加工工件时，为了保证工件被加工表面的尺寸、几何形状和相互位置精度等要求。必须使工件在机床上占有正确的位置，这一过程称为工件的定位；为使该正确位置在加工过程中不发生变化，就需要使用特殊的工艺方法将工件夹紧压牢，这一过程称为工件的夹紧。从定位到夹紧的全过程称为工件的装夹。而用于装夹工件的工艺装备称为机床夹具。

1. 工件的安装方式

工件在各种不同的机床上进行加工时，由于工件的尺寸、形状、加工要求和生产批量的不同，其安装方式也不相同。归纳起来主要有以下三种。

(1) 直接找正安装

在这种安装方式中，工件的定位是由操作者利用划针、百分表等量具直接校准工件的待加工表面，也可校准工件上某一个相关表面，从而使工件获得正确的位置。如图 1-17 所示在内圆磨床上磨削一个与外圆表面有很高同轴度要求的筒形工件的内孔时，为保证加工时工件占据其外圆表面轴心线与磨床头架回转轴线相一致的正确位置，加工前可先把工件装在四爪夹盘上，用百分表在位置Ⅰ和Ⅱ处直接对外圆表面找正，直至认为该外因表面已取得正确位置后用夹盘将其夹牢固定。找正用的外圆表面即为定位基准。

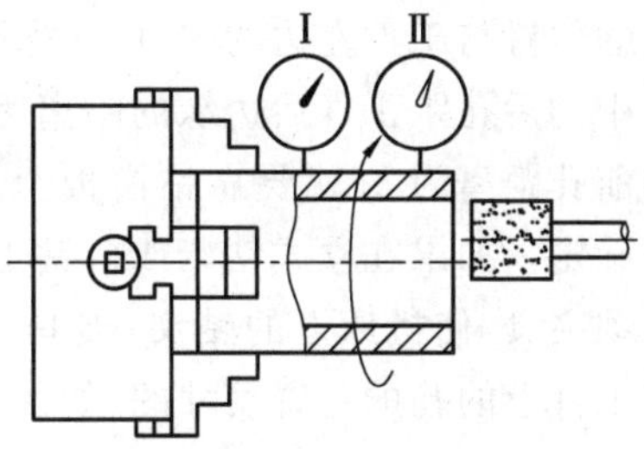

图 1-17　直接找正法

在单件、小批量生产中，使用直接找正安装是比较普遍的，诸如轴类、套类、圆盘类工件在卧式或立式车床上的安装；齿坯在滚齿机上的安装；等等。但若对工件的定位精度要求很高，用夹具不能保证这样高的精度时，只能用直接找正法安装。

(2) 划线找正安装

按加工要求预先在待加工的工件表面上划出加工表面的位置线，然后在机床上按划出的线找正工件的方法，称为划线找正法。图 1-18 所示为在一个长方形毛坯上车削一圆柱表面，为保证圆柱划在工件上有正确的位置，先在毛坯上将加工面的位置表示出来，然后在四爪夹盘上夹持工件，并使用划针盘对工件进行找正夹紧。在这种情况下，划线所表示的待加工表面即为定位基准。

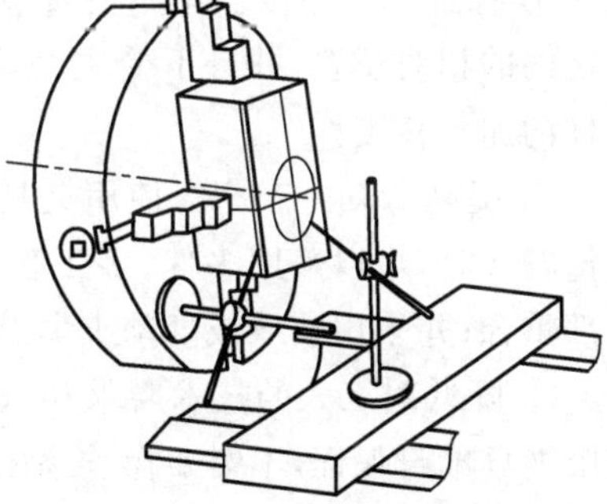
图 1-18　划线找正法

通过划线将工件需要加工的表面轮廓画出来，并保证工件的加工表面具有足够的、均匀的余量和相互位置精度。但是，按划线找正定位精度比较低，一般在 0.2～0.5 mm 之间，因为划线本身有一定的宽度，划线又有划线误差。找正时还有观察误差。这种方法广泛用于单件、小批生产，更适用于形状复杂的大型、重型铸锻件及加工尺寸偏差较大的毛坯。

上述两种安装方式，虽然有生产率低的缺点，但不需专用的工夹、量具。现场中，通常是第一道工序采用划线安装，当加工出已加工表面后，其他工序就可以采用直接找正安装。

(3) 使用夹具安装

当生产批量大时，若工件的加工仍按上述方法进行安装，则生产率和加工精度都远远不能满足要求。为此，必须根据工件某一加工工序的要求，设计专用的、保证定位精度和提高生产率的夹具。

采用专用夹具来安装工件，是靠夹具来保证工件相对于刀具及机床的正确位置，从而保证加工精度。如图 1-19 所示，工件用专用夹具安装，工件的位置由夹具上的定位元件——底面上两块平行的支承板 1 和 2，侧面两支承钉 3 和 4，背面支承钉 5 来确定。侧面支承钉 3 和 4 是保证被钻两孔的位置与工件左边的尺寸 c；背面支承钉 5 是保证被钻两孔中的后孔距工件后边缘的距离为 a，钻前孔时，要保证后孔与前孔距离为 b，就要靠钻模板上有两个相距为 b 的钻套 6 来确定。如果在立式钻床或台钻上来加工此工件，是靠前后移动夹具，使机床上的钻头、夹具上的钻套的轴线重合来保证工件上的孔的位置尺寸的；如果是在两主轴的组合机床上钻孔，则工件前后两孔的距离 b 是靠组合机床上两钻头的轴线相距为 b 来保证的。如此，是通过夹具中定位元件与导向元件的既定位置来确定工件与刀具的相对位置，以保证工件上加工表面的相互位置尺寸的。

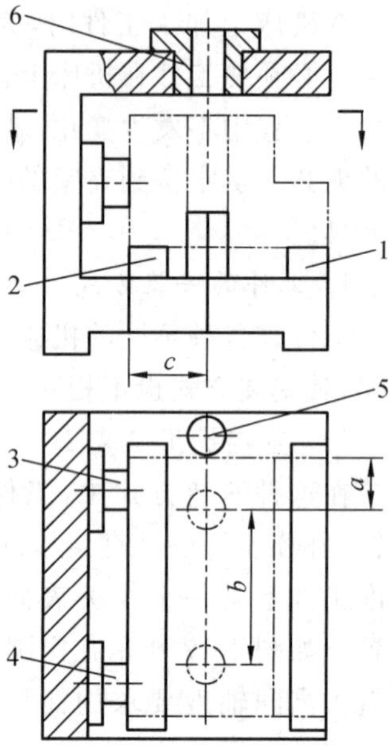

1,2—支承板；3,4—侧面支承钉；5—背面支承钉；6—钻套

图 1-19 用专用夹具安装工件

由此可知，用专用夹具安装工件易于保证加工精度，缩短辅助时间，提高生产率，减轻工人劳动强度及降低对工人技术水平的要求。

2. 夹具的功用、分类和组成

(1) 机床夹具的主要功用

① 保证加工精度。采用夹具装夹工件可以准确地确定工件与机床切削成形运动和刀具之间的相对位置，并且不受主观因素的影响。在批量生产中，可以比较稳定地保证一批工件的加工精度。

② 提高劳动生产率。使用夹具能够快速装夹工件，缩短装夹工件的辅助时间。在生产批量较大时，可以采用多件、多工位夹具。可以使装夹工件的辅助时间与基本时间部分或全部重合；并采用液压或气动夹紧装置，大幅度缩短辅助时间。

③ 降低对工人的技术要求和减轻工人的劳动强度。采用夹具装夹工件，工件的定位精度由夹具本身保证，不需要操作者有较高的技术水平；快速装夹和机动夹紧可以减轻工人的劳动强度。

④ 扩大机床的加工范围。在普通机床上配置适当的专用夹具可以扩大机床的工艺范围，实现一机多能，例如，在普通车床或摇臂钻床上配以镗削夹具就可以代替镗床对工件进

行镗削加工。

(2) 机床夹具的分类

按夹具的使用范围,可分为以下几类:

① 通用夹具。例如,车床上的三爪卡盘、四爪卡盘,铣床上的平口钳,平面磨床上的电磁吸盘等。这些夹具通用性强,应用十分广泛,有些已经成为机床的一个附件而随机床一起供应用户。

② 专用夹具。这是为某一特定工件的特定工序而专门设计的夹具。专用夹具广泛应用于批量生产中。

③ 通用可调整夹具。这类夹具的特点是夹具的部分元件可以更换,部分装置可以调整,以适应不同零件的加工。针对成组加工中某一工序而设计制造的可调整夹具,称为成组夹具。与成组夹具相比,通用可调整夹具加工对象不很明确,适用范围更广。

④ 组合夹具。它是由一套预先制造好的标准元件组合而成。这些元件具有各种不同形状、尺寸和规格,并具有良好的互换性、耐磨性和较高的精度。根据工件的工艺要求,可将不同的组合夹具元件像搭积木一样组装成各种专用夹具。使用完毕后,元件可方便地拆开。洗净后存放起来,待需要时重新组装成新的夹具。由于组合夹具的灵活和通用,使生产准备周期大大缩短,同时能节约大量设计划造夹具的工时和材料,特别适用于新产品试制、单件小批生产和临时性生产。

⑤ 随行夹具。这是一种在自动线或柔性制造系统中使用的夹具。工件安装在夹具上,夹具除完成对工件的定位和夹紧外,还载着工件由输送装置送往各机床,并在机床上被定位和夹紧。

划分夹具类型的方式很多,若按夹具所使用的机床来划分,可分为钻床夹具、铣床夹具、车床夹具等;若按夹具所采用的夹紧动力源划分,可分为手动夹具、气动夹具、液压夹具、电磁夹具等。

(3) 机床夹具的组成

图1-20是一个铣削轴端槽的夹具。工件以外圆和端面为定位基准,放在一个固定V形块1和支承套3上定位,转动手柄5,偏心轮4推动活动V形块2夹紧工件。对刀块8用来确定铣刀相对工件的位置。所有的装置和元件都装在夹具体7上。为了方便地确定夹具在机床上的正确位置,在夹具底部装有定向键6。安装夹具时只要将两个定向键放入铣床工作台的T形槽中并靠向一侧,则不需再进行找正便可将夹具固紧在机床工作台上。

由上述分析可见机床夹具的基本组成如下:

① 定位元件及定位装置。它们是用来确定工件在夹具上位置的元件或装置如图1-20中的固定V形块、支承套等。

② 夹紧元件及夹紧装置。它们是用来对工件进行夹紧的元件或装置,如图1-20中的偏心轮、手柄及活动V形块等。

③ 对刀及导向元件。它们是用来确定刀具位置或引导刀具方向的元件,如图1-20中的对刀块,钻夹具中的钻套等。

④ 连接元件。它们是用来确定夹具和机床之间正确位置的元件,如图1-20中的定向键等。

⑤ 其他元件及装置。如某些夹具中的分度装置、防错(防止错误安装)装置、为便于卸

下工件而设置的顶出器等。

⑥ 夹具体。即将上述元件和装置连成整体的基础件，如图 1-20 中的夹具体 7。通常机床夹具通过夹具体与机床相连接。

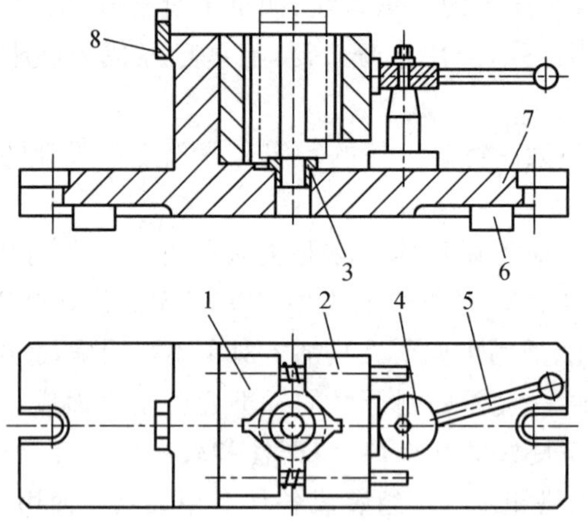

1—固定 V 形块；2—活动 V 形块；3—支承套；4—偏心轮；5—手柄；6—定位键；7—夹具体；8—对刀块

图 1-20　铣削轴端槽夹具

1.5.2　零件的基准及其分类

零件的基准可分为设计基准和工艺基准两大类。

(1) 设计基准

在零件设计图上用以确定其他点、线、面位置的基准，称为设计基准。如图 1-21a 所示，端面 C 为端面 A、B 的设计基准(因为 A、B 两端面的轴向尺寸均以端面 C 为起点)；中心线 O—O 是外圆柱面 ϕD_1、ϕD_2 的设计基准；中心线 O—O(实际上也相当于中心平面)是侧面 E 的设计基准。

(2) 工艺基准

零件在加工、检验和装配过程中所采用的基准，称为工艺基准。按其用途不同，工艺基准又分为定位基准、工序基准、测量基准和装配基准等。

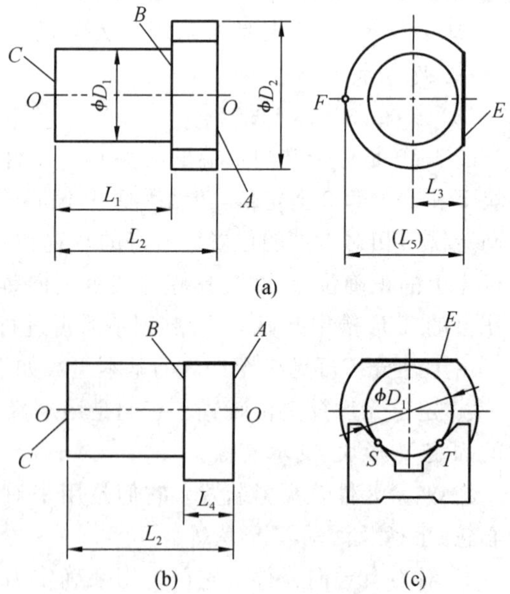

图 1-21　零件的设计基准和工艺基准

① 定位基准。加工时，使工件在机床或夹具中占据正确位置所用的基准。作为定位基准的点、线、面，在工件上有时不一定具体存在(例如，轴的中心线、孔的中心线、基准中心平面等)，而常用一些具体的真实存在的表面来定位，这样的定位表面称为定位基准面，如图 1-21c 所示，铣削、刨削以至磨削

平面 E 时，是 ϕD_1 的外圆柱面与 V 形块相接触的母线 S、T 定位的，而不可能用轴线定位。

② 工序基准。在工艺文件上用以确定本工序被加工表面加工后的尺寸、形状和位置的基准。如图 1-21b 所示零件，当加工端面 B 时，要保证本工序的工序尺寸 L_4，则工序基准为端面 A。工序基准即工序尺寸标注的起点。

③ 测量基准。检验零件时，用以测量加工表面的尺寸，或者用于检测零件加工表面的形状误差或位置误差的具体的真实存在的表面。例如，检测尺寸 L_3，是很困难的，因为很难找准中心轴线 $O—O$，所以，实际是测量尺寸 L_5，此时，点 F 代表的圆柱的直母线就是测量基准。再如，检测平面 E 对于中心线 $O—O$ 的平行度误差时，实际是用两个等高的短 V 形块以 ϕD_1 外圆表面为基准进行定位的（见图 1-21c）。由于 ϕD_1 外圆表面自身误差的影响，检测存在定位误差。

④ 装配基准。装配时用以确定零件、组件和部件相对于其他零件、组件和部件的位置所采用的基准。图 1-22 示出了齿轮、键与传动轴之间的装配关系，齿轮的内孔和传动轴的外圆 A 完成了二者的径向（间隙）定位，齿轮的端面和传动轴的台阶面 B 完成了二者的轴向定位，通过传动键及与其侧面相接触的传动轴的和齿轮的键槽侧面 C 或 B，完成了传动轴和齿轮的圆周方向的定位。所以，图 1-22 所示的传动轴与齿轮的装配基准面共有上述 A、B、C（或 D）三个。

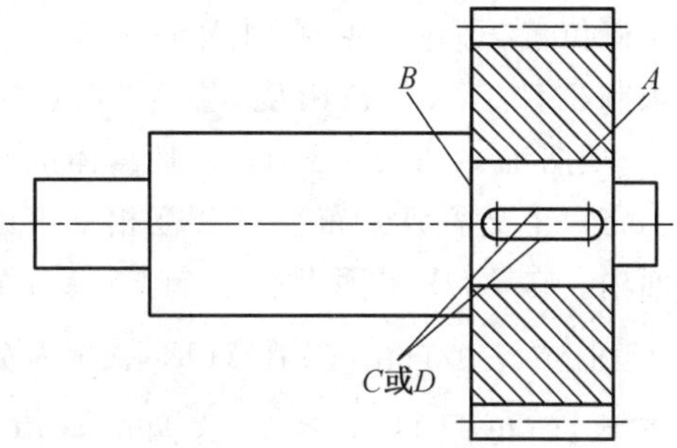

图 1-22　装配基准

在实际生产中，应尽量使以上各种基准重合，以消除基准不重合误差。设计零件时应尽量以装配基准作为设计基准，以便保证装配技术要求；在制定加工工艺路线时，应尽量以设计基准作为工序基准，以保证零件加工精度；在加工和测量零件时，要尽量使定位基准、测量基准和工序基准重合，以减少加工误差和测量误差。

1.5.3　工件在夹具中的定位

工件在加工前，必须使它在夹具、机床和刀具组成的工艺系统之间保持正确的相对位置。这包括工件在夹具中的定位，夹具在机床上的安装，以及夹具相对于刀具和整个工艺系统的位置的调整等过程。工件在夹具中的定位即指同一批工件在夹具中占有一致的正确加工位置的过程。

1. 六点定位原理

未在夹具中定位的工件，都可视为在空间不受约束的物体，在空间直角坐标系中具有六个自由度——沿着三个互相垂直的坐标轴的移动自由度，分别用 $\vec{X}$、$\vec{Y}$、$\vec{Z}$ 表示，以及绕三个坐标轴转动的转动自由度，分别用 $\widehat{X}$、$\widehat{Y}$、$\widehat{Z}$ 表示，如图 1-23 所示。工件在夹具中定位的实质就是限制工件的自由度，即用定位元件来阻止工件的移动和转动。

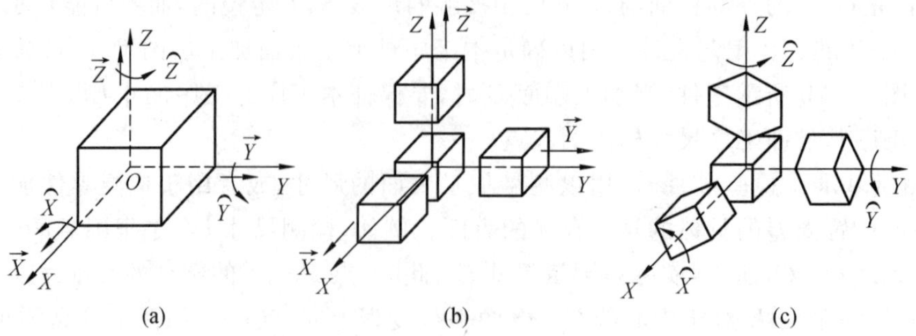

图 1-23　物体的六个自由度

在机械加工中，要完全确定工件在夹具中的正确位置，理论上必须用六个相应的支承点来限制工件的六个自由度，称为“六点定位原理”。如图 1-24 所示（图 1-19 是具体的夹具结构），将六个支承钉分布在三个互相垂直的坐标平面内。在 XOY 平面上有三个支承钉，可限制 $\widehat{X}$、$\widehat{Y}$ 和$\vec{Z}$共三个自由度；在 YOZ 平面内分布两个支承钉，可限制 $\vec{X}$ 和 $\widehat{Z}$ 这两个自由度；在 XOZ 平面内分布一个支承钉，限制自由度 $\vec{Y}$。图 1-19 中所示夹具完全符合六点定位原理，图中两条平行的定位板（相当于两条平行线确定一个平面 XOY）限制三个自由度：侧面（即 XOZ 面）的两个支承钉 2 和 3 限制工件的两个自由度；背面（即 YOZ 面）用一个支承钉 4 限制一个自由度，即工件在夹具中六个自由度被完全限制，故在夹具中有确定的位置。按以上分析可知，工件只要同时与夹具中的六个支承点确切地接触，就可以相对于夹具在空间占据一个确定的位置，工件重复放置时，此位置也是不会改变的。

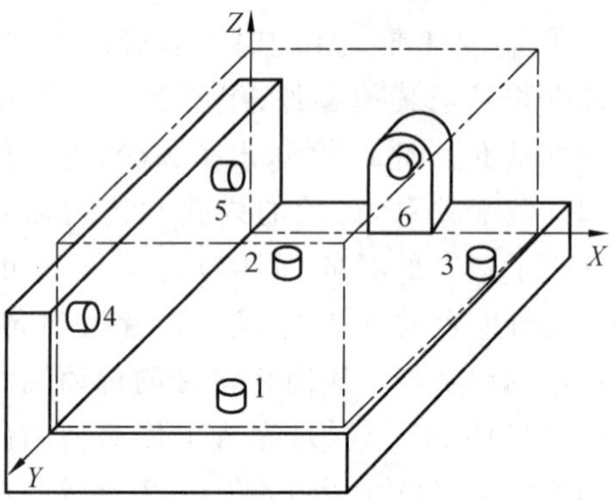

图 1-24　六点定位原理

2. 常见定位方式

(1) 完全定位

在工件实际加工中，符合前面分析的六点定位原理的定位即为完全定位，也即是工件的六个自由度被六个支承点完全限制（见图 1-20）。图 1-25 为加工连杆小头孔时的定位方案，夹具支承面 l 相当于三个支承点，限制三个自由度 $\widehat{X}$、$\widehat{Y}$ 和 $\vec{Z}$；短圆柱销 2 相当于两个支承点，限制两个自由度 $\vec{X}$、$\vec{Y}$；侧挡销 3 相当于一个支承点，限制一个自由度 $\widehat{Z}$。故工件在夹具中六个自由度已完全被限制，属完全定位。

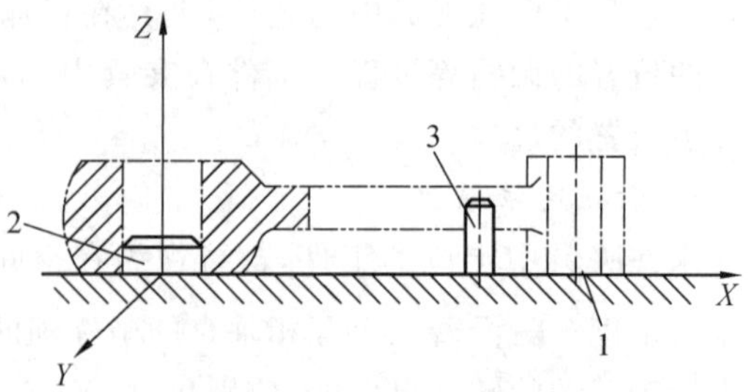

1—定位面；2—短圆柱销；3—侧挡销

图 1-25　连杆钻孔定位方案

(2) 不完全定位

不完全定位也称之为部分定位。在加工中，有的自由度不需要限制，所以，夹具的支承点也相应减少，这就是不完全定位。仍以图 1-25 所示连杆为例，不是钻连杆小头孔，而是粗磨或精磨连杆的上顶面，此时支承面 1 为磁力工作台平面，短圆柱销 2 及侧挡销 3 均可取消，此时定位面 1 限制连杆的三个自由度：$\widehat{X}$、$\widehat{Y}$ 和 $\vec{Z}$。就是说，磨削连杆顶面和底面时，可采用不完全定位方式，只需限制工件的三个自由度。

(3) 欠定位

由于工艺设计或者夹具设计上的疏忽，以至造成对必须加以限制的自由度没有得到限制的不良结果，影响加工，难于保证加工精度，对这样的定位结果称之为欠定位。在图 1-19 中，若去掉支承钉 5 就形成了欠定位，则工件上的尺寸 a 也就不能保证，所以，这种欠定位是不允许的。

(4) 过定位

过定位也叫超定位或重复定位，即同一个自由度由几个定位点同时限制。理论上认为，过定位会造成工件定位的不确定性，使工件相对于夹具不能占据一个正确的位置。如图 1-26 所示，两侧面均用两销共 4 个点来完成 3 个自由度的定位，多了 1 个点，这就产生了工件 $\widehat{Z}$ 向定位的两种可能情况；位置Ⅰ为工件与销 2,3,4 接触；位置Ⅱ为工件与销 1,2,4 接触。如此，工件在夹具中占据的位置不是唯一的，故使被加工的孔产生位置误差。但是，在实际加工中，存在着工件的过定位的情况，对此，应具体分析；一般来说，工件以形位精度很低的表面作定位基准时，过定位会导致较大的定位误差，因而不可取。

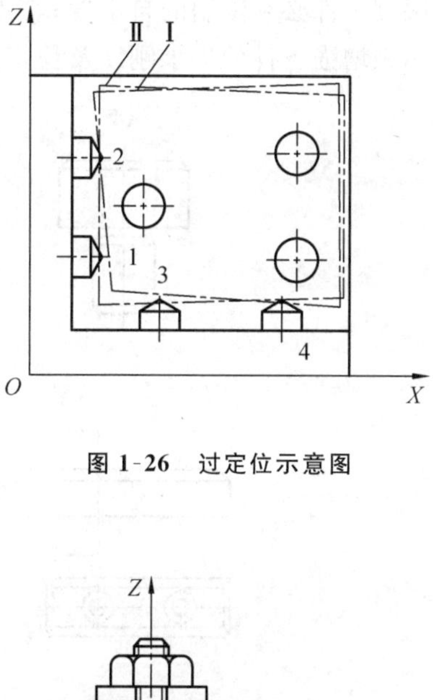

图 1-26　过定位示意图

若工件采用形位精度很高的表面作定位基准，且夹具的精度也很高，为提高被加工工件的稳定性及刚度，可以适当采用过定位。如图 1-27 所示，在滚齿机或插齿机上加工齿轮时，工件以端面和内孔作为定位基准。长心轴限制了 $\vec{X}$、$\vec{Y}$、$\widehat{X}$、$\widehat{Y}$ 四个自由度，而支承工件的凸台面限制了 $\widehat{X}$、$\widehat{Y}$、$\vec{Z}$ 三个自由度，则自由度 $\widehat{X}$、$\widehat{Y}$ 被重复限制了。这是由于齿坯加工时已经保证了较高的内孔轴线和端面垂直度精度，而作为夹具，也保证了很高的心轴轴线与支承凸台端面的垂直度精度，就是说，齿坯在心轴上定位时，齿轮的端面与夹具的支承凸台面能够基本吻合而不会导致后续加工不能接受的定位误差。另外，即使存在着微小的垂直度误差，也可以由心轴与齿坯内孔的间隙来做调整。之所以要采用这种过定位方式，是由于这种方式可以提高加

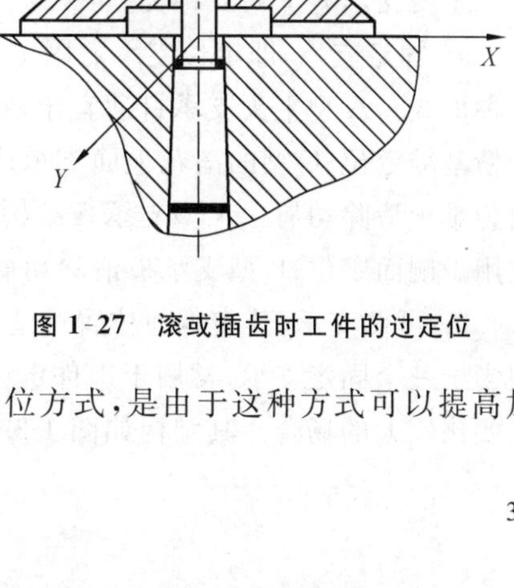

图 1-27　滚或插齿时工件的过定位

工中工件的稳定性和刚度，有利于保证加工精度。

3. 常见定位方式及定位元件

按照工序要求，确定好工件在安装时应限制的自由度之后，应按工件的结构形式选择相应的定位方式和定位元件。

(1) 工件以平面定位

当工件以平面作为定位基准时，常用支承钉或支承板作定位元件。如果定位平面为粗基准时(未加工过的表面)，常采用三点支承；当定位平面为精基准时(已加工过的平面)，常采用支承板。当采用三个支承钉或两个支承板或者一个较大的支承面作为定位元件，且与工件定位面作面接触时，将限制三个自由度；当用两个支承钉或一个支承板与工件定位面作线接触时，将限制两个自由度；当用一个支承钉与工件作一点接触时，将限制一个自由度。支承钉和支承板的结构如图 1-28 所示。

平面定位元件可分为主要支承和辅助支承两种。主要支承在定位时是必不可少的，用以限制工件必须限制的自由度；辅助支承在定位时并不限制工件的自由度，它只是在加工时用来增强工件的支承刚度及稳定性，即只起支承作用而不起定位作用。

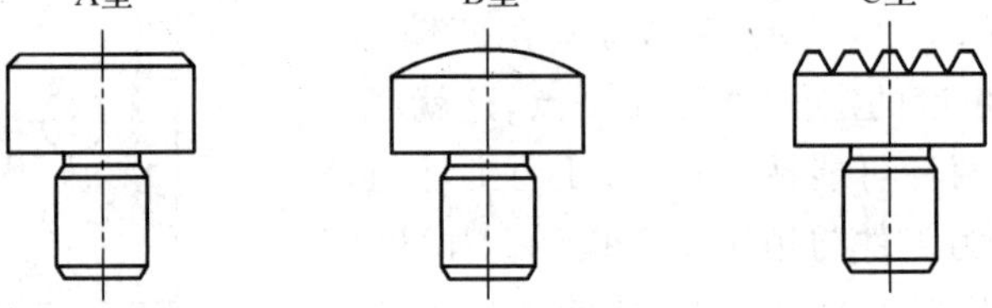

(a) 支承钉

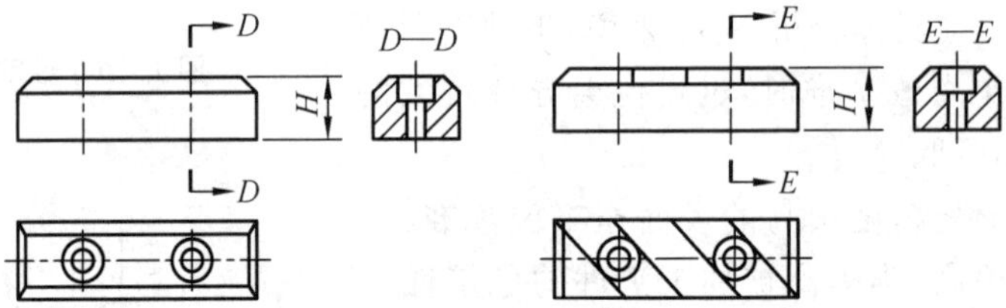

(b) 支承板

图 1-28 支承钉和支承板

① 主要支承

主要支承有下列几种类型：

a. 固定支承，即定位支承点固定不变的定位元件，常用图 1-28 所示的支承钉和支承板两种形式。A 型平头支承钉适宜于精基准定位；B 型圆头支承钉与工件接触面较小，也适宜于精基准定位；C 型的滚花顶面支承适用于需要较大摩擦力的侧面定位，它不宜水平放置，因为难于清除切屑。A 型支承板结构简单，制造方便，但沉头螺钉处的切屑不易清除干净，宜用于侧面定位；B 型支承板清除切屑容易，多用于底面定位。

b. 可调支承，其支承面位置可适度调整，调整好后再锁紧。可调支承调整好后的作用相当于一个固定支承，常用于工件定位基面形状复杂(如台阶面、成形表面)或毛坯尺寸、形状变化较大的场合。其结构如图 1-29 所示。

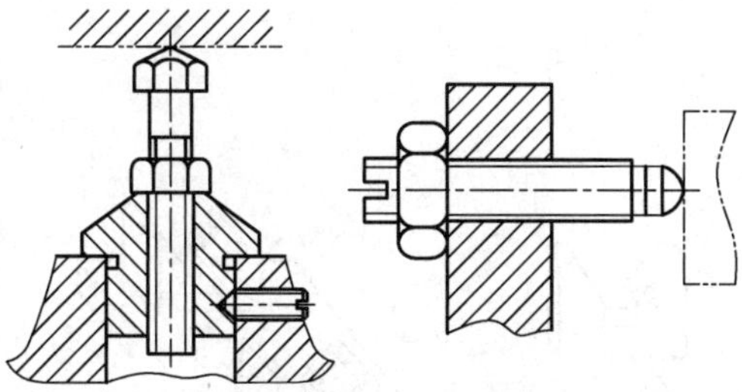

图 1-29　可调支承

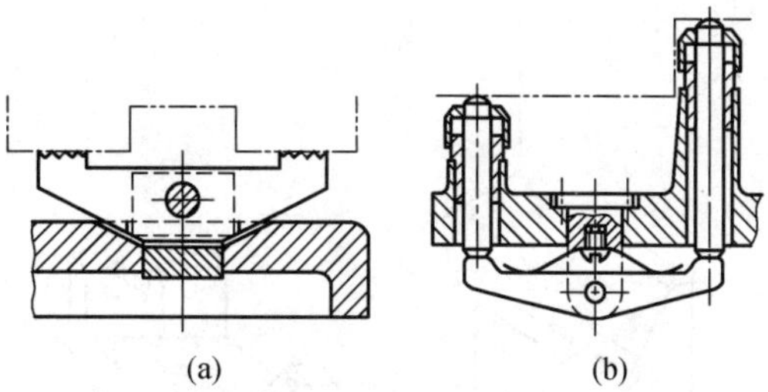

图 1-30　自位支承

c. 自位支承，也称为浮动支承。自位支承在定位时只起到一个支承点的作用，但由于工件的原因，需要两三个接触点与其接触才能准确地确定位置，这就需要使这几个接触点浮动起来，使其位置可随定位基准面位置的变化而自动与之协调，如图 1-30 所示。需要注意的是，虽然自位支承与定位基准面接触的点可能不止一个，但实际上只起一个支承点的作用。自位支承可提高工件的支承刚度和稳定性，适用于工件以毛坯面定位或刚度不足的场合。

② 辅助支承

辅助支承在夹具中仅起支承作用，用于增加工件的支承刚性和稳定性，以防止在切削时因切削力的作用而使工件发生变形，影响加工精度。

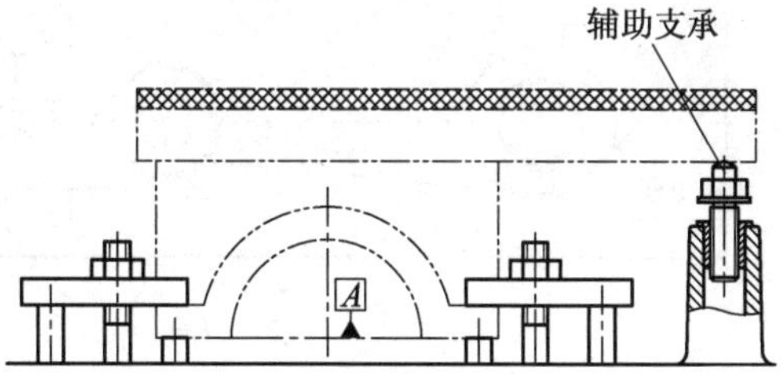

图 1-31　辅助支承

辅助支承不算定位元件，它不起定位作用，亦即不限制工件的自由度。故只有当工件定好位置之后，再通过手动或自动调节辅助支承位置使之与工件表面接触，因而每更换一次工件，就要调整一次。如图 1-31 所示，工件以平面 A 定好位之后，由于需要加工的上顶面的右边部分悬伸突出，在切削力作用下会产生变形而使上顶面下移，加工结束后产生弹性恢复，则上顶面的右边部分就会高于左边部分，即加工的平面精度会很差。若在夹具的右边增设辅助支承，就可以提高支承刚性和稳定性，从而克服上述问题。辅助支承常采用自动调位结构，一般是在压缩弹簧、气缸或液压缸作用下进行调位的。

(2) 工件以外圆柱面定位

工件以外圆柱面定位有在 V 形块中定位、在圆柱孔中定位和在自动定心装置中定位等几种主要定位形式。

工件在 V 形块中定位用得最多。图 1-32 为常用 V 形块结构。图 1-32a 用于较短的精基准定位；图 1-32b 用于较长的粗基准（如阶梯轴）定位，图 1-32c 和图 1-32d 用于两段精基准面相距较远的场合。较长的 V 形块可限制 $\vec{X}$、$\vec{Z}$、$\overset{\frown}{X}$、$\overset{\frown}{Z}$ 四个自由度，较短的 V 形块仅限制 $\vec{X}$、$\vec{Z}$ 两个移动自由度。此外，V 形块又有固定式与活动式之分。按工件与 V 形块接触母线长度，固定 V 形块可限制工件两个或四个自由度。图 1-33a 为加工连杆孔的定位方式，活动 V 形块限制一个转动自由度，以补偿因毛坯尺寸变化而对定位带来的影响，并可对工件起夹紧作用。图 1-33b 为三角形板钻孔加工的定位方式，活动 V 形块限制一个平移自由度。

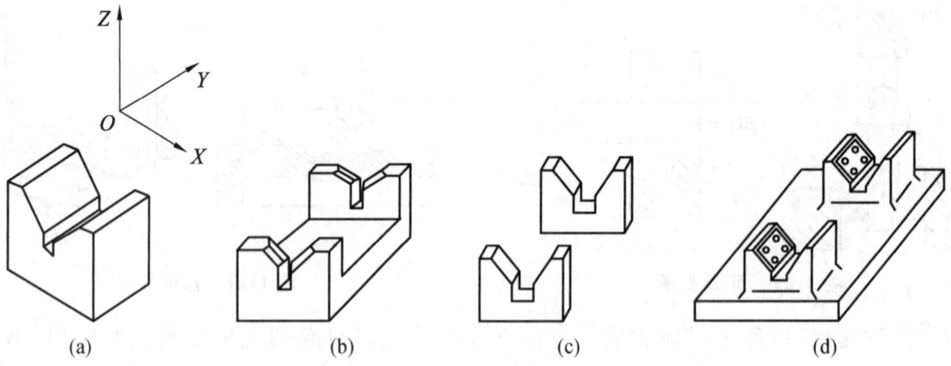

图 1-32　V 形块

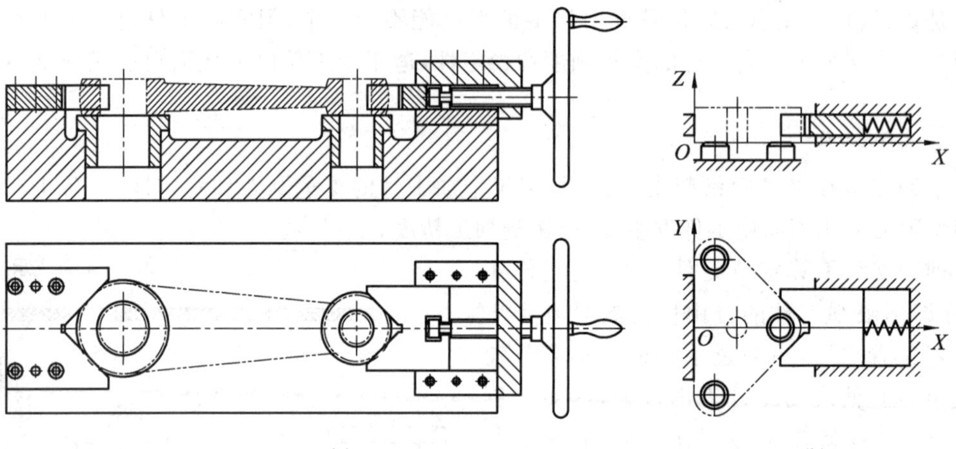

图 1-33　活动 V 形块的应用

V 形块上两斜面的夹角可选用 60°、90°、120°等几种，其中选用 90°者较多。

工件以外圆柱在圆孔中定位所用的定位元件，多制成套筒式固定在夹具体上，如图 1-34 所示。定位套定位的优点是简单方便，但定位时有间隙，定心精度不高。如果工件与定位套接触，是以工件台阶端面为主要定位基准面而圆柱孔定位套较短，则短定位套只限制工件的两个移动自由度；如工件是以外圆柱面为主要定位基准时，则长定位套限制工件四个自由度。

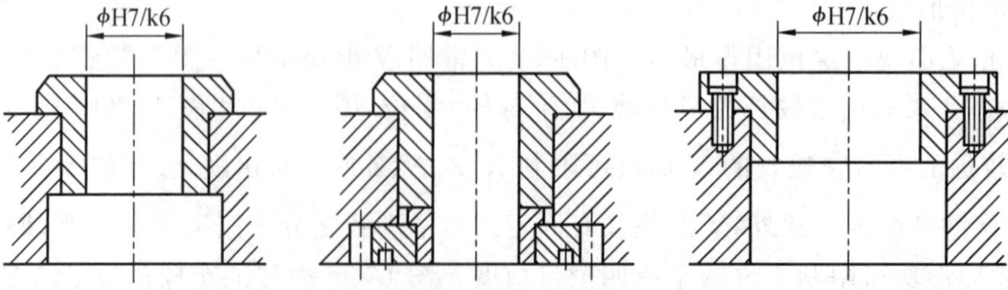

图 1-34　工件以定位套定位

(3) 工件以圆柱孔定位

工件以圆柱孔为定位基准，是生产中常见的定位方式。其常用的定位元件有定位销、定位心轴及定心夹紧装置等。

① 定位销。有圆柱销和圆锥销两类。圆柱销分为长定位销和短定位销两种。短圆柱定位销一般限制 $\vec{X}$、$\vec{Y}$ 两个移动自由度，长圆柱定位销在配合较紧时，可限制 $\vec{X}$、$\widehat{X}$、$\vec{Y}$、$\widehat{Y}$ 等四个自由度。定位销常用结构如图 1-35 所示，定位销端部均有 15°的倒角，便于引导工件套入。在大批量生产条件下，因工件装卸次数频繁，定位销很容易磨损而影响定位精度，故应使其容易更换，图 1-35d 即为采用了定位销套的便于更换的定位销结构。

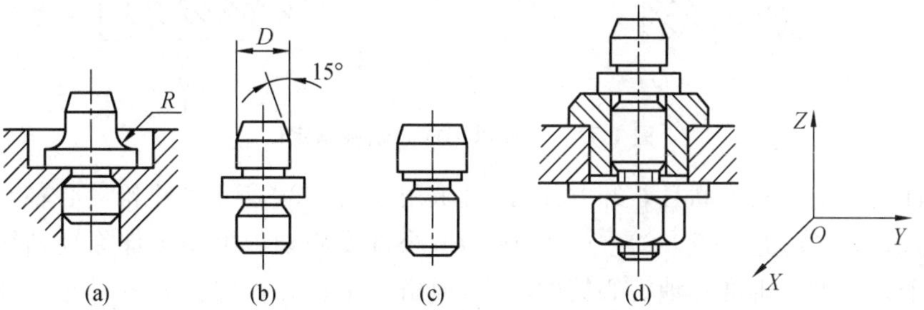

图 1-35　工件以定位销定位

工件以圆孔在圆锥销上定位时，孔端边缘与圆锥销的斜面相接触，如图 1-36 所示。

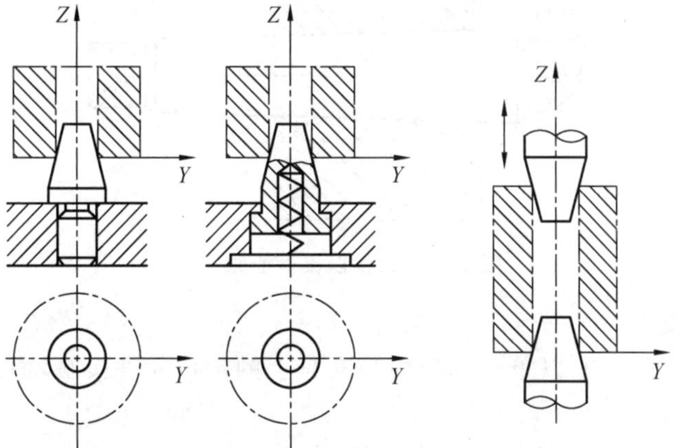

图 1-36　工件以锥销定位

图 1-36a 为固定锥销，可限制 $\vec{X}$、$\vec{Y}$、$\vec{Z}$ 三个移动自由度；图 1-36b 为活动锥销，只限制 $\vec{X}$、$\vec{Y}$ 两个移动自由度；图 1-37c 为固定锥销与活动锥销组合定位，共限制 $\vec{X}$、$\vec{Y}$、$\vec{Z}$、$\widehat{X}$、$\widehat{Y}$ 五个自由度，这种情况在车床、磨床上加工圆柱类零件时应用广泛。

② 定位心轴。定位心轴种类很多，主要用于车、铣、磨、齿轮加工等机床上加工套筒类和空心盘类工件的定位。常用的有圆柱心轴及锥度心轴等。图 1-37 为常用定位心轴的结构。图 1-37a 为过盈心轴，由引导部分、工作部分、传动部分组成。右端引导部分是为了使工件迅速而准确地套入心轴。过盈心轴限制 $\vec{Y}$、$\vec{Z}$、$\widehat{Y}$、$\widehat{Z}$ 等四个自由度。这种心轴定位精度

高，并可由过盈传递切削力矩。图 1-37b 为间隙配合心轴，间隙较小时，可限制工件的 $\vec{Y}$、$\vec{Z}$、$\widehat{Y}$、$\widehat{Z}$ 四个自由度；当间隙较大时，只限制两个移动自由度 $\vec{Y}$、$\vec{Z}$；为了减小因配合间隙较大造成的工件倾斜，工件常以孔和端面联合定位，用以消除 $\vec{X}$、$\vec{Y}$、$\vec{Z}$、$\widehat{Y}$、$\widehat{Z}$ 等五个自由度，切削力矩由端部螺旋夹紧产生的夹紧力传递。间隙心轴定心精度不高，但装卸工件方便。

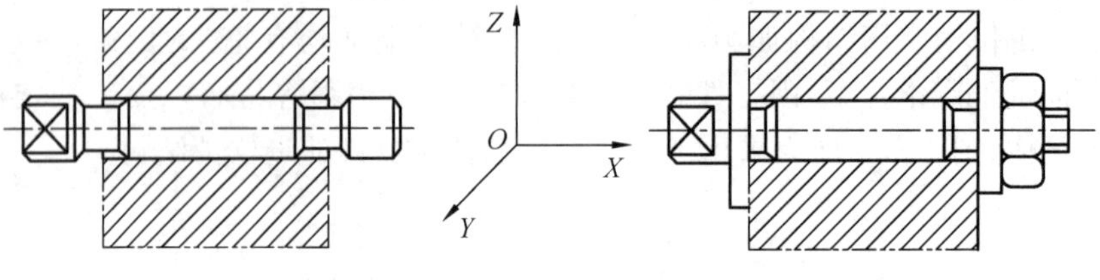

(a) (b)

图 1-37　工件以圆柱心轴锥销定位

当工件要求定心精度高且装卸方便时，可采用如图 1-38 所示的小锥度心轴来实现圆柱孔的定位，通常锥度为(1∶1000)～(1∶5000)。小锥度心轴可限制工件除绕轴线旋转以外的其余 5 个自由度。锥度心轴定心精度较高，但由于工件孔径的公差将引起工件轴向位置变化很大，且不易控制。

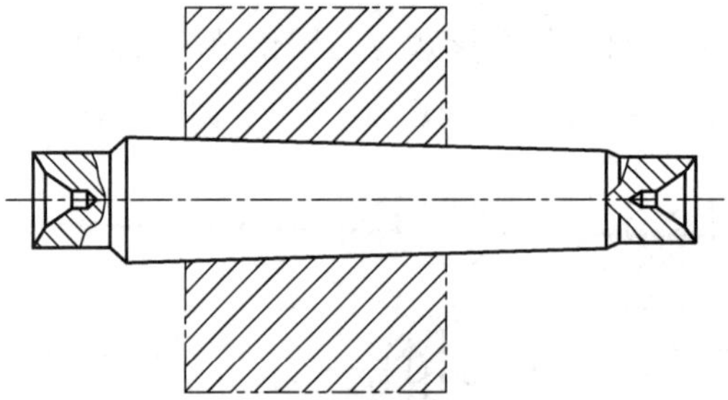

图 1-38　工件以锥度心轴定位

(4) 工件以其他方式定位

实际生产中，工件并非以单一基准面与夹具上的定位元件接触，而通常是以一组基准来完成工件的定位。

箱体类零件常以工件上的一面两孔作为定位基准，即工件上以一个大平面及该平面上其轴线与之垂直的两个孔来进行定位。为使定位可靠性较高，要求此二孔的孔距尽可能大；若该平面上没有合适的孔，可采用孔口部加工了的螺孔，或者专门加工出两个工艺孔作为定位孔。工件上用一面两孔，则在夹具上即采用“一面两销”定位，如图 1-39 所示。为避免两个短圆柱销定位时产生过定位，通常将其中一销做成削边销(也称菱形销)，只保留很短的两段圆弧与工件孔面接触，这两段短圆弧的安装位置是：其对称轴线与两销的中心连线垂直。如此，菱形销只限制一个绕圆柱销中心转动的 $\widehat{Z}$ 自由度，

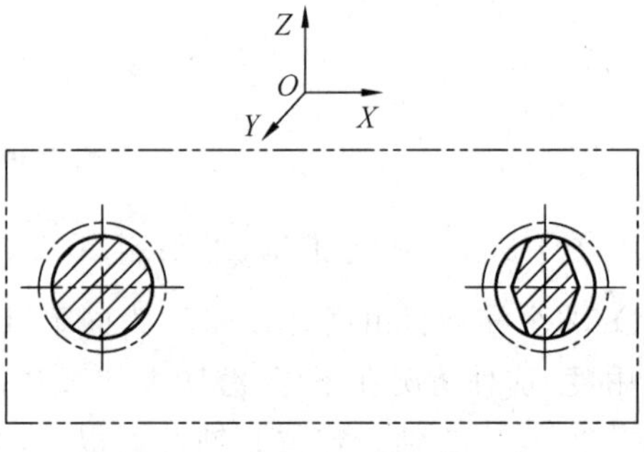

图 1-39　工件以“一面两销”定位

再加上大平面限制 $\widehat{X}$、$\widehat{Y}$、$\overrightarrow{Z}$三个自由度，短圆柱销限制 $\overrightarrow{X}$、$\overrightarrow{Y}$ 两个自由度，可见“一面两销”的定位方式是完全定位。

除以上的典型定位方式之外，工件以某些特殊的表面定位也较常见，如工件的 V 形导轨面、燕尾导轨面、齿形表面、花键表面、螺纹表面。这些表面作定位基准其定位精度也较高。

常用定位元件及其组合所限的自由度见表 1-7。

表 1-7　常用定位元件所限的自由度

工件定位基准面	定位元件	定位方式简图	定位元件特点	限制的自由度
平　面 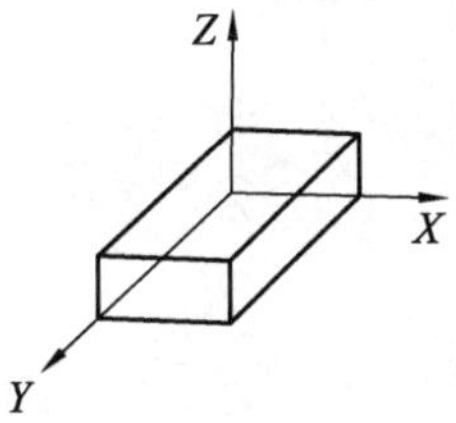	支承钉	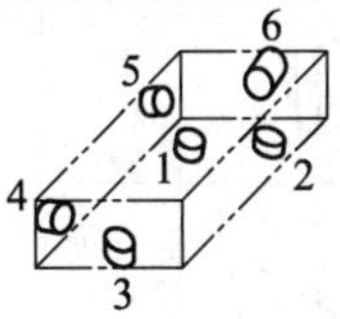		1,2,3—$\overrightarrow{Z}$,$\widehat{X}$,$\widehat{Y}$ 4,5—$\overrightarrow{X}$,$\widehat{Z}$ 6—$\overrightarrow{Y}$
	支承板	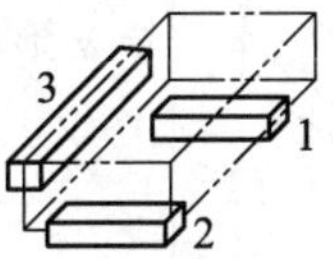	每个支承板也可设计为两个或两个以上小支承板	1,2—$\overrightarrow{Z}$,$\widehat{X}$,$\widehat{Y}$ 3—$\overrightarrow{X}$,$\widehat{Z}$
	固定支承与浮动支承	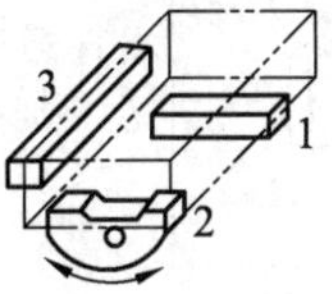	1,3—固定支承 2—浮动支承	1,2—$\overrightarrow{Z}$,$\widehat{X}$,$\widehat{Y}$ 3—$\overrightarrow{X}$,$\widehat{X}$
	固定支承与辅助支承	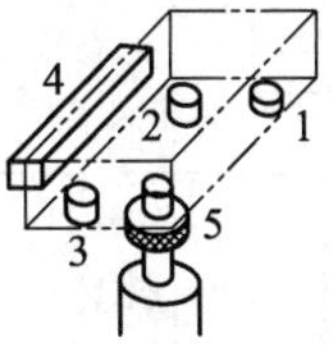	1，2，3，4—固定支承 5—辅助支承	1,2,3—$\overrightarrow{Z}$,$\widehat{X}$,$\widehat{Y}$ 4—$\overrightarrow{X}$,$\widehat{Z}$ 5—增加刚性，不限制自由度
圆　孔 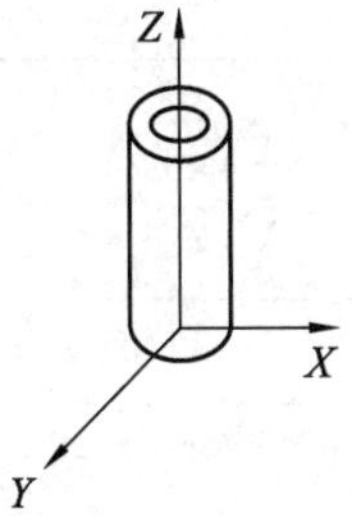	定位销（心轴）	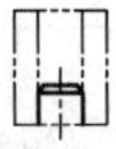	短销（短心轴）	$\overrightarrow{X}$,$\overrightarrow{Y}$
			长销（长心轴）	$\overrightarrow{X}$,$\overrightarrow{Y}$ $\widehat{X}$,$\widehat{Y}$
	锥　销	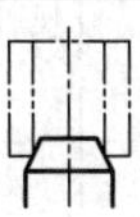	单锥销	$\overrightarrow{X}$,$\overrightarrow{Y}$,$\overrightarrow{Z}$
		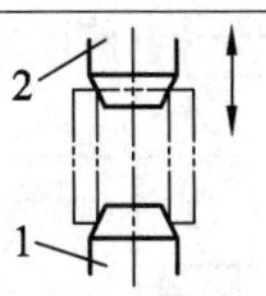	1—固定销 2—活动销	$\overrightarrow{X}$,$\overrightarrow{Y}$,$\overrightarrow{Z}$ $\widehat{X}$,$\widehat{Y}$

续表

工件定位基准面	定位元件	定位方式简图	定位元件特点	限制的自由度
外圆柱面 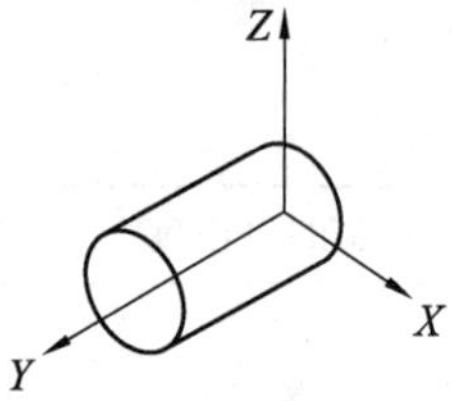 	支承板或支承钉	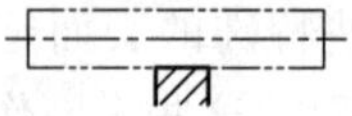	短支承板或支承钉	$\vec{Z}$（或$\vec{X}$）
			长支承板或两个支承钉	$\vec{Z}$，$\widehat{X}$
	V 形块	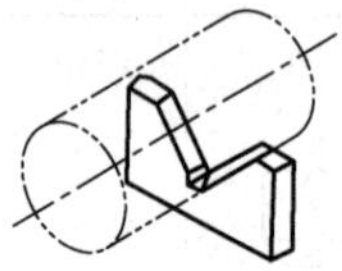	窄 V 形块	$\vec{X}$，$\vec{Z}$
外圆柱面 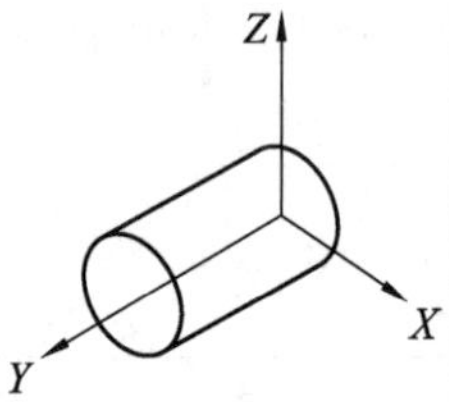 	V 形块	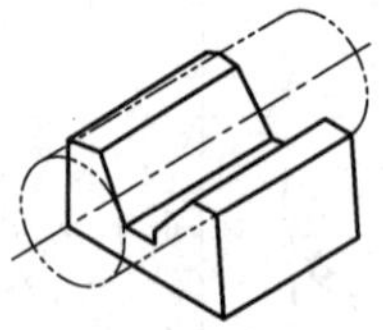	宽 V 形块或两个窄 V 形块	$\vec{X}$，$\vec{Z}$ $\widehat{X}$，$\widehat{Z}$
		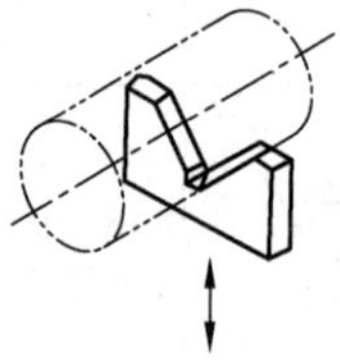	垂直运动的窄活动 V 形块	$\vec{X}$（或$\widehat{Z}$）
	定位套	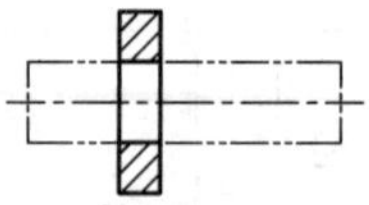	短套	$\vec{X}$，$\vec{Z}$
		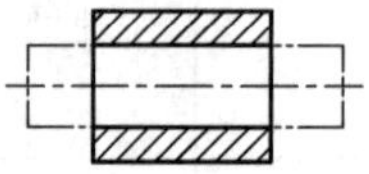	长套	$\vec{X}$，$\vec{Z}$ $\widehat{X}$，$\widehat{X}$
	半圆孔	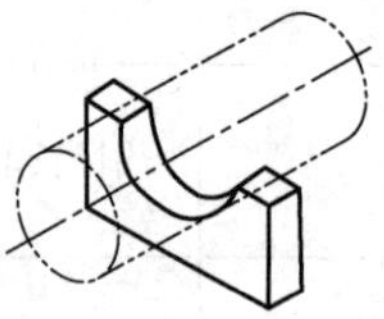	短半圆孔	$\vec{X}$，$\vec{Z}$
			长半圆孔	$\vec{X}$，$\vec{Z}$ $\widehat{X}$，$\widehat{Z}$
	锥　套	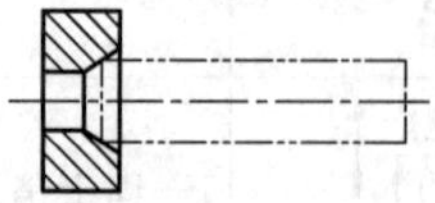	单锥套	$\vec{X}$，$\vec{Y}$，$\vec{Z}$
		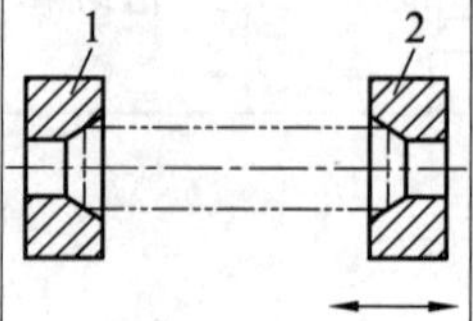 	1—固定锥套 2—活动锥套	$\vec{X}$，$\vec{Y}$，$\vec{Z}$ $\vec{X}$，$\vec{Z}$

1.5.4　工件的夹紧方式

工件在机械加工中要受到切削力、惯性力和重力等外力的作用。为保证工件在这些力的作用下不发生位移，避免机床、刀具的损坏及人身事故，并抑制振动，在工件完成定位后，还需将其夹紧、压牢。将工件夹紧、压牢在夹具中的装置是夹紧装置。

(1) 对夹紧方式和夹紧机构的基本要求

① 夹紧应有利于工件的定位而不许破坏工件在定位时所获得的正确位置。这就要求夹紧力应使工件的定位基面紧贴夹具的定位支承，而不能使其离开定位支承，同时不能使非支承的定位元件受力。如在“一面两销”定位的夹具中，两定位销为非支承定位元件，故在夹紧过程中，这两个定位销不应承受夹紧力。

② 夹紧力大小应适当，使夹紧作用可靠，而且能够自锁。

③ 夹紧后工件的变形应尽可能小，不能因夹紧变形而影响加工精度。

④ 夹紧机构的操作要方便、迅速、省力、安全。

(2) 夹紧装置的结构及其自动化程度应与工件生产类型相适应

小批量生产中常采用结构简单、易于制造的夹具；大批大量生产则常采用结构复杂、自动化水平高的夹具，在选择夹紧方案时，首先要确定的是夹紧力的方向、作用点和大小三个要素，然后再选择适当的传力方式和夹紧机构。

(3) 确定夹紧力方向时应符合两个原则

① 夹紧力作用方向应不破坏工件定位的准确性和可靠性，即在夹紧力作用下，工件不应该离开支承点。其方法是：主要夹紧力应指向限制自由度最多的主定位面，这样可以保证主定位面与定位元件的可靠接触。如图 1-40 所示，为使镗孔的轴线与工件端面的垂直度得到保证，应选择 A 面作为主定位面而限制三个自由度，故主夹紧力应垂直于 A 面。如果选择 B 面作主定位面，用 B 面限制三个自由度，主夹紧力垂直于 B 面，则工件底面与夹具 B 面完全接触，而 A 面只限制两个自由度，则 A 面与夹具垂直定位平面间可能会产生间隙，导致镗孔轴线与工件端面 A 的垂直度难以保证。

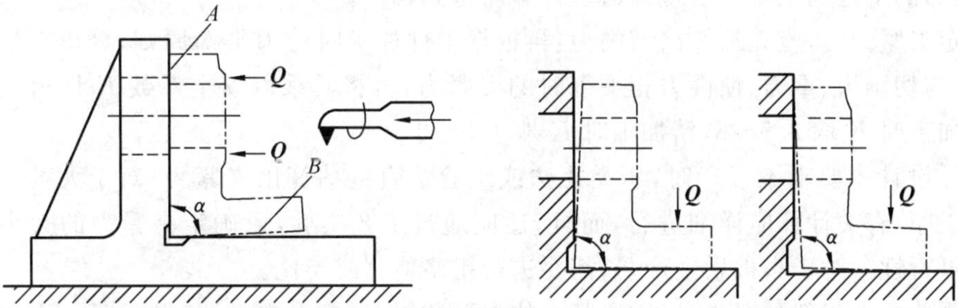

(a) 合理　　(b) 不合理

图 1-40　夹紧力方向的确定

② 夹紧力的方向应有利于采用较小的夹紧力即可夹紧工件，最好使夹紧力与切削力或与工件重力的方向一致。

(4) 选择夹紧力作用点时要注意的问题

① 夹紧力应作用在工件刚度最大的部位，否则易使工件发生变形，这对刚度较差的工

件尤为重要。如图1-41所示，图a的方案不合理，图b的方案合理，因为前者使工件产生了变形，后者则没有。夹紧力的作用点应尽量靠近工件的被加工表面，这样可较为有效地抑制工件的变形和振动，增加夹紧的可靠性，有利于保证加工精度。这是因为工件实际上是一个弹性体，夹持点与力作用点之间的距离越远，弹性变形和振动就会相应增大。

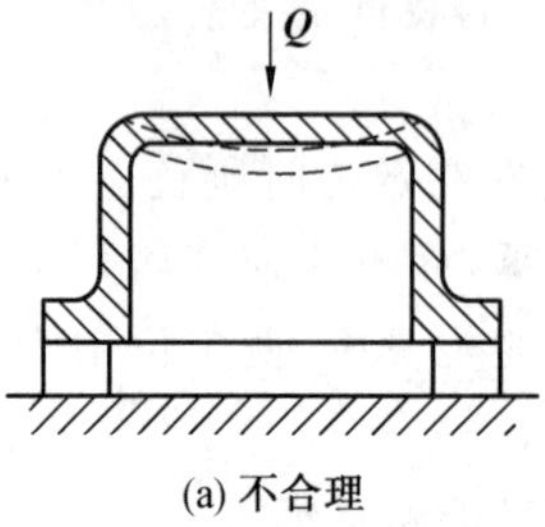

图1-41　夹紧力作用点应在刚度好的部位

② 夹紧力的作用点应在夹具支承点所组成的面积之内，即作用线应通过支承面，以保证夹紧的稳定性。如图1-42所示，方案a易产生倾翻力矩，破坏工件定位，方案b就比较合理可行。

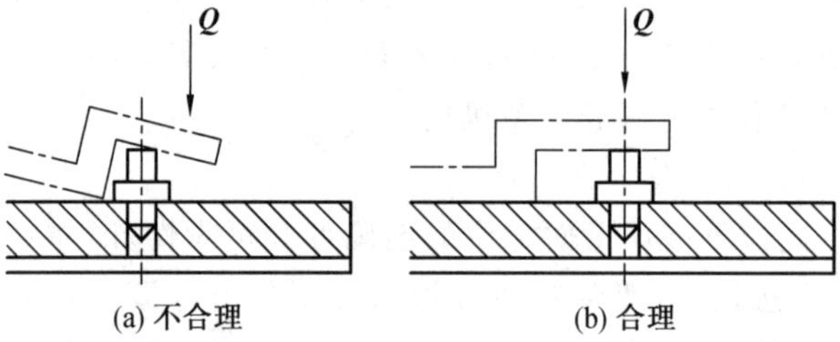

图1-42　夹紧力作用点应在支承面内

(5) 夹紧力大小的估算

夹紧力是设计夹具的基本参数，夹具所需夹紧力还与切削力和重力有关。切削力的数值、方向和作用点受加工条件及加工部位的影响，但是，在制定了工件的机械加工工艺之后，切削力的上述问题基本上可以通过计算而得到解决。

确定夹紧力时，应先估算出切削力，再根据工件加工时受力平衡原则，算出在最不利的状态下，与切削力、重力、惯性力相平衡时的夹紧力，再将其乘以安全系数 K 即得实际夹紧力。粗加工时 K 取2.5～3，精加工时 K 取1.5～2。

实际设计中要求不很严时，用类比法或经验法直接估算出夹紧力；对于大批大量生产的关键工序，有关计算应详细进行，而且，还应通过工艺实验，以确定夹紧力的大小及夹具设计的可行性。对于小批量生产，只需要进行粗略估算或类比。

夹紧装置由三部分组成：提供夹紧力的力源装置，通常有电动、气动、液压、手动等多种方式；中间传力机构，是将力源装置产生的力传给夹紧元件的机构；夹紧元件，是与工件表面直接接触而夹紧工件的零件或组件。动力源的选择应根据夹紧力、生产批量和工厂现有条件等因素进行；常用的夹紧机构有斜楔夹紧机构、螺旋夹紧机构、偏心夹紧机构、铰链夹紧机构、定心夹紧机构等。

选择夹紧机构时，保证良好的自锁性能是其首要问题，尤其是对斜楔夹紧机构。此外，还要按生产类型(单件、成批或大量生产)来确定夹紧装置的自动化程度。批量大时，选自动化程度高的夹紧机构，以提高生产率；单件小批生产时，自动化程度可低一些，以降低夹具生产成本。

习题和思考题

1-1 生产过程与工艺过程的含义是什么？两者的主要组成部分有哪些？

1-2 机械加工工艺系统由哪些要素组成？系统的整体目的是什么？

1-3 题1-3图所示为定位螺钉的零件图，毛坯为ϕ30 mm的45钢棒料，其小批生产的工艺过程见题表1-3。试在表中简要说明划分工序，安装、工步、工位、走刀的理由。

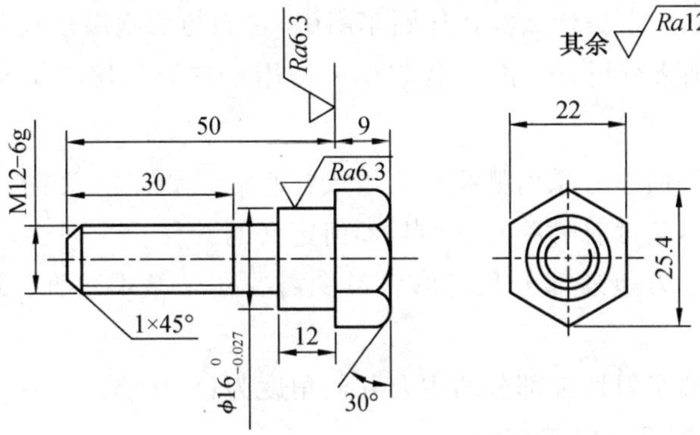

题1-3图

题1-3表 定位螺钉的工艺过程

工序号	工序内容，安装，工位，工步	所用设备	划分的理由
1	下 料	锯 床	
2	车(安装一次) (1) 车小端端面 (2) 车ϕ25.4外圆 (3) 车小端外圆ϕ18×49.8 (4) 车M12外圆。保持长度38 (5) 车外圆$\phi16_{-0.027}^{\ 0}$×12(包括两次走刀) (6) 倒角1×45° (7) 车螺纹M12－6g (8) 切断	普通车床	设备改变 加工面或刀具改变 其中n、f不变
3	车(调头安装一次) (1) 车大端端面 (2) 倒角30°	在同一台车床上	相同的设备，但整批零件不连续加工
4	铣六角头(安装一次) (用两把铣刀和分度头分三个工位进行加工)	卧式铣床	每次加工两对边后，工件需转过60°
5	钳工去毛刺	钳 台	
6	发黑	热处理	工作地点改变
7	检验		

1-4 生产纲领的含义是什么？划分生产类型的主要依据有哪些？

1-5 某厂年产 295 柴油机 2 000 台，已知连杆的备品率为 20%，机械加工废品率为 3%，试计算连杆的年生产纲领，并说明其生产类型及工艺特点。（该柴油机属小型机械）

1-6 母线、导线、发生线的定义各是什么？试举例加以说明。

1-7 形成发生线的方法有哪几种？展成法与相切法有什么不同？

1-8 在滚齿机的切削过程中，滚切渐开线直齿圆柱齿轮齿面的发生线是什么？有哪几个成形运动？

1-9 用三角形螺纹车刀车削螺纹时需要哪些成形运动？

1-10 什么是表面成形运动？什么是主运动？什么是进给运动？

1-11 切削用量三要素是什么？在外圆车削中，它们与切削层参数有什么关系？

1-12 从外圆车削来分析，v_c、f、a_p 各起什么作用？它们与切削层厚度 h_D 和切削层宽度 b_D 各有什么关系？

1-13 刀具正交平面参考系由哪些平面组成？它们是如何定义的？

1-14 刀具的基本角度有哪些？它们是如何定义的？

1-15 确定外圆车刀切削部分几何形状最少需要几个基本角度？试画图标出这些基本角度。

1-16 已知一外圆车刀切削部分的主要几何角度为：$\gamma_0=15°$、$\alpha_0=\alpha_0'=8°$、$\kappa_r=15°$、$\lambda_s=-5°$，试绘出该刀具切削部分的工作图。

1-17 试简述刀具标注角度和工作角度的区别。为什么车刀做横向切削时，进给量取值不能过大？

1-18 刀具切削部分的材料必须具备哪些基本性能？

1-19 普通高速钢有什么特点？常用的牌号有哪些？主要用来制造哪些刀具？

1-20 常用的硬质合金有哪几类？如何选用？

1-21 解释下列机床型号的含义：

CA6140；Z3040；MBGl432；X5032；Y3150E；CK3263B。

1-22 机床上的运动分哪几种？举例说明切削运动就是工件的成形运动。

1-23 什么是装夹？有哪些装夹方法？各应用于什么场合？

1-24 什么是工艺基准和定位基准？

1-25 夹具由哪几部分组成？各部分的功用是什么？

1-26 夹具按其使用范围可分为几类？试说明成组夹具和组合夹具的特点及其应用范围。

1-27 什么是六点定位原则？工件加工时是否一定要限制 6 个自由度？

1-28 何为欠定位和过定位？欠定位与过定位在生产过程中是否允许出现？

1-29 试分析题 1-29 图所示各零件加工时必须限制的自由度：

(1) 在球上铣平面，保证尺寸 H(图 a)；

(2) 在套筒零件上加工 ϕB 孔，要求与 ϕD 孔垂直相交，且保证尺寸 L(图 b)；

(3) 在轴上铣扁，保证尺寸 H 和 L(图 c)；

(4) 在支座零件上铣槽，保证槽宽 B 和槽深 H 及 4 个分布孔的位置度(图 d)。

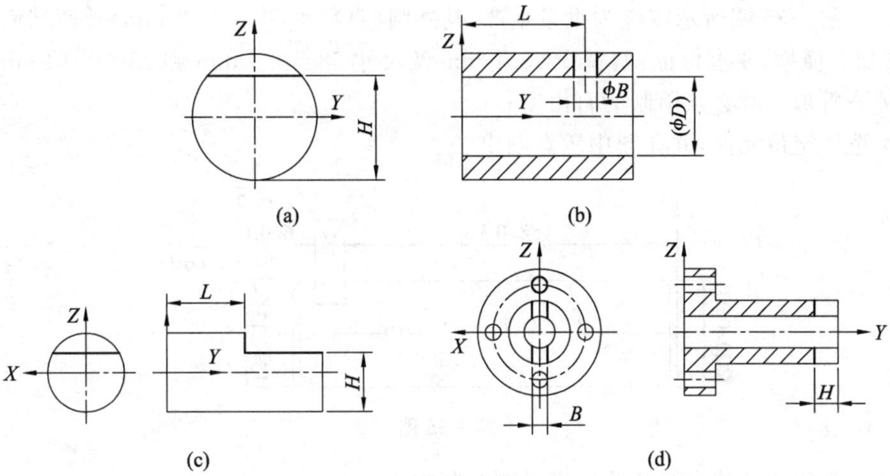

题 1-29 图

1-30　可调支承、辅助支承、浮动支承的功用各是什么？

1-31　长圆柱销、短圆柱销、短菱形销各限制工件几个自由度？

1-32　顶尖和 V 形块各有几种？各限制工件几个自由度？

1-33　夹具装配时，菱形销削边部位朝哪个方向？

1-34　分析题 1-34 图所示各方案，试确定各定位元件限制的自由度；判断有无欠定位或过定位；对不合理的定位方案提出改进意见。

(1) 车阶梯轴小外圆及台阶端面(图 a)；

(2) 车外圆，保证外圆与内孔同轴(图 b)；

(3) 钻、铰连杆小头孔，要求保证与大头孔轴线的距离及平行度，并与毛坯外圆同轴(图 c)；

(4) 钻、铰孔，要求与外圆同轴(图 d)。

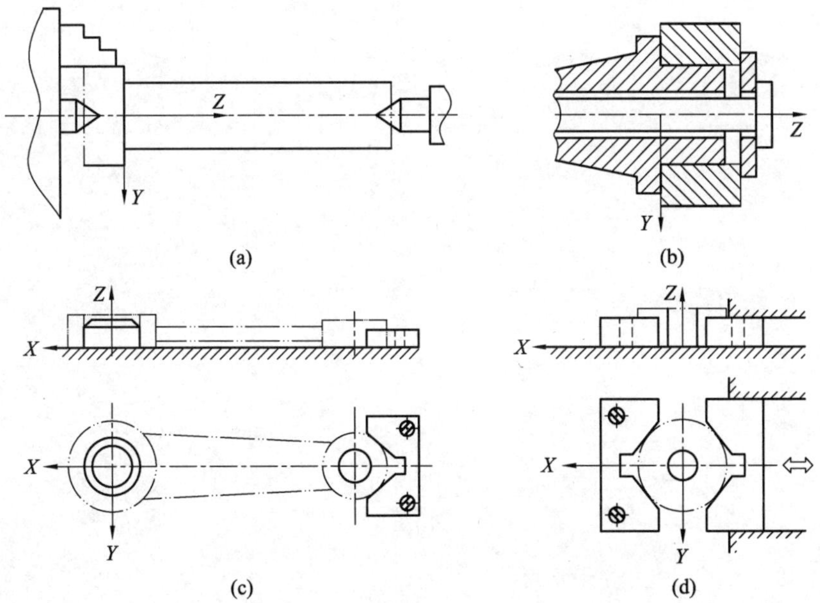

题 1-34 图

1-35　题 1-35 图所示零件为批量生产，其外圆（直径 ϕ 20±0.02 mm）及两端面均已加工好，现加工横槽，要求保证：槽宽 6±0.1 mm 及尺寸 58±0.3 mm 和 15±0.12 mm。试：

（1）分析加工时必须限制的自由度；

（2）选择定位元件，并在图中示意画出。

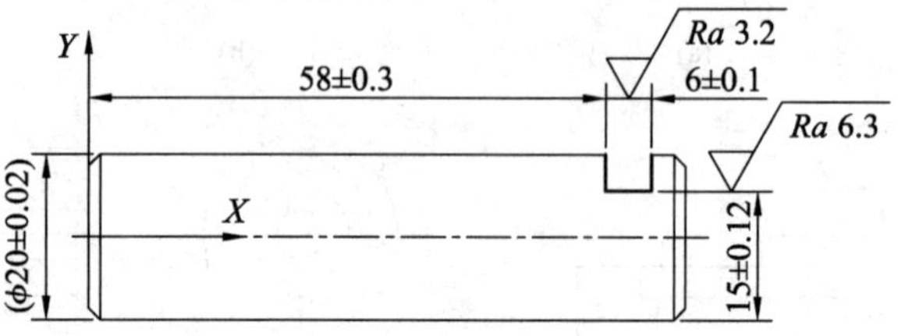

题 1-35 图

1-36　机床夹具的夹紧装置应满足哪些基本要求？

1-37　如何选择夹紧力的作用点和方向？怎样确定夹紧力的大小？

1-38　气动夹紧和液压夹紧各有什么优缺点？

第 2 章　切削过程及控制

金属切削加工是指用刀具从工件表面上切除多余的金属，从而使工件的形状、尺寸、位置和表面质量等均符合技术要求的一种加工方法。在切削加工过程中，切削层材料在刀具前刀面挤压作用下脱离工件本体变成切屑，在本体上则形成已加工表面，因此金属切削过程实质上就是形成切屑和已加工表面的过程。在这一过程中会出现许多物理现象，如切屑变形、切削力、切削热、刀具磨损等，了解和掌握这些现象的成因、作用及其变化规律，对于保证加工质量、提高生产率、降低成本和促进切削加工技术的发展，有着十分重要的意义。

2.1　金属切削过程

切削过程中的各种物理现象，都是以切屑形成过程为基础的。了解切屑形成过程，对理解切削规律及其本质非常重要，现以塑性金属材料为例，说明切屑的形成及切削过程中的变形情况。

2.1.1　切屑的形成过程

1. 变形区的划分

切屑是被切金属层变形产生的废物。切屑究竟是如何被切下来的呢？过去曾错误地认为刀具是个"楔子"，像斧子劈木材那样，金属是被劈开来的。直到 19 世纪末，根据实验结果发现，切屑是被切材料受到刀具前刀面的推挤后发生塑性变形，最后沿着某一斜面剪切滑移形成的。

如图 2-1 所示，切削层 $AFGD$ 可以看成由许多平行四边形扁块组成的，如 $ABCD$、$BEHC$、$EFGH$ 等。当这些扁块受到刀具前刀面的推挤时，便经过滑移形成另一些扁块，如 $ABCD$ 受到推挤后变为 $AB'C'D$，$BEHC$ 滑移成 $B'E'H'C'$，$EFGH$ 滑移成 $E'F'G'H'$。由此可知，切屑的形成过程是切削层受到前刀面的挤压后产生的以滑移为主的塑性变形过程。

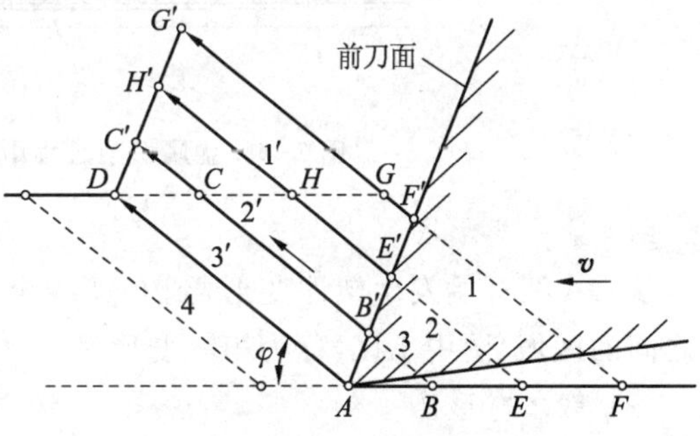

图 2-1　切屑形成过程示意图

这一滑移变形过程实际上与金属材料受挤压后产生剪切滑移的过程类似。由材料力学可知，金属材料受挤压时，其内部产生主应力与剪应力。在与作用力大致成 45°的方向剪应力最大，如图 2-2a 中的 AD 与 BC 方向。当剪应力达到材料的屈服强度时，即沿 AD 或

BC 面发生剪切滑移。AD、BC 称为剪切面。切削加工时，毛坯上一部分金属受到刀具的挤压而产生弹性和塑性变形，但由于受到下方金属阻碍（见图 2-2b），切削层只能沿 AD 面向上剪切滑移，AD 就是切削过程的剪切面。

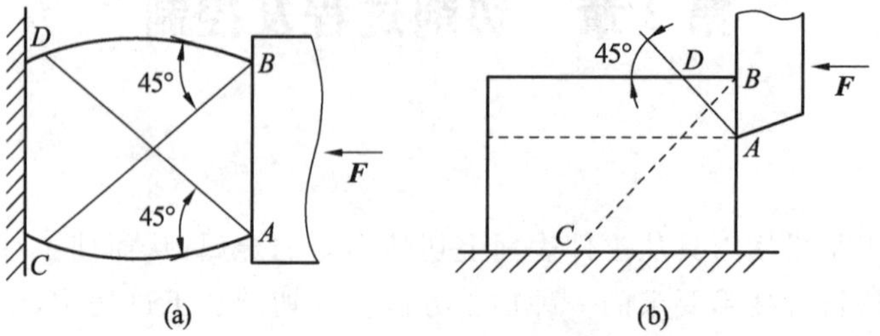

图 2-2　挤压与切削的比较

切削过程的实际情况要比图 2-1 所示意的变形复杂。图 2-3 是一个塑性金属的切屑根部（紧靠刀尖前面的被切金属层及切屑）金相显微照片。根据金属切削层变形图片，可绘制出如图 2-4 所示的金属切削层的滑移线和流线示意图。流线表示被切削金属中的某一点在切削过程中流动的轨迹。由图可见，切削过程中切削层金属的变形大致可划分为三个区域：

图 2-3　切屑根部的金相照片

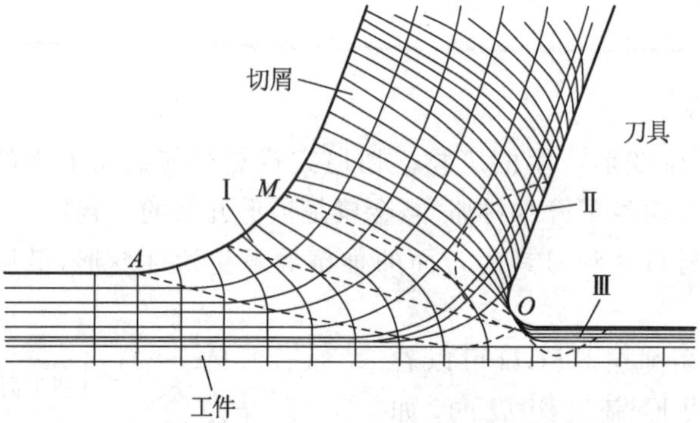

图 2-4　金属切削过程中的滑移线和流线示意图

（1）第一变形区

从 OA 线开始发生塑性变形，到 OM 线金属晶粒的剪切滑移基本完成。OA 线和 OM 线之间的区域（图中Ⅰ区）称为第一变形区。

（2）第二变形区

切屑沿前刀面流出时进一步受到前刀面的挤压和摩擦，使靠近前刀面处的金属纤维化，纤维化方向基本上与前刀面平行。这一区域（图中Ⅱ区）称为第二变形区。

（3）第三变形区

已加工表面受到切削刃钝圆部分和后刀面的挤压与摩擦，产生变形与回弹，造成表层金属纤维化与加工硬化。这一区域（图中Ⅲ区）称为第三变形区。

从图 2-4 中可以看出，在第一变形区内，切削层金属变形的主要特征是沿滑移线的剪切变形及随之产生的加工硬化。如图 2-5 所示，追踪切削层中任一点 P，以观察切屑的变形和形成过程。当刀具前刀面推挤切削层时，在切削层内产生应力场，离切削刃愈近，应力愈大。在应力场中可以找到剪应力 τ 达到金属材料屈服强度 τ_s 的各点，连接各点可以得到曲线 OA。由于此处 $\tau=\tau_s$，所以被切削材料在 OA 线开始剪切滑移，故 OA 称为始滑移线。当切削层中某点 P 向刀刃运动到达点 1 位置时，剪应力 τ 达到金属材料的屈服极限 τ_s，此时点 1 向前移动的同时也沿 OA 线发生滑移，其合成运动将使点 1 进入点 2 的位置，2 与 2′之间的距离就是滑移量。由于塑性变形中发生强化现象，要继续滑移必须不断提高应力 τ。而点 P 继续向前运动时，它所受到的剪应力不断增加，乃至不断再发生滑移，如 3′3、4′4。当到达点 4 后，被切材料的流向与前刀面平行，不再滑移，故 OM 称为终滑移线。由此可见，切削层的材料经过一个从 OA 到 OM 的剪切变形区而变成切屑。剪切区内的剪切线与自由表面的交角约为 45°（符合塑性力学）。在一般切削速度范围内，这一变形区的宽度仅为 0.02～0.2 mm。切削速度愈高，宽度愈小。因此可以将变形区视为一个剪切平面，称为剪切面。剪切面与切削速度方向之间的夹角称为剪切角，以 Φ 表示，如图 2-6 所示。

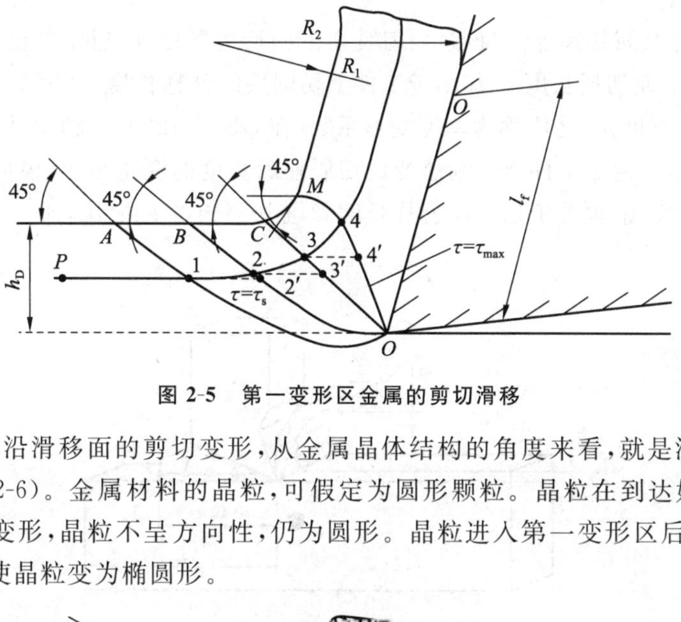

图 2-5　第一变形区金属的剪切滑移

切削层金属沿滑移面的剪切变形，从金属晶体结构的角度来看，就是沿晶格中晶面进行的滑移（见图 2-6）。金属材料的晶粒，可假定为圆形颗粒。晶粒在到达始滑移线 OA 之前，仅产生弹性变形，晶粒不呈方向性，仍为圆形。晶粒进入第一变形区后，因受剪应力作用产生滑移，致使晶粒变为椭圆形。

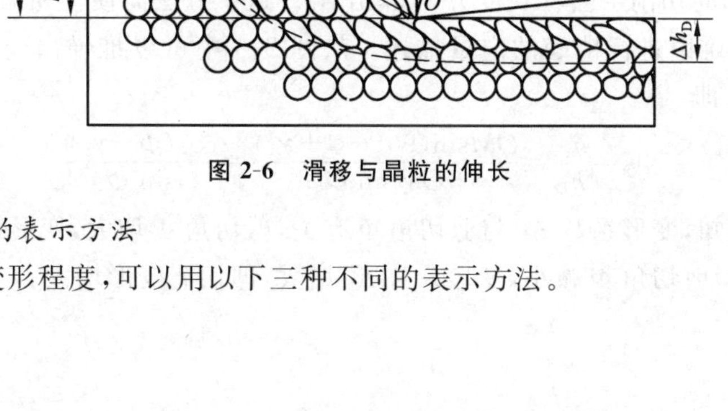

图 2-6　滑移与晶粒的伸长

2. 变形程度的表示方法

衡量切屑的变形程度，可以用以下三种不同的表示方法。

(1) 剪切角 Φ

实验证明剪切角 Φ 的大小和切削力的大小有直接联系。对于同一工件材料，用同样的刀具，切削同样大小的切削层，当切削速度高时，剪切角 Φ 较大，剪切面积变小(见图 2-7)，切削比较省力，说明切屑变形较小。相反，当剪切角 Φ 较小，则说明切屑变形较大。用剪切角 Φ 衡量切屑的变形程度，需要在金相显微镜下观察及拍摄获得切屑根部图片，测量比较麻烦，因此，一般很少使用剪切角来衡量切屑变形。

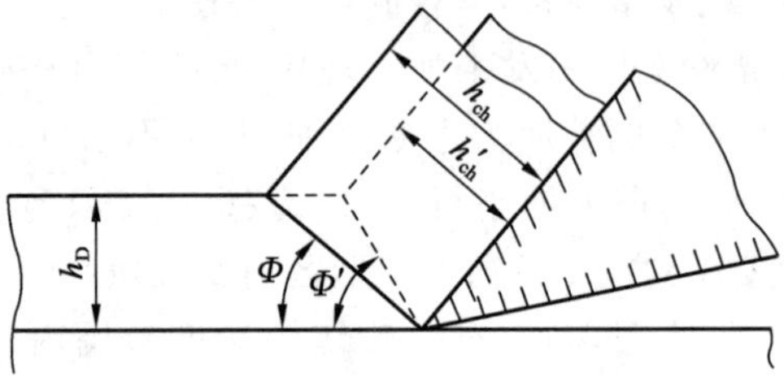

图 2-7　剪切角 Φ 与剪切面面积的关系

(2) 变形系数

实践表明，在金属切削加工过程中，刀具切下的切屑厚度 h_{ch} 通常都要大于工件上切削层的公称厚度 h_D，而切屑长度 l_{ch} 却小于工件上切削层的公称长度 l_c(见图 2-8)。切屑厚度 h_{ch} 与切削层公称厚度 h_D 之比称为厚度变形系数(在 GB/T 12204—2010 中称为切屑厚度压缩比)，用 Λ_h 表示。由于工件上切削层变成切屑前后宽度的变化很小，根据体积不变原理，切屑厚度变形系数 Λ_h 也等于切削层公称长度 l_c 与切屑长度 l_{ch} 之比，即

$$\Lambda_h=\frac{h_{ch}}{h_D}=\frac{l_c}{l_{ch}}>1 \tag{2-1}$$

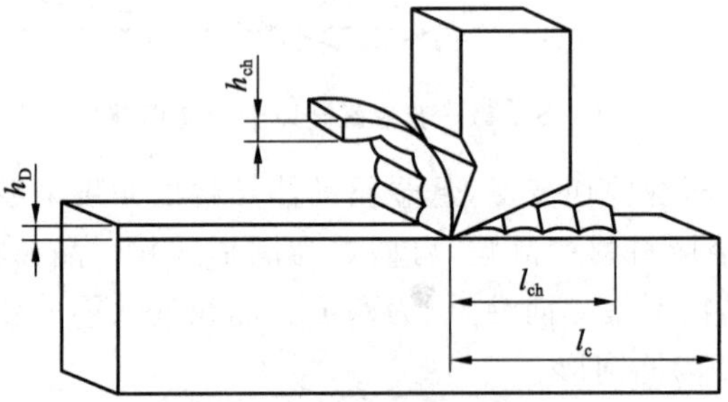

图 2-8　切屑与切削层尺寸

变形系数 Λ_h 是大于 1 的数，它比较直观地反映了切屑的变形程度，变形系数 Λ_h 越大，表示切屑越厚越短，切屑变形程度越大。而且，Λ_h 的测量很方便，只要用细铜丝测出切屑长度 l_{ch}，便可由已知的切削层公称长度 l_c 计算出 Λ_h。这个方法简便但粗略，它不能反映切屑变形的全部情况，难以进行精确的定量描述。从图 2-9 中可以推导出变形系数 Λ_h 与剪切角 Φ 之间的关系，即

$$\Lambda_h=\frac{h_{ch}}{h_D}=\frac{OM\sin(90°-\Phi+\gamma_o)}{OM\sin\Phi}=\frac{\cos(\Phi-\gamma_o)}{\sin\Phi} \tag{2-2}$$

由式(2-2)可知，变形系数 Λ_h 与剪切角 Φ 有关，剪切角 Φ 增大，变形系数 Λ_h 减小，即切屑变形减小；反之，剪切角 Φ 减小，变形系数 Λ_h 增大，即切屑变形增大。

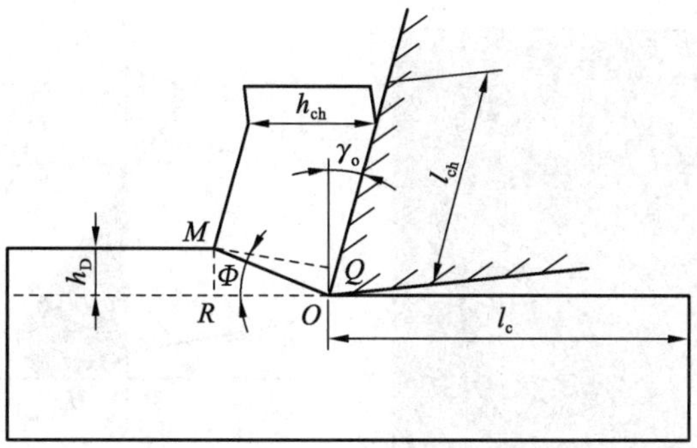

图 2-9　变形系数 Λ_h 的确定

（3）相对滑移

既然切削过程中金属变形的主要形式是剪切滑移，当然就可以用相对滑移（剪应变）ε 来衡量切削过程的变形程度。如图 2-10 所示，当切削层单元平行四边形 $OHNM$ 产生剪切变形后，变为平行四边形 $OGPM$，其沿剪切面 HN 方向产生的滑移量 Δs 与单元层高 Δy 之比即为相对滑移 ε

$$\varepsilon=\frac{\Delta s}{\Delta y}=\frac{NP}{MK}=\frac{NK+KP}{MK} \tag{2-3}$$

则

$$\varepsilon=\cot\Phi+\tan(\Phi-\gamma_o)=\frac{\cos\gamma_o}{\sin\Phi\cos(\Phi-\gamma_o)} \tag{2-4}$$

由式(2-4)可以看出，剪切角 Φ 越大，前角 γ_o 越大，则 ε 越小，即变形也越小。

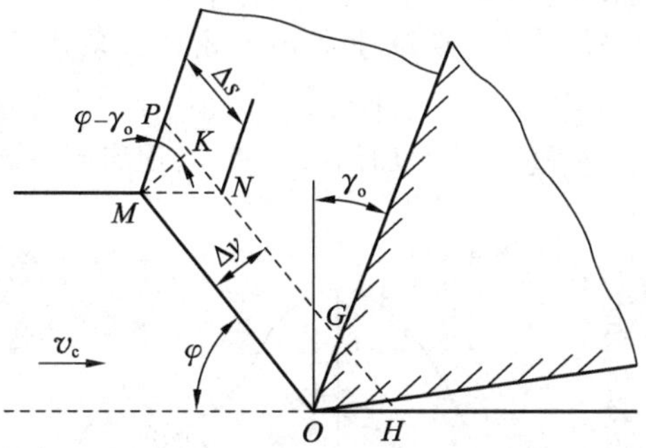

图 2-10　相对滑移 ε 的计算

2.1.2　积屑瘤的形成及其对切削过程的影响

1. 积屑瘤现象

切削钢、球墨铸铁、铝合金等塑性材料时，在切削速度不高而又能形成连续性切屑的情况下，常常在刀具前刀面刃口处粘结（又称冷焊）一些工件材料，形成一块剖面有时呈三角状、硬度很高的楔块（其硬度通常为工件材料的 2～3 倍），在处于比较稳定的状态时它能够代替切削刃进行切削。这块冷焊在前刀面上的金属称为积屑瘤或刀瘤（见图 2-11），积屑瘤的大小通常用积屑瘤的高度 H_b 来衡量（见图 2-12）。

图 2-11　积屑瘤的金相显微照片

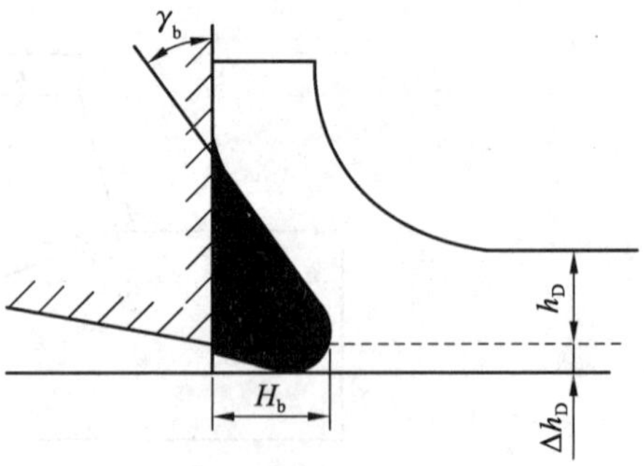

图 2-12　积屑瘤前角 γ_b 和伸出量 Δh_D

2. 积屑瘤的形成过程

切削过程中，由于切屑底层是刚从基体材料上剥离下来的新鲜表面，而刀具前刀面也在不断地被切屑底面擦拭，也是新鲜表面，这两个表面之间的粘附能力较强。当切屑底面与前刀面接触处达到一定温度，同时又存在较高压力时，两者就会产生粘结，使切屑底层的部分金属滞留在前刀面上。连续流动的切屑从粘在前刀面上的滞留层金属表面上流过时，如果温度与压力适当，又会产生粘结而出现新的滞留层，使粘结层逐层在前一层上积聚，最后长成积屑瘤。

积屑瘤的产生及其成长与工件材料的性质、切削区的温度分布和压力分布有关。塑性材料的加工硬化倾向愈强，愈易产生积屑瘤；切削区的温度和压力很低时，不会产生积屑瘤；温度太高时，由于产生弱化作用而使材料变软，也不会产生积屑瘤。对碳素钢来说，切削区温度处于 300～350 ℃时积屑瘤高度最大，超过 500 ℃以上时积屑瘤趋于消失。在背吃刀量 a_p 和进给量 f 保持一定时，积屑瘤高度 H_b 与切削速度 v_c 有密切关系，因为切削过程中产生的热是随切削速度的提高而增加的。在图 2-13 中，Ⅰ区为低速区，不产生积屑瘤；Ⅱ区积屑瘤高度随 v_c 的增加而增大；Ⅲ区积屑瘤高度随 v_c 的增加而减小；Ⅳ区积屑瘤不再生成。

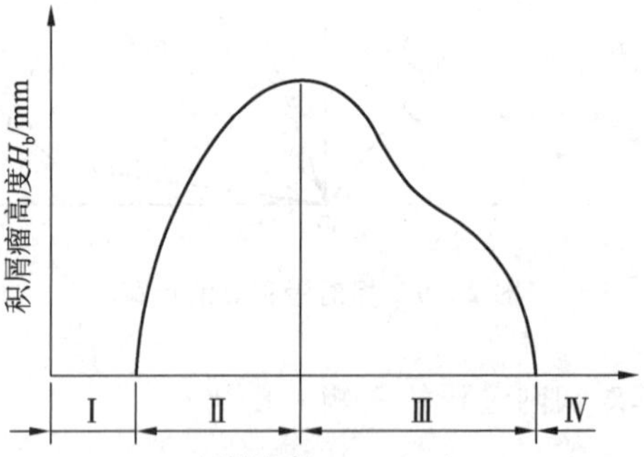

图 2-13　积屑瘤高度 H_b 与切削速度 v_c 关系示意图

3. 积屑瘤对切削过程的影响

积屑瘤对切削过程有积极的影响，也有消极的影响：

① 增大实际前角。积屑瘤粘结在刀具前刀面上（见图 2-12），加大了刀具的实际工作前角，可减小切屑变形，使切削力减小，对切削过程起积极的作用。积屑瘤愈高，实际前角愈大。

② 增大切削厚度。如图 2-12 所示，积屑瘤的前端伸出切削刃之外，使切削厚度增加了 Δh_D。由于积屑瘤的产生、成长与脱落是一个带有一定周期性的动态过程，Δh_D 值是变化的，因而有可能引起振动。

③ 增大加工表面粗糙度值。积屑瘤的底部相对稳定一些，其顶部很不稳定，容易破裂，破裂后的积屑瘤颗粒或者随切屑排出，或者嵌入已加工表面使加工表面质量下降；积屑瘤伸出切削刃之外的部分高低不平，形状也不规则，会使已加工表面粗糙度数值增大。

④ 影响刀具使用寿命。积屑瘤粘附在前刀面上，在相对稳定时，可代替切削刃切削，从而减少刀具磨损，延长刀具使用寿命。但在积屑瘤比较不稳定的情况下使用硬质合金刀具时，积屑瘤的破裂可能使硬质合金刀具颗粒剥落，反而使刀具磨损加剧。

生产中，可根据加工的性质和要求判断积屑瘤的利弊。粗加工时对表面质量要求不高，生成积屑瘤可减小切削力、降低能耗，或者可加大切削用量、提高生产率，同时积屑瘤还可保护刀具、减少磨损，这时积屑瘤是有利的；精加工时，对工件的尺寸精度和表面质量要求较高，而积屑瘤的存在会影响加工精度和表面质量，这时积屑瘤就是不利的。因此在精加工时必须设法避免或减小积屑瘤，可采取的措施主要有：

① 控制切削速度，尽量采用很低或很高的切削速度，避开产生积屑瘤的中速区域。

② 使用润滑性能好的切削液，降低切削温度，减小切屑底层材料与刀具前刀面之间的摩擦，抑制积屑瘤的产生。

③ 增大刀具前角，减小刀具前刀面与切屑之间接触区的压力，抑制积屑瘤的生成。

④ 工件材料塑性越大，切削温度越高，越容易形成积屑瘤。可以采用正火或调质处理，适当提高工件材料硬度，减少加工硬化倾向，避免积屑瘤的生成。

2.1.3　影响切屑变形的因素

影响切屑变形的因素很多，但归纳起来主要有三个方面：工件材料、刀具几何参数及切削用量。

1. 工件材料

实验结果表明，工件材料的强度和硬度越低，塑性越大，加工时的切屑变形就越大。因为强度越低，屈服强度也越低，在较小的应力作用下就会产生塑性变形。同时，塑性大的材料，连续进行塑性变形的能力强，或者说在破坏之前的塑性变形量大，因此切屑变形也就越大。工件材料强度与切屑变形的关系如图 2-14 所示。

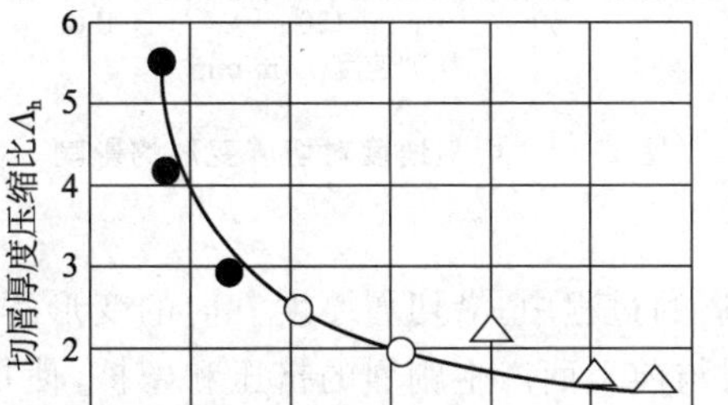

●—软钢，如 15 钢；○—中硬钢，如 30 钢；Δ—硬钢，如 T12 钢

图 2-14　工件材料强度对切屑变形的影响

2. 刀具几何参数

刀具几何参数中对切屑变形影响最大的是前角。刀具的前角越大，切削刃钝圆半径越小，切削刃就越锋利，对被切削层金属的挤压也就会减小，所以切屑变形也就相应减小(见图 2-15)。

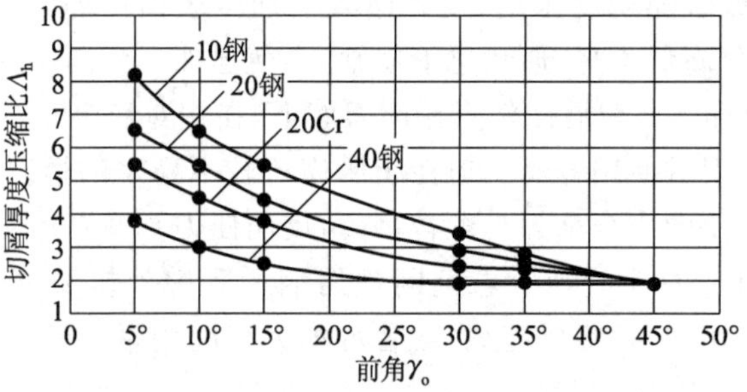

图 2-15　刀具前角对切屑变形的影响

3. 切削用量

(1) 切削速度

切削速度主要是通过切削温度和积屑瘤影响切屑变形的。如图 2-16 所示，在切削碳钢等塑性金属时，切屑变形系数 Λ_h 随切削速度 v_c 增大呈波形变化，这是因为在较宽的切削速度范围内，中间有一部分区域会产生积屑瘤，而高速区和低速区却没有积屑瘤。在有积屑瘤生成的切削速度范围内，切削速度主要通过积屑瘤来影响切屑变形。当切削速度增加使积屑瘤增大时(v_c 大约在 8～22 m/min 范围)，刀具实际工作前角增大，切屑变形减小；当切削速度再增加时(v_c 大约在 22～55 m/min 范围)，积屑瘤减小，刀具实际工作前角减小，切屑变形增大。在无积屑瘤的切削速度区域，切屑变形程度只与切削速度有关。在图示 v_c＞55 m/min 条件下，当切削速度增大时，切屑通过变形区的时间极短，来不及充分地剪切滑移即被排出切削区外，故切屑变形随切削速度的增大而减小。

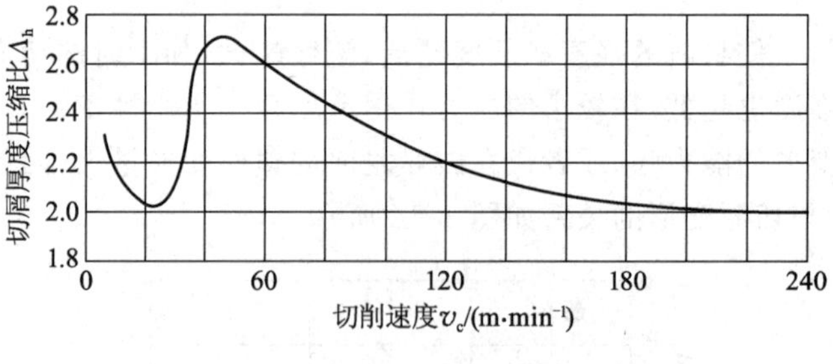

图 2-16　切削速度对切屑变形的影响

(2) 进给量

被切削层金属变为切屑的过程中，沿切屑厚度方向的变形程度是不相同的。由于切屑沿前刀面流过时，切屑底层与前刀面产生剧烈的挤压和摩擦，使切屑进一步变形，因而切屑底层的变形比其外层要大。因此，当进给量 f 增大时，切削层公称厚度 h_D 增大，切屑的平均变形减小，变形系数 Λ_h 减小(见图 2-17)。

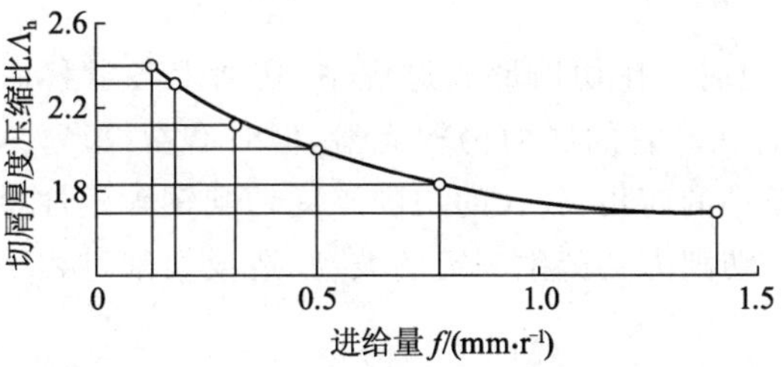

图 2-17 进给量对切屑变形的影响

(3) 背吃刀量

由图 2-18 可以看出,背吃刀量 a_p 对变形系数 Λ_h 基本没有影响。

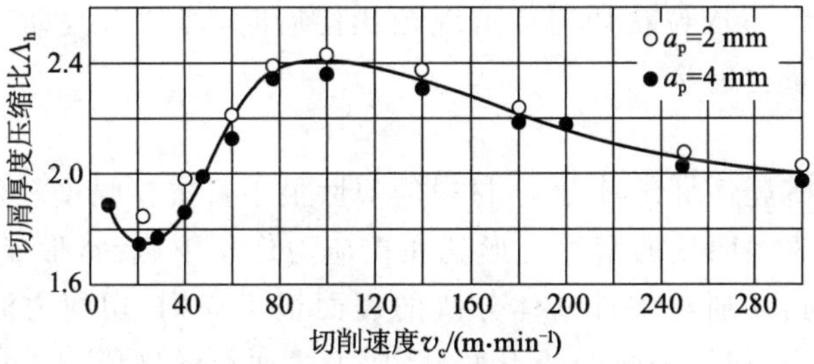

图 2-18 背吃刀量对切屑变形的影响

2.1.4 切屑的类型及控制

1. 切屑的类型

由于工件材料不同,切削条件不同,切屑变形的程度也就不同,因而所产生的切屑形态也就多种多样。归纳起来,切屑可分为如图 2-19 所示的四种基本类型,其中带状切屑(见图 2-19a)、节状切屑(见图 2-19b)、粒状切屑(见图 2-19c)为切削塑性材料的切屑,崩碎切屑(见图 2-19d)为切削脆性材料的切屑。

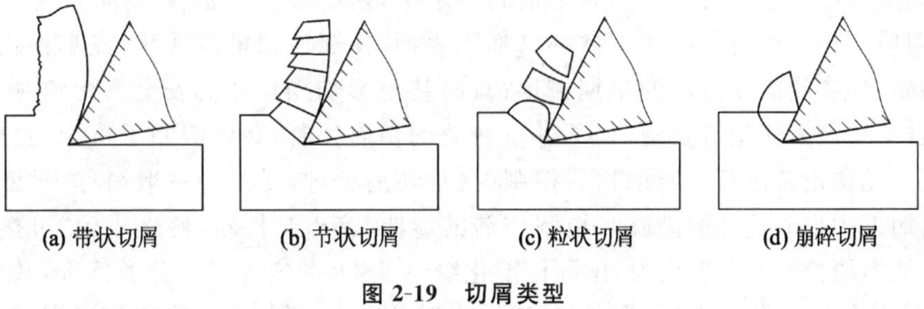

(a) 带状切屑 (b) 节状切屑 (c) 粒状切屑 (d) 崩碎切屑

图 2-19 切屑类型

(1) 带状切屑

这是最常见的一种切屑。它的形状像一条连绵不断的带子,底面光滑,背面呈毛茸状。当用较高的切削速度,较小的切削厚度,较大的刀具前角切削塑性金属材料时,往往形成这种切屑。出现带状切屑时,切削过程平稳,切削力波动较小,已加工表面粗糙度值较小。但若不采取一定的断屑措施,连续不断的切屑会影响切削加工的正常进行,切屑也难于处理。

(2) 节状切屑

节状切屑又称挤裂切屑。在切屑形成过程中,切屑上各滑移面大部分被剪断,尚有小部分连在一起,犹如节骨状。它的底面仍较光滑,但时有裂纹产生,背面呈明显的锯齿状。当用较低的切削速度,较小的前角,较大的切削厚度切削钢等塑性金属材料时,易形成这种切屑。出现节状切屑时,切削力会产生一定的波动,造成切削过程不稳定,使工件加工表面质量降低。

(3) 粒状切屑

粒状切屑又称单元切屑。在切屑形成过程中,如剪切面上的剪切应力超过了材料的断裂强度,切屑则沿滑移面完全断开,切屑单元从被切材料上脱落呈梯形的单元状(粒状)。当用更低的切削速度,更大的切削厚度切削塑性较小的金属材料时,节状切屑会进一步断裂成较均匀的颗粒状,形成粒状切屑。出现粒状切屑时,切削力波动大,切削过程更不稳定,工件加工表面质量也更差。

(4) 崩碎切屑

切削铸铁、黄铜等脆性材料时,由于材料的塑性很小且抗拉强度较低,被切金属层在刀具前刀面的推挤下,未经明显的塑性变形就在拉应力作用下脆断,形成不规则的碎块状切屑。出现崩碎切屑时,切屑与工件基体分离的表面很不规则,切削力波动很大,切削振动大,切削过程很不稳定,加工表面凹凸不平,已加工表面粗糙度值很大,且切削力集中在刀刃附近,容易引起刀具的磨损和破损。

以上前三种切屑只有在加工塑性材料时才可能得到,生产中最常见的是带状切屑,有时得到节状切屑,粒状切屑则很少见,且这三种切屑的形态可以随切削条件的改变而相互转化。在形成节状切屑工况条件下,如进一步减小前角,降低切削速度,或加大切削厚度,就可以得到粒状切屑;反之,如加大前角,提高切削速度,或减小切削厚度,就可以得到带状切屑。

2. 切屑的控制

以上是四种典型的切屑,但加工现场获得的切屑,其形状是多种多样的。在现代切削加工中,切削速度与金属切除率达到了很高的水平,切削条件很恶劣,常常产生大量"不可接受"的切屑。这类切屑或拉伤工件的已加工表面,使表面粗糙度恶化;或划伤机床,卡在机床运动副之间;或造成刀具的早期破损;有时甚至影响操作者的安全。特别对于数控机床、生产自动线及柔性制造系统,如不进行有效的切屑控制,轻则限制了机床能力的发挥,重则使生产无法正常进行。所谓切屑控制(又称切屑处理,工厂中一般简称为"断屑"),是指在切削加工中采取适当的措施来控制切屑的卷曲、流出与折断,使之成为"可接受"的良好屑形。从切屑控制的角度出发,国际标准化组织(ISO)制定了切屑分类标准,共分为 8 大类,分别为带状切屑、管状切屑、发条状切屑、垫圈形螺旋切屑、圆锥形螺旋切屑、弧形切屑、粒状切屑和针状切屑。

衡量切屑可控性的主要标准:不妨碍正常的加工(即不缠绕在工件、刀具上,不飞溅到机床运动部件中);不影响操作者的安全;易于清理、存放和搬运。ISO 分类法中的短的管状切屑、平板的发条状切屑、锥形的发条状切屑、短的垫圈形螺旋切屑、短的圆锥形螺旋切屑和碎断的弧形切屑的切屑单位质量所占空间小,易于处理,属于良好的屑形。对于不同的加工场合,例如不同的机床、刀具或者不同的被加工材料,有相应的可接受屑形。因而,在进行切屑控制时，要针对不同情况采取相应的措施，以得到可接受的良好屑形。

在切削过程中，切屑经第Ⅰ、第Ⅱ变形区的剧烈变形后，硬度增加，塑性下降，性能变脆。在切屑排出过程中，当碰到刀具后刀面、工件上过渡表面（亦称加工表面）或待加工表面等障碍时，如某一部位的应变超过了切屑材料的断裂应变值，切屑就会折断。图 2-20 所示为切屑碰到工件或刀具后刀面时折断的情况。

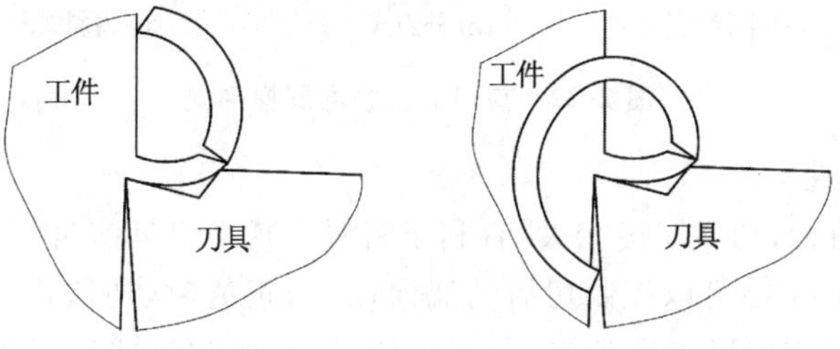

(a) 切屑碰工件折断　　(b) 切屑碰刀具后刀面折断

图 2-20　切屑碰到工件或刀具后刀面折断

研究表明，工件材料塑性愈低、切屑厚度愈大、切屑卷曲半径愈小，切屑就越容易折断。对切屑可以采取以下措施进行控制：

(1) 采用断屑器

这是实际加工中应用最广的切屑控制方法，它是通过在刀具前刀面上磨制出卷屑槽或使用压块式断屑器，减小切屑卷曲半径，对流动中的切屑施加一定的约束力，使切屑得到附加变形，撞到工件表面或刀具后刀面折断。卷屑槽的形状和尺寸参数应与工件材料性质、切削用量的大小相适应，否则会影响断屑效果。常用的卷屑槽截面形状有折线形、直线圆弧形和全圆弧形三种，如图 2-21 所示。折线形和直线圆弧形卷屑槽适用于切削碳素钢、合金结构钢、工具钢等，一般前角在 5°～15°的范围内；全圆弧形卷屑槽适用于切削紫铜、不锈钢等高塑性材料，其前角可增大至 25°～30°。前角较大时，采用全圆弧形卷屑槽刀具的强度较好。卷屑槽位于前刀面上的形式有平行、外斜、内斜三种，如图 2-22 所示。外斜式常形成 C 形屑和 6 字形屑，能在较宽的切削用量范围内实现断屑；内斜式常形成长紧螺卷形屑，但断屑范围窄；平行式的断屑范围介于上述两者之间。

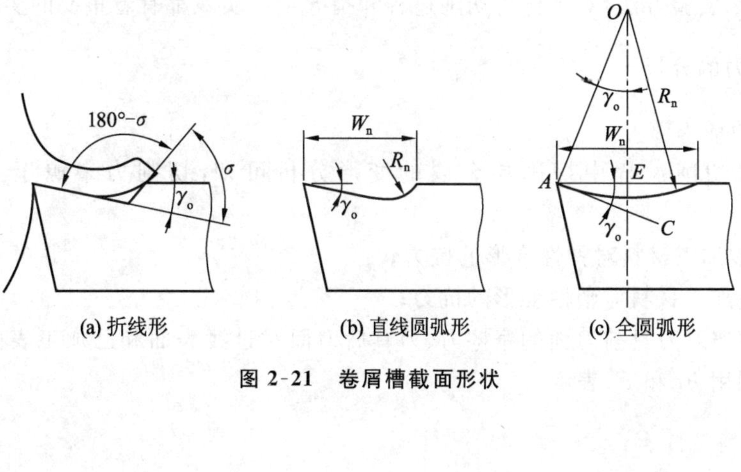

(a) 折线形　　(b) 直线圆弧形　　(c) 全圆弧形

图 2-21　卷屑槽截面形状

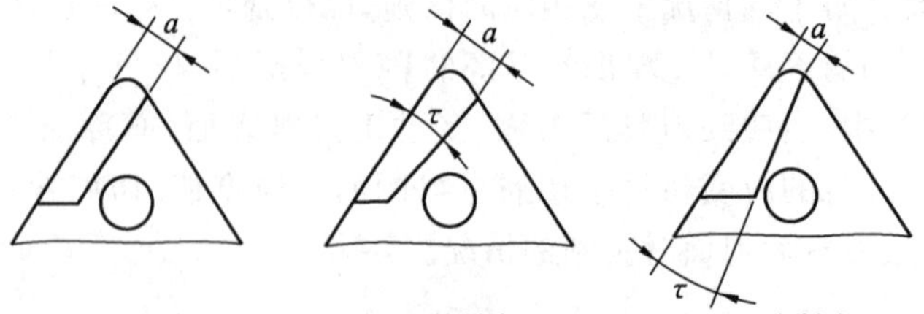

(a) 平行式　(b) 外斜式　(c) 内斜式

图 2-22　前刀面上的卷屑槽形式

(2) 改变刀具角度

增大刀具主偏角 κ_r，切削厚度变大，有利于断屑。减小刀具前角 γ_o 可使切屑变形加大，切屑易于折断。刃倾角 λ_s 可以控制切屑的流向，λ_s 为正值时，切屑常卷曲后碰到后刀面折断形成C形屑或自然流出形成螺卷屑；λ_s 为负值时，切屑常卷曲后碰到已加工表面折断成C形屑或6字形屑。

(3) 调整切削用量

提高进给量 f 使切削厚度增大，对断屑有利；但增大 f 会增大加工表面粗糙度。适当地降低切削速度使切削变形增大，也有利于断屑，但这会降低材料切除效率。具体须根据实际条件正确选择切削用量。

2.2　切削力

金属切削时，刀具切入工件，使被加工材料发生变形成为切屑所需的力，称为切削力。切削力是切削过程中产生的重要物理现象，对切削过程有着多方面的影响。切削力直接影响切削时消耗的功率和产生的热量，并引起工艺系统的变形和振动。切削力过大时，还会造成刀具、夹具或机床的损坏。切削过程中切削力所做的功转化成的切削热则会使刀具磨损加快，工艺系统产生热变形并恶化已加工表面质量。在生产中，切削力又是计算切削功率，制定切削用量，设计机床、刀具、夹具的重要依据。在自动化生产中，还可通过切削力来监控切削过程和刀具工作状态，如刀具折断、磨损、破损等。因此，研究和掌握切削力的变化规律和计算、实验方法，对于分析切削过程和指导生产实践都有着重要的实用意义。

2.2.1　切削力的分析

1. 切削力的来源

由前述对切削过程中切削层金属的变形分析可知，切削力来源于三个方面（见图 2-23）：

① 克服被加工材料对弹性变形的抗力；

②克服被加工材料对塑性变形的抗力；

③克服切屑对刀具前刀面的摩擦力、刀具后刀面对过渡表面和已加工表面之间的摩擦力。它们分别用 F_f 和 F_{fa} 表示。

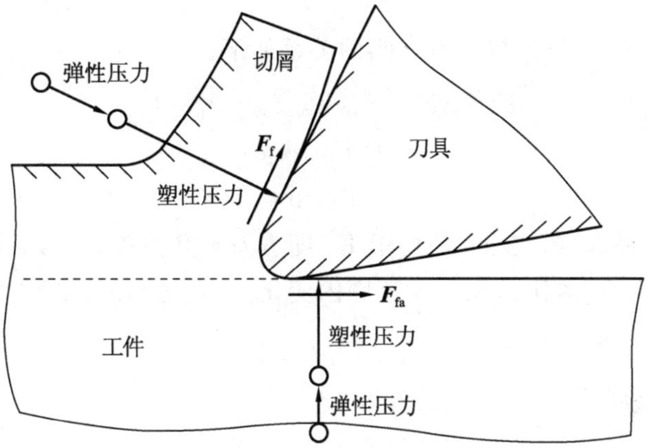

图 2-23 切削力的来源

2. 切削合力及其分解

上述各力的总和形成作用在刀具切削部位上的合力 $\boldsymbol{F}$,其大小和方向是随切削条件而变化的一个空间力。为了便于测量和应用,实际中常将 $\boldsymbol{F}$ 分解为 $\boldsymbol{F}_c$、$\boldsymbol{F}_p$ 和 $\boldsymbol{F}_f$ 三个相互垂直的分力。图 2-24 所示为车削时切削合力的分解情况,其中:

① 切削力 $\boldsymbol{F}_c$——切削合力 $\boldsymbol{F}$ 在主运动方向上的分力,也称主切削力或切向力。它垂直于基面,切于工件过渡表面并与切削速度 $\boldsymbol{v}_c$ 的方向一致。一般在各分力中 $\boldsymbol{F}_c$ 最大,消耗功率也最多。它用于计算刀具强度,设计机床零件,确定机床功率等。

② 背向力 $\boldsymbol{F}_p$——切削合力 $\boldsymbol{F}$ 在切深方向上的分力,也称切深抗力、吃刀力,在外圆车削中又叫径向力。它在基面内,同时垂直于主运动和进给运动方向。$\boldsymbol{F}_p$ 虽不消耗功率,但在车削轴类零件时,易引起工艺系统的变形和振动,对加工精度和已加工表面质量有较大影响。它用于确定与工件加工精度有关的工件挠度,计算机床零件和刀具强度等。

③ 进给力 $\boldsymbol{F}_f$——切削合力 $\boldsymbol{F}$ 在进给运动方向上的分力,也称进给抗力、走刀力,在外圆车削中又叫轴向力。它在基面内,与进给运动方向平行。$\boldsymbol{F}_f$ 消耗一定的功率,它用于计算进给功率和设计机床进给机构等。

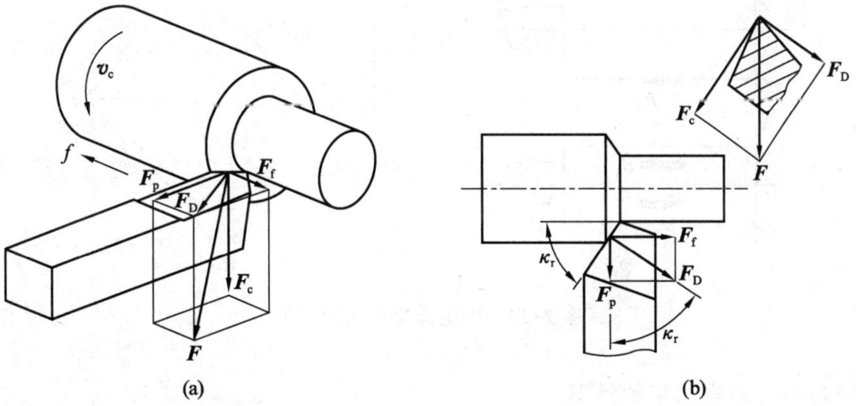

图 2-24 切削合力及其分力

背向力 $\boldsymbol{F}_p$ 与进给力 $\boldsymbol{F}_f$ 也是推力 $\boldsymbol{F}_D$ 的分力,推力 $\boldsymbol{F}_D$ 是在基面内且垂直于主切削刃在

基面上投影的合力。

由图 2-24 可知,三个分力与合力之间的关系如下：

$$F=\sqrt{F_c^2+F_D^2}=\sqrt{F_c^2+F_p^2+F_f^2} \tag{2-5}$$

$$\left.\begin{aligned} F_p &= F_D\cos\kappa_r \\ F_f &= F_D\sin\kappa_r \end{aligned}\right\} \tag{2-6}$$

通常情况下,$\boldsymbol{F}_c$ 最大,$\boldsymbol{F}_f$ 与 $\boldsymbol{F}_p$ 都小于 $\boldsymbol{F}_c$,随着刀具几何参数、刀具磨损情况、切削用量的不同,$\boldsymbol{F}_f$、$\boldsymbol{F}_p$ 相对于 $\boldsymbol{F}_c$ 的比值在很大范围内变化,三者之间的比例大致为:$F_f:F_p:F_c=(0.1\sim0.6):(0.15\sim0.7):1$。

2.2.2 切削力的测量

测量切削力的仪器有多种,有机械测力仪、液压测力仪和电测力仪等。机械和液压测力仪比较稳定耐用,而电测力仪的测量精度和灵敏度较高。电测力仪根据其使用的传感器不同,又可分为电容式、电感式、压电式、电阻式和电磁式等,其中以电阻式和压电式用得最多。

电阻式测力仪的工作原理是在测力仪上弹性元件的不同部位粘贴电阻应变片(见图 2-25 中的 R_1、R_2、R_3、R_4),然后将电阻应变片连接成电桥。设电桥各臂的电阻分别为 R_1、R_2、R_3 和 R_4,如果$\frac{R_1}{R_2}=\frac{R_3}{R_4}$,则电桥平衡,此时 B、D 两点间电位差为零,电流表中没有电流通过。在切削力 $\boldsymbol{F}_c$ 的作用下,电阻应变片随弹性元件变形,从而改变其电阻值:上部的电阻应变片 R_1 和 R_4 在张力的作用下,长度增大,截面积缩小,电阻值增大;下部的 R_2 和 R_3 在压力的作用下,长度缩短,截面积增大,电阻值减小,电桥的平衡条件受到破坏,于是 B、D 两点间产生电位差,其大小与切削力成正比。经过机械标定和电标定,可以得到电参数与切削力之间的关系曲线(即标定曲线)。测力时,只要从仪表上读出电参数,便能从标定曲线上得知切削力的大小。也可以利用计算机进行数据处理,直接读出各分力与总切削力的数值。同样方法,在进给方向和切深方向安装测力电桥,可获得这两个方向的作用力 $\boldsymbol{F}_f$ 和 $\boldsymbol{F}_p$。

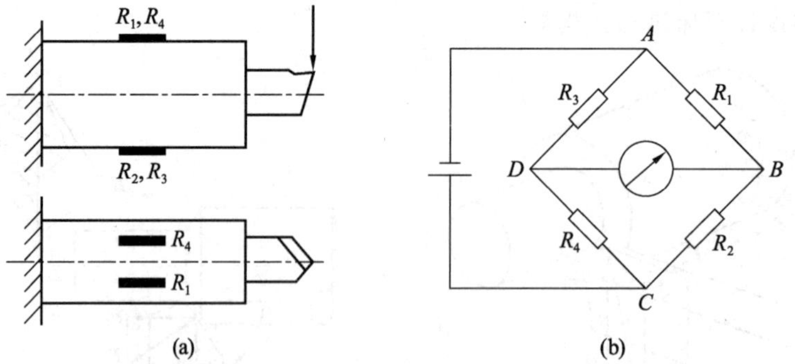

图 2-25 电阻应变片式测力仪

2.2.3 切削力与切削功率的计算

1. 切削力的计算

为了能够从理论上分析和计算切削力,人们进行了深入的分析和研究,也取得了一些成果。但迄今为止，所得到的一些理论公式还不能对切削力进行精确的估算。所以，目前生产实际中采用的计算公式都是通过大量的试验和数据处理而得到的经验公式。这些经验公式主要有两种形式：指数切削力形式和切削层单位面积切削力形式。

(1) 计算切削力的指数公式

指数形式的切削力经验公式应用比较广泛，其形式如下：

$$\text{切削力}\quad F_c=C_{F_c}a_p^{X_{F_c}}f^{Y_{F_c}}v_c^{Z_{F_c}}K_{F_c} \tag{2-7}$$

$$\text{背向力}\quad F_p=C_{F_p}a_p^{X_{F_p}}f^{Y_{F_p}}v_c^{Z_{F_p}}K_{F_p} \tag{2-8}$$

$$\text{进给力}\quad F_f=C_{F_f}a_p^{X_{F_f}}f^{Y_{F_f}}v_c^{Z_{F_f}}K_{F_f} \tag{2-9}$$

式中：C_{F_c}、C_{F_p}、C_{F_f}——与工件材料和切削条件有关的影响系数；

X_{F_c}、X_{F_p}、X_{F_f}——背吃刀量 a_p 对切削各分力的影响指数；

Y_{F_c}、Y_{F_p}、Y_{F_f}——进给量 f 对切削各分力的影响指数；

Z_{F_c}、Z_{F_p}、Z_{F_f}——切削速度 v_c 对切削各分力的影响指数；

K_{F_c}、K_{F_p}、K_{F_f}——当实际加工条件与求得经验公式的试验条件不同时，各种因素对切削各分力的修正系数。

式中各种系数和指数都可以在切削用量手册中查到。

(2) 单位切削力的计算公式

用单位切削力来计算主切削力是一种更简便的形式。单位切削力是指切除单位切削层面积所产生的主切削力，用 k_c(N/mm^2)表示：

$$k_c=\frac{F_c}{A_D}=\frac{F_c}{a_pf}=\frac{F_c}{h_Db_D} \tag{2-10}$$

式中：F_c——切削力，N；

A_D——切削面积，mm^2。

各种工件材料的切削层单位面积切削力 k_c 可在有关手册中查到。根据式(2-10)可得到切削力 F_c 的计算公式：

$$F_c=k_cA_DK_{F_c} \tag{2-11}$$

式中：K_{F_c}——切削条件修正系数。

2. 切削功率的计算

切削功率是指在切削过程中所消耗的功率，是各切削分力消耗功率的和，用 P_c(kW)表示。因为在 F_p 方向位移极小，可忽略不计，所以可近似地认为 $\boldsymbol{F}_p$ 不做功，不消耗功率，因此切削功率为 $\boldsymbol{F}_c$ 和 $\boldsymbol{F}_f$ 做功所消耗的功率之和，故有

$$P_c=\left(F_cv_c+\frac{F_fn_wf}{1\,000}\right)\times10^{-3} \tag{2-12}$$

式中：F_c——切削力，N；

v_c——切削速度，m/s；

F_f——进给力，N；

n_w——工件转速，r/s；

f——进给量，mm/r。

在切削功率的计算公式(2-12)中，右侧括号内的第二项是消耗在进给运动中的功率，它相对于 $\boldsymbol{F}_c$ 所消耗的功率很小，一般为 1%～2%，可忽略不计。因此，可以认为：

$$P_c = F_c \cdot v_c \times 10^{-3} \tag{2-13}$$

由此根据切削功率选择机床主运动电动机时，还要考虑机床的传动效率。机床主运动电动机的功率 P_E 应为：

$$P_E \geqslant \frac{P_c}{\eta} \tag{2-14}$$

式中：η——机床传动效率，一般取 $\eta = 0.75 \sim 0.85$，大值适用于新机床，小值适用于旧机床；

P_E——用于检验和选择机床电动机的依据。

2.2.4 影响切削力的因素

切削过程中，影响切削力的因素很多。凡是影响切削过程中的变形与摩擦的，都会影响切削力。从切削条件方面来说，主要有以下几个方面：

1. 工件材料的影响

工件材料的成分、组织和性能是影响切削力的主要因素。工件材料的强度、硬度愈高，切削力愈大。这是因为强度、硬度高的材料，切削时产生的变形抗力大，虽然它们的变形系数 Λ_h 相对较小，但总的来说，切削力还是随材料强度、硬度的增大而增大。强度、硬度相近的材料中，塑性、韧性大的，或加工硬化严重的，切削力大。如不锈钢 1Cr18Ni9Ti 的硬度与正火 45 钢大致相等，但由于其塑性、韧性大，所以其单位切削力比 45 钢大 25%。切削脆性材料时，切屑呈崩碎状态，塑性变形与摩擦都很小，故切削力一般低于塑性材料。

2. 切削用量的影响

切削用量中对切削力影响最大的是 a_p，其次是 f。实践证明，a_p 增大一倍，F_c 增加一倍；f 增大一倍，F_c 只增加 70%～80%。这是因为 a_p 和 f 增大时，切削面积 A_D 成比例地增大，故切削力增大。但二者对切削力的影响程度不同，a_p 增大时，变形系数 Λ_h 不变，故 F_c 随 a_p 的增大成比例地增大；而 f 增大时，由于 Λ_h 会有所减小，故 F_c 随 f 的增大不成比例地增大，其影响程度比 a_p 小。所以，从切削力和能量消耗的观点来看，用大的 f 切削比用大的 a_p 切削更为有利。

切削速度 v_c 对切削力的影响主要通过 v_c 对积屑瘤的影响而产生的（见图 2-26）。

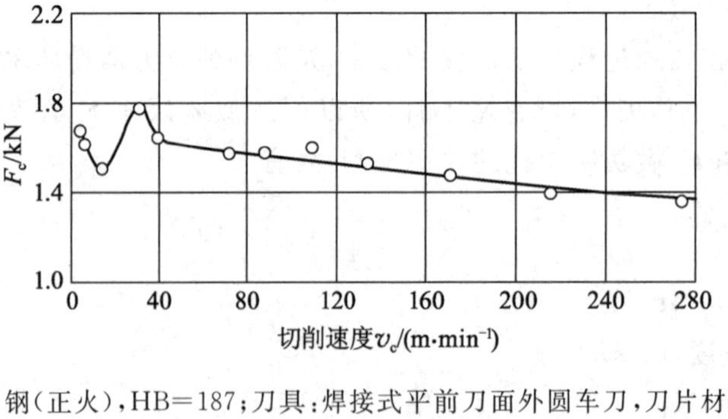

工件材料：45 钢（正火），HB=187；刀具：焊接式平前刀面外圆车刀，刀片材料为 YT15；

刀具几何参数：$\gamma_o = 18°$，$\alpha_o = 6° \sim 8°$，$\alpha_o' = 4° \sim 6°$，$\kappa_r = 75°$，$\kappa_r' = 10° \sim 12°$，$\lambda_s = 0°$，$b_{\gamma 1} = 0$，$r_\varepsilon = 0.2$ mm；

切削用量：$a_p = 3$ mm，$f = 0.25$ mm/r

图 2-26　切削速度 v_c 对切削力 F_c 的影响

在产生积屑瘤的速度范围内，速度较低时，随着 v_c 的增大，积屑瘤高度增加，刀具实际

工作前角 γ_{oe} 增大，故切削力逐渐减小；速度较高时，随着 v_c 的增大，积屑瘤逐渐减小，刀具实际工作前角 γ_{oe} 减小，切削力又逐渐增大。在无积屑瘤生成的低速和高速条件下，v_c 对切削力无大影响。切削脆性金属材料时，不会产生积屑瘤，塑性变形和摩擦也小，v_c 对 F_c 影响不大。

3. 刀具几何参数的影响

(1) 前角对切削力的影响

在刀具几何参数中，前角 γ_o 对切削力的影响最大。加工塑性材料时，前角 γ_o 增大，刀刃锋利，切屑变形 Λ_h 减小，因此切削力下降；加工脆性材料（如铸铁、青铜）时，由于切屑变形很小，所以前角对切削力的影响不显著。

(2) 主偏角对切削力的影响

主偏角 κ_r 对切削力 F_c 的影响较小，影响程度不超过 10%。主偏角 κ_r 在 60°～75°之间时，切削力 F_c 最小。然而主偏角 κ_r 对背向力 F_p 和进给力 F_f 的影响较大。改变主偏角 κ_r 的大小，可以改变 F_f 和 F_p 的比例。当加工细长工件时，增大 κ_r 可减小 F_p，从而避免工件的弯曲变形。

(3) 刃倾角对切削力的影响

刃倾角 λ_s 改变时，将影响切屑在前刀面上的流动方向，从而使切削合力的方向发生变化，进而改变各分力的大小。λ_s 减小时，F_p 增大，F_f 减小。λ_s 对 F_c 的影响不大，λ_s 在 −45°～10°范围内变化时，F_c 基本不变。

(4) 负倒棱对切削力的影响

为了提高刀尖部位强度，改善散热条件，常在主切削刃上磨出一个带负前角 γ_{o1} 的棱台，其宽度为 $b_{\gamma1}$，如图 2-27 所示。负倒棱对切削力的影响与负倒棱面在切屑形成过程中所起作用的大小有关。当负倒棱宽度 $b_{\gamma1}$ 小于切屑与前刀面接触长度 l_f 时（见图 2-27b），切屑除与负倒棱接触外，主要还与前刀面接触，切削力虽有所增大，但增大的幅度不大。当 $b_{\gamma1} > l_f$ 时（见图 2-27c），切屑只与负倒棱面接触，相当于用负前角为 γ_{o1} 的车刀进行切削，与不设负倒棱相比，切削力有显著增大。

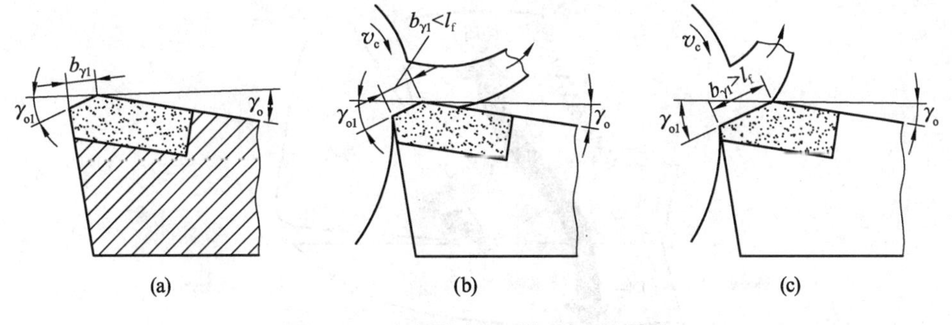

图 2-27　负倒棱车刀对切削力的影响

(5) 刀尖圆弧半径对切削力的影响

刀尖圆弧半径 r_ε 增大，刀尖圆弧工作刃增长，由于刀尖圆弧刃各点切屑流向不同，加剧了切屑变形，使得变形抗力增大，故 F_c 略有增大；而圆弧刃上愈接近刀尖的刃段，其主偏角 κ_r 愈小，因此，r_ε 增大会使切削刃的平均主偏角减小，故使 F_p 增大，F_f 减小。

4. 刀具材料的影响

刀具材料对切削力也有一定的影响，选择与工件材料亲和性差、摩擦系数小的刀具材料，切削力会不同程度地减小。一般按立方氮化硼(CBN)刀具、陶瓷刀具、涂层刀具、硬质合金刀具、高速钢刀具的顺序，切削力依次增大。

5. 切削液的影响

切削加工中，合理使用切削液，对减小切削力有十分明显的效果。切削液的润滑作用，可以改善刀—屑—工件之间的摩擦状况，因而可以减小切屑变形，减小切削力。切削液的润滑作用愈好，切削力的减小愈显著。在较低的切削速度下，切削液的润滑作用更为突出。

6. 刀具磨损的影响

刀具磨损后，刀刃变钝，后刀面上的摩擦也加剧，故切削力增大。刀具逐渐磨损达到一定程度后，切削力会急剧增加，因此要及时刃磨或更换刀具。

2.3 切削热和切削温度

切削热与切削温度是切削过程中产生的又一重要物理现象。切削时所消耗的能量可近似地认为全部转化为热。切削热除少量散发到周围介质中外，其余均传入刀具、切屑和工件中，并使它们温度升高，这将直接影响刀具前刀面上的摩擦系数、积屑瘤的产生、刀具的磨损，以及工件材料的性能、工件加工精度和已加工表面质量等。因此，研究切削热和切削温度具有重要的实用意义。

2.3.1 切削热的产生与传出

(1) 切削热的产生

切削热来源于两个方面：一是切削层金属发生弹性变形和塑性变形所消耗的能量；二是切屑与前刀面、工件与后刀面间产生的摩擦热。因而切削过程中的三个变形区也是产生切削热的三个热源区。图 2-28 为切削热产生的部位及传出情况示意图。

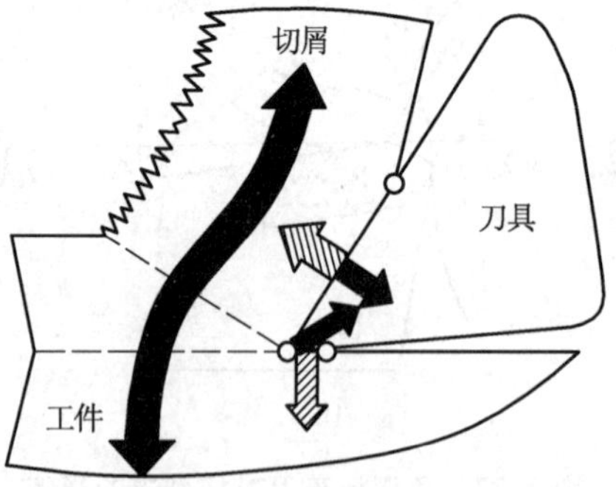

图 2-28 切削热的产生与传出

切削热产生的多少及三个变形区产生热量的比例随切削条件不同而不同。加工塑性金属材料时，当后刀面磨损量不大，而切削厚度又较大时，第一变形区内产生的热量最多；当刀具磨损量较大，而切削厚度较小时，第三变形区产生热量的比例将增大。加工铸铁等脆性材料时，由于形成崩碎切屑，刀-屑接触长度小，前刀面上的摩擦小，第一、二变形区产生热量的比例下降，第三变形区产生切削热的比重会相对增加。

切削过程中所消耗的能量有 98%～99%转换为热能，因此可以近似地认为切削过程中产生的总热量可通过各切削分力所消耗的功来计算，如果忽略进给运动所消耗的功，并假定主运动消耗的功全部转化为热，则单位时间内所产生的切削热 q 就等于切削功率 P_c，即

$$q=P_c=F_c\cdot v_c \tag{2-15}$$

式中：q——单位时间内产生的切削热，J/s；

F_c——切削力，N；

v_c——切削速度，m/s。

(2) 切削热的传出

切削过程中产生的切削热，将通过切屑、工件、刀具和周围介质(如空气、切削液)等向切削区外传出。影响切削热传出的主要因素有：

① 工件材料的导热系数。工件材料的导热系数越高，由切屑和工件传出的热量就越多，切削区温度就低。反之，工件材料的导热系数越低，由切屑和工件传出的热量就越少，切削热传出速度慢，切削区温度就高，刀具就容易磨损。

② 刀具材料的导热系数。刀具材料的导热系数越高，切削热由刀具传出速度就越快，切削区温度随之降低。

③ 周围介质。采用冷却性能好的切削液能有效地加快切削热的传出，可以降低切削区的温度。

④ 其他因素。刀具主切削刃与工件接触长度增加(减小主偏角 κ_r)，使散热通道加长，也可改善散热条件。

各途径传出热量的比例与切削形式、刀具、工件材料及周围介质等有关。车削加工中，50%～86%的热量由切屑带走，10%～40%传入车刀，3%～9%传入工件，1%左右传入周围介质。钻削加工时，由于切屑不易从孔中排出，故由切屑带走的热量相对较少，只有 30%左右，约有 50%的热量传入工件，15%左右传入刀具，5%左右传入周围介质。

此外，切削速度 v_c 对各途径传热比例也有一定影响。切削速度 v_c 越大，切屑带走的热量越多，传入工件中的热量减少，传入刀具的热量则更少。

切削温度是指前刀面与切屑接触区内的平均温度，它是由切削热的产生与传出的平衡条件所决定的。产生的切削热愈多，传出的愈慢，切削温度愈高。反之，切削温度就愈低。过高的切削温度不仅使工件产生热变形，影响加工精度，还影响刀具的使用寿命。因此，在切削加工中应采取措施，减少切削热的产生、改善散热条件以减少高温对刀具和工件的不良影响。

2.3.2　切削温度的测量

切削温度的测量可以用来研究各种因素对切削温度的影响，也可以把所测得的切削温度作为控制切削过程的讯号源。测量切削温度的方法很多，有热电偶法、辐射温度计法、热敏电阻法等，目前应用较广又简单可靠的方法是自然热电偶法和人工热电偶法。

(1) 自然热电偶法

图 2-29 所示为用自然热电偶法测量切削温度的示意图。这种方法是利用工件材料和刀具材料化学成分不同而组成热电偶的两极。当工件与刀具接触区的温度升高后，形成热

电偶的热端；而把工件与刀具的引出端保持室温，形成热电偶的冷端。由于刀具与工件接触处的高温便产生了温差电势，利用电位差计或毫伏表可测得切削区温度。利用这种方法测得的温度是切削区的平均温度。

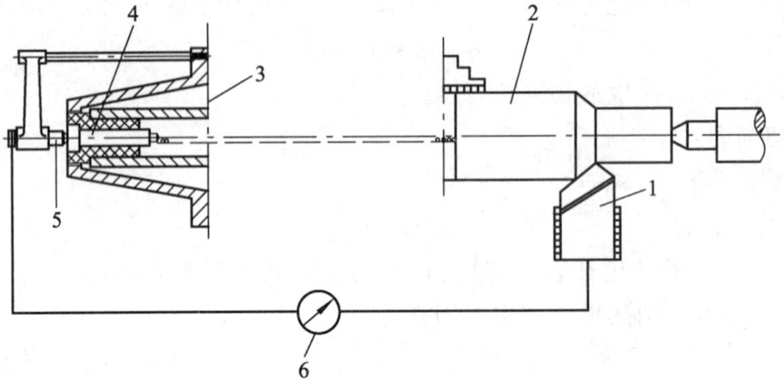

1—车刀；2—工件；3—轴尾部；4—铜接线柱；5—铜顶尖（与支架绝缘）；6—毫伏表

图 2-29　自然热电偶法测量切削温度的示意图

（2）人工热电偶法

图 2-30 所示为用人工热电偶法测量刀具前刀面和工件切削区中某点温度的示意图。这种方法是利用预先经过标定的互相绝缘的两种材料金属丝作为热电偶的两极，在刀具（或工件）被测点位置打出小孔（$\Phi<0.5$ mm），将热电偶插入孔中焊在被测点上形成热端；冷端通过导线串接在电位差计或毫伏表上，根据仪表上的读数值，参照热电偶标定曲线，即可得知被测点的温度。

人工热电偶法可用于测量刀具、切屑和工件上指定点的温度，也可用于测定温度分布场。

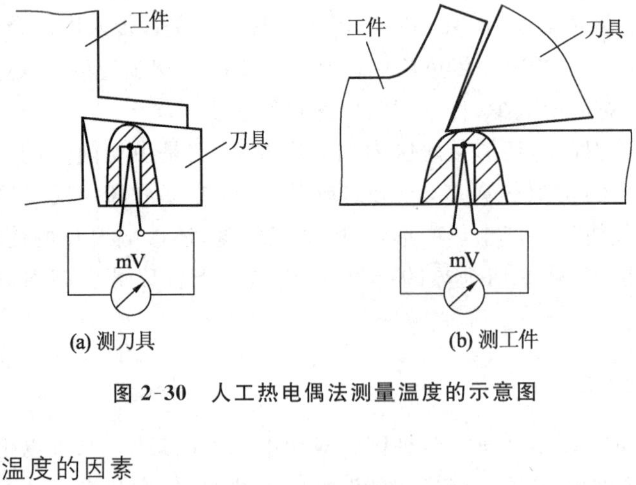

图 2-30　人工热电偶法测量温度的示意图

2.3.3　影响切削温度的因素

通常所说的切削温度，如不加特别指明，均指切屑、工件和刀具接触区的平均温度，用 θ 表示。切削温度的高低，一方面取决于切削过程中产生热量的多少，还与切削热向外传出的快慢有很大关系。

切削条件中对切削温度影响较大的因素有切削用量、刀具几何参数、工件材料和冷却条件等。分析各因素对切削温度的影响，主要应从这些因素对单位时间内产生的热量和传出的热量的影响入手。如果产生的热量大于传出的热量，则这些因素将使切削温度增高；某些因素使传出的热量增大，则这些因素将使切削温度降低。

1. 切削用量的影响

用实验方法求得的刀具与切屑接触区平均切削温度的经验公式为

$$\theta = C_{\theta} v_c^{Z_{\theta}} f^{Y_{\theta}} a_p^{X_{\theta}} \tag{2-16}$$

式中：θ——用自然热电偶法测出的前刀面与切屑接触区的平均温度，℃；

C_{θ}——与工件、刀具材料和其他切削参数有关的切削温度系数；

Z_{θ}、Y_{θ}、X_{θ}——分别为 v_c、f、a_p 的指数。

实验得出，用高速钢和硬质合金刀具切削中碳钢时，切削温度系数 C_{θ} 及指数 Z_{θ}、Y_{θ}、X_{θ} 见表 2-1。

表 2-1　切削温度的系数及指数

<table>
<tr><th>刀具材料</th><th>加工方法</th><th>C_{θ}</th><th colspan="2">Z_{θ}</th><th>Y_{θ}</th><th>X_{θ}</th></tr>
<tr><td rowspan="3">高速钢</td><td>车削</td><td>140～170</td><td colspan="2" rowspan="3">0.35～0.45</td><td rowspan="3">0.2～0.3</td><td rowspan="3">0.08～0.10</td></tr>
<tr><td>铣削</td><td>80</td></tr>
<tr><td>钻削</td><td>150</td></tr>
<tr><td rowspan="3">硬质合金</td><td rowspan="3">车削</td><td rowspan="3">320</td><td rowspan="3">f/
($mm \cdot r^{-1}$)</td><td>0.1</td><td rowspan="3">0.15</td><td rowspan="3">0.05</td></tr>
<tr><td>0.2</td></tr>
<tr><td>0.3</td></tr>
</table>

Note: the Z_{θ} values for 硬质合金 by f are: 0.1 → 0.41; 0.2 → 0.31; 0.3 → 0.26.

切削用量 v_c、f、a_p 增大，切削功率增加，产生的切削热相应增多，切削温度相应升高。但从表 2-1 中的数据可以看出，切削用量三要素对切削温度的影响程度是不同的，v_c 的影响最大，f 次之，a_p 影响最小。

(1) 切削速度 v_c 的影响

随着 v_c 的提高，单位时间内金属切除量成比例地增多，消耗的功率及其转化成的热随之增加；同时，使摩擦热来不及向切屑内部传导，而是大量积聚在切屑底层，从而使切削温度显著升高。不过由于 v_c 提高后，通过切屑带走热量的比例增大，故切削温度并不是随 v_c 增大成比例地提高。

(2) 进给量 f 的影响

进给量 f 增大时，切削温度也随之升高，但其影响程度不如 v_c 大，f 增大时，金属切除率及产生的切削热随之增加，但随着 f 的增大，切屑平均变形减小，同时切屑与前刀面接触长度增加，散热条件有所改善，故切削温度 θ 不是随 f 的增大而成比例地提高。

(3) 背吃刀量 a_p 的影响

背吃刀量 a_p 对切削温度的影响较小，这是由于 a_p 增大后，虽然产生的切削热成比例地增加，但刀具主切削刃实际工作长度（切削宽度 b_D）也成比例地增大，因而散热条件得到了改善，所以 a_p 对切削温度 θ 的影响不甚显著。随着 a_p 的增大，θ 会略有升高。

2. 刀具几何参数的影响

在刀具几何参数中，前角 γ_o 和主偏角 κ_r 对切削温度的影响较大，负倒棱和刀尖圆弧半径对切削温度的影响很小。

(1) 前角 γ_o 的影响

前角 γ_o 增大，切屑变形和摩擦减小，消耗的功率及产生的切削热相应减少，故前角在一定范围内增大时，切削温度随前角增大而降低，但当前角增大到一定程度后，则会由于刀具楔角减小使散热条件变差的作用变得突出，继续增大刀具前角反而会使切削温度升高。

(2) 主偏角 κ_r 的影响

在背吃刀量 a_p 不变时，减小主偏角 κ_r，将使切削刃工作长度增加，散热条件得到改善，但同时，切屑会变得薄而宽，使切屑变形增大而导致切削热增加。由于散热作用更大，故切削温度 θ 还是随 κ_r 的减小而降低。

(3) 负倒棱和刀尖圆弧半径的影响

负倒棱及刀尖圆弧半径的增大，使切屑变形增大而导致切削热增加，但同时也使散热条件改善，两者趋于平衡。因而负倒棱和刀尖圆弧半径对切削温度的影响很小。

3. 工件材料的影响

工件材料的强度、硬度愈高或塑性愈好，切削中消耗的功也愈大，切削热产生得愈多，切削温度较高。热导性好的工件材料和刀具材料，因传热快，切削温度较低。切削脆性金属材料时，塑性变形小，切屑呈崩碎状态，与前刀面的摩擦小，故产生的切削热少。切削实验结果表明，切削灰铸铁 HT200 时的切削温度比切削 45 钢大约低 25%。图 2-31 为几种工件材料的切削温度随切削速度的变化曲线。

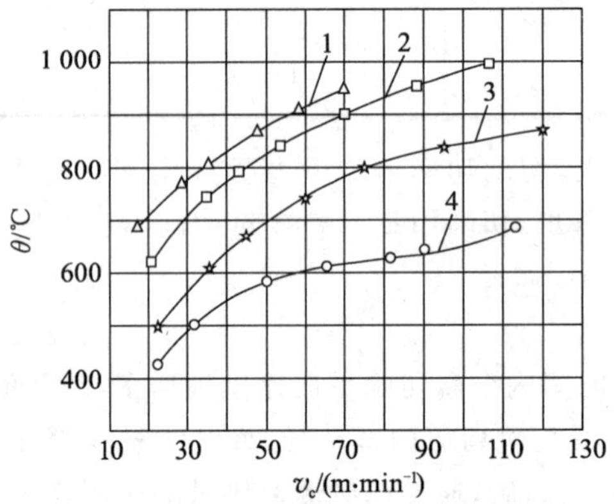

工件材料：1—GH131；2—1Cr18Ni9Ti；3—45 钢（正火）；4—HT200

刀具材料：YT15；YG8；刀具几何参数：$\gamma_o=15°$，$\alpha_o=6°\sim8°$，$\kappa_r=75°$，$\lambda_s=0°$，$b_{\gamma1}=0.1$，$r_\varepsilon=0.2$ mm；

切削用量：$a_p=3$ mm，$f=0.1$ mm/r

图 2-31　不同切削速度下几种工件材料的切削温度

4. 其他因素的影响

使用切削液与否、刀具的磨损及刀具材料等也会对切削温度产生一定的影响。

合理使用切削液，可以减小刀具—切屑和刀具—工件接触面上的摩擦并带走大量的切削热，因此可有效地降低切削温度。

刀具磨损后，后刀面上形成一段后角为零的棱面，刀具与工件间的挤压力和摩擦力增大，消耗的功率及产生的切削热增加，切削温度因而提高；当磨损量达到一定数值后，切削温度会随磨损量增大而急剧上升。

刀具材料对切削温度也有一定的影响。切削导热性差的工件材料时，为了降低切削温度，应考虑选用导热性好的刀具材料。

2.4　刀具磨损、破损和刀具使用寿命

金属切削过程中，刀具在将切屑切离工件的同时，刀具本身也要发生磨损或破损。磨损是连续的、渐进的发展过程；而破损一般是随机的突然破坏（包括脆性破损和塑性破损）。刀具磨损不同于一般的机械零件的磨损，在刀具磨损中，与刀具表面接触的切屑底层是化学活性很强的新鲜表面；刀面上的接触压力很大（可达到 3 GPa），接触温度也很高（如硬质合金加工钢，可达 800 ～ 1 000 ℃以上）；因此磨损时存在着机械的、热的和化学的作用及摩擦、粘结、扩散等现象。刀具磨损后，其切削部分的形状和切削性能将发生变化，引起切削力增大，切削温度升高，甚至产生振动，从而导致工件加工质量下降。另外，刀具磨损还使刀具材料的消耗及磨刀时间与费用增加，从而影响切削加工的生产率和成本。刀具磨损过大而继续切削时，会由于切削力过大而损坏刀具、夹具与机床，或造成产品、设备和人身事故。所以，刀具磨损会给切削加工带来诸多不利的影响。因此，研究和掌握刀具磨损的一般规律，对保证工件加工质量，提高切削加工生产率和降低成本具有重要意义。

2.4.1　刀具磨损的形态

切削过程中，刀具与工件、切屑的接触面上存在巨大的压力，相当高的温度和剧烈的摩擦，在这种条件下，刀面上一些材料的微粒在切削过程中会逐渐地被工件或切屑擦伤带走，这种现象称为刀具的磨损。刀具的磨损常发生在与切屑和工件接触的前刀面和后刀面上，多数情况下二者同时发生、相互影响。

刀具切削工件时，如果切削条件不同，刀具上磨损的部位及其形态特征也将有所不同，典型的刀具磨损有以下三种形式（见图 2-32）：

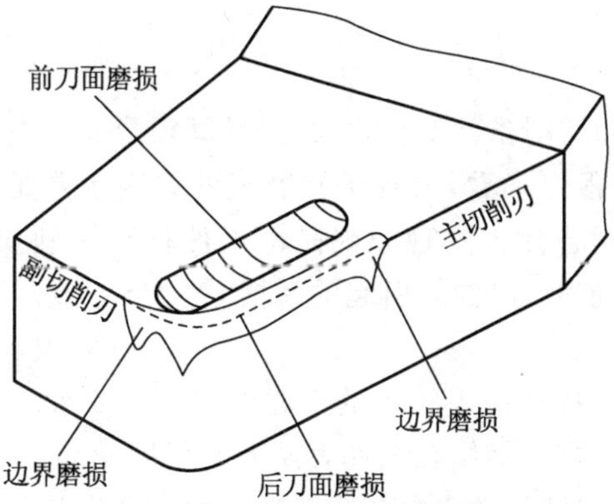

图 2-32　刀具的磨损形态

（1）前刀面磨损

切削塑性材料时，如果刀具材料耐热、耐磨性较差，切削速度和切削厚度较大，则在前刀面上形成月牙洼磨损。它以切削温度最高的位置为中心开始，然后逐渐向前后扩展，深度不断增加，当月牙洼发展到其前缘与切削刃之间的棱边变得很窄时，切削刃强度降低，容

易导致切削刃破损。前刀面月牙洼磨损值以其最大深度 KT 表示(见图 2-33a)。

(2) 后刀面磨损

后刀面与工件表面的接触压力很大,存在着弹性和塑性变形。因此,后刀面与工件实际上是小面积接触,磨损就发生在这个接触面上。在切削铸铁和以较小的切削厚度切削塑性材料时,主要产生这种磨损。后刀面磨损带往往不均匀(见图 2-33b):刀尖部分(C 区)强度较低,散热条件又差,磨损比较严重,其最大值为 VC。主切削刃靠近工件待加工表面处的后刀面(N 区)上,磨成较深的沟,以 VN 表示。在后刀面磨损带的中间部位(B 区),磨损比较均匀,其平均宽度以 VB 表示,而其最大宽度以 VB_{max} 表示。

(3) 边界磨损

切削钢料时,常在主切削刃靠近工件外皮处(见图 2-33b 中的 N 区)和副切削刃靠近刀尖处的后刀面上,磨出较深的沟纹,这种磨损常被称为边界磨损,其宽度用 VN 表示。沟纹的位置在主切削刃与工件的待加工表面和副切削刃与已加工表面接触的部位。边界磨损主要是由于工件在边界处的加工硬化层、硬质点和刀具在边界处的较大应力梯度和温度梯度所造成的。

刀具的磨损形式随切削条件不同可以互相转化,在大多数情况下,后刀面都有磨损,且 VB 的大小直接影响加工质量,又便于测量,所以常用 VB 来表示刀具磨损程度。

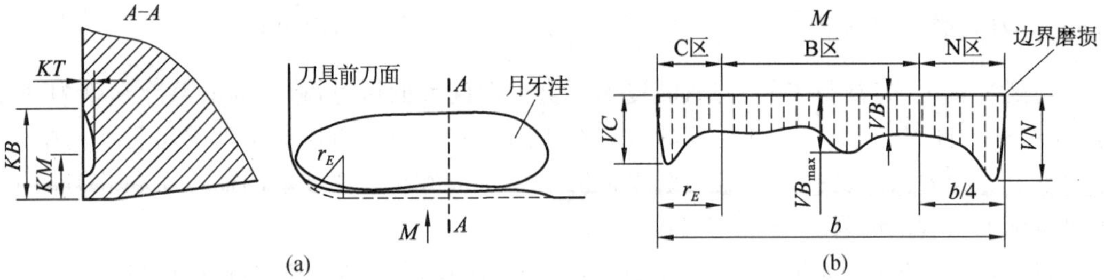

图 2-33 刀具磨损的测量位置

2.4.2 刀具磨损的原因

由于工件、刀具材料和切削条件变化很大,刀具磨损形式也各不相同,故其磨损原因很复杂。但从对温度的依赖程度来看,刀具正常磨损的原因主要是机械摩擦作用和切削力、切削热作用下的物理、化学作用。物理原因是由工件材料中硬质点的刻划作用引起的磨损,化学原因则是由粘结、扩散、腐蚀等引起的磨损。

1. 磨料磨损

工件材料中的杂质、材料基体组织中的碳化物(Fe_3C、TiC、VC)、氮化物(TiN、SiN)和氧化物(Al_2O_3、SiO_2)等硬质点、粘结在工件表面上的积屑瘤碎片及已加工表面上的硬化层等,都具有相当高的硬度,在切削过程中会在刀具表面上划出沟纹,擦伤带走刀具表面材料的微粒,使刀具磨损。这种由于硬质点的机械摩擦作用引起的磨损称为磨料磨损。

磨料磨损在各种切削速度下都会发生,对于切削脆性材料和在低速条件下工作的刀具,如拉刀、丝锥、板牙等,磨料磨损是刀具磨损的主要原因。

2. 粘结磨损(冷焊磨损)

粘结是指刀具与工件材料接触达到原子间距离时所产生的结合现象,又称为冷焊。在切削过程中，由于刀具与工件材料的摩擦面上具备高温、高压和新鲜表面的条件，刀—切屑—工件接触面上将会产生不同程度的粘结。在刀具与工件继续相对运动时，粘结点受到较大的剪切或拉伸应力而破裂，一般发生于硬度较低的工件材料一侧。但刀具材料也往往因为存在组织不均匀、内应力、微裂纹及空隙、局部软点等缺陷，所以刀具表面材料也常发生破裂而被切屑、工件材料带走，形成粘结磨损。

各种刀具材料都会发生粘结磨损，粘结磨损的程度主要取决于工件与刀具材料之间的亲和能力和温度。刀具与工件材料的硬度比愈小，相互间的亲和力愈大，粘结磨损就愈严重。在中、高切削速度下（切削温度 600 ～ 700 ℃），当形成不稳定积屑瘤时，粘结磨损最为严重。刀具的表面刃磨质量差，亦会加剧粘结磨损。

实践证明，高速钢、硬质合金、陶瓷刀具与立方氮化硼刀具都有可能与工件材料产生粘结而磨损，硬质合金刀具在中等或偏低的切削速度下切削塑性材料时，高速钢刀具在正常工作切削速度下，粘结磨损比较严重。在 YG 和 YT 两类硬质合金中，YT 类刀具切钢时发生粘结磨损的温度较 YG 类刀具高，高速钢刀具材料的抗剪与抗拉强度均较高，因此其抗粘结磨损的能力较硬质合金刀具材料强。

3. *扩散磨损*

切削过程中，刀具与工件被切出的新鲜表面接触，两者化学活性很大，由于高温的作用，刀具与工件材料的化学元素有可能互相扩散，使两者的化学成分发生变化，削弱刀具材料的性能，这种由于固态下两种材料中的化学元素从高浓度材料向低浓度材料中相互迁移（扩散）而引起的刀具磨损称为扩散磨损。例如，高速切削时，硬质合金中的 C、W、Co、Ti、Ta 等元素向工件和切屑中扩散，而切屑和工件中的 Fe、Mn 等元素向刀具扩散。结果使刀具表面发生贫碳、贫钨和少钴现象。同时，由工件扩散到刀具中的 Fe 与合金中的成分结合形成低硬度、高脆性的复合碳化物，使刀具磨损加快。

扩散磨损的速率主要取决于刀具与工件材料间的亲合能力和两者接触面上的温度，在相同切削条件下，用 YG 类和 YT 类刀具切钢时，YT 类刀具抗磨损能力明显优于 YG 类刀具，这是由于钛元素的扩散速度远低于钨和钴，碳化钛又不易分解的缘故。两类刀具材料发生明显扩散的温度也有区别。切钢时，YG 类刀具发生扩散磨损约在 850～900 ℃，而 YT 类刀具在 900～1 000 ℃才会产生显著的扩散磨损，故在高速条件下切削钢料时，YT 类刀具的耐磨性高于 YG 类刀具。

除工件与刀具材料间亲合能力外，温度是影响扩散磨损的最主要的因素，随着切削温度的提高，扩散磨损会迅速增加。

4. *化学磨损*

化学磨损是在一定温度下，刀具材料与某些周围介质（如空气中的氧、切削液中的极性添加剂硫、氮等）起化学作用，在刀具表面形成一层硬度较低的化合物，而被切屑带走，加速刀具磨损；或者因为刀具材料被某种介质腐蚀，造成刀具磨损。化学磨损主要发生于较高的切削速度条件下。例如，用硬质合金刀具切削钢料时，切削温度高达 700℃以上，在这种条件下，由于高温的影响，空气中的氧与刀具中的元素发生氧化作用，形成 Co_3O_4、CoO、WO_3 和 TiO_2 等，在刀具表面形成一层硬度、强度较低的氧化层薄膜，这层薄膜较疏松脆弱，很容易被工件或切屑带走引起刀具的磨损，这种化学磨损称为氧化磨损。一般来说，在刀—屑接触区中，空气不易进入，故氧化磨损多发生在主、副切削刃的工作边界附近，造成边界磨损。在 YG 和 YT 两类刀具中，YT 类刀具形成的氧化膜相对较为薄而牢固，故其抗氧化磨损能力较 YG 类刀具强。

除上述几种主要磨损外，还有热电磨损，即在切削区高温作用下，刀具与工件材料形成热电偶，产生热电势，使刀具与切屑及工件之间有电流通过，可能加快扩散速度，从而加剧刀具磨损。总之，引起刀具磨损的原因是多方面的，既有机械摩擦方面的原因，又有热效应方面的作用。在不同的刀具材料、工件材料及切削条件下，刀具磨损的主要原因是不同的。

2.4.3 刀具磨损过程及磨钝标准

1. 刀具的磨损过程

在刀具磨损过程中，其磨损量总是随切削时间的增加而增大，但实验表明，各不同时间阶段的磨损量增长率是不同的。图 2-34 所示为典型刀具磨损过程曲线，根据曲线反映的规律，可将刀具磨损过程分为三个阶段：

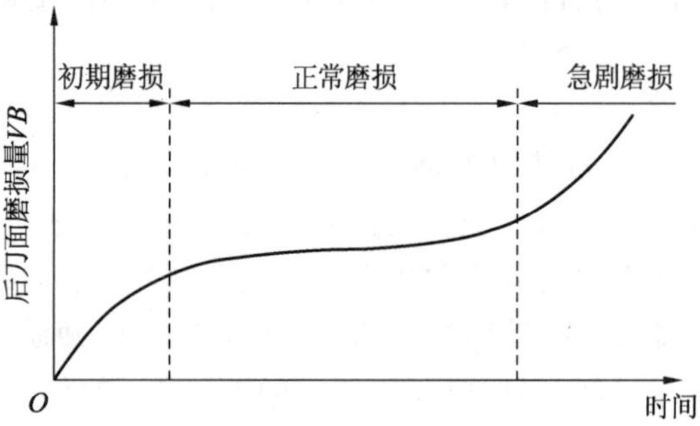

图 2-34　刀具磨损的典型曲线

(1) 初期磨损阶段

发生在刀具开始切削的短时间内，一般初期磨损量为 0.05～0.1 mm。初期磨损阶段刀具磨损较快的原因是，新刃磨过的刀具表面仍存在微观粗糙不平及显微裂纹、氧化或脱碳层等缺陷，使刀面表层上的材料耐磨性较差，而且切削刃锋利，后刀面与加工表面接触面积较小，压应力较大。这一阶段后刀面的凸出部分很快被磨平，所以刀具磨损速度较快。

(2) 正常磨损阶段

经初期磨损后，刀具粗糙表面逐渐磨平，缺陷减少，刀具表面上单位面积压力减小，此时刀具磨损比较缓慢而且均匀，进入正常磨损阶段。这阶段后刀面的磨损量与切削时间近似地成比例增加。正常磨损阶段时间较长，是刀具发挥其正常切削作用的主要阶段。

(3) 急剧磨损阶段

当磨损量增加到一定限度后，刀具已磨损变钝，切削力与切削温度迅速升高，磨损量急剧增加，刀具失去正常的切削能力。因此，生产中为了合理使用刀具，保证加工质量，应该在这一阶段到来之前，就要及时换刀或重磨。

2. 刀具的磨钝标准

通过对刀具磨损过程的分析，可见刀具不能无休止地使用下去，磨损量达到一定程度就要重磨或换刀，这个允许的限度称为磨钝标准。

用于制定磨钝标准的指标，应视刀具磨损的主要形式和具体加工要求等决定。因为一般刀具的后刀面都会发生磨损，而且测量也较方便，因此国际标准 ISO 统一规定以 1/2 背吃刀量处后刀面上测定的磨损带宽度 VB 作为刀具的磨钝标准。当刀具以月牙洼磨损为主要形式时，可用牙月洼深度 KT 规定磨钝标准。对于一次性对刀的自动化生产中使用的精加工刀具，从保证工件尺寸精度考虑，常以刀具的径向尺寸磨损量 NB（见图 2-35）作为衡量刀具的磨钝标准。

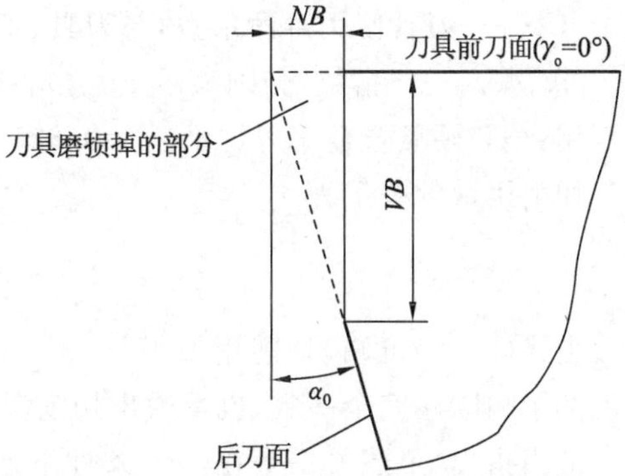

图 2-35　刀具的径向磨损 NB

在规定磨钝标准的具体数值时，有两种不同的出发点：一种是尽可能充分地利用刀具的正常磨损阶段，以接近急剧磨损阶段的磨损量作为磨钝标准，这样可以充分利用刀具材料，减少换刀次数，从而获得高生产率和低成本，这样规定的磨钝标准称为经济磨钝标准，适用于粗加工和半精加工；另一种是根据工件加工精度和表面质量的要求制定磨钝标准，这种标准可以保证工件要求的精度和质量，称为工艺磨钝标准，适用于精加工。两种磨钝标准，一般都需经过实验确定。根据生产实践调查资料，硬质合金车刀磨钝标准推荐值见表 2-2。

表 2-2　硬质合金车刀的磨钝标准

加工条件	后刀面的磨钝标准 VB/mm	加工条件	后刀面的磨钝标准 VB/mm
精车	0.1～0.3	铸铁件粗车	0.8～1.2
合金钢粗车，粗车刚性较差的工件	0.4～0.5	钢及铸铁大件低速粗车	1.0～1.5
碳素钢粗车	0.6～0.8		

2.4.4　刀具使用寿命

刀具使用寿命是指刀具刃磨后开始切削，一直到磨损量达到刀具磨钝标准所经历的总切削时间，用 T 表示，单位 min。它也是刀具两次刃磨之间实际进行切削的时间。

刀具使用寿命的长短反映了刀具磨损的快慢。因此，凡是影响刀具磨损的因素，必然影响刀具使用寿命。对于某一切削过程，当工件、刀具材料和刀具几何参数选定之后，切削用量是影响刀具使用寿命的主要因素。

刀具使用寿命 T 与切削速度 v_c、进给量 f、背吃刀量 a_p 之间的关系，可通过切削实验方法求得。采用单因素实验法分别得到 $T-v_c$、f、a_p 的关系为

$$\begin{cases} v_c T^m = A \\ f T^n = B \\ a_p T^p = C \end{cases} \tag{2-17}$$

由式(2-17)可得到刀具使用寿命 T 与 v_c、f、a_p 关系的三因素公式：

$$T = \frac{C_T}{v_c^{\frac{1}{m}} f^{\frac{1}{n}} a_p^{\frac{1}{p}}} \tag{2-18}$$

式中：C_T——刀具使用寿命系数，与刀具、工件材料和切削条件有关；

m、n、p——指数，分别表示 v_c、f、a_p 对刀具使用寿命 T 影响的程度。

用 YT5 硬质合金车刀切削 $\sigma_b=0.637$ GPa 的碳钢时（$f>0.70$ mm/r），刀具使用寿命 T 与切削用量的关系为

$$T=\frac{C_T}{v_c^5 f^{2.25} a_p^{0.75}} \tag{2-19}$$

由式(2-19)可知，切削用量中，v_c 对 T 的影响最大，f 次之，a_p 最小。这与三者对切削温度的影响顺序完全一致，也反映出切削温度对刀具磨损和使用寿命有着重要的影响。

应当指出，上述关系是在一定条件下通过实验得出的。如果切削条件改变，各种因素对刀具使用寿命的影响就不同，因而各指数、系数就相应地发生变化。

2.4.5 刀具的破损

切削加工中，若所用刀具脆性较大，或工件材料的硬度很高，有时刀具并未经过正常磨损阶段便在短时间内发生突然损坏，这种失效形式称为刀具破损。破损也是刀具失效的主要形式之一，据统计，硬质合金刀具的失效，50%是由于破损造成的，陶瓷刀具破损失效的比例更高。

1. 刀具破损形式

刀具材料不同，加工条件不同，刀具破损的形式会有所不同，通常可分为脆性破损和塑性破损两大类型。

(1) 脆性破损

刀具破损前，刀具切削部分无明显的塑性变形，称为脆性破损。脆性破损常发生在硬质合金、陶瓷等硬度高、脆性大的刀具上，脆性破损又可分为以下几种形式：

① 崩刃。当工艺系统刚性较差、断续切削、毛坯余量不均匀或工件材料中有硬质点、气孔、砂眼等缺陷时，切削过程中，刀具因受冲击力作用而振动，在这种情况下，切削刃往往会由于强度不足产生一些小的锯齿形缺口。

② 碎裂。当加工条件更差，刀具承受冲击力更大，或刀具本身的焊接质量不好，会造成切削部分呈块状损坏。碎裂后的刀具不能再继续使用。

③ 剥落。常发生在脆性很大的刀具上。由于在焊接、刃磨后，表层材料上存在着剩余应力或潜在的裂纹，当刀具受到变应力的周期性作用时，表层材料会呈片状脱落下来。

④ 热裂。常发生在断续切削的刀具上，由于切削过程中，切削部分发生反复的冷缩热胀，在交变的热应力和机械应力的综合作用下，发生疲劳破坏而开裂。

(2) 塑性破损

由于高温高压的作用，刀具会因切削部分发生塑性流动而迅速失效，称为塑性破损。塑性破损常发生在切削高硬度材料的刀具上，在这种条件下，如果切削用量、刀具角度等切削条件选择不合理，会使切削温度过高，高温条件下切削时，刀具材料的硬度有可能低于工件材料，因而使刀具发生卷刃、烧刃（高速钢刀具）或塌陷（硬质合金刀具）。

2. 防止刀具破损的措施

为了防止刀具的破损，可根据引起破损的主要原因在以下几个方面采取适当的预防措施：

① 合理选择刀具材料。如果加工条件较差，刀具会受到冲击力的作用，选择刀具材料时应注意在保证一定的硬度和耐热性的同时，使刀具有较高的韧性。

② 选择合理的刀具角度。在刀具角度中，减小前、后角，刃磨负倒棱有利于提高刀具刃部强度。刃磨负倒棱是防止刀具崩刃的有效措施之一。另外，减小主偏角 κ_r，减小工作刀刃上单位长度上的负荷，选择负的刃倾角，加强刀具头部强度，提高抗冲击能力，都有利于避免刀具的破损。

③ 选择适当的切削用量。过大的 a_p 和 f，会引起切削力过大，其中 a_p 对切削力的影响更大，不利于防止刀具的破损。选择 v_c 时不应太高，否则易引起刀具的塑性破损，在使用硬质合金刀具时，v_c 也不宜太低，低速下的硬质合金刀具强度较小。

除以上措施外，提高加工工艺系统的刚性以防止切削时的振动；提高刀具的焊接、刃磨质量；合理使用切削液等都有利于防止刀具的破损。

2.4.6　刀具状态监控

在自动化加工中，若刀具磨损或破损未能及时发现，将会导致工件报废，甚至造成机床损坏。因此，对刀具磨损、破损进行及时的检测与监控是十分重要的。

1. 刀具实时监控原理

切削过程实时监控系统是由检测监视系统和机床数控系统互联（信息、数据通信）组成的实时闭环控制系统，其组成原理如图 2-36 所示。检测监视系统由切削过程参数传感检测单元、信号处理单元、接口电路和识别决策单元等组成，如图 2-37 所示。

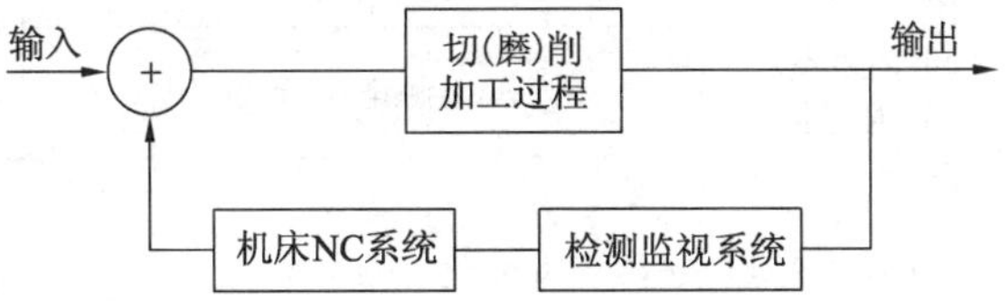

图 2-36　切削过程实时监控系统组成框图

监控系统的输入是代表直接或间接评价刀具工况的相应参数，如刀具前、后刀面的磨损与破损，切削力（扭矩），主轴或进给电动机电流与功率，切削振动，切削过程声发射和工件尺寸精度与表面粗糙度等。在机床上安装相应的传感器（包括相应的前置放大器等），实时获取输入信号，并将它们转换成电压或电流信号。信号处理单元对上述电信号进行预处理（包括选频滤波、信号放大、检波、求均、去除趋势项及其他改善信噪比的处理）和特征提取，形成表征刀具工况的低维特征集合，作为识别决策单元的输入集。系统的识别决策单元采用微处理机或微型计算机。识别决策单元利用识别决策程序来完成实时诊断。监视系统的输出是报警信号显示报警灯或报警蜂鸣器。

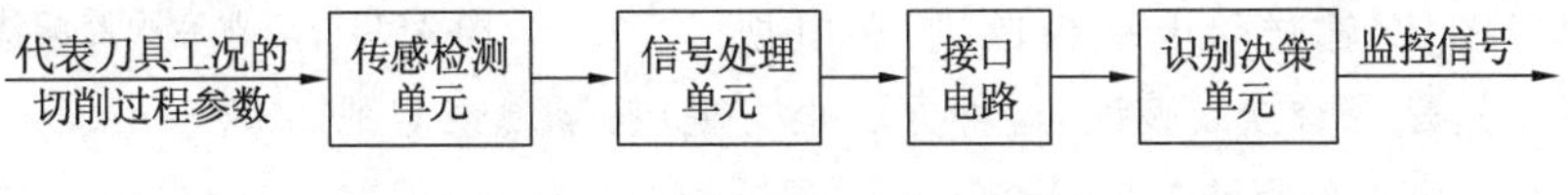

图 2-37　检测监视系统组成框图

2. 刀具监控方法

在线监测刀具状态(磨损和破损)的方法很多,可以分为直接监测和间接监测两种,也可以分为连续监测和非连续监测。当前各国主要研究开发的是切削力(扭矩)、振动、功率(电流)和声发射等监测方法,见表 2-3。

表 2-3 刀具磨损破损的在线监测方法

检测方法			信号	特征量或处理方法	传感器
非连续检测	直接检测	测切削刃位置		位移	接触式传感器、光学传感器
	间接检测	工件质量	光、压力、超声波等	被加工工件尺寸变化,被加工表面粗糙度变化	测微仪、光、激光、气压或液压传感器
连续检测	直接检测	切削刃形状位置	光	将摄像机输出的图像数字化,然后进行计算等	工业电视,光传感器等
	间接检测	测切削力	力	切削力变化量分力比值 F_f/F_c、F_p/F_c 或分力比值的微分量,$d(F_f/F_c)/dt$、$d(F_p/F_c)/dt$ 切削力动态分量	测力仪
		测电动机功耗	功率电流	主电动机或进给电动机功率、电流变化量或波形变化	功率计 电流计
		测刀杆振动	加速度	振动振幅等	加速度计
		测声发射	AE 信号	AE 信号的有效值、功率谱、突发脉冲幅值、脉冲计数率	AE 传感器
		测切削温度	温度	切削温度的突发增量	热电偶
		测刀具和工件的接触电阻	电阻变化 电压变化	工件—刀具接触电阻突变	电压表
		工件质量	尺寸变化 粗糙度变化	加工表面粗糙度变化, 工件尺寸变化	测微仪、光、激光、气压液压传感器、超声波传感器等

(1) 接触式传感器监测法

直接监测法中用得最多的是用测杆或电测头等接触式传感器直接测切削刃位置。这种检测刀具破损的方法简单可靠,在实际生产中用得较多。但这种检测方法不能检测刀具的磨损和微小崩刃,这是它的不足之处。

(2) 光学摄像监测法

这种方法是用工业电视监测。图 2-38 是工业电视监测法的原理框图,光学探头(显微镜)接收切削刃部分图像,输送给电视摄像机,在电视屏幕上观察刀具是否磨损或破损,这种方法很直观,易于观察监视。

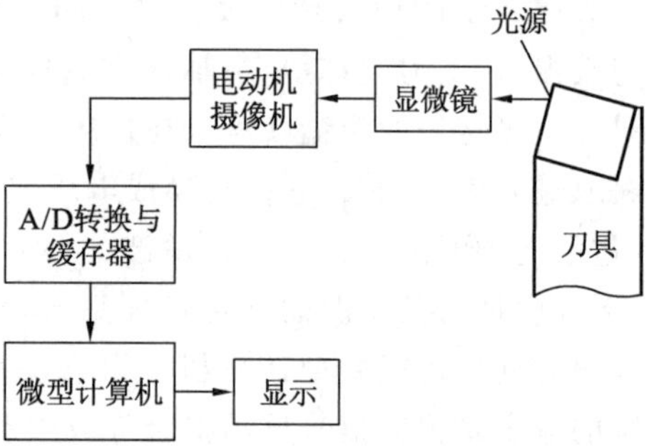

图 2-38 工业电视监测法

(3) 切削力变化监测法

刀具磨损和破损均会使切削力明显变化,但通过测定切削力的变动量来监测刀具磨损和破损是不太科学的。因为工件切削余量不均匀,材料硬度变化也会使切削力改变。为避免监测时的错误干扰信号,可采用切削分力比值变化或比值的变化率(即比值的微分)作为监测信号。根据实验结果,在正常切削时,$F_f/F_c=25\%\sim30\%$,$F_p/F_c=35\%\sim40\%$,当刀具磨损时 F_f/F_c 值将增加 $20\%\sim30\%$,F_p/F_c 值将增加 $10\%\sim20\%$。因此可以用切削力比值变化或比值微分值作为刀具磨损和破损的监测信号。

采用测力轴承是目前一些数控机床和加工中心常用的自动监测方法,特别是容易破断的小刀具。切削时,从刀具传给主轴的切削力作用在主轴轴承上,而主轴轴承上装有电阻应变片,通过电阻应变片可以采集到切削力变化的信号。实际上主轴轴承担当了刀具自动监控系统的切削力信号传感装置。

(4) 电动机功率(电流)监测法

刀具磨损破损时,使电动机功率(电流)发生变化。当刀具磨损急剧增加或突然破损时,电动机的功率(或电流)发生较大的波动。电动机功率(或电流)的变化测量简单方便,用以监测刀具磨损或破损简单易行。用这种方法监测时,可预先设定一功率门槛值和新刀切削时功率波形图样本贮存在控制系统中。采用这两种监控模式可同时监控主轴、进给两个通道。无论哪个方面出现异常,便自动报警。这种方法的缺点是灵敏度低,监测精度受机床热变化影响。

(5) 声发射监测法

声发射(简称 AE),它是切削过程中伴随产生的一种物理现象。所谓声发射是指在外部力作用下或当外界条件变化时,固体材料中发生变形或破损并以弹性波形式快速释放应变能的声物理现象。声源称为 AE 波源,所发出的声波称为 AE 波。在刀具发生急剧磨损破损时,由 AE 传感器监测到对 AE 波响应的声发射信号。这种 AE 信号可分为连续型和突发型两类。切削过程刀具监测系统常用几十 kHz 至 2 MHz 频段内的 AE 信号。固体材料的弹一塑性变形和正常切削过程中发生的 AE 信号属于连续型的,而刀具急剧磨损和破损时发生的是非周期性的突发型 AE 信号。两种信号相比,后者的电压大于前者。

(6) 多种方法综合监测

以上各种监测方法使用中都存在一定的局限性,并且监测的可靠性也不理想。为提高监测的可靠性,最近在开发多种方法多种参数的综合监测,如切削力和切削功率的综合监测,切削力、功率和声发射的综合监测等。多方法、多参数的综合监测的可靠性会更高,其应用前景会很广阔。

总而言之,刀具工作状态的在线监测是自动化加工中的一个课题,在这方面国内外都投入了大量的人力、物力,有些已取得了巨大进展并已开始在生产中应用。

2.5 金属切削条件的合理选择

拟定零件机械加工工艺规程时,需要确定每一道工序的切削条件,即需要确定具体的刀具材料、刀具几何参数、切削用量、切削液等,以达到保证加工质量、提高生产率、降低成本的目的。

2.5.1 工件材料的切削加工性

1. 切削加工性的概念和衡量指标

工件材料的切削加工性是指材料被切削加工成合格零件的难易程度。某种材料加工的难易，不仅取决于材料本身，还取决于具体的加工要求及切削条件，即涉及刀具使用寿命、金属切除率、已加工表面质量、切削力及切屑碎断和控制等一系列问题。如某种材料在某一加工条件下可能是易加工材料，但在另一种加工条件下又可能是难加工材料。因此，材料被加工的难易程度只是一个相对的概念。由于具体的加工要求和切削条件不同，对工件材料切削加工性的评价也就不同。

此外，根据加工要求和生产条件不同，衡量材料切削加工性的指标也不相同。对于同一工件材料，当评定其切削加工性的指标不同时，也可能得出不同的结论。通常可用以下几个指标来衡量：

① 以刀具使用寿命来衡量。用在相同切削条件下，刀具达到磨钝标准时切削此材料的切削时间或切除的材料体积来表示；也可用相同使用寿命条件下切削此材料所允许的切削速度表示。

② 以已加工表面质量来衡量。即在一定的切削条件下能达到的已加工表面质量的状况来表示。一般精加工的零件可用表面粗糙度 Ra 来衡量其切削加工性，容易获得较小 Ra 的材料其切削加工性就好。对某些特殊要求的精密零件，则应从已加工表面完整性的概念，全面衡量已加工表面层的变质层深度、残余应力和加工硬化等指标。

③ 以切削层单位面积切削力来衡量。即通过测量作用于刀具上的力或消耗的切削功率来衡量。在重型机床、刚性不足或机床功率不足时，常以此来表示其切削加工性。对于某些导热性差的难加工材料，还常以切削温度的高低来衡量。

④ 以断屑性能来衡量。即在一定切削条件下，以所形成的切屑是否便于清除作为一项指标。对于自动机床、数控机床或自动线等，断屑性能是衡量其切削加工性的主要指标。

综上分析可知，一种工件材料很难在各方面都获得较好的切削加工指标，只能根据需要，选择一项或几项作为衡量其切削加工性的指标。在一般生产中，常以保证刀具使用寿命所允许的切削速度 v_T 作为衡量材料切削加工性的指标。

材料的切削加工性指标 v_T 的含义是：当刀具使用寿命为 T(min)时，切削某种材料所允许的切削速度。v_T 越高，说明材料的切削加工性越好。通常取 $T=60$ min，v_T 写作 v_{60}；对于一些特别难加工的材料，也可取 $T=15$ min 或 30 min，相应的 v_T 为 v_{15} 或 v_{30}。

若以 $\sigma_b=0.637$ GPa 的 45 钢的 v_{60} 作为基准，记作 $(v_{c60})_j$，将某种被切削材料的 v_{c60} 与其相比，这个比值 K_r 称为此种材料的相对加工性，即

$$K_r=\frac{v_{c60}}{(v_{c60})_j} \tag{2-20}$$

显然 K_r 越大，工件材料的切削加工性越好，K_r 越小则切削加工性越差。目前常用的工件材料，按其相对加工性 K_r 分为 8 级，见表 2-4。K_r 值实际上只反映了不同材料对刀具磨损和使用寿命的影响程度，并没有反映表面粗糙度和断屑问题，因此只对选择切削速度有指导意义。

表 2-4　材料的切削加工性等级

加工性等级	名称及种类		相对加工性 K_r	代表性材料
1	很容易切削的材料	一般有色金属材料	>3.0	5-5-5 铜铅合金,9-4 铝铜合金,铝镁合金
2	容易切削的材料	易切削钢	2.5～3.0	退火 15Cr,σ_b=0.38～0.45 GPa 自动机钢,σ_b=0.4～0.5 GPa
3		较易切削的钢料	1.6～2.5	正火 30 钢,σ_b=0.45～0.56 GPa
4	普通材料	一般钢及铸铁	1.0～1.6	45 钢,灰铸铁
5		稍难切削的材料	0.65～1.0	2Cr13 调质,σ_b=0.85 GPa 85 钢,σ_b=0.9 GPa
6	难切削材料	较难切削的材料	0.5～0.65	45Cr 调质,σ_b=1.05 GPa 65Mn 调质,σ_b=0.95～1.0 GPa
7		难切削材料	0.15～0.5	50CrV 调质,1Cr18Ni9Ti 某些钛合金
8		很难切削的材料	<0.15	某些钛合金,铸造镍基高温合金

2. 工件材料的物理力学性能对切削加工性的影响

一般可以认为,工件材料的物理力学性能越高,其机械加工的难度也就越大。可以根据它们数值的大小来划分加工性等级,见表 2-5。

① 硬度和强度。工件材料的硬度和强度较高时,切削力大,切削温度高,刀具磨损快,因而切削加工性差,例如,白口铸铁比灰铸铁难切削,高强度钢比一般钢难切削。

② 塑性和韧性。材料的塑性以伸长率 δ 表示。δ 越大则塑性越好,因此使材料塑性变形所消耗的功也越大,切削变形、加工硬化及刀具表面的冷焊现象都比较严重,同时也不易断屑和不易获得较好的加工表面质量,切削加工性差,如某些高锰钢和奥氏体不锈钢的加工。但是,当加工塑性太低的材料时,切屑与前刀面的接触长度过短,使切削力和切削热都集中在切削刃附近,加剧了切削刃的磨损,也会使切削加工性变坏。材料的韧性以冲击韧度 α_K 表示。α_K 值越大,表示材料在破裂以前所吸收的能量越多,于是切削力和切削温度也越高,越不易断屑,所以切削加工性也越差。

③ 热导率。它与前述几种工件材料的物理力学性能对切削加工的影响刚好相反。工件材料的热导率越大,由切屑带走、工件散出的热量就越多,越有利于降低切削区的温度,所以切削加工性较好。

④ 其他物理力学性能。表 2-5 中未列出的物理力学性能也会影响切削加工性。例如,线膨胀系数大的材料,加工时由于热胀冷缩,工件尺寸变化很大,故不易控制加工精度;弹性模量小的材料,在已加工表面形成过程中弹性恢复大,易与后刀面产生较大摩擦,给后续加工带来一定困难。

表 2-5 工件材料加工性分级表

切削加工性		易切削			较易切削		较难切削			难切削			
等级代号		0	1	2	3	4	5	6	7	8	9	9a	9b
硬度	HBS	≤50	>50 ~100	>100 ~150	>150 ~200	>200 ~250	>250 ~300	>300 ~350	>350 ~400	>400 ~480	>480 ~635	>635	
	HRC					>14 ~24.8	>24.8 ~32.3	>32.3 ~38.1	>38.1 ~43	>43 ~50	>50 ~60	>60	
抗拉强度 σ_b/ GPa		≤0.196	>0.196 ~0.441	>0.441 ~0.588	>0.588 ~0.784	>0.784 ~0.98	>0.98 ~1.176	>1.176 ~1.372	>1.372 ~1.568	>1.568 ~1.764	>1.764 ~1.96	>1.96 ~2.45	>2.45
伸长率 δ/ %		≤10	>10 ~15	>15 ~20	>20 ~25	>25 ~30	>30 ~35	>35 ~40	>40 ~50	>50 ~60	>60 ~100	>100	
冲击韧性 α_K/ $(kJ \cdot m^{-2})$		≤196	>196 ~392	>392 ~588	>588 ~784	>784 ~980	>980 ~1372	>1372 ~1764	>1764 ~1962	>1962 ~2450	>2 450 ~2 940	>2 940 ~3 920	
热导率 k/ $(W \cdot m^{-1} \cdot K^{-1})$		<418.68 ~293.08	<293.08 ~167.47	<167.47 ~83.47	<83.47 ~62.80	<62.80 ~41.87	<41.87 ~33.5	<33.5 ~25.12	<25.12 ~16.75	<16.75 ~8.37	<8.37		

3. 改善切削加工性的途径

① 通过不同的热处理方法，改变材料的金相组织和物理力学性能，是提高材料切削加工性的有效方法。例如，高碳钢的硬度偏高，加工较难，经过球化退火可降低其硬度，从而使切削加工性得以改善；低碳钢塑性过高，可通过冷拔或正火以降低其塑性，提高硬度，使其变得较易加工。铸铁件通常在切削前要进行退火处理，以改变金相结构，降低表层硬度，消除内应力，改善切削加工性。

② 调整材料的化学成分，也是改善切削加工性的有效方法之一。例如，在钢中适当添加如 S、P、Pb、Ca 等元素，可以改善金属材料的内部滑移性，从而改善切削加工性，这样的钢叫易切钢。但如果含量太多，就会削弱金属材料的物理力学性能，因此，对易切钢应进行切削实验，以确定在改善切削加工性的同时是否影响了表面加工质量。

2.5.2 刀具材料的合理选择

刀具材料的切削性能关系着刀具的使用寿命和生产率，其工艺性又影响着刀具本身的制造和刃磨质量。因此，对于某一特定的切削加工，合理地选择刀具材料是非常重要的。

尽管近年来出现了许多新型刀具材料，但高速钢和硬质合金仍然是应用最广的刀具材料。高速钢价格便宜，应用极广，特别适合于制造复杂刀具。表 2-6 列出了常用高速钢牌号的主要用途，可供选择时参考。

表 2-6 常用高速钢牌号的主要用途

类别		牌号	主要用途
普通高速钢		W18Cr4V	用途广泛，主要用于制造钻头、铰刀、铣刀、拉刀、丝锥、齿轮刀具等
		W6Mo5Cr4V2	用于制造要求热塑性好的受较大冲击载荷的刀具，如轧制钻头等
		W14Cr4VMnRe	用于制造要求热塑性好的受较大冲击载荷的刀具，如轧制钻头等
高性能高速钢	高碳	95W18Cr4V	用于对韧性要求不高，但对耐磨性要求较高的刀具
	高矾	W12Cr4V2Al	用于形状较简单，对耐磨性要求较高的刀具
	超硬	W6Mo5Cr4V2Al	可用于制造复杂刀具和难加工材料用的刀具
		W10Mo4Cr4V3Al	耐磨性好，刀具使用寿命高，用于加工难切削高强度耐热钢的刀具
		W6Mo5Cr4V5SiNbAl	用作形状简单的刀具，尤其用作钻头加工铁基高温合金时效率显著
		W12Cr4V3Mo3Co5Si	硬度高，耐磨性、耐热性好，用作加工超高强度钢的刀具效果显著
		W2Mo9Cr4VCo8(M42)	用作难加工材料的刀具，因其磨削性好可作复杂刀具，但价格昂贵

硬质合金的切削性能好，已广泛应用于生产。绝大多数车刀、端铣刀、深孔钻等都采用了这种材料。表 2-7 列出了常用硬质合金牌号的主要用途。

表 2-7 常用硬质合金牌号的主要用途

牌号	用途
YG3	铸铁、有色金属及其合金的精加工、半精加工。要求无冲击
YG6X	铸铁、冷硬铸铁高温合金的精加工、半精加工

续表

牌号	用途
YG6	铸铁、有色金属及其合金的半精加工与粗加工
YG8	铸铁、有色金属及其合金的粗加工。也能用于断续切削
YT30	碳素钢、合金钢的精加工
YT15 YT14	碳素钢、合金钢连续切削时粗加工、半精加工及精加工。也可用于断续切削时的精加工
YT5	碳素钢、合金钢的粗加工。可用于断续切削
YA6	冷硬铸铁、有色金属及其合金的半精加工，也可用于合金的半精加工
YW1	不锈钢、高强度钢与铸铁的半精加工与精加工
YW2	不锈钢、高强度钢与铸铁的粗加工与半精加工
YN05	低碳钢、中碳钢、合金钢的高速精车，系统刚性较好的细长轴精加工
YN10	碳钢、合金钢、工具钢、淬硬钢连续表面的精加工

此外，还有新型硬质合金、陶瓷、超硬刀具材料等。选用时应根据具体情况认真对待。值得一提的是，近年来表面涂层硬质合金刀具的使用越来越普遍。它既具有基体材料的韧度，又有很高的硬度，并且化学性能稳定，摩擦系数小，因此正逐渐取代着硬质合金材料。

表 2-8 中列出了几种典型刀具材料的切削性能，可以看出不同物理力学性能的刀具材料其切削性能是不一样的。

表 2-8　几种典型刀具材料的切削性能

刀具材料	硬度 HRA			抗弯强度/GPa	抗冲击强度	耐磨性	车削 1045 钢时切削条件	
	室温	535 ℃	760 ℃				$\gamma/(^\circ)$	$v/(\mathrm{m \cdot min^{-1}})$
高速钢	85～87	77～82	极低	4.14	↑	↓	+5～+30	23～56
铸造合金	82～85	75～82	70～75	2.07			0～+20	23～81
硬质合金	89～94	80～87	70～82	1.73			−6～+10	47～560
陶瓷	94	90	87	0.586			−15～−5	156～781
金刚石	7000HK	7000HK	7000HK	0.276			—	—

2.5.3　刀具几何参数的合理选择

合理选择刀具几何参数的目的，是要使刀具潜在的切削能力得到充分发挥，从而提高刀具使用寿命；或在保持使用寿命不变的情况下提高切削用量，从而提高生产率。另外，刀具几何参数对切削力的大小和各分力的比值分配、切削热的高低和分布状态、切屑的卷曲开关和流屑方向、加工系统的振动和加工质量等都有很大的影响。

刀具的几何参数可分为两类，一类是刀具角度参数，另一类是刀具刃形尺寸参数。每一把独立的刀具几何参数（一些派生参数如刀尖角、楔角等除外），都有其独立的意义和作用，而一把完整刀具的形状和结构，是由一套系统的刀具几何参数所决定的。各参数之间存在着相互依赖、相互制约的作用，因此应综合考虑各种参数以便进行合理的选择。

1. 前角的选择

前角的作用规律有两方面：

① 一方面，增大前角，刀具锋利可减小切屑变形，并减轻刀面与切屑之间的摩擦，从而可以降低切削力、切削温度和功率消耗，减轻了刀具磨损，提高了刀具使用寿命；还可以抑制积屑瘤与鳞刺的产生，减轻切削振动，改善加工质量。

② 另一方面，增大前角，会使切削刃与刀头强度降低，易造成崩刃而使刀具早期失效；还会使刀头的散热面积和容热体积减小，导致热应力集中，切削区局部温度升高，因而也容易造成刀具的破损和磨损；由于减小了切屑变形，也不利于断屑。

由此可见，增大或减小前角各有利弊，在一定条件下存在一个合理值。由图 2-39 可知：对于不同的刀具材料和工件材料，刀具使用寿命随刀具前角变化的趋势为驼峰形。对应最大使用寿命的前角称为合理前角 γ_{opt}，高速钢的合理前角比硬质合金的大。由图 2-40 可知，工件材料不同时，同种刀具材料的合理前角也不相同，加工塑性材料的 γ_{opt} 大于加工脆性材料的 γ_{opt}。

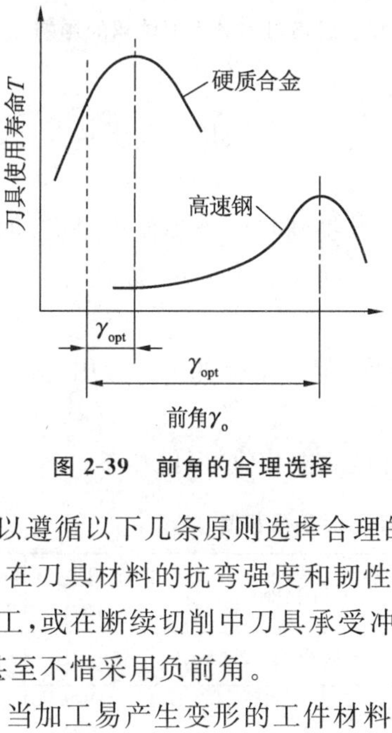

图 2-39 前角的合理选择

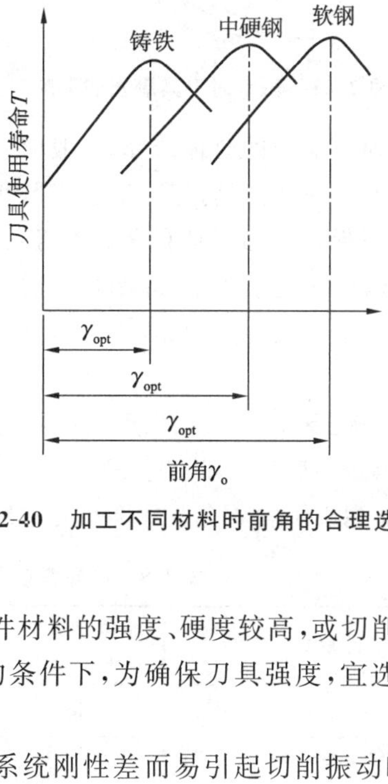

图 2-40 加工不同材料时前角的合理选择

可以遵循以下几条原则选择合理的前角：

① 在刀具材料的抗弯强度和韧性较低，或工件材料的强度、硬度较高，或切削用量较大的粗加工，或在断续切削中刀具承受冲击载荷等的条件下，为确保刀具强度，宜选用较小的前角，甚至不惜采用负前角。

② 当加工易产生变形的工件材料时，或工艺系统刚性差而易引起切削振动时，或机床功率不足时，宜选用较大的前角，以减小切削力。

③ 对于成形刀具和前角影响刃形的其他刀具，以及某些自动化加工中不宜频繁更换的刀具，为保证其工作的稳定性和刀具使用寿命，应适当减小前角。

④ 一般加工条件下，可通过试验法或查表法选取合理的前角。硬质合金车刀合理前角的参考值见表 2-9，高速钢车刀的前角一般比表中数值增大 5°～10°。

2. 后角的选择

后角的作用规律表现为以下几个方面：

① 增大后，可增加切削刃的锋利性，减轻后刀面与已加工表面的摩擦，从而降低切削力和切削温度，改善已加工表面质量。但也会使切削刃和刀头的强度降低，减小散热面积和容热体积，加速刀具磨损。

② 如图 2-41 所示，在同样的磨钝标准 VB 条件下，增大后角（$\alpha_2>\alpha_1$），刀具材料的磨损体积也增大，这有利于提高刀具使用寿命。但径向磨损量 NB 也随之增大（$NB_2>NB_1$），这对零件的尺寸精度很不利。

③ 如图 2-42 所示，对于重磨刀具，由于大部分都是重磨后刀面，所以在同样的 VB 条件下，增大后角就会使重磨时的磨削量增大，于是大大增加了刀具材料的费用和刃磨费用。

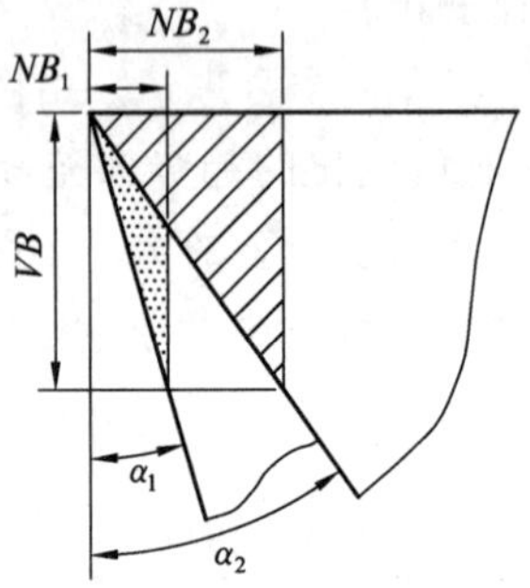

图 2-41　后角对刀具磨损的影响

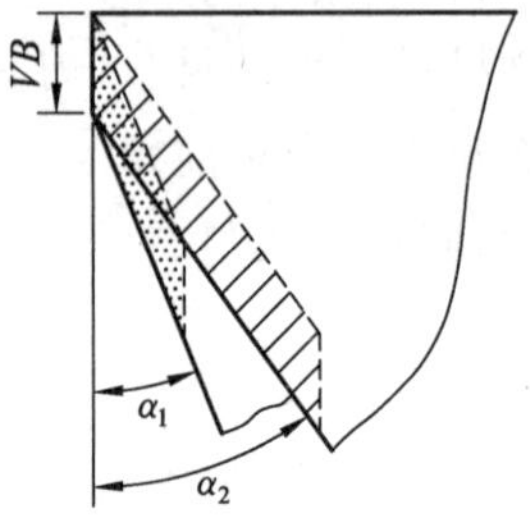

图 2-42　后角对刀具重磨体积的影响

因此，对于后角的合理选择，一般应遵循下列几条原则：

① 当需要提高刀具强度，应适当减小后角。如刀具前角已采用了较大负前角，则不宜减小后角，以保证切削刃具有良好的切入条件。

② 当以尺寸要求为主，如精加工时，宜减小后角，以提高径向磨损使用寿命；如以加工表面质量（如表面残余应力、表面粗糙度等）要求为主时，则宜加大后角，以减轻刀具与工件间的摩擦。

③ 在一般条件下，宜加大后角以提高刀具使用寿命；但为了降低重磨费用，对于重磨刀具则宜适当减小后角。

表 2-9 列出了硬质合金外圆车刀常用的前角与后角的推荐值，可供参考。

表 2-9　硬质合金车刀的合理前角与后角推荐值

工件材料		前角 γ_o/(°)	后角 α_o/(°)	工件材料	前角 γ_o/(°)	后角 α_o/(°)
结构钢，合金钢及铸钢	$\sigma_b\leqslant0.8$ GPa	10～15	6～8	钛合金	5～15	10～15
	$\sigma_b=0.8\sim1.0$ GPa	5～10	6～8	淬火钢，硬度 40 HRC 以上	−5～−10	8～10
高强度钢及表面有夹杂的铸钢 $\sigma_b>1.0$ GPa		−5～−10	6～8	高锰钢	−5～5	8～12
				铬锰钢	−2～−5	8～10
不锈钢 1Cr18Ni9Ti		15～30	8～10	灰铸铁、青铜、脆黄铜	5～15	6～8
耐热钢 $\sigma_b=0.7\sim1.0$ GPa		10～12	8～10	紫铜	25～35	8～12
锻造高温合金		5～10	10～15	铝合金	20～30	8～10
铸造高温合金		0～5	10～15	纯铁	25～35	8～12

3. 主偏角的选择

一般而言，减小主偏角可使刀具使用寿命提高。当背吃刀量和进给量不变时，减小主偏角会使切削厚度减小、切削宽度增加，从而使单位长度切削刃所承受的载荷减轻，同时刀尖圆弧半径增大，提高了刀尖强度，而切削宽度和刀尖圆弧半径的增大又有利于散热。

但是，减小主偏角会导致切削力和径向分力（切深抗力）增大，加大工件的变形挠度，因而降低了加工精度。同时刀尖与工件的摩擦也加剧，容易引起系统振动，使加工表面的粗糙度值加大，也会引起刀具使用寿命下降。

综合上述两方面，合理选择主偏角的原则取决于工艺系统的刚性。系统刚性好，不易产生变形和振动，则主偏角可取小值；若系统刚性差（如车削细长轴），则宜取大值。

4. 副偏角的选择

副偏角的主要作用是最终形成已加工表面。副偏角越小，切削刀痕的理论残留面积的高度也越小，可以有效地减小加工表面的粗糙度。同时，还加强了刀尖强度，改善了散热条件。因此，精加工时，宜取较小的副偏角，以减小表面粗糙度；工件强度、硬度较高或刀具做断续切削时，宜取较小副偏角，以加大刀尖强度。但副偏角过小会增加副切削刃的工作长度，增大后刀面与已加工表面的摩擦，易引起系统振动，反而增大表面粗糙度值。在不会产生振动的前提下，一般刀具的副偏角均可选择较小值（$\kappa_r'=5°\sim10°$）。

5. 刃倾角的选择

刃倾角的作用可归纳为四个方面：

① 影响切削刃的锋利性。当刃倾角 $\lambda_s\leqslant45°$时，刀具的工作前角和工作后角将随 λ_s 的增大而增大，而切削刃钝圆半径却随之减小，于是自然增大了切削刃的锋利性。因此，大刃倾角可增加刀具的切薄能力，降低切削力。

② 影响刀头强度和散热条件。负的刃倾角可以增强刀尖强度，其原因是切入时是从切削刃开始的，而不是从刀尖开始的，进而改善了散热条件，有利于提高刀具使用寿命。

③ 影响切削力的大小和方向。一般而言，刃倾角为正时，切削力减小；为负时，切削力增大。特别是当负刃倾角绝对值增大时，径向力会显著增大，易导致工件变形和工艺系统振动。因此，在工艺系统刚性不足时，应尽量避免采用负刃倾角。

④ 影响切屑流出方向。图 2-43 表示了刃倾角变化对排屑方向的影响。可以看出，精加工时，刃倾角应取正值，使得切屑流向待加工表面，防止缠绕和刺伤已加工表面。

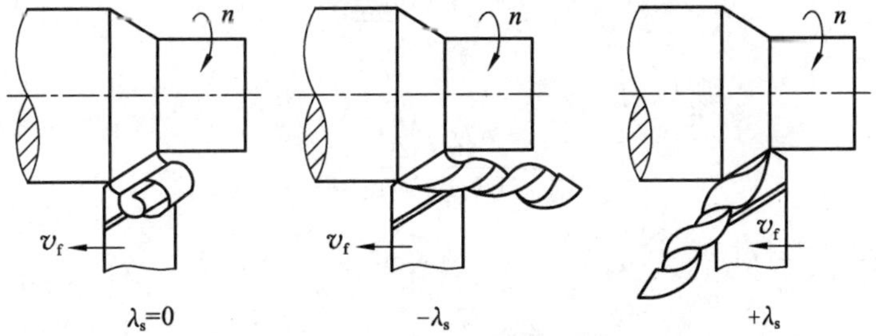

图 2-43　刃倾角对排屑方向的影响

在加工一般钢料和铸铁时，在无冲击的情况下粗车，λ_s 取值为 $0°\sim-5°$；精车时，为避免切屑擦伤已加工表面，常取正刃倾角，λ_s 取值为 $0°\sim+5°$；在有冲击负荷时，λ_s 可取为 $-5°\sim-15°$，冲击特别大时，λ_s 可取 $-30°\sim-45°$；加工高强度钢、淬硬钢时，λ_s 可取 $-20°\sim$

$-30°$;工艺系统刚性不足时,为避免背向力过大而导致工艺系统受力变形过大,不宜采用负的刃倾角。

2.5.4 刀具使用寿命的选择

合理确定刀具使用寿命,保证刀具磨损达到磨钝标准时能及时换刀,这在自动化加工、多刀切削及大批量生产中,尤其显得重要。在切削加工中,当刀具使用寿命确定后,就能以它为依据选择切削速度,并计算切削效率和核算生产成本。

1. 刀具使用寿命的经验计算公式

确定合理的刀具使用寿命数值,目前一般采用下列方法:

(1) 最大生产率寿命 T_p

这个方法是根据切削一个零件所花费的时间(t_w)最少或在单位时间内加工出零件数(P)最多的原则来确定刀具使用寿命 T 值。

$$P=1/t_w \tag{2-21}$$

式中:P——生产率,件/min;

t_w——生产一个零件所需的时间,min。

在机床上加工一个零件所用的工序时间可用下式表示:

$$t_w=t_m+t_{ct}\frac{t_m}{T}+t_{ot} \tag{2-22}$$

式中:t_m——机动时间,即切削时间;

t_{ct}——换刀一次花费的时间;

t_{ot}——除换刀以外所用的其他辅助时间。

外圆车削时:

$$t_w=\frac{l}{n_w f}\cdot\frac{\Delta}{a_p} \tag{2-23}$$

式中:l——工件加工表面长度;

n_w——工件转速;

Δ——加工余量。

设工件直径为 d_w,则

$$n_w=\frac{1\ 000v_c}{\pi d_w} \tag{2-24}$$

另外由于 $v_c=A/T^m$,所以有

$$t_m=\frac{l\pi d_w\Delta}{1\ 000Afa_p}T^m \tag{2-25}$$

令 $K=\dfrac{l\pi d_w\Delta}{1\ 000Afa_p}$

得

$$t_m=KT^m \tag{2-26}$$

此时可得

$$t_w=KT^m+t_{ct}KT^{m-1}+t_{ot} \tag{2-27}$$

上式中,K、m、t_{ct}与t_{ot}均为常数,t_w 为刀具使用寿命 T 的一元函数,故可求出单件工序

时间最短的刀具使用寿命，即由 $dt_w/dT=0$ 求出最高生产率寿命 T_p 为

$$T_p=\frac{1-m}{m}\cdot t_{ct} \tag{2-28}$$

(2) 经济寿命 T_c

这个方法是以加工一个零件的工序成本最小为原则来确定刀具使用寿命 T 值。

单个零件工序生产成本 C 为

$$C=t_mM+t_{ct}\frac{t_m}{T}M+\frac{t_m}{T}C_t+t_{ot}M \tag{2-29}$$

式中：M——该工序单位时间所分担的全厂开支；

C_t——磨刀一次所需费用(指刀具、砂轮消耗和人工费)。

将 $t_m=KT^m$ 代入上式并取极值，可求出经济寿命 T_c：

$$T_c=\frac{1-m}{m}\left(t_{ct}+\frac{C_t}{M}\right) \tag{2-30}$$

比较 T_c 和 T_p 的计算公式可知，$T_c>T_p$；刀具使用寿命对生产率和加工成本的影响情况如图 2-44 和图 2-45 所示。

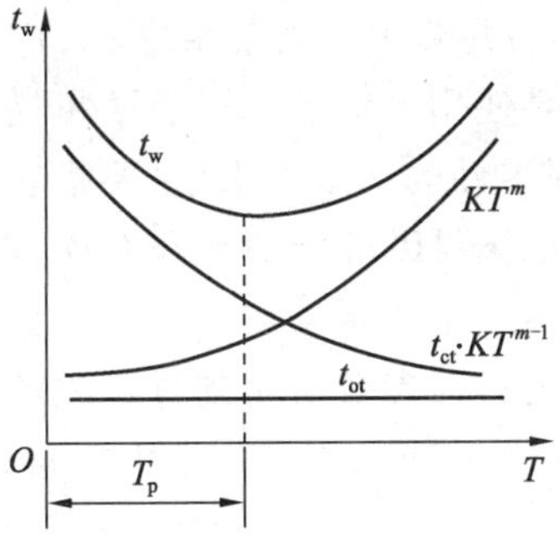

图 2-44　t_w－T 关系

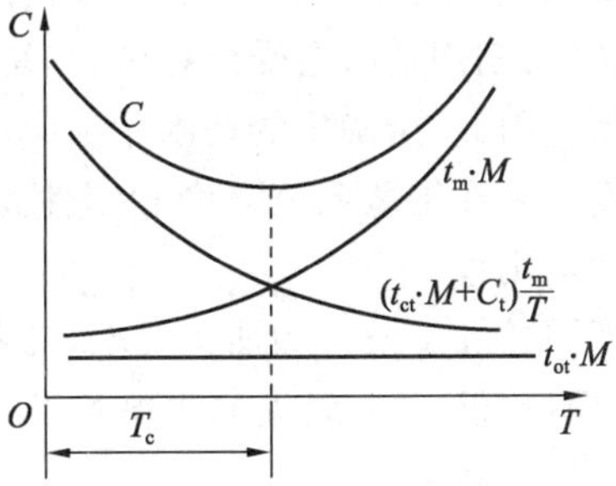

图 2-45　C－T 关系

生产上，一般情况下采用经济寿命 T_c，当市场需求激增，库存缺乏、有特殊需要及对流水线生产中的薄弱环节，为了在短时间内尽可能生产出较多产品，可采用最高生产率寿命 T_p，目前生产上所采用的刀具使用寿命参考值见表 2-10。

表 2-10　刀具使用寿命参考值

刀 具 类 型	刀具使用寿命 T/min	刀 具 类 型	刀具使用寿命 T/min
高速钢车刀	60～90	硬质合金端铣刀	120～180
高速钢钻头	80～120	齿轮刀具	200～300
硬质合金焊接车刀	60	自动机用高速钢车刀	180～200
硬质合金可转位车刀	15～30		

2. 刀具使用寿命的影响因素

(1) 切削用量的影响

切削用量 v_c、f、a_p 增大，摩擦和切削热增加，切削温度升高，将加速刀具的磨损，从而使刀具使用寿命下降。其中以 v_c 影响最显著，f 次之，a_p 影响最小。这是由它们对切削温度

的影响顺序所决定的。其他影响切削温度的因素同样也影响刀具使用寿命。

(2) 工件材料的影响

工件材料强度、硬度愈高，塑性愈好，热导性愈差，切削温度愈高，则刀具磨损加快，使用寿命缩短。

(3) 刀具材料的影响

刀具材料的热硬性和耐磨性好，刀具不容易磨损，刀具使用寿命长。

(4) 刀具几何角度的影响

刀具的 γ_o、α_o 增大，切削时的变形、摩擦减小，磨损也减少，使刀具使用寿命延长；但 γ_o、α_o 过大时，刀刃强度削弱，导热体积减小，反而会加快磨损，刀具使用寿命缩短。

(5) 其他因素的影响

正确使用切削液，可吸收大量切削热，降低切削温度，改善切削条件，减少刀具磨损，延长刀具使用寿命。

2.5.5 切削用量的选择

1. 切削用量的选择原则

根据切削用量与生产率的关系，要提高生产效率，应尽量增大切削用量 a_p、f、和 v_c。事实上，在提高切削用量时会受到切削力、切削功率、刀具使用寿命和加工表面粗糙度等许多因素的限制。因此，所确定的切削用量应该是，能达到零件的质量要求(主要指表面粗糙度和加工精度)，并在工艺系统强度和刚性允许条件下充分利用机床功率和发挥刀具切削性能的最大切削用量。

根据不同的加工条件和加工要求，又考虑到切削用量各参数对切削过程规律的不同影响，故切削用量 a_p、f、v_c 增大的次序和程度应有所区别。这可从以下几个主要方面分析：

(1) 生产效率

切削用量 a_p、f、v_c 增大，会使切削时间 t_m 减小。当加工余量一定时，减小背吃刀量 a_p 后，使走刀次数增多，切削时间成倍增加，生产效率成倍降低。所以，一般情况下尽量优先增大 a_p，以求一次进刀全部切除加工余量。

(2) 机床功率

切削用量对机床功率的影响是由于使切削力与切削速度变化造成的。当背吃刀量 a_p 和切削速度 v_c 增大时，均使切削功率成正比增加。此外，增大背吃刀量 a_p 使切削力增加较多，而增大进给量 f 使切削力增加较少、消耗功率也较少。所以，在粗加工时，应尽量增大进给量 f 是合理的。

(3) 刀具使用寿命

在切削用量中，对刀具使用寿命影响最大的是切削速度 v_c，其次是进给量 f，影响最小的是背吃刀量 a_p。过高的切削速度和进给量，会由于经常磨刀、装卸刀而增加费用、提高加工成本。可见，优先增大背吃刀量 a_p 不只是达到高的生产效率，相对 v_c 与 f 来说对发挥刀具切削性能、降低加工成本也是有利的。

(4) 加工表面粗糙度

这是在半精加工、精加工时确定切削用量应考虑的主要原则。在较理想的条件下，提高切削速度 v_c，能减小表面粗糙度。而在一般条件下，增大背吃刀量 a_p 对切削过程产生的积屑瘤、鳞刺、冷硬和残余应力的影响并不显著，故增大背吃刀量对表面粗糙度影响较小。所以，进给量 f 的增加将主要受加工表面粗糙度的限制。

综上所述，选择切削用量时，应该首先选择一个尽量大的背吃刀量 a_p，其次选择一个大的进给量 f，最后根据已确定的 a_p 和 f，并在刀具使用寿命和机床功率允许的条件下选择一个合理的切削速度 v_c。

2. 切削用量的优化

随着计算机技术的发展，切削过程优化方法在生产中得到了广泛的应用。这种方法是同时考虑各切削参数对切削过程的影响并选择出其中的最优组合方案。现以车削用量的优化设计来说明这种方法的一般原理。

(1) 目标函数

车削用量的优化目标应和企业需要完成的经济指标相一致，通常有：

① 最大生产率(最短加工时间)；

② 最低成本(最低生产费用)；

③ 最大利润率。

一般情况下，多采用最低成本或最大利润率为优化的目标，当生产任务紧迫或在整个加工过程中某一工序出现薄弱环节时才考虑最大生产率为优化目标。目标确定以后，再把目标与被优化的参数，即车削用量联系起来，建立以切削用量为自变量的目标函数。在车削用量中，背吃刀量 a_p 主要取决于加工余量，往往没有什么选择的余地，通常只以切削速度 v_c 和进给量 f 作为自变量来建立目标函数。

(2) 约束条件

在实际生产过程中，由于加工设备，加工条件及工件的质量要求等技术条件的限制，可供选择的切削用量的范围是有限的，在进行优化时，必须考虑这些条件对切削用量选择的限制，给出对应的约束条件。总体上可以从机床、工件、刀具及夹具的特性等几方面考虑。

机床特性对切削用量选择的限制包括：

① 机床可能实现的切削速度与进给量的范围；

② 机床主轴所允许的最大扭矩对最大切削力的限制；

③ 机床电动机功率所允许的最大切削力与切削速度；

④ 机床的刚度与强度所允许的最大切削力。

工件质量要求对切削用量选择的限制包括：

① 工件表面质量所允许的最大或最小切削速度；

② 工件表面粗糙度对最大进给量的限制；

③ 工件的尺寸精度对最大切削力的限制。

刀具对切削用量选择的限制主要包括：

① 刀具的刚度，强度所允许的最大切削力；

② 刀具合理的寿命所允许的最大切削速度和进给量。

夹具对切削用量选择的限制主要包括：

① 夹具所能提供的最大夹紧力所允许的最大切削力；

② 夹具的刚度、强度所允许的最大切削力。

在实际问题中，并不一定考虑上述所有的约束条件，在具体条件下，某些约束条件很重要，而另一些可能无关紧要，可忽略不计。在某些特殊场合，还须加入一些特殊的约束条件，如切屑的状态对进给量和切削速度取值范围的限制，工艺系统的振动特性对切削用量的限制等。

最后把上面提到的各约束条件用函数关系表示出来，概括成如下的优化数学模型（以成本目标函数为例）：

$$\text{目标函数：}\mathrm{Min}C=C(v_c,f)$$

$$\text{约束条件：}\begin{cases} G_1(v_c,f)\geqslant 0 \\ G_2(v_c,f)\geqslant 0 \\ \cdots \\ G_n(v_c,f)\geqslant 0 \end{cases} \tag{2-31}$$

由于上式中的目标函数和约束函数中均含有非线性项，因此属于二维非线性优化问题，可使用各种标准的非线性规划的算法，如可行方向法、罚函数法等求解。

2.5.6 切削液的合理选择

切削液主要用来降低切削温度和减小切削过程的摩擦。合理选用切削液对减轻刀具磨损，提高加工表面质量及加工精度起着重要的作用。选择切削液时应综合考虑工件材料、刀具材料、加工方法、加工要求等情况。

① 从工件材料方面考虑。切削钢等塑性材料时，需用切削液。切削铸铁、青铜等脆性材料时可不用切削液，原因是其作用不明显，且会污染工作场地。切削高强度钢、高温合金等难加工材料时，属高温高压边界摩擦状态，宜选用极压切削油或极压乳化液，有时还需配制特殊的切削液。对于铜、铝及铝合金，为了得到较高的加工表面质量和加工精度，可采用10%～20%乳化液或煤油等。

② 从刀具方面考虑。高速钢刀具耐热性差，应采用切削液。硬质合金刀具耐热性好，一般不用切削液，必须使用时可采用低浓度乳化液或多效切削液（多效指润滑、冷却、防锈综合作用好，如高速攻螺纹油），但浇注时要充分连续，否则刀片会因冷热不均而导致破裂。

③ 从加工方法方面考虑。钻孔、铰孔、攻螺纹和拉削等工序的刀具与已加工表面摩擦严重，宜采用乳化液、极压乳化液或极压切削油。成形刀具、齿轮刀具等价格昂贵，要求刀具使用寿命高，可采用极压切削油（如硫化油等）。磨削加工温度很高，还会产生大量的碎屑及脱落的砂粒，因此要求切削液应具有良好的冷却和清洗作用，常采用乳化液，如选用极压型或多效型合成切削液效果更好。

④ 从加工要求方面考虑。粗加工时，金属切除量大，产生的热量也大，因此应着重考虑降低温度，选用以冷却为主的切削液，如3%～5%的低浓度乳化液或合成切削液。精加工时主要要求提高加工精度和加工表面质量，应选用以润滑性能为主的切削液，如极压切削油或高浓度极压乳化液，它们可减小刀具与切屑间的摩擦与粘结，抑制积屑瘤。

切削加工中，除采用切削液进行冷却、润滑、防锈外，有时也采用固体的二硫化钼作为润滑剂、各种气体作为冷却剂，以减小飞溅造成的不良影响和化学浸蚀作用。

2.6 磨削原理

磨削是用带有磨粒的工具来对工件进行加工的方法。磨削加工是一种历史悠久的加工方法，同时又是一种最有发展前途的加工方法。因为它既能加工普通材料又能加工超硬材料；既能作粗加工又能作精加工及超精加工。目前磨削加工精度可达 IT6 ～ IT4，表面粗糙度可小至 Ra0.01～1.25 μm。

2.6.1 砂轮的特性和选择

1. 普通砂轮的特性和选择

普通砂轮是由磨料和结合剂按比例经混合、搅拌、压坯、干燥、焙烧而制成的多孔体。磨料起切削作用，结合剂把磨料粘结在一起，使砂轮具有一定的形状和硬度。结合剂并没有也不应该填满磨料之间的全部空隙，因而有气孔存在。气孔的第一个作用是在磨削接触区内容纳切屑，在离开磨削接触区后将切屑排出；第二个作用是把切削液或空气带入磨削接触区，发挥冷却效果。

砂轮的选择参数有磨料类别、磨料粒度、砂轮结合剂、砂轮硬度、砂轮组织和砂轮形状等。砂轮参数的选择过程，实际上就是砂轮磨削特性的选择过程。

(1) 磨料

磨料是砂轮的主要成分，普通砂轮常用的磨料有氧化物系和碳化物系两类。几种常用磨料的特性及适用范围参见表 2-11。

表 2-11 普通砂轮磨料的特性及适用范围

系列	磨料名称	代号	显微硬度/HV	特性	适用范围
氧化物系	棕刚玉	A	2 200～2 280	棕褐色；硬度高，韧性大；价格便宜	磨削碳钢、合金钢、可锻铸铁、硬青钢
	白刚玉	WA	2 200～2 300	白色；硬度比棕刚玉高，韧性较棕刚玉低	磨削淬火钢、高速钢、高碳钢及薄壁零件
碳化物系	黑碳化硅	C	2 840～3 320	黑色，有光泽；硬度比白刚玉高，性脆而锋利，导热、导电性良好	磨削铸铁、黄铜、铝、耐火材料及非金属材料
	绿碳化硅	GC	3 280～3 400	绿色；硬度和脆性比黑碳化硅高，具有良好的导热性和导电性	磨削硬质合金、宝石、陶瓷、玻璃等材料

(2) 粒度

粒度表示磨料颗粒的尺寸大小。当磨料尺寸较大时，用筛选法分级，以其能通过的筛网上每英寸长度上的孔数来表示粒度号，如 F60 表示磨料刚能通过每英寸 60 个孔眼的筛网。粒度号越大，磨料越细小。基本尺寸小于 40 μm 的磨料称为微粉，用光电沉降仪法分级。微粉的粒度号为 F230～F1200，F 后的数字越大，微粉越细。常用磨粒的粒度及适用范围参见表 2-12。

表 2-12 常用粒度及适用范围

类别	粒度号	应用范围	类别	粒度号	应用范围
磨粒	F4, F5, F6, F7, F8, F10, F12, F16, F20, F22, F24	荒磨、打毛刺	微粉	F230, F240, F280, F320, F360	珩磨、研磨
	F30, F36, F40, F46, F54, F60, F70, F80, F90, F100	粗磨、半精磨、精磨		F400, F500, F600, F800, F1000, F1200	研磨、超精磨削、镜面磨削
	F120, F150, F180, F220	精磨、珩磨			

(3) 结合剂

结合剂的作用是将磨粒粘结在一起,形成具有一定形状和强度的砂轮。常用的结合剂种类有陶瓷结合剂、树脂结合剂和橡胶结合剂。它们的性能及适用范围参见表 2-13。

表 2-13 结合剂的种类及适用范围

结合剂	代号	性能	适用范围
陶瓷	V	耐热,耐蚀,气孔率大,易保持廓形,弹性差	最常用,适用于各类磨削加工
树脂	B	强度较陶瓷高,弹性好,耐热性差	适用于高速磨削、切断、开槽等
橡胶	R	强度较树脂高,更富有弹性,气孔率小,耐热性差	适用于切断、开槽及作无心磨的导轮

(4) 硬度

砂轮的硬度是指磨粒在磨削力作用下,从砂轮表面上脱落的难易程度。砂轮硬度越高,磨粒越不容易脱落。砂轮的硬度分为七个等级,参见表 2-14。

表 2-14 砂轮的硬度等级名称及代号

大级名称	超软			软			中软		中		中硬			硬		超硬
小级名称	超软			软 1	软 2	软 3	中软 1	中软 2	中 1	中 2	中硬 1	中硬 2	中硬 3	硬 1	硬 2	超硬
代号	D	E	F	G	H	J	K	L	M	N	P	Q	R	S	T	Y

磨削时,如砂轮硬度过高,则磨钝了的磨粒不能及时脱落,会使磨削温度升高而造成工件烧伤;若砂轮太软,则磨粒脱落过快,不能充分发挥磨粒的磨削效能,也不易保持砂轮的外形。

工件材料硬度较高时,应选用较软的砂轮;工件材料硬度较低时,应选用较硬的砂轮;砂轮与工件接触面积较大时,应选用较软砂轮;磨薄壁件及导热性差的工件时应选用较软的砂轮;精磨和成形磨时,应选用较硬的砂轮;砂轮粒度号大时,应选用较软的砂轮。

(5) 组织

砂轮的组织是指磨粒、结合剂、气孔三者之间的比例关系。磨粒在砂轮体积中所占比例越大,则组织越紧密。砂轮组织的级别及适用范围参见表 2-15。

表 2-15　砂轮的组织号及适用范围

组织号	0	1	2	3	4	5	6	7	8	9	10	11	12	13	14
磨粒在砂轮体积中所占比例/%	62	60	58	56	54	52	50	48	46	44	42	40	38	36	34
疏密程度	紧密				中等				疏松					大气孔	
适用范围	重负荷、成形、精密磨削，间断磨削及自由磨削，或加工硬脆材料				外圆磨、内圆磨、无心磨及工具磨，淬火钢工件，刃磨刀具等				粗磨，砂轮与工件接触面积较大的平面磨，磨削韧性大、硬度低的工件，薄壁、细长类工件					磨削有色金属及塑料、橡胶等非金属及热敏性大的合金	

(6) 砂轮形状

常用砂轮的形状、代号及主要用途参见表 2-16。

表 2-16　常用砂轮的形状、代号及主要用途

砂轮名称	代号	断面形状	主要用途
平形砂轮	1	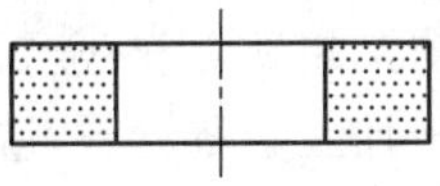	用于外圆磨、内圆磨、平面磨、无心磨、工具磨、螺纹磨和砂轮机
双斜边一号砂轮	4	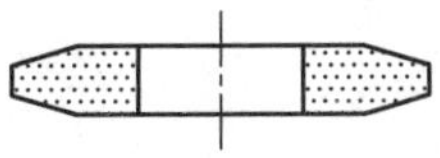	主要用于磨齿面和螺纹面
薄片砂轮	41	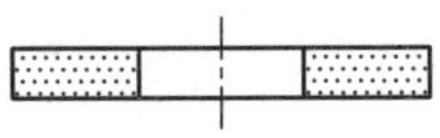	用于切断和开槽等
杯形砂轮	6	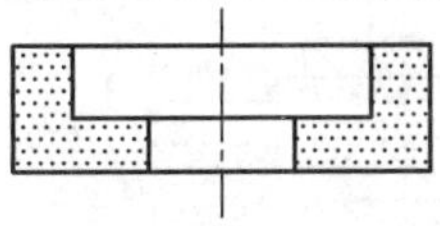	用端面刃磨刀具，用圆周面磨平面及内孔
碗形砂轮	11	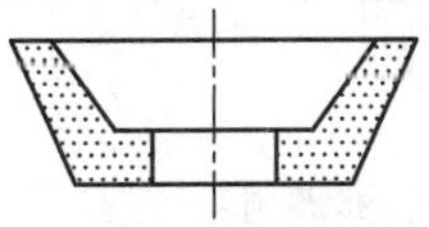	通常用于刃磨刀具，也可用于磨机床导轨
碟形一号砂轮	12a	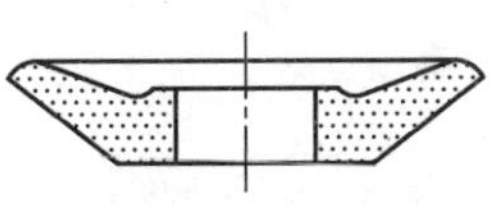	适于磨铣刀、铰刀、拉刀等，也可用于磨齿面

在砂轮的端面上一般都印有标志，用以标示砂轮的特性。例如，在标记“1－300×30×75－A60L5V－35 m/s”中，“1”表示该砂轮为平形砂轮，“300”为砂轮的外径(mm)，“30”为砂轮厚度(mm)，“75”为砂轮内径(mm)，“A”表示磨料为棕刚玉，“60”为砂轮的粒度号，“L”表示砂轮的硬度为中软 2，“5”为砂轮的组织号，“V”表示砂轮的结合剂为陶瓷，“35 m/s”是砂轮允许的最高线速度。

2. 超硬砂轮的特性和选择

超硬砂轮采用人造金刚石或立方氮化硼为磨料，其特征及适用范围见表 2-17。超硬磨料的常用粒度号及其适用范围见表 2-18。

表 2-17 超硬砂轮磨料的特性及适用范围

磨料名称	代号	显微硬度/HV	性能	适用范围
人造金刚石	RVD SCD MBD	6 000～10 000	无色透明或淡黄色、黄绿色、黑色；硬度高，比天然金刚石脆	磨削硬质合金、宝石、光学玻璃、半导体等材料
立方氮化硼	CBN	6 000～8 500	黑色或淡白色；立方晶体，硬度仅次于金刚石，耐磨性高	磨削各种高温合金，高钼、高钒、高钴钢，以及不锈钢等材料

表 2-18 超硬磨料的常用粒度号及其适用范围

粒度号	80/100	100/120	120/140	140/170	170/200	200/230	230/270	270/325	325/400
适用范围	粗磨		半精磨		半精磨、精磨	精磨			

超硬砂轮用浓度来表示砂轮内含有磨粒的疏密程度。浓度的高低用百分比表示，如 25%、75%、100%、150%等，磨料在磨具中的浓度值 100%时，其磨料含量为 0.88 g/cm³。加工石材、玻璃时选较低浓度的金刚石砂轮；加工超硬合金、金属陶瓷等难加工材料时选用高浓度的金刚石砂轮。立方氮化硼砂轮只用于加工金属材料，应选用较高浓度的砂轮。成形磨削和镜面磨削选用高浓度砂轮。

2.6.2 磨削运动及磨削用量

生产中常用的外圆、内圆和平面磨削一般具有 4 个运动，如图 2-46 所示。

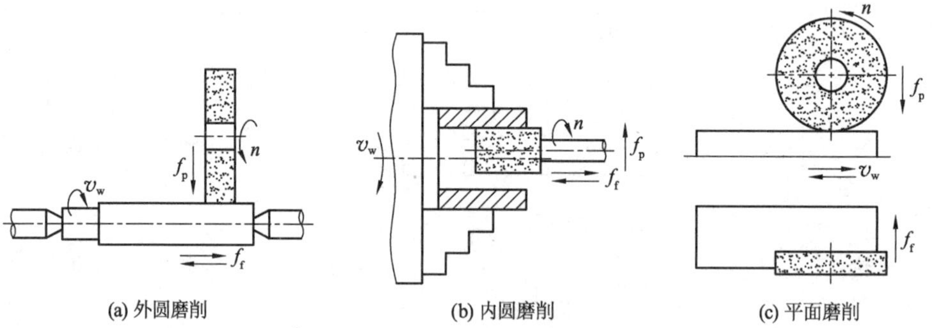

图 2-46 磨削运动

(1) 主运动

砂轮旋转运动是磨削的主运动。砂轮旋转的线速度为磨削速度 v_c，单位为 m/min。主运动速度按下式计算：

$$v_c=\frac{\pi d_0 n_0}{1\ 000} \tag{2-32}$$

式中：d_0——砂轮直径，mm；

n_0——砂轮转速，r/min。

(2) 进给运动

磨削的进给运动可分为以下几种:

① 径向进给运动

砂轮切入工件的运动,其大小用径向进给量 f_p 表示。f_p 指工作台每单行程或双行程切入工件的深度,单位为 mm/单行程或 mm/双行程。

② 轴向进给运动

工件相对于砂轮的轴向运动,其大小用进给量 f_f 表示。f_f 指工件每转一转或工作台每一次行程,工件相对于砂轮的轴向移动距离,单位为 mm 或 mm/单行程。

③ 圆周(直线)进给运动

工件的旋转运动或工作台的往复直线运动。其大小用 v_w 表示,v_w 指工件旋转线速度或工作台直线移动速度,单位为 m/min。

外圆磨削:

$$v_w=\frac{\pi d_w n_w}{1\ 000} \tag{2-33}$$

平面磨削:

$$v_w=\frac{2Ln_r}{1\ 000} \tag{2-34}$$

式中:d_w——工件直径,mm;

n_w——工件转速,r/min;

L——工作台行程长度,mm;

n_r——工作台每分钟的往复次数,双行程/min。

磨削用量的常用数值见表 2-19。

表 2-19　磨削用量参考值

磨削方式	v_c/(m·s^{-1})	f_p/(mm/单行程)或(mm/双行程)		f_f/(mm)或(mm/单行程)		v_w/(m/min)	
		粗磨	精磨	粗磨	精磨	粗磨	精磨
外圆磨削	25～35	0.015～0.05	0.005～0.01	(0.3～0.7)B	(0.3～0.4)B	20～30	20～60
内圆磨削	18～30	0.005～0.02	0.025～0.01	(0.4～0.7)B	(0.25～0.4)B	20～40	20～40
平面磨削	25～35	0.015～0.05	0.005～0.015	(0.4～0.7)B	(0.2～0.3)B	6～30	15～20

注:表中 B 为砂轮宽度,单位为 mm。

2.6.3　磨削过程

(1) 砂轮形貌

如图 2-47 所示,砂轮上的磨粒是形状很不规则的多面体,不同粒度号磨粒的顶尖角 β 和尖端圆角半径 r_β 的平均值见表 2-20。磨粒尖端在砂轮上的分布,无论在方向、高低、间距方面,在砂轮的轴向与径向都是随机分布的。

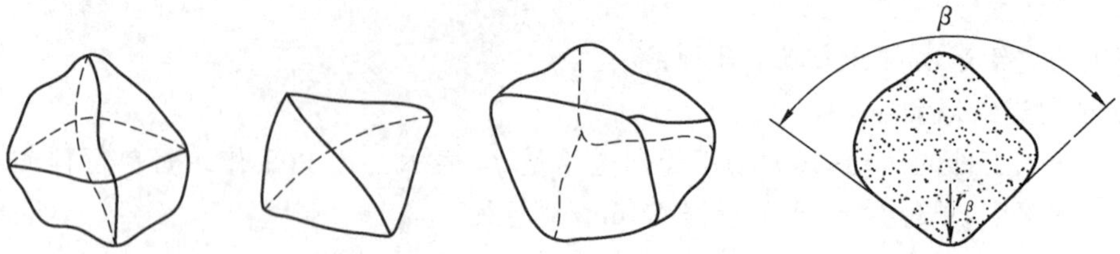

(a) 磨粒外形　　(b) 典型磨粒断面

图 2-47　磨粒的形状

表 2-20　不同粒度号磨粒的顶尖角 β 和尖端圆角半径 r_β 的平均值

磨粒粒度号	36#		60#		80#	
	刚　玉	碳化硅	刚　玉	碳化硅	刚　玉	碳化硅
顶尖角 β	108°	106.5°	107.2°	104°	106.7°	104°
尖端圆角半径 r_β/μm	35	30	17	16	9.6	7.4

(2) 磨削过程分析

在磨削过程中，一部分突出和较锋利的磨粒切削工件形成切屑；另一部分比较钝的、突出高度较小的磨粒仅在工件表面上刻划出痕迹；还有一部分更钝的、隐藏在其他磨粒下面的磨粒既不切削也不刻划工件，而只是与工件表面产生滑擦，起抛光作用。因为磨削速度很高，这种滑擦会产生很高的温度，如不采取有效措施，将会引起被磨表面烧伤、裂纹等缺陷。磨削过程中，同一颗磨粒与工件表面的瞬时相对位置不同，也可分为上述三种情况，因此，磨粒磨削过程可分为滑擦、刻划和切削三个阶段，如图 2-48 所示。

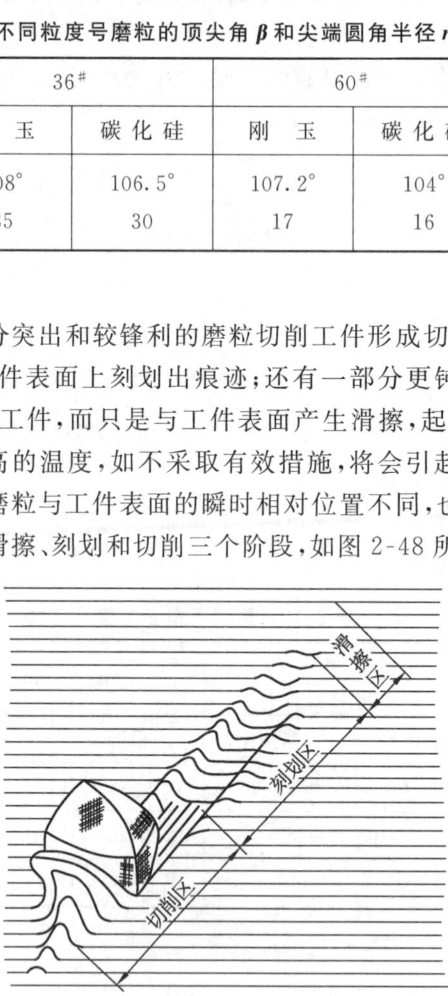

图 2-48　磨粒的磨削过程

磨削能达到很高的精度和很小的表面粗糙度，是因为经过精细修整的砂轮，磨粒具有微刃，磨削厚度很小，除了切削作用外，还有挤压、抛光作用。

2.6.4　磨削力和磨削功率

1. 磨削力主要特征及磨削阶段

与切削力相比，磨削力也可分解为三个互相垂直的分力，即切向力 F_c、径向力 F_p 及轴

向力 F_f。在磨削力的三个分力中，径向力 F_p 比切向力 F_c 大得多，这与一般切削加工（$F_c>F_p$）有所不同，这是因为磨粒总是以很大的负前角和负后角进行切削，且切削刃钝圆半径也很大的缘故。

磨削时较大的径向力 F_p 会使工艺系统产生弹性变形而影响加工精度。为了获得较好的形状精度，应该在磨削过程中逐步减小径向力 F_p，这就需要按照磨削三个阶段的客观规律进行磨削加工，如图 2-49 所示，磨削的三个阶段如下：

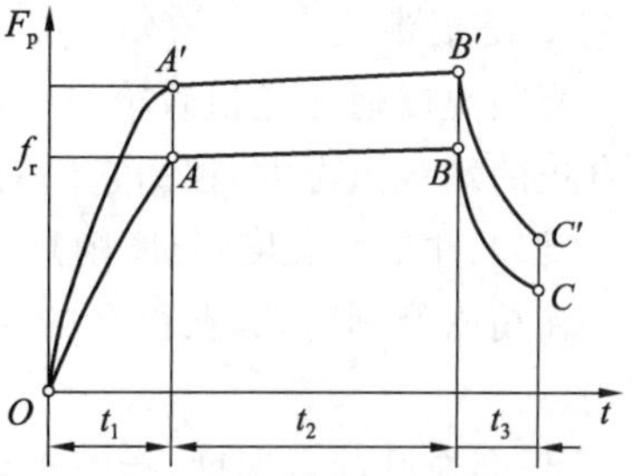

图 2-49　磨削过程中的三个阶段

① 初磨阶段 OA：在开始的几次径向进给中，由于弹性让刀，使实际磨削深度远小于名义径向进给量，实际磨掉的金属量也小于名义值。随着进给次数增加，工艺系统弹性变形增大，变形抗力也逐渐增大，当变形抗力增大到与名义径向力 F_p 相等时，实际磨削深度就与名义径向进给量 f_r 相等了。

② 稳磨阶段 AB：在实际磨削深度与名义径向进给 f_r 相等的条件下，工艺系统的弹性变形量基本保持不变，继续径向进给时，如果砂轮没有损耗，则实际磨削深度基本上等于径向进给量。但由于砂轮存在损耗，所以需要增加一些径向进给量。

③ 光磨阶段 BC：当加工余量已经磨完，停止径向进给运动后，利用工艺系统的弹性恢复，使实际的磨削深度逐渐减小，也使砂轮与工件之间的径向力逐渐减小下来，磨削火花也逐渐暗淡下来。工件在光磨阶段的旋转次数越多，所获得的形状精度就越好，一般加工，要求工件旋转不得少于 7 转。

2. 磨削力和磨削功率

在磨削力的构成中，材料剪切所占比重较小，而摩擦所占比重较大，可达 70%～80%。

磨削力通常也采用经验公式进行估算。磨削力的公式表示如下：

$$F_p=C_F\frac{\pi v_w f_r B}{2v_c}\tan\alpha \tag{2-35}$$

$$F_c=C_F\frac{v_w f_r B}{v_c}+\mu F_p \tag{2-36}$$

式中：F_p、F_c——分别为径向和切向磨削力，N；

v_w——工件速度，m/s；

v_c——砂轮速度，m/s；

f_r——径向进给量，mm；

B——磨削宽度，mm；

C_F——切除单位体积的切削所需的能量，N/mm^2；

α——假设磨粒为圆锥时锥顶半角，°；

μ——工件和砂轮间摩擦系数，m/s。

磨削功率 P_m（kW）为

$$P_m=\frac{F_c v_c}{1\,000} \tag{2-37}$$

2.6.5　磨削温度

实验结果表明，磨削过程中砂轮的滑擦、耕犁和形成切屑的能量，绝大部分转化为磨削热。滑擦和耕犁产生的热量几乎全部传入工件；形成切屑产生的热能也有约一半传入工件。磨削时砂轮的速度高，切除单位切屑体积所需的能量为普通切削加工的10～20倍，产生的磨削热传入工件势必引起工件表层温度显著升高，形成局部高温。

1. 磨削温度

磨削温度通常是指砂轮与工件接触区的平均温度，但只有磨粒与工件接触面的温度才是真正的磨削点温度，根据它们对磨削过程的影响不同，将磨削温度分为：

① 工件平均温度：指磨削热传入工件而引起的工件温升，它影响工件的形状和尺寸精度。在精密磨削时，为获得高的尺寸精度，要尽可能降低工件的平均温度并防止局部温度不均。

② 磨粒磨削点温度：指磨粒切削刃与切屑接触部分的温度，是磨削中温度最高的部位，其值可达1 000 ℃左右，是研究磨削刃的热损伤、砂轮的磨损、破碎和粘附等现象的重要因素。

③ 磨削区温度：是砂轮与工件接触区的平均温度，一般为500～800 ℃，它与磨削烧伤和磨削裂纹的产生有密切关系。

2. 影响磨削温度的因素

① 砂轮速度v_c。提高砂轮速度v_c，单位时间通过工件表面的磨粒数增多，单颗磨粒切削厚度减小，挤压和摩擦作用加剧，单位时间内产生的热量增加，使磨削温度升高。

② 工件速度v_w。增大工件速度v_w，单位时间内进行磨削区的工件材料增加，单颗磨粒的切削厚度加大，磨削力及能耗增加，磨削温度上升；但从热量传递的观点分析，提高工件速度v_w，工件表面与砂轮的接触时间缩短，工件上受热影响区的深度较浅，反而可以有效防止工件表面层产生磨削烧伤和磨削裂纹。

③ 径向进给量f_r。径向进给量f_r增大，单颗磨粒的切削厚度增大，产生的热量增多，使磨削温度升高。

④ 工件材料。磨削韧性大、强度高、导热性差的材料，因为消耗于金属变形和摩擦的能量大、发热多，而散热性能又差，故磨削温度较高。磨削脆性大、强度低、导热性好的材料，磨削温度相对较低。

⑤ 砂轮特性。选用低硬度砂轮磨削时，砂轮自锐性好，磨粒切削刃锋利，磨削力和磨削温度都比较低。选用粗粒度砂轮磨削时，容屑空间大，磨屑不易堵塞砂轮，磨削温度比选用细粒度砂轮磨削时低。

2.6.6 砂轮磨损及修整

1. 砂轮磨损

砂轮磨损包含磨粒的磨耗磨损、磨粒破碎和脱落磨损等三种形态，如图2-50所示。

磨耗磨损是由于磨粒与工件之间的摩擦、粘结和扩散而引起的，一般发生在磨粒与工件的接触处（图2-50中的A处）。开始时，在磨粒刃尖上出现一磨损的微小平面，当微小平面逐步增大时，磨刃就无法顺利切入工件，而只是在工件表面产生挤压作用，从而使磨削热增加，磨削过程恶化。磨粒破碎发生在一个磨粒的内部（图2-50中的$B-B$处）。磨粒在磨削过程中，在多次急热急冷作用下，表面形成极大的热应力，而导致局部破碎。磨粒的热传导系数越小，热膨胀系数越大，则越容易破碎。脱落磨损（图2-50中的$C-C$处）的难易主要取决于结合剂的强度。磨削时，随着磨削温度的上升，结合剂强度下降，当磨削力超过结合剂强度时，整个磨粒从砂轮上脱落，形成脱落磨损。

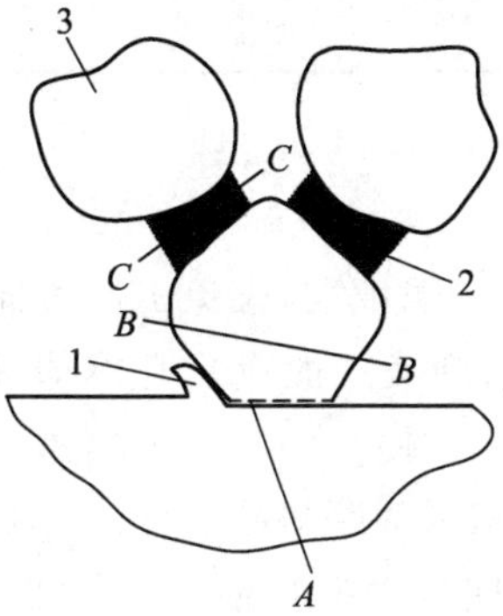

1—切屑；2—结合剂；3—磨粒；A—磨耗磨损；B—磨粒破碎；C—脱落磨损

图 2-50　砂轮磨损的三种形态

砂轮的磨损过程可分为三个磨损期：初期磨损、二期磨损和三期磨损。在初期磨损中，主要是磨粒的破碎磨损。这是由于刚修整过的砂轮表面仍不平整，少数磨粒比较突出，工作时，这些磨粒的负荷比较大，因而迅速破碎。同时，在修整过程中有些磨粒在修整器的作用下，磨粒内部产生内应力及裂纹。这些磨粒在磨削力作用下也会迅速破碎。因此，初期磨损阶段的曲线较陡。第二期磨损虽有一定数量的磨粒产生破碎磨损，但主要是磨耗磨损，故曲线较前者平缓。第三期磨损主要是结合剂的破碎磨损，所以曲线也较陡。

砂轮磨损后，会导致磨削性能恶化。当砂轮硬度较高，磨削负荷较轻时，砂轮出现钝化现象，会使金属切削率明显下降。如砂轮硬度较低，磨削负荷较重时，砂轮出现脱落现象，会使得砂轮廓形改变，严重影响磨削精度与表面质量。在磨削碳钢时，磨削产生的高温使切屑软化，嵌塞在砂轮的孔隙处，造成砂轮堵塞；磨削钛合金时，切屑与磨粒的亲和力强，从而造成粘附或堵塞。砂轮堵塞后即失去切削能力，磨削力及磨削温度剧增，表面质量显著下降。

2. *砂轮修整*

砂轮修整的主要目的是去除外层已钝化的磨粒或去除已被磨屑堵塞了的一层磨粒，使新的磨粒显露出来，并使砂轮具有足够数量的有效切削刃，从而保证磨削顺利进行。

常用的修整工具有：单颗粒金刚石、碳化硅修整轮、电镀人造金刚石滚轮等。其中最常用的是单颗粒金刚石修整工具。

修整砂轮的合理工艺条件包括选择合适的修整导程和修整深度，以及安排适当的光修（即修整深度为零）等。

砂轮使用寿命用砂轮在两次修整之间的实际磨削时间表示。它是砂轮磨削性能的重要指标之一，同时还是影响磨削效率和磨削成本的重要因素。砂轮磨损量是最主要的使用寿命判据。当磨损量大至一定程度时，工件将发生颤振，表面粗糙度突然增大或出现表面烧伤现象。但准确判断比较困难，在实际生产中，砂轮使用寿命的常用合理数值可参考表 2-21 确定。

表 2-21 砂轮使用寿命的合理数值

磨削种类	外圆磨	内圆磨	平面磨	成形磨
使用寿命 T/s	1 200～2 400	600	1 500	600

2.6.7 磨削液

磨削时，在磨削区会产生极高的温度，为避免工件表面烧伤，保持加工表面完整性并延缓砂轮磨损，常需注入磨削液。磨削液一般应具有冷却、润滑、洗涤和防锈作用，并应对人体无害、无刺激性和便于储存、使用方便。

磨削液通常分为油基磨削液和水基磨削液。

油基磨削液按其添加物的不同分为矿物油和极压油两种。其中矿物油多以轻质矿物油为主要成分，加入适量的油溶性防锈剂及极压添加剂等组成。极压油则是在矿物油中加入了含硫、氯、磷等化学元素的极压添加剂而形成。极压添加剂在一定温度范围，会与金属表面起化学反应，形成牢固的润滑膜，故有良好的润滑效果。

油基磨削液可用于齿轮磨削、螺纹磨削和成形磨削，以及珩磨和精密磨削。极压油则多用于表面质量要求较高的重要磨削工序和难加工材料(如钛合金等)的磨削。

水基磨削液又可分为乳化液、化学合成液及无机盐磨削液。

乳化液由水、矿物油、乳化剂和防锈添加剂等组成，一般先制出乳化油，然后用水稀释成乳化液。为了提高其润滑性能，可在乳化液中添加氯、硫、磷等极压添加剂，稀释后就成为极压乳化剂。极压乳化剂可用来磨削不锈钢、钛合金及纯铁等难加工材料。

化学合成液是以表面活性物质为主要成分，加入水稀释成半透明或透明的水溶性磨削液。与乳化液相比，化学合成液的浸润性及冷却性较好，并因其透明而利于磨削加工，故得到广泛应用。

无机盐磨削液以无机盐(无水碳酸钠、亚硝酸钠、磷酸三钠等)为主要成分，在水中稀释后成为透明水溶液。无机盐磨削液是一种电解质的水溶液，冷却效果好，且由于表面张力大，以及盐离子的吸附作用，不易使砂轮堵塞。但无机盐磨削液也有一些缺点，如导电性强，能降低接地和电动机的绝缘性能，剥蚀磨床涂料，与润滑油混合后会降低润滑效果等。

2.6.8 高效磨削方法

在生产中常用的以提高效率为目的的先进的磨削方法有：高速磨削、强力磨削和砂带磨削。

(1) 高速磨削

砂轮线速度超过 45 m/s 以上的磨削称为高速磨削。高速磨削能提高效率的原因是砂轮的线速度提高后，单位时间内通过磨削区的磨粒数目增多，若保持单个磨粒的磨削厚度不变，则可增大进给量，从而缩短了磨削时间，提高生产率。

实现高速磨削必须提高砂轮的结合强度；提高机床的动刚度和静刚度；按比例增大电动机功率；增强冷却效果；加强安全措施。

(2) 强力磨削

强力磨削又称大切深缓进给磨削。其特征是背吃刀量很大，一次切深可达 1～30 mm，工件进给速度小，仅为10～300 mm/min。

强力磨削由于切入深度大，砂轮和工件的接触弧长，单位时间内砂轮工作表面参加切削的磨粒数目多，并且将粗、精加工几道工序合并，使生产效率可以成倍提高。

强力磨削应保证机床主轴有足够的刚度；机床电动机有足够的功率；应有大流量、高压冷却冲洗系统和高效率的过滤装置；应选用超软级疏松组织砂轮；机床工作台进给时无爬行并有快速返程装置。

(3) 砂带磨削

图2-51是砂带磨削设备的示意图，环形砂带安装在压轮和张紧轮上，当工件由传送带送至支承板和压轮之间的磨削区时，即受到高速砂带的切削。

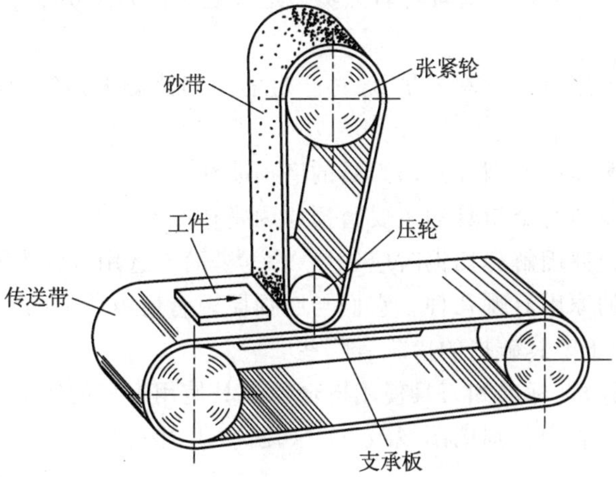

图2-51　砂带磨削设备示意图

砂带由磨粒、结合剂及基体组成，如图2-52所示。基体有纸、布和纸布混合型三种。结合剂可以是动物胶或合成树脂。

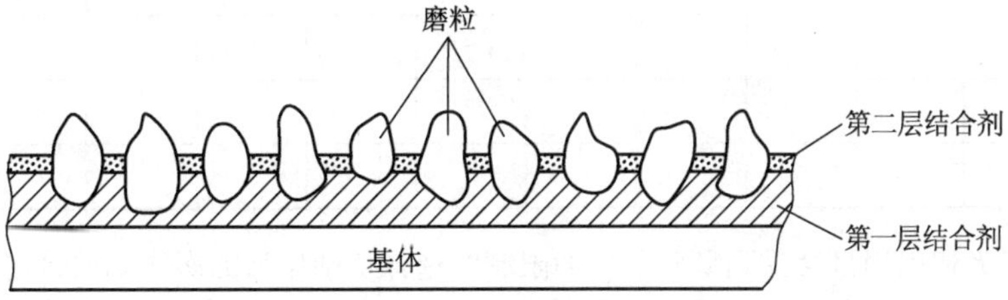

图2-52　砂带的构造

砂带磨削由于粘附在基体上的单层磨粒几乎每颗都可以参加切削，砂带的长度和宽度不受制造上的限制，从而使生产效率比普通磨削高5～20倍。此外，砂带磨削还有设备简单，加工质量高，能磨复杂型面等优点。

习题和思考题

2-1　简述切屑的形成过程。

2-2　切削塑性金属时，切屑大致可分为哪几种类型？试述其形成及转换条件。

2-3　画图标出切削过程中切削层金属的三个变形区，并简述各变形区的变形特点。

2-4　现用$\gamma_o=15°$、$\alpha_o=8°$、$\kappa_r=75°$、$\kappa_r'=10°$、$\lambda_s=0°$的硬质合金车刀，在C6132型卧式车床上车削45钢（正火，187 HB）轴件的外圆，切削用量为$v_c=100$ m/min，$f=0.3$ mm/r，$a_p=4$ mm，试用单位切削力法估算切削力F_c和切削功率P_c。若机床传动效率$\eta=0.75$，机床主电动机功率$P_E=4.5$ kW，试问电动机功率是否足够？如果功率不够，应采取的最有效方法是什么？

2-5　为什么切削用量中背吃刀量a_p对产生的切削热影响最大，而对切削温度的影响最小？

2-6　简述刀具磨损的原因并画出刀具的磨损曲线。

2-7　高速钢与硬质合金刀具的主要磨损原因是什么？

2-8　如何从磨损原因解释切钢时应选用YT类，而不选用YG类硬质合金？

2-9　刀具破损的原因有哪几种？它们与磨损原因有何本质上的不同？

2-10　减轻和防止刀具破损的措施有哪些？

2-11　何谓刀具磨钝标准和刀具使用寿命？刀具使用寿命的影响因素有哪些？

2-12　在题2-12表中分别用图线或“↑”（提高、上升）、“↓”（减小、下降）来表示各因素对切削规律的影响趋势。

题 2-12 表

切削因素	切削用量			工件材料				刀具角度			切削液
	v_c	f	a_p	σ_b	HB	δ	a_k	γ_o	α_o	κ_r	
切削力 F_c											
切削温度 θ											
刀具使用寿命 T											

2-13　增大切削用量会受到哪些条件的限制？选择切削用量的次序如何排定？为什么？

2-14　在自动化加工中，为什么要对刀具状态进行在线监测？现主要有哪些监测方法？各自有何优缺点？

2-15　外圆磨削、内圆磨削和平面磨削各有哪些运动？

2-16　磨削表面质量包括哪些方面？提高磨削表面质量应采取哪些措施？

2-17　什么叫强力磨削？强力磨削有什么特点？应注意什么问题？

第 3 章　典型表面加工

机器零件的结构形状虽然多种多样，但都是由一些最基本的几何表面（外圆、内孔、平面等）组成的。零件的加工过程就是获得这些零件上基本几何表面的过程。本章主要介绍零件上几种典型表面的加工方法。

3.1　外圆表面加工

外圆表面是回转体类零件（轴类、套筒类、盘环类）主要表面，是机械加工中最常遇到的表面。表 3-1 列出了一些常用的外圆表面加工方法，表图中直线表示平动，曲线表示转动，实线表示主运动，虚线表示进给运动。

表 3-1　常用外圆表面加工方法

加工方法	示意图
车削加工	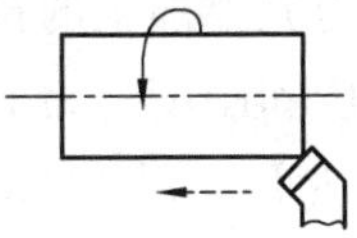 普通车削 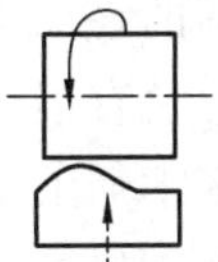 成形车削
磨削加工	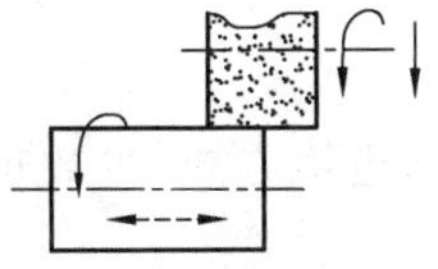 纵磨 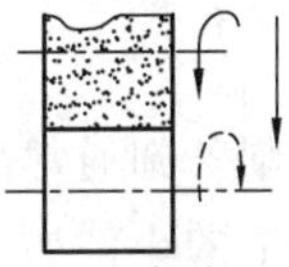 横磨  无心磨
光整加工	 研磨 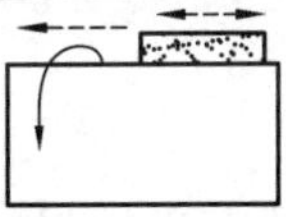 超精加工 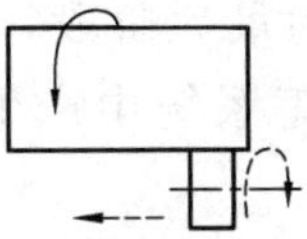 滚压加工 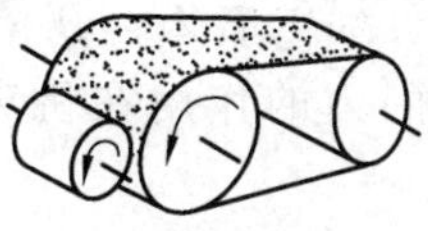 抛光

续表

加工方法	示意图
其他加工方法	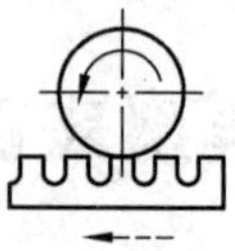 拉削 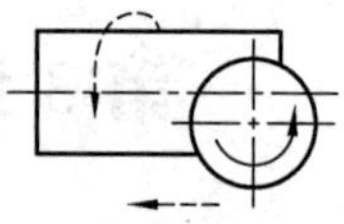 车铣加工

3.1.1 外圆表面的车削加工

车外圆是车削加工中最常见、最基本和最有代表性的加工方法，是加工外圆表面的主要方法。车削时，工件做旋转的主运动，刀具做直线的进给运动。

(1) 普通车削

这里所说的普通外圆车削主要是指刀具做轴向进给运动的车削方式，也是最为普遍的车削方式，可细分为粗车、半精车、精车和精细车等。

粗车的主要任务是迅速切去毛坯上多余的金属层，加工精度 IT11～12 以上，表面粗糙度达 $Ra12.5 \sim 50\ \mu m$。

半精车在粗车之后进行，可进一步提高工件的加工精度。

精车在半精车之后进行，一般在高精度车床上加工，加工精度可达 IT6～8，表面粗糙度可达 $Ra0.8 \sim 1.6\ \mu m$。低速精车一般采用高速钢车刀，高速精车常用硬质合金车刀。精车一般作为较高精度外圆的终加工或作为光整加工的预加工。

精细车所用车床应具有很高的精度和刚度。刀具采用金刚石或细晶粒的硬质合金，刀刃需经仔细刃磨和研磨。加工精度可达 IT6 以上，表面粗糙度可达 $Ra0.05 \sim 0.4\ \mu m$。精细车多用于磨削加工性不好的有色金属零件的精加工，也可用于加工大型精密外圆表面，以代替磨削。

(2) 成形车削

用成形车刀车削外圆通常采用径向进给方式，少数也有采用切向进给方式的。成形车削多用于自动车床上的小件加工。

3.1.2 外圆表面的磨削加工

(1) 在中心磨床上磨外圆表面的方法

工件以中心孔或外圆定位，根据进给方式的不同，中心磨削又可分为以下几种磨削方法：

① 纵向进给磨削

又称普通外圆磨(见表 3-1)，砂轮旋转为主运动。工件除了旋转外，还和工作台一起做纵向往复的进给运动，工件每往复一次(或每单行程)，砂轮向工件做横向进给运动，磨削余量在多次往复行程中磨去。在磨削的最后阶段，要做几次无横向进给的光磨行程，以消除由于径向磨削力的作用在机床加工系统中产生的弹性交形，直到磨削火花消失为止。

纵向进给磨削外圆，工作行程次数多，工作效率低，但可获得较高的加工精度和较小的表面粗糙度。纵磨法适于磨削长度与砂轮宽度之比大于3的工件，实际生产中多用于黑色金属，特别是淬硬钢外圆表面的精加工。

② 横向进给磨削

如表3-1所示，被磨表面的长度小于砂轮宽度，砂轮旋转是主运动，工件旋转为进给运动，砂轮相对工件做连续或断续的横向进给运动，直到磨去全部余量。横向进给磨削的生产效率高，但加工精度低，表面粗糙度较大。如将砂轮修整成一定形状，还可以磨削成形表面，称为成形外圆磨。

(2) 在无心磨床上磨外圆表面

无心磨削时，工件以被加工表面自身定位，用托板支撑着放在砂轮与导轮之间进行磨削，工件的轴心线稍高于砂轮与导轮连线中心，如表3-1所示。导轮采用摩擦系数大的结合剂（橡胶）制造，导轮的直径较小、速度较低，磨削时靠与工件间的摩擦力带动工件旋转并做轴向移动，实现进给运动。砂轮高速回转进行磨削。

无心磨削的生产效率高，容易实现工艺过程的自动化，适用于大批量生产。但所能加工的零件有一定的局限性，不能磨削带长键槽和平面的圆柱表面，也不能用于磨削同轴度要求较高的阶梯轴外圆表面。

3.1.3 外圆表面的光整加工

外圆表面的光整加工是精加工后，从工件表面上不切除或切除极薄金属层，用以提高加工表面的尺寸（IT6以上）和形状精度、减小表面粗糙度（Ra0.2 μm以下）或用以强化表面的加工方法。光整加工一般都不提高位置精度。

(1) 研磨

研磨是在研具与工件之间加入研磨剂，对工件表面进行光整加工的方法。研磨时，工件回转，研具沿工件轴向做往复直线进给运动。研磨外圆可获得很高的尺寸精度（IT4～6）和极小的表面粗糙度（Ra0.008～0.1 μm）及较高的形状精度（圆度误差为0.001～0.003 mm），但不能提高位置精度。

研磨的工艺特点是设备和研具简单，成本低，但生产效率较低。

(2) 超精加工

超精加工是用细粒度的磨条或砂带进行微量磨削的一种精整、光整加工方法。加工时工件做回转主运动，研磨条以很小的压力压住工件，并做轴向进给，同时做频率为8～35 Hz的低频振动。研磨后加工表面磨痕呈复杂的网纹状，可获得极小的表面粗糙值。

超精加工的工艺特点是设备简单，自动化程度较高，操作简便，生产效率高。超精加工能减小工件的表面粗糙度（Ra0.012～0.1 mm），但不能提高尺寸精度和形状位置精度，工件精度由前工序保证。

(3) 滚压加工

通过自由旋转的碌子对工件表面均匀施加压力，使被滚压表面得到强化并形成表面残余压应力，表面粗糙度也得到减小。滚压加工还常用来成形表面花纹。

(4) 抛光

用涂有抛光膏的弹性轮或砂带在高速下对表面进行加工称为抛光。抛光可以减小工件的表面粗糙度（甚至可得到镜面），但不能保证高的精度。

按照夹持工件的方法的不同，抛光可分为手工抛光和机械抛光。对于外圆面来说，常用机械抛光，例如在大批、大量生产的曲轴轴颈，常在专用的卧式抛光机上用砂带进行抛光。

3.1.4 其他加工方法

(1) 旋转拉削

工件旋转，拉刀沿切向做直线进给运动，完成外圆加工。旋转拉削是一种高生产率的加工方式，适用于大批量生产。

(2) 车铣加工

刀具与工件均做回转运动，刀具回转运动为主运动，工件回转运动为进给运动。刀具与工件回转轴线可以互相平行，刀具在回转的同时还做轴向的进给运动或径向进给运动，此称为轴向车铣外圆，也叫旋风铣；刀具与工件的回转轴线也可以互相垂直，刀具做轴向的进给运动，称为正交车铣外圆(见表 3-1)。车铣加工外圆是一种伴随多轴数控技术发展的加工方法，零件可以在不必高速旋转的情况下获得高的切削速度，尤其适合加工偏心零件外圆表面。

3.2 平面加工

平面是箱体类零件、盘类零件的主要组成表面之一，平面加工的技术要求包括：平面本身的精度(例如直线度、平面度)、表面粗糙度、平面相对于其他表面的位置精度(例如平行度、垂直度)等。

加工平面的方法很多，常用的有铣、刨、磨、车、拉等，如表 3-2 所示，表中直线表示平动，曲线表示转动，实线表示主运动，虚线表示进给运动。

表 3-2 常用平面加工方法

加工方法	示意图
铣削加工	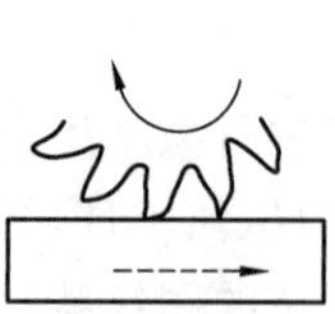 周铣 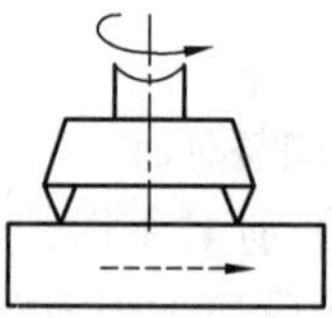 端铣
刨(插)削加工	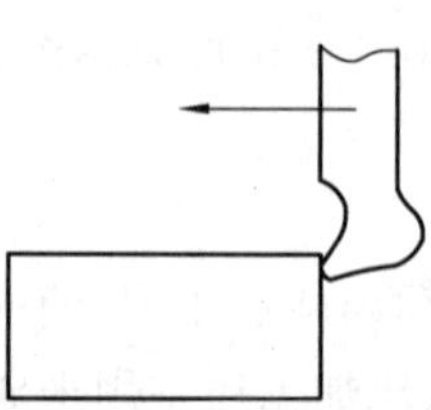 刨 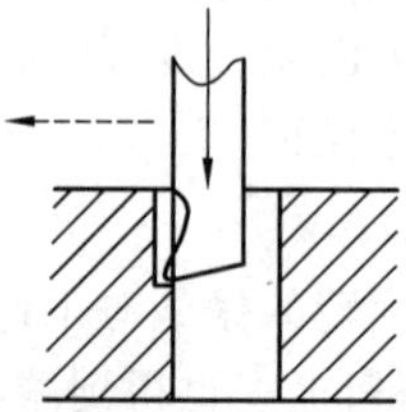 插

续表

加工方法	示意图
磨削加工	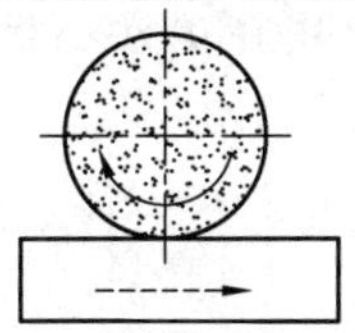 圆周磨削 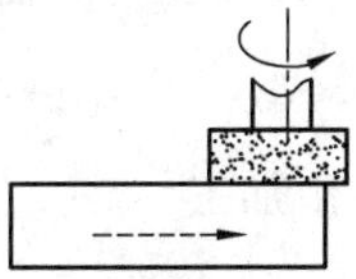 端面磨削
其他加工方法	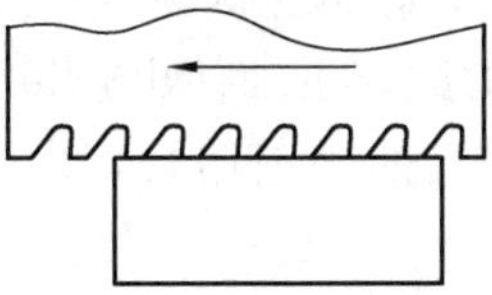 拉 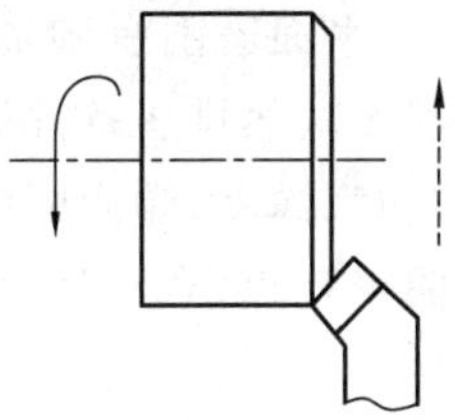 车

3.2.1 平面的铣削加工

铣削是平面加工中使用最普遍的一种方法。铣削平面时时，主运动是铣刀安装在铣床主轴上绕自身轴线的高速旋转运动，进给运动是铣床工作台（工件）完成的直线运动。

铣平面有端铣和周铣两种方式。端铣是指用分布在铣刀端面上的刀齿进行铣削的方法；由于端铣的加工质量和生产效率比周铣高，在大批量生产中端铣比周铣用得多。周铣是指用分布在铣刀圆柱面上的刀齿进行铣削的方法。按照铣平面时主运动方向与进给运动方向的相对关系，周铣有顺铣和逆铣之分。工件进给方向与铣刀的旋转方向相反称为逆铣，工件进给方向与铣刀的旋转方向相同称为顺铣。顺铣和逆铣各有特点，应根据加工的具体条件合理选择。

由于铣刀是多刃刀具，刀齿能连续地依次进行切削，没有空程损失，且主运动为回转运动，可实现高速切削，故铣平面的生产效率一般都比刨平面高。其加工质量也与刨平面相当。在大批大量生产中铣平面已逐渐取代了刨平面；在成批生产中，中小件加工大多采用铣削，大件加工则铣刨兼用，一般都是粗铣、精刨；而在单件小批生产中，特别是在一些重型机器制造厂中，刨平面仍被广泛采用。有色金属材料的平面加工几乎全部都用铣削。

3.2.2 平面的刨（插）削加工

对于牛头刨床，刨刀的直线运动为主运动，进给运动通常由工件完成（见表3-2）；对于龙门刨床，工件的直线往复运动为主运动，进给运动通常由刀具完成。

刨平面所用机床、工夹具结构简单，调整方便，在工件的一次装夹中能同时加工处于不同位置上的平面，且刨削加工有时可以在同一工序中完成，因此，刨平面具有机动灵活，万能性好的优点。但由于刨削加工主运动为往复直线运动，惯性大，刀具切入切出时的冲击大，因此刨削加工速度比其他加工方法低得多，一般都小于60 m/min。此外，刨平面还有空程损失，因此刨平面的生产效率低。刨平面主要适用于单件小批生产中。尤其适用于加工窄长形加工表面，例如床身导轨等。在生产车间里，牛头刨床已逐渐被各种铣床代替，但龙门刨床仍广泛应用于大件加工。宽刃精刨工艺在一定条件下可代替磨削或刮研工作。

插削实质上是立式刨削，所加工的表面与基面垂直，是内孔键槽的常用加工方法，其主运动通常为插刀的直线运动。插削主要用在单件小批生产中加工尺寸和重量都较小的中小型工件中。

3.2.3 平面的磨削加工

平面磨削可获得高加工精度、低表面粗糙度，主要用于淬硬平面或未淬硬平面的精加工和精密加工。平面磨削有圆周磨削和端面磨削两种方式。圆周磨削由于砂轮与工件接触面积小，磨削区散热排屑条件好，加工精度较高，但是磨床主轴伸出较长，刚度较差，故不能采用较大的切削深度；端面磨削时的磨床主轴伸出较短，因而刚度较大，并且磨轮主要承受轴向力，弯曲也就较小，允许采用较大的磨削用量，可获得高的加工效率，但加工精度不如圆周磨。

磨平面一般用于形状比较简单的中、小型零件（特别是具有两个要求较高的平行平面间）的精加工，不仅可保证较高的质量，而且可将多个工件安装在电磁工作台上同时进行加工，从而提高生产率。某些较大的工件的平面，例如机座或箱体件的装配基准面，由于要求较高，往往进行平面磨削。

3.2.4 平面的光整加工

平面的光整加工方法很多，一般有刮研、研磨、超精加工、抛光等。此外还可采用精磨、精拉、精铣、精刮等。这里仅对刮研、研磨和超精加工进行介绍。

（1）刮研

刮研是对于未淬硬的工件利用刮刀在工件表面上刮去很薄一层金属的光整加工方法。它可使两个平面之间达到紧密的吻合，能获得较高的形状精度和相互位置精度。经刮研后的两平面能形成贮油间隙，成为具有润滑油膜的滑动面，故刮研还可用于未淬硬导轨面的加工。

刮研目前由手工操作来完成，不需要复杂的设备和工具，但劳动强度大，生产率低。常用于单件小批生产，加工未淬火要求高的固定联接面（如车床床头箱底面）、导向面（如各种导轨面）及大型精密平板和直尺等。在大批大量生产中，刮研多为专用磨床磨削或宽刃精刨所代替。

（2）研磨

平面的研磨的工艺特点和外圆的研磨相似，同样可用手工研磨和机械研磨。

手工研磨是将工件放在研磨平板上（工件较小）或将研磨直尺放在工件上（工件较大）进行。其生产率很低，而且要求操作人员有较高的操作技术。

机械研磨适用于加工中、小型工件的平行平面，所用机床与外圆研磨差不多。机械研磨的加工质量和生产率都高，常用于大量及大批生产中。

（3）超精加工

平面的超精加工与外圆面的超精加工相似，同样是采用多个由细粒度磨料制成的磨条来磨削平面。

平面的超精加工是在专用的带有圆工作台的机床上进行。工件安装在工作台上，工作台一面转动，一面摆动。装在主轴上的磨条除摆动外，还随主轴转动（有时是不转动的）。因此，加工出来的工件具有很高的表面光洁度和精度。

3.2.5 其他加工方法

(1) 拉平面

平面拉刀相对于工件做直线主运动，实现拉削加工，没有进给运动，其进给量是由拉刀结构来完成的。

拉削加工时，拉床的运动数目少，只有拉刀(或工件)的移动，因此机床的运动链简单，刚度高。但是，拉刀的设计制造比较复杂，价格昂贵；此外，拉削加工时的切削力很大，凡是刚性差和有碍于拉刀通过的工件都不宜采用拉削法；拉平面时工件定位和夹紧都比拉圆孔复杂和困难，因此拉平面方法的应用受到一定的限制。

平面拉削是一种高精度和高效率的加工方法，生产率比铣削高8～10倍，适用于大批量生产。

(2) 车(镗)平面

在车床上车平面时，工件的回转运动是主运动，刀具做垂直于主轴回转轴线的进给运动；镗平面时，主运动和进给运动均由刀具来完成。

3.3 孔及孔系加工

切削加工中，孔的加工量约占整个金属切削加工总量的40%。因此，孔加工的工艺问题占有十分突出的地位。

加工孔及孔系时，刀具在工件的内表面工作，故其结构尺寸受到限制，刀具刚性差，容易产生弯曲变形和振动；另外，在封闭的条件下切削，特别是加工孔深与直径之比大于5～10倍的深孔时，易引起一系列的问题，如排屑、导向、冷却、润滑等。因此，与外圆表面加工相比，孔加工的条件要差得多，加工孔要比加工同样精度要求的外圆困难。当零件要求孔与外圆表面必须保持某一正确关系时，总是先加工孔，然后再以孔定位加工外圆表面，这样更容易达到加工要求。

零件图上常对孔提出如下的技术要求：孔本身的尺寸精度、形状精度(圆度、圆柱度、圆母线的直线度等)及表面粗糙度；孔与其他表面间的距离尺寸精度和位置精度(如同轴度、位置度、平行度、垂直度等)。

表3-3列出了一些常用的加工孔的方法，表中直线表示平动，曲线表示转动，实线表示主运动，虚线表示进给运动。

表3-3 常用孔加工方法

加工方法	示意图
钻、扩、铰、锪加工	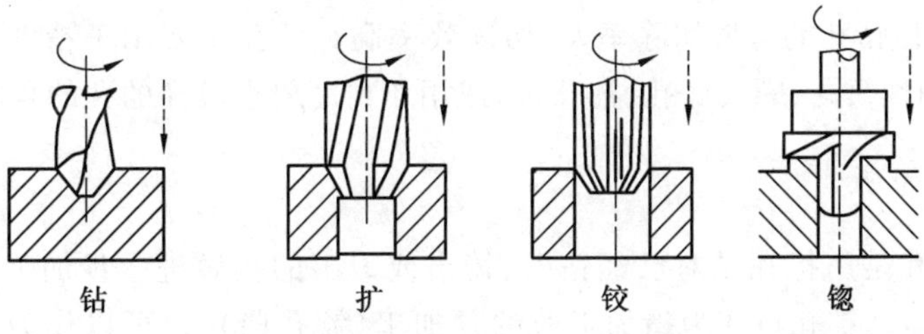

续表

加工方法	示意图
镗孔加工	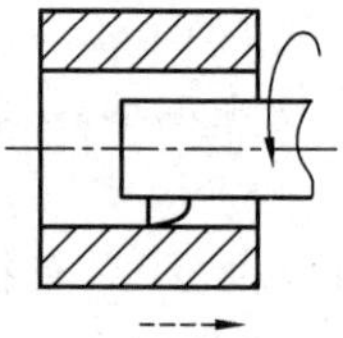 镗
拉孔加工	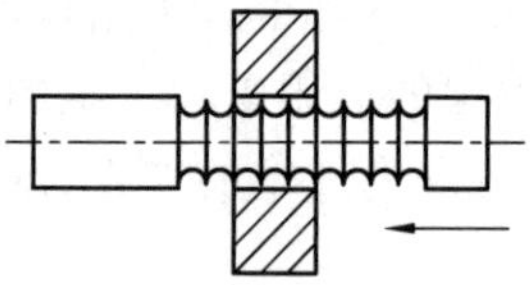 拉削
磨孔加工	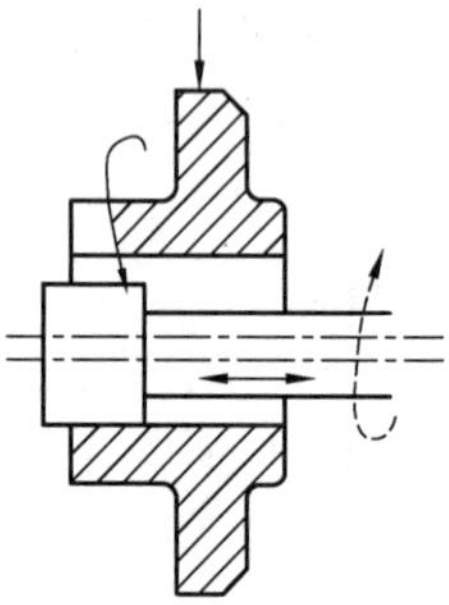 内圆磨削 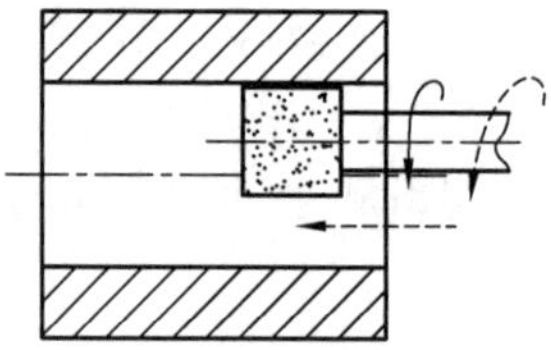 行星磨削 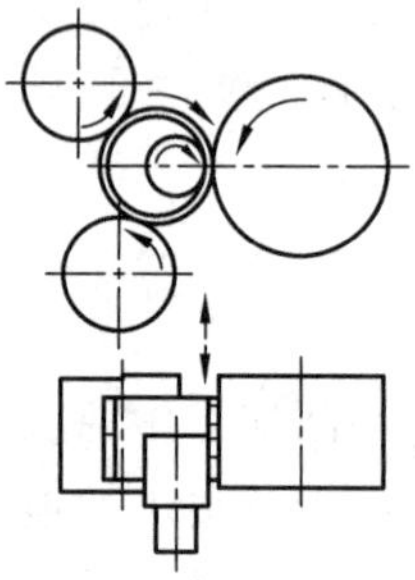 无心内圆磨
其他方法	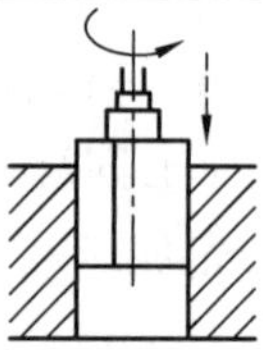 珩磨  研磨

3.3.1 钻孔

钻孔通常是在实体材料上加工孔的工艺过程。对于直径小于 30 mm 的孔，一般用麻花钻在实体材料中直接钻出，更大的孔一般是铸出或锻出。钻孔通常有两种形式：一种是刀具旋转，工件或刀具做轴向进给运动（如表 3-3 所示，钻床、镗床上钻孔）；另一种是工件旋转，刀具做轴向直线进给运动（如车床钻孔）。钻孔常用刀具有麻花钻、深孔钻及中心钻等。

钻孔加工的精度较低，一般只能达 IT11～IT13；表面粗糙度也较差，一般为 $Ra12.5$～50 μm，但钻孔的金属切除率大、切削效率高。钻孔主要用于精度低于 IT11 级以下的孔加工，例如螺纹孔、螺纹底孔、油孔等，或用作精度要求较高的孔的预加工。

3.3.2 扩孔

扩孔是用扩孔钻对已经钻出、铸出或锻出的孔做进一步加工，以扩大孔径并提高孔的加工质量。扩孔可作为精加工前的预加工（铰孔前），也可以作为要求不高的孔的终加工。

扩孔时，背吃刀量较小，排屑容易，加之扩孔钻刚性较好，刀齿较多，因而扩孔精度和表面粗糙度均比钻孔要好，扩孔精度一般为IT10～IT11，表面粗糙度为 Ra6.3～12.5 μm。一般来说，在钻直径大于30 mm的孔时，常先用小钻头（直径为孔径的0.5～0.7倍）预钻孔，然后再用相应尺寸的扩孔钻扩孔，这样可较好地保证孔的精度和控制表面粗糙度，且生产率比直接用大钻头一次钻出时还要高。扩孔一般用于 ϕ100 mm以下孔的加工，当孔径很大时，宜改用镗孔。

扩孔除了可以加工圆柱孔之外，还可以用各种特殊形状的扩孔钻（亦称锪钻）来加工各种沉头座孔和锪平端面，俗称锪平。

3.3.3 铰孔

用铰刀对未淬硬孔从工件孔壁上切除微量金属，以提高孔的尺寸精度和减小表面粗糙度的加工方法，称为铰孔。它是在扩孔或半精镗孔后进行的一种精加工。

铰孔生产率高，容易保证孔的精度和表面粗糙度，但是铰孔不便于铰削直径大的孔（铰孔直径一般在40 mm以下），高速钢铰刀不能加工淬火后的孔，另外铰孔也不能校正孔轴线位置误差，孔与其他表面的位置精度应由前道工序保证。铰孔尺寸的公差等级为IT6～IT8，表面粗糙度 Ra 为1.6～0.2 μm。对于中等尺寸以下较精密的孔（例如IT7级精度孔），钻—扩—铰是生产中经常采用的典型工艺方案。

铰孔可以在钻床、镗床及车床上进行，也可由钳工手铰。手铰的质量较高，但生产率低，所以只在小批、单件生产中应用。机铰则广泛应用在大批、大量生产中。

3.3.4 镗孔

镗孔也是常用的孔加工方法之一，这种加工方法的加工范围很广，可以对不同直径的孔进行粗加工、半精加工和精加工。对于孔径较大、尺寸和位置精度要求较高的孔和孔系，镗孔几乎是唯一的加工方法。镗孔精度可达IT7～IT9，加工表面粗糙度可控制到 Ra0.8～3.2 μm。镗削的一个很大特点是能修正前工序所造成的孔轴线的弯曲、偏斜等形状误差和位置误差，因此应用广泛。镗孔可以在数控铣床及自动机床上进行。

镗孔可以在车床、镗床、数控加工中心等不同的机床上进行，有三种不同的加工方式：① 工件回转，刀具做进给运动（如在车床上镗孔，或叫车孔）；② 刀具回转，工件做进给运动（如表3-3所示，在镗床上镗孔）；③ 刀具回转并做进给运动（镗短孔）。

3.3.5 拉孔

拉孔是一种用特制的拉刀在拉床上进行的高效率的精加工方法，拉孔前工件须经钻孔或扩孔，去除孔内表面的硬皮。拉孔时，工件以被加工孔自身定位，先将拉刀的头部插入工件待加工孔中，并将工件的端面贴靠在拉床的球面支承垫圈上，然后由拉床的夹头将拉刀的头部夹住，并强制将拉刀从工件的待加工孔中通过，这样，拉刀上一圈圈不同尺寸的刀齿就顺序地从孔壁上切除一层层金属余量，将其加工成一定精度的孔。拉孔在一次行程便可完成粗加工—精加工—光整加工等阶段的工作。

与拉削平面的运动形式一致，拉削时拉刀只做低速直线运动（主运动）。拉孔能达到的公差等级为IT6～IT9，表面粗糙度为 Ra2.5～0.16 μm。用拉刀不仅能加工圆孔，而且还可以加工成形孔、花键孔。

拉孔常用在大批大量生产中铸铁件、未淬火的钢件及有色金属件上孔径为 10～80 mm、孔深不超过孔径 5 倍的中小件通孔的加工中。

3.3.6 磨孔

磨孔为孔的精加工方法，尺寸精度一般可达 IT6～IT7，表面粗糙度为 *Ra*0.2～0.8 μm。内孔磨削常用于一般刀具难以切削的高硬度材料(如淬硬钢、硬质合金等)的孔加工，孔直径受砂轮直径的限制不能太小。磨孔的基本加工方式有三种：① 内圆磨削，工件装夹在机床上回转，砂轮高速回转并做轴向往复进给运动和径向进给运动，在普通内圆磨床上磨孔就是这种方式；② 行星磨削，工件固定不动，砂轮自转并绕所磨孔的中心线做行星运动和轴向往复进给运动，径向进给则通过加大砂轮行星运动的回转半径来实现。此种磨孔方式用得不多，只有在被加工工件体积较大、不便于做回转运动的条件下，才采用这种磨孔方式；③ 无心磨削，工件放在滚轮和导轮中间，由导轮带动回转。导轮和滚轮安放在机床滑扳上，可沿砂轮轴心线做轴向往复进给运动。这种磨孔方式的应用范围有限，一般只用来加工轴承圈等简单零件。

3.3.7 孔的精密加工方法

(1) 高速细镗(也叫金刚镗)

高速细镗，采用硬质合金、CBN 和人造金刚石刀具，背吃刀量小，加工余量很小，在高速切削下切去截面很小的切屑，生产效率高。它可以获得很高的加工精度(IT5～IT6)和较小的表面粗糙度(*Ra*0.05～0.4 μm)，在大批大量生产中被广泛用于有色金属及铸铁的内孔最终精密加工。

(2) 珩磨孔

珩磨是一种低速大面积接触的磨削加工，利用带有磨条(油石)的珩磨头对孔进行光整加工。珩磨时，工件固定不动，珩磨头由机床主轴带动旋转并做往复直线运动。在相对运动过程中，磨条以一定压力作用于工件表面，从工件表面上切除一层极薄的材料，由于参与切削的砂粒数目多，珩磨能很快地切除切削余量，因此有较高的生产率，并能获得较高的尺寸精度(IT7～IT6)、形状精度和较小的表面粗糙度(*Ra*0.1～0.8 μm)，同样，珩磨不能修正被加工孔的位置偏差，孔的位置精度和孔中心线的直线度应由前道工序保证。

珩磨在大批大量生产中广泛用于发动机缸孔及各种液压装置中精密孔的加工，孔径范围一般为 ϕ15～500 mm 或更大，并可加工长径比大于 10 的深孔。但珩磨不适用于加工塑性较大的有色金属工件上的孔，也不能加工带键槽的孔、花键孔等断续表面。

(3) 研磨孔

研磨孔的原理与研磨外圆相同。研具采用铸铁或纯铜制成的心棒，表面开槽以存储研磨剂。将研具夹在机床上旋转，用手握住工件，套在心棒上往复移动，使研磨粒在工件内表面上得到复杂的不重复的轨迹。

内孔研磨时，尺寸精度可达 IT6 级以上，表面粗糙度为 *Ra*0.012～0.015 μm。研磨不能纠正孔的位置误差，故孔的位置精度只能由前道工序来保证。研磨生产率较低，研磨前孔必须经过磨削、铰削或精镗等工序。

3.4　螺纹加工

螺纹有左旋或右旋之分，有起联结作用的联接螺纹和起传动作用的传动螺纹两大类。联接螺纹分为普通螺纹(三角形、牙型半角 30°)、英制螺纹(三角形、牙型半角 27.5°)和管螺纹等；传动螺纹分为梯形螺纹、锯齿形螺纹、矩形螺纹等。

对于联接螺纹和无传动精度要求的传动螺纹，一般只要求中径和顶径(顶径是指外螺纹的大径或者内螺纹的小径)的精度，6 级为基本级。对于有传动精度要求的螺纹或量仪上的精密螺纹，除要求中径和顶径的精度外，还要求螺距和牙形角精度。

表 3-4 列出了一些常用的加工螺纹的方法，表中直线表示平动，曲线表示转动，实线表示主运动，虚线表示进给运动。

表 3-4　常用螺纹加工方法

加工方法	示意图
车削螺纹	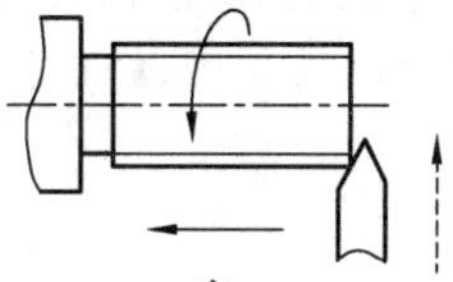 车
铣螺纹	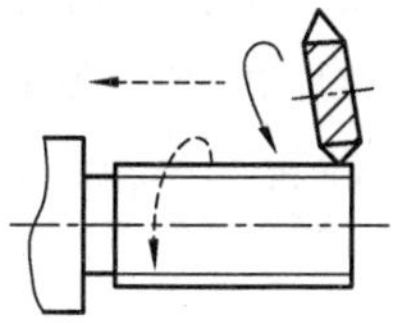 铣 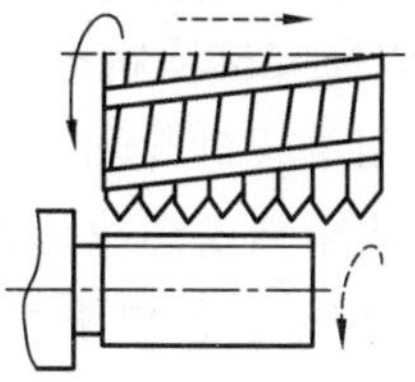 梳形铣刀铣螺纹
磨螺纹	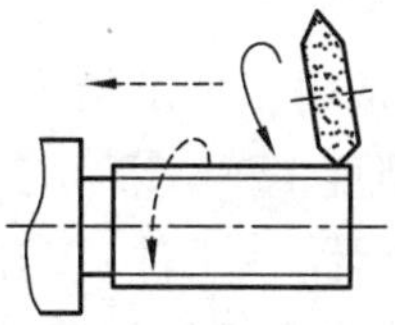 磨
丝锥攻丝板牙套丝	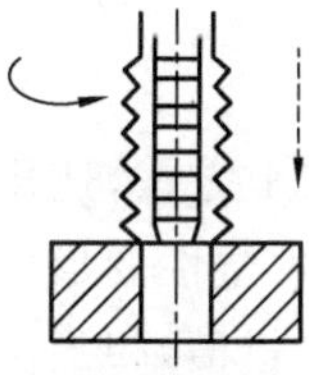 丝锥 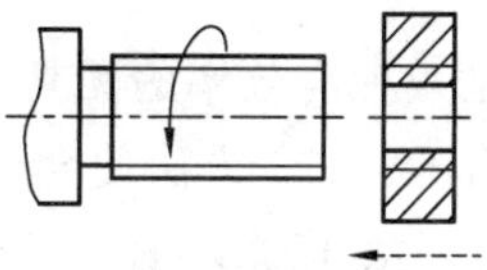 板牙套丝
滚压螺纹	 搓丝 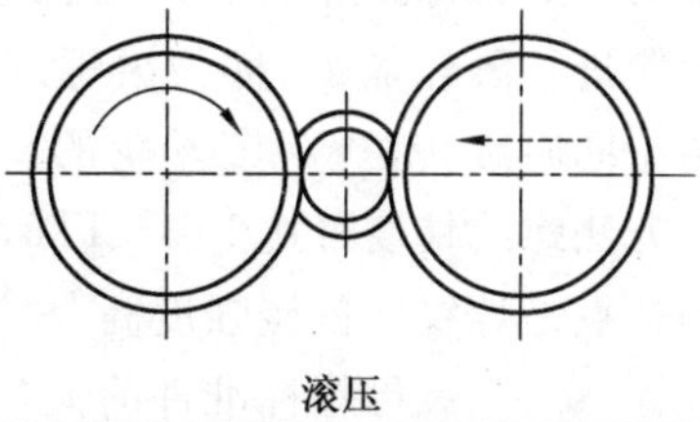 滚压

3.4.1 车螺纹

单刀车削螺纹适于加工M8以上各种公称直径、各种牙型的外螺纹及大、中直径的内螺纹。车削时，将工件装夹在车床上，通过几次走刀，逐渐切制完成。车螺纹的加工精度可达IT6，表面粗糙度可达 $Ra0.8 \sim 1.6\ \mu m$。这种加工方法使用的车刀结构简单，通用性好，但加工生产率低，劳动强度大，对工人的技术要求高，通常用于单件小批生产。

3.4.2 铣螺纹

盘铣刀铣削螺纹是将工件装夹在铣床分度头上，盘铣刀刀刃安装于螺纹工件的齿槽法向，并转一安装角。铣削时，通过齿轮副把分度头主轴的转动与工作台的移动联系起来，从而实现螺旋运动。螺纹铣削的加工精度可达IT7，螺纹的表面粗糙度可达 $Ra1.6\ \mu m$。盘铣刀铣螺纹适于加工大直径、大螺距的外螺纹，对直径较小的螺纹和内螺纹不适宜。盘铣刀铣螺纹的生产率较高，劳动强度不太大，常用于成批生产中(如丝杆螺纹须加工)。

梳形螺纹铣刀相当于若干把盘形铣刀的组合，一般在专用的螺丝铣床上加工短而螺距不大的内、外螺纹。工作时，工件回转一周，梳形铣刀沿轴向移动一个螺距，即可切出全部螺纹。

3.4.3 磨螺纹

磨螺纹是一种高精度的螺纹加工方法，主要用于加工外螺纹。磨削后的螺纹精度可达IT3～IT4，表面粗糙度可控制在 $Ra0.2 \sim 0.8\ \mu m$。一般，螺纹磨削采用单线砂轮，但也有采用多线砂轮的。用单线砂轮可加工较大螺距的螺纹及较长旋合长度的螺纹，但生产率较低，成本较高，多用于精密螺纹磨削；多线砂轮磨螺纹一般用于较小螺距的短螺纹精加工，有较高的生产率，但砂轮修整困难。

3.4.4 丝锥攻螺纹和板牙套螺纹

丝锥攻丝和用板牙套丝常用于加工精度要求不高，直径M16以下螺距不大于2 mm的标准内、外螺纹。螺纹加工精度IT6～IT7，表面粗糙度 $Ra1.6\ \mu m$。丝锥和板牙(或工件)的回转运动是主运动，丝锥和板牙(或工件)按螺距要求做直线进给运动。手动攻或套螺纹劳动强度大而生产率低，机动攻或套螺纹的劳动强度较低而生产率较高。

3.4.5 滚压螺纹

滚压螺纹是一种高效率的无切削螺纹加工方法，适用于加工中小直径、齿高不太大的外螺纹。它利用压力加工方法使金属材料产生塑性变形以形成螺纹，所用工具有搓丝板和滚丝轮。用搓丝板滚压螺纹，搓丝板上加工出斜槽，相当于展开的螺纹，其轴向的裁形和间距与工件螺纹的牙形和螺距相符。一块搓丝板固定，另一块往复运动，工件处于其中进行滚轧。用滚丝轮进行滚轧加工，称为滚螺纹。滚丝轮上有螺纹，其轴向截形和螺距与工件螺纹相符。两轮同向旋转，一个滚丝轮的支架固定，另一个的支架可沿径向运动，进行加压。这种加工方法螺纹精度可达IT3～IT6，表面粗糙度可控制达到 $Ra0.2 \sim 0.8\ \mu m$。螺纹冷挤压加工的特点是螺纹的机械强度高，材料利用率高，加工过程自动化程度高，螺纹表面质量好。在螺栓、螺钉、螺母等标准件的大量生产中得到广泛使用。

3.4.6　研磨

研磨螺纹是采用软材料的螺母研磨外螺纹，或者用软材料的螺杆研磨内螺纹。研磨剂内细粒度的密料（金刚砂、碳化硼、碳硅硼）硬颗粒法镶在软材料表面上，构成对工件表面的滑擦，经反复多次的旋合，可改善螺纹表面质量。经过研磨后，螺纹精度可达 IT4～IT5，表面粗糙度可达到 $Ra0.1 \sim 0.2\ \mu m$。螺纹研磨主要适用于对表面质量和精度要求都很高的内、外螺纹的最终加工。螺纹研磨的生产率很低，手工研磨的劳动强度相当大。

3.5　齿轮加工

齿轮是现代机器和仪表中不可缺少的重要零件，齿轮的齿形有多种形式，其中渐开线齿轮可用于各种机械，应用最为普遍。齿轮加工的关键是齿面的加工，以保证齿轮传动的准确性，工作平稳性，载荷均匀性和齿侧间隙的合理性。齿轮加工中比较普遍的加工方法是切削加工法，分为成形法和范成法（展成法）两种。

成形法加工齿轮是用一种成形刀具在被加工的齿轮毛坯上切削出齿形，成形刀具的切削刃形状与被切齿轮的齿槽形状相吻合。采用单齿廓刀具成形法加工齿轮时，在切削过程中，刀具本身做快速的切削运动（旋转运动或直线运动），经刀具与工件两者相对运动后，就可在工件上切出齿形。当一个齿槽切完后，工件离开刀具并退回至原来开始的位置，工件分度转动一个齿距，然后切削另一齿槽，重复上述的切削过程，直到在齿轮毛坯上切出所有的齿形为止。

范成法也称展成法。范成法加工齿轮是利用齿轮的啮合原理。切齿过程中，模拟某种齿轮副（“齿条-齿轮”“齿轮-齿轮”等）的啮合过程，即把齿轮副中的一个零件转化为刀具，另一个零件转化为工件，并强制刀具与工件之间做出有严格传动比的啮合对滚运动，同时刀具还做切削工件的运动。被加工齿的齿廓表面是在刀具和工件连续运动过程中，由刀具切削刃的位置连续变化形成的。齿轮上的每个轮齿是连续切削被加工出来的，它不像成形法加工那样，需要工件做间歇的分度运动。范成法是较为完善的切削方法，可使被加工的轮齿得到较高的精度和光洁度，并且有较高的生产率，因此在齿轮加工中应用最为广泛。

表 3-5 列出了一些常用的切削加工齿轮的方法，表中直线表示平动，曲线表示转动，实线表示主运动，虚线表示进给运动。

表 3-5　常用齿轮加工方法

加工方法	示意图
铣齿	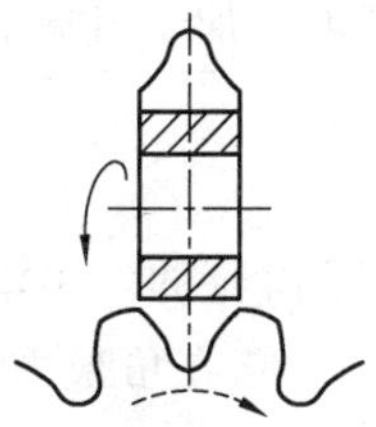 铣齿 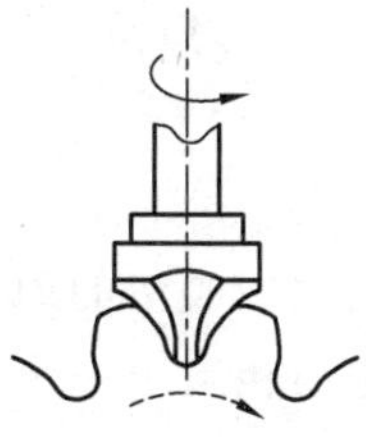 指状铣刀铣齿

续表

加工方法	示意图
滚齿	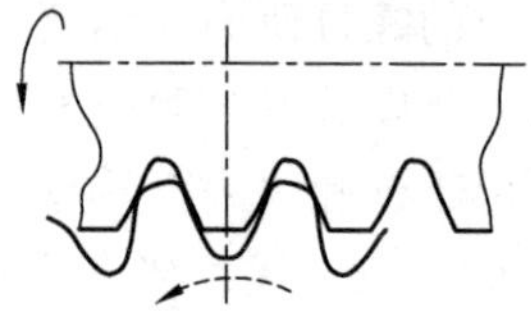 滚齿
插齿	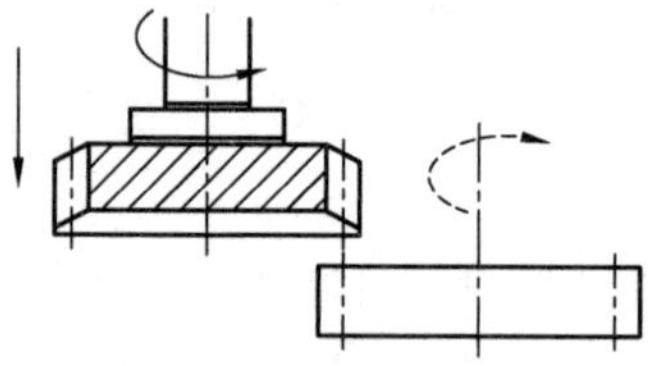 插齿
磨齿	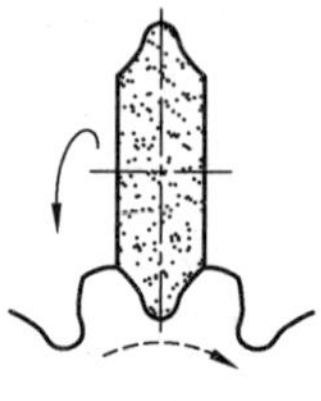 成形磨齿 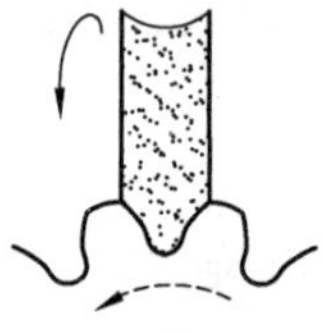 锥形砂轮磨齿 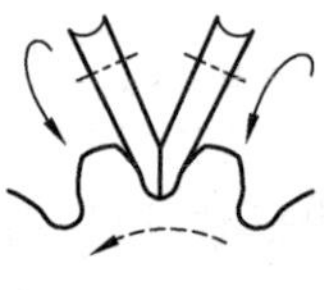 碟形砂轮磨齿
剃齿	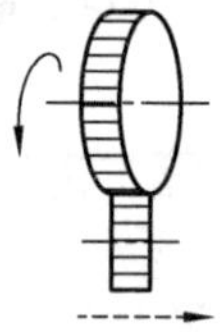 剃齿

3.5.1 铣齿

铣齿属于成形法加工，刀齿截面形状与齿轮齿间形状相对应，刀具一般采用盘形模数铣刀或指状铣刀，主要用于直齿、斜齿和人字齿圆柱齿轮的加工。

成形法铣齿是一种用单齿廓成形刀具加工齿轮的方法，它的优点是机床较简单，并可以利用通用机床加工。缺点是加工精度较低，齿轮加工精度一般达IT9～IT12，齿面粗糙度 Ra 3.2～6.3 μm，而且每加工完一个齿槽后，工件需要周期地分度一次，因而生产率也较低。因此，铣齿通常多用于单件小批量生产和修配行业中加工精度要求不高的齿轮，或者用于重型机器制造业中，以解决缺乏大型齿轮加工机床的场合。

3.5.2 滚齿

滚齿加工是按照展成法的原理来加工齿轮的。用滚刀来加工齿轮相当于一对交错轴的斜齿轮啮合。滚刀相当于一个齿数很少、螺旋角很大的斜齿轮按切削速度做旋转运动，齿轮轮坯就按一对交叉轴斜齿轮啮合传动的运动关系配合滚刀一起转动，滚刀每转一转，齿坯就转过一个齿(对于单头滚刀)或 K 个齿(对于 K 头滚刀)，在齿坯上滚切齿槽，形成渐开线齿面。滚齿时的范成运动就是齿轮的分度运动。滚齿加工适于加工直齿、斜齿圆柱齿轮和蜗轮，但不能加工内齿轮、扇形齿轮和相距很近的多联齿轮。

滚齿加工适应性好，一把滚刀可以加工与其模数和齿形角相同的不同齿数的齿轮；滚齿时，一般都只是滚刀的一周多一点的刀齿参加切削，工件上所有齿槽都是由这些刀齿切出来的，因此齿距偏差小，分齿精度高；滚齿为连续切削，无空程损失，所以，滚齿生产率一般比插齿高；但是，在滚齿加工中所形成工件齿廓的包络线很少，齿形精度较插齿低。

滚齿加工适于加工各种批量的不淬硬的齿轮，齿轮加工精度一般达IT7～IT8，齿面粗糙度为 $Ra1.6 \sim 3.2\ \mu m$。

3.5.3　插齿

插齿是另一种常见的展成法齿面加工方法。插齿过程从原理上分析，相当于一对圆柱齿轮的啮合，插齿刀相当于一个端面磨有前角、齿顶及齿端磨有后角的变位齿轮。插齿刀的往复运动是插齿的主运动，而插齿刀与工件按一定比例关系所做的圆周运动是插齿的进给运动。插齿的主要运动有：主运动、展成运动、径向进给运动、圆周进给运动和让刀运动。

与滚齿相比，插齿的齿形精度较好，表面粗糙度数值较低；插齿时刀具上的各个刀齿顺次切制工件的各个齿槽，因此，插齿刀的齿距累积误差将直接传给被切齿轮，齿轮的运动精度比较差；插齿由于切削过程中有空行程损失，故生产率比滚齿低。但是在加工小模数、多齿数和齿宽较窄的齿轮时，其生产率比滚齿高；插齿比滚齿灵活，应用范围比较广，它除了能加工圆柱直齿轮外，还能加工多联齿轮、内齿轮、扇形齿轮和齿条等。通过插齿机上的辅助装置还可加工螺旋齿轮，但不如滚齿方便。插齿不能加工蜗轮。

插齿加工适于加工各种批量的不淬硬的齿轮，齿轮加工精度一般达IT7～ IT8，齿面粗糙度 $Ra1.6 \sim 3.2\ \mu m$。

3.5.4　磨齿

磨齿是用于淬硬或未淬硬的圆柱齿轮的齿面进行精加工的重要方法。磨齿方法分为两类：一是成形法加工，其砂轮修整成与被磨齿轮齿槽一致的形状，磨齿过程与用齿轮铣刀铣齿类似。成形法磨齿的生产率高，但受砂轮修整精度与分齿精度的影响，加工精度较低。二是展成法加工，利用齿条与齿轮的啮合原理，由砂轮侧面构成假想齿条。展成法磨齿包括锥形砂轮、双碟形砂轮磨齿等形式。大部分磨齿机多采用展成法加工。

磨齿加工主要特点是：加工精度高，达IT3～IT6，表面粗糙度为 $Ra0.2 \sim 0.8\ \mu m$。但磨齿加工的生产率低，设备制造成本高，同时要求操作者具有较高的技术水平，多用于单件小批生产。

3.5.5　剃齿

剃齿用于大批量生产中对未淬硬的齿轮的齿面进行精加工的重要方法。剃齿刀实际上就是一个渐开线齿面上沿齿形方向开了许多刀刃的高精度的斜齿轮。剃齿的工作原理是剃齿刀与被加工齿轮做无侧隙双面啮合，并由剃齿刀带动工件做自由转动。借助于两者之间的相对滑移，从齿面上剃下很细的切屑，以提高齿面的精度。

剃齿加工所得的齿形质量较好，精度可达IT6～IT7，表面粗糙度为 $Ra0.4 \sim 0.8\ \mu m$；

生产效率很高，一般只需 2～4 min 便可加工一个齿轮，是软齿面精加工常用的加工方法。

剃齿加工在汽车、拖拉机及金属切削机床等行业中应用广泛，适用于成批大量生产中。

3.5.6 珩齿

珩齿用于大批量生产中淬硬的齿轮的齿面进行精加工的重要方法。在剃齿机上，把剃齿刀换成珩磨齿轮，让珩磨齿轮带动工件齿轮旋转，实现展成啮合，这种加工方法称为珩齿加工。珩磨轮是一个用磨料和环氧树脂等材料作结合剂浇铸或热压而成的、具有很高齿形精度的塑料齿轮，它不像剃齿刀有许多切削刃。在珩磨轮与工件啮合的过程中，依靠珩磨轮齿面密布的磨粒，以一定压力和相对滑动速度对工件表面进行切削。珩磨具有低速磨削、研磨和抛光的综合效果，修正误差的能力不强，主要用于改善热处理后的齿面质量，齿面粗糙度达 $Ra0.2$～0.8 μm，对齿轮的其他精度改善不多。

3.6 成形表面加工

在自动化机械及模具制造中，大多数零件主要由平面、外圆、锥面、内孔、锥孔等基本表面组合而成，但有些零件上也会有复杂的立体成形表面（曲面）需要加工，如自动化机械中的凸轮面、模具中的凹模型腔面、螺旋桨的表面、涡轮叶片表面等。

成形表面的加工根据零件表面形状的特点、加工精度要求及零件生产类型的不同，可以采用不同的方法。其主要方法有划线加工、仿形法加工、展成加工及在数控机床上加工等。

3.6.1 划线加工

在工件上划出形面的轮廓曲线，钳工沿划线外缘钻孔、锯开、修锉和研磨，也可以用铣床粗铣后再由钳工修锉。此法主要靠手工操作，花费时间长，生产效率低，加工精度取决于钳工工具和工人操作水平。一般适用于单件小批生产中，表面形状比较简单、精度要求不是很高的场合，目前这种方法已很少采用。

3.6.2 仿形法加工

在成批生产中加工成形表面时，常用靠模装置在通用机床上进行铣削或磨削，大批量生产时可在专用仿形铣床和磨床上加工。

在仿形铣时，使用的刀具一般是头部为圆形的球头铣刀，以预先制造出具有与被加工曲面相同形状的样件作为靠模，加工时与球头铣刀直径相同的球形仿形头始终以一定的压力接触样件表面，仿形头相对样件的运动被转换成电信号，经处理后用来控制仿形铣床各相应坐标轴的伺服进给机构，球头铣刀便在工件上加工出与样件具有相同形状的曲面。

3.6.3 光学曲线磨床上的仿形加工

这种仿形加工的特点是不需靠模板。将形面按比例放大 30～50 倍，画在半透明纸上，把这张纸放在投影仪的投影面上，操作者以手动前后左右移动砂轮磨削工件，使它与图面形状重合。这种方法虽然生产率低，但也可以达到一定的精度，适用于磨削尺寸较小的精密凸轮形面。

3.6.4 数控加工

上述方法有许多不足之处，例如，多用于二维曲线(曲面)加工；加工零件的精度很难达到较高的要求；考虑到制造靠模和调控机床的时间和成本，仅适用于批量较大的成型面加工。而数控机床加工为单件小批生产高精密复杂成形表面提供了有效的自动加工手段，数控铣削现已成为复杂曲面切削加工最主要的方法。

在数控铣床上加工成形表面，只需把型面数据和工艺参数按机床数控系统规定，编制程序后输入数控装置，由加工程序控制机床运动，使球头铣刀逐点按曲面三维坐标加工，被加工曲面是球头铣刀刃形在各点切削时形成的包络面。当零件改变时，只要重新编写加工程序，就可加工出所要求的型面。大型的复杂曲面需要在多轴联动加工中心上加工，加工中心上设有刀库，一般都配备十几把、几十把甚至上百把刀具用来完成不同曲率半径曲面的粗、精加工。

数控加工与仿形法加工相结合，产生了数控仿形技术。对于在实际生产中要根据实物模型来进行加工的零件，数控仿形加工系统可在利用数控机床本身的数控坐标测量系统进行实物模型仿形测量的同时，完成物体几何形状的数字化转换，进行仿形加工。

习题和思考题

3-1 常用的外圆加工方法有哪几种？试述各自的特点及适用范围。

3-2 试分析比较中心磨和无心磨外圆的工艺特点和应用范围。

3-3 试分析比较光整加工外圆表面各种加工方法的工艺特点和应用范围。

3-4 珩磨加工为什么可以获得较高的精度和较小的表面粗糙度？

3-5 常用的平面加工方法有哪几种？试述各自的特点及适用范围。

3-6 磨削平面有哪两种方式？各有什么特点？

3-7 何谓顺铣法和逆铣法？用图示说明之。

3-8 总结各种内孔加工方法的特点及其适用范围。

3-9 珩磨与一般磨削内孔有什么不同？

3-10 常用的齿形加工方法有哪几种？试比较滚齿与插齿加工的特点。

3-11 成形表面加工方式有哪几种？试述数控加工成形面的原理及其特点。

第 4 章　机械加工质量及其控制

产品质量是指用户对产品的满意程度。它包括产品的设计、制造质量和售前、售后服务质量。产品的制造质量主要是指产品的制造与设计相符合的程度。机械产品是由许多相互关联的零件装配而成的，因此机械产品的质量将取决于零件的制造和装配质量。零件的制造质量是保证产品制造质量的基础。为了保证机械产品的性能要求和使用寿命，就必须严格控制零件的制造质量。零件的制造质量包含零件的加工精度和表面质量两个方面。

4.1　机械加工精度概述

4.1.1　加工精度与加工误差

机械加工精度是指零件加工后的实际几何参数（尺寸、形状和表面间的相互位置）与理想几何参数的接近程度。实际加工不可能把零件做得与理想零件完全一致，总会存在不同程度的偏差。加工误差就是指加工后零件的实际几何参数与理想几何参数的偏差。实际值越接近理想值，加工误差就越小，加工精度就越高。保证和提高零件加工精度实际上就是限制和减小加工误差。

一般情况下，零件的加工精度越高则加工成本就相对越高，生产效率相对越低。从保证产品的使用性能和降低生产成本的角度考虑，没有必要而且实际上也没有可能把每个零件都加工的绝对精确，可以允许存在一定的加工误差。设计人员应根据零件的使用要求，合理地规定零件所允许的加工误差，即公差。工艺人员则应根据设计要求、生产条件等采取适当的工艺方法，以保证加工误差不超过允许的范围，即保证加工误差限制在公差带范围之内，并在此前提下尽量提高生产效率和降低生产成本。

零件的加工精度包括：尺寸精度、形状精度和位置精度。通常形状公差限制在位置公差之内，而位置公差一般限制在尺寸公差之内。当尺寸精度要求高时，相应的位置精度、形状精度要求也高。但当形状精度或位置精度要求高时，相应的尺寸精度要求不一定高，这需根据零件的具体功能要求来确定。

4.1.2　机械加工精度的获得方法

1. 获得尺寸精度的方法

(1) 试切法

试切法是指通过试切、测量、调整、再试切，反复进行，直至被加工尺寸达到要求为止的加工方法。该方法效率较低，对操作者的技术水平要求高，主要适用于单件、小批生产。

(2) 调整法

该方法是指按零件规定的尺寸预先调整好刀具和工件在机床上的相对位置，并在一批工件的加工过程中保持该位置不变，以保证被加工尺寸的方法。调整法广泛应用于各类半自动、自动机床和自动线上，适用于成批、大量生产。

(3) 定尺寸刀具法

该方法是指以相应尺寸的刀具或组合刀具来保证被加工表面尺寸的方法。该方法生产率高，尺寸精度较稳定，与操作者技术水平关系较小，如孔的钻削、铰削、拉削加工。

(4) 自动控制法

该方法是将测量装置、进给装置和控制系统等组成一个自动控制的加工系统。该加工系统能根据被加工零件的测量信息对刀具的运动进行控制，自动补偿刀具磨损等因素造成的加工误差，从而自动获得所要求的尺寸精度。自动控制法实际上就是自动化了的试切法。

2. 获得形状精度的方法

(1) 轨迹法

该方法是依靠刀尖与工件的相对运动轨迹来获得加工表面的几何形状。刀尖的运动轨迹精度取决于机床上刀具和工件的相对运动精度。

(2) 仿形法

该方法是利用仿形装置来控制刀具进给的一种加工方法。在仿形车床上利用靠模和仿形刀架加工回转体曲面和阶梯轴，其形状精度主要取决于靠模的精度。

(3) 成形刀具法

该方法是利用成形刀具替代通用刀具对工件进行加工。刀具切削刃的形状和加工表面所需获得的几何形状相一致，其加工精度主要取决于刀刃的形状精度。

(4) 展成法

该方法是利用工件和刀具之间做展成切削运动进行加工的一种方法。滚齿加工就是采用此法。其加工精度主要取决于展成切削运动的精度和刀具的制造精度。

3. 获得位置精度的方法

(1) 一次装夹获得法

零件有关表面间的位置精度是直接在工件的同一次装夹中，由各有关刀具相对工件的成形运动之间的位置关系来保证。工件的位置精度主要由机床和夹具精度来保证。

(2) 多次装夹获得法

工件的位置精度主要由找正定位精度、夹具制造安装精度和工件的安装精度来保证。

4.1.3　机械加工经济精度

各种加工方法所能达到的加工精度和表面粗糙度都有一定的范围。同一种加工方法，如果机床维护保养得好，工人技术水平高，精心操作，加工精度就会提高，表面粗糙度值就会减小。统计表明，任何一种加工方法，加工误差与加工成本之间的关系大体符合图 4-1 所示的曲线形状。图 4-1 中横坐标 Δ 表示加工误差，纵坐标 C 表示加工成本。对于一种加工方法而言，当加工误差小到一定程度后(曲线点 A 左侧)，若再减小，则加工成本急剧增加；当加工误差大到一定程度后(曲线点 B 右侧)，即使加工误差再增大许多，加工成本却降低很少。说明一种加工方法在曲线点 A 左侧或点 B 右侧都是不经济的。

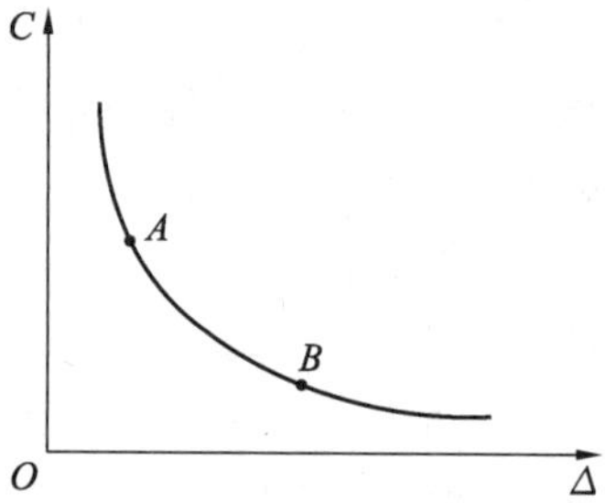

图 4-1 加工误差与加工成本的关系

图 4-1 所示曲线的 AB 段，表示选用的加工方法与要求的加工精度相适应，这一段曲线所对应的精度范围称为加工经济精度。实际上，所谓机械加工经济精度就是指在正常加工条件下(采用符合质量标准的设备和工艺装备，使用标准技术等级工人，不延长加工时间)，一种加工方法所能保证的加工精度和表面粗糙度。应该指出，随着机械制造技术的不断发展，机械加工经济精度会不断提高。

4.2 影响机械加工精度的因素

4.2.1 工艺系统的几何误差

1. 机床的几何误差

机床的几何误差是决定工艺系统误差的主要因素。它主要来自于机床的制造、安装和磨损这三个方面，其中尤以机床本身制造误差的影响为最大。机床的几何误差包括主轴回转误差、导轨误差、传动误差等。

(1) 主轴回转误差

实际加工中，由于主轴制造误差、受力受热变形及磨损的存在，使主轴回转轴线的空间位置，在每一瞬间都在变动，即存在着回转误差。主轴回转误差可分为：① 径向跳动误差(径向飘移)，它是主轴实际回转中心线相对于理想中心线在横切面上的平移变动范围；② 轴向窜动误差(轴向飘移)，它是主轴实际回转中心线沿理想中心线方向的变动量；③ 角度摆动误差(角度飘移)，它是主轴实际回转中心线与理想中心线的角度偏移量。

不同形式的主轴回转误差对加工精度的影响不同，同一形式的主轴回转误差在不同的加工方式中对加工精度的影响也不一样。主轴径向跳动误差会引起工件的圆度和圆柱度误差，但对工件端面的加工无直接影响。在车床上轴向窜动误差对孔和外圆加工无直接的影响，但在加工端面和螺纹时却有明显影响，车出的端面会出现凹凸不平，车削螺纹螺距会产生周期误差。在车外圆和镗孔时，角度摆动误差会引起工件的圆柱度误差。实际上，主轴工作时其回转轴线的运动是上述三种运动的合成，在轴线某一横截面上表现出径向跳动、轴线摆动和轴向窜动。因而会影响所加工工件圆柱面和端面的形状精度。

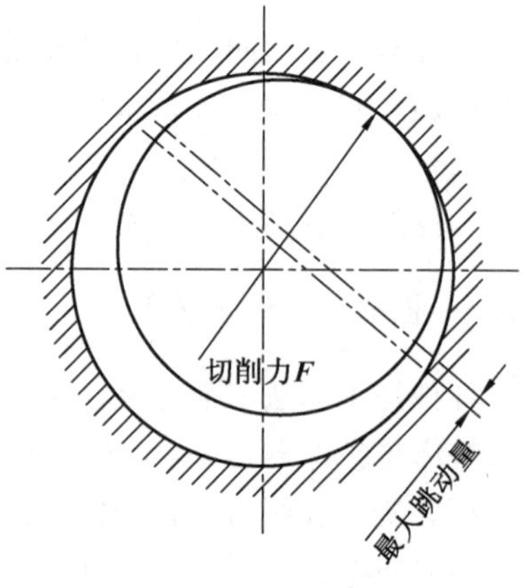

图 4-2 静压轴承时，主轴轴颈圆度误差产生的径向跳动

主轴几何误差主要与主轴部件的制造精度有关，它包含轴承误差、轴承间隙、与轴承相配合零件的误差等。同时还和切削过程中主轴受力、受热变形有关。

当机床主轴采用滑动轴承支承结构时，如图 4-2

所示，对于工件回转类机床（如车床），主轴的受力方向基本稳定，主轴轴颈被压向轴承表面的某一位置，因此，主轴轴颈的圆度误差将直接传给工件，从而造成工件的圆度误差。而轴承孔本身的误差对加工精度的影响较小。对于刀具回转类机床（如镗床），主轴所受切削力的方向是随着镗刀的旋转而变化。因此，机床箱体的轴承孔的圆度误差将传给工件，而主轴轴颈的误差对加工精度的影响较小。

主轴轴承间隙对回转精度也有影响，如轴承间隙过大，会使主轴工作时油膜厚度增大，刚度降低。为了提高主轴的回转精度，在滑动轴承结构中可以采用静压轴承和动压轴承。

当主轴采用滚动轴承支承时，其影响因素就更多。主轴的回转精度不仅取决于滚动轴承的精度，还和轴承的配合件有很大关系。由于轴承的内外座圈很薄，因此与之相配合的轴颈或箱体轴承孔的圆度误差，会使轴承的内座圈或外座圈发生变形而引起主轴回转误差。为了提高主轴的回转精度，可以选用高精度的滚动轴承及提高主轴轴颈和与主轴相配合有关零件的制造精度，或者采取措施使主轴的回转精度不反映到工件上。如在卧式镗床上镗孔时工件安装在镗模夹具中，镗杆支承在镗模夹具的支承孔中，镗杆的回转精度完全取决于镗模支承孔的形状误差及同轴度误差。因镗杆与机床主轴之间采用浮动联接，故机床主轴精度对加工精度没有影响。

(2) 导轨误差

机床成形运动中的直线运动精度主要取决于导轨精度，它的各项误差将直接影响被加工工件的精度。导轨误差主要包括：导轨在水平面内直线度误差、导轨在垂直平面内直线度误差和两导轨间的平行度误差。

① 导轨在水平面内的直线度误差。如图 4-3 所示，使刀尖在水平面内产生位移 ΔY，造成工件在直径方向上的误差为 $\Delta D=2\Delta Y$。

② 导轨在垂直平面内的直线度误差。如图 4-4 所示，使刀尖产生 ΔZ 的位移，造成工件在直径方向上产生的误差为 $\Delta D\approx\frac{\Delta Z^2}{D}$。由于 ΔZ 在误差的非敏感方向上，所以对加工精度的影响很小，可以忽略不计。

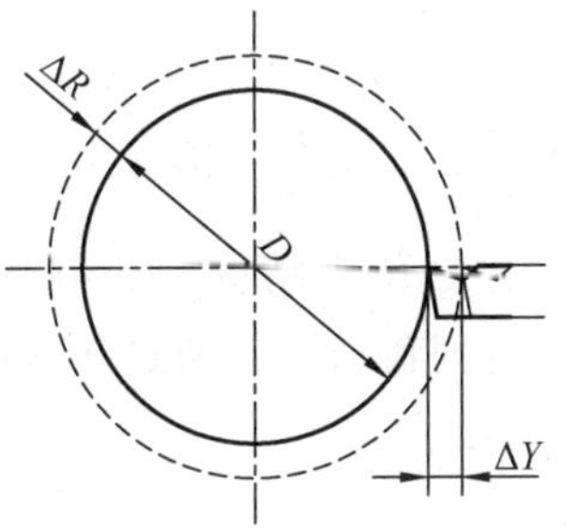

图 4-3　导轨水平面内的直线度误差

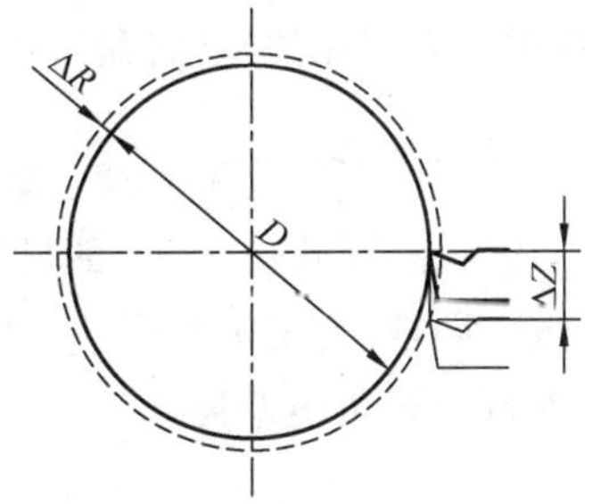

图 4-4　导轨垂直平面内的直线度误差

③ 两导轨间的平行度误差。如图 4-5 所示，车床中心高为 H，导轨宽度为 B，若在两不同截面间前、后导轨高度差为 δ，使床鞍在此间移动时偏斜造成其上的刀具在水平面发生的位移为 ΔY，则工件的直径误差由图示关系可知 $\Delta D=\frac{2\delta H}{B}$。一般车床 $\frac{H}{B}=\frac{2}{3}$，外圆磨床 $H\approx B$，因此导轨扭曲量引起的加工误差不可忽略。该误差会使工件产生圆柱度误差。

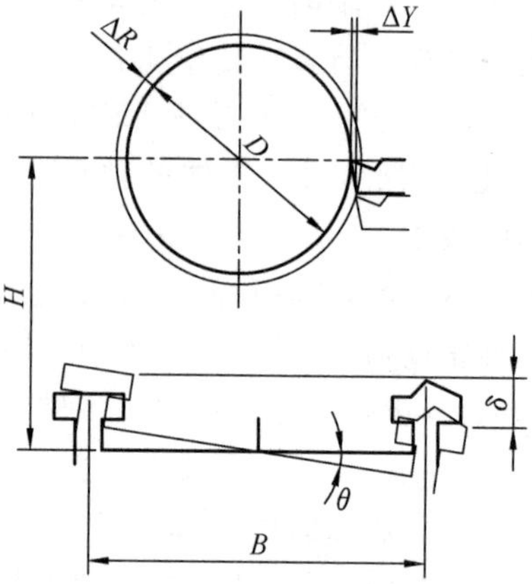

图 4-5　两导轨间平度度误差

机床导轨的几何误差，除取决于机床的制造精度以外，还与机床的安装、调整及使用过程中的磨损状况有很大关系。尤其是对于大、重型机床因导轨刚性较差，床身在自重作用下易产生变形，因此，为减少导轨误差对加工精度的影响，除了提高导轨制造精度以外，还应注意减少机床安装和调整的误差，并应提高导轨的耐磨性。

(3) 传动误差

对车削螺纹，滚齿、插齿、磨齿等加工来说，为保证获得要求的成形表面，要求刀具与工件间有严格精确的速度关系。如车削螺纹时，要求刀具的直线进给速度和工件的转动速度之间应保持一定的速比关系。又如用单头滚刀滚切齿轮时，要求滚刀转一转工件必须转过一个齿，这种正确的成形运动关系是由传动副组成的传动链来保证的。如果传动链中的传动副，由于加工、装配和使用过程中磨损而产生误差，这些误差将传给工件，造成加工误差，这样的误差称为传动误差。

各传动元件在传动链中的位置不同，其对整个传动链误差的影响程度也不同。如图 4-6 所示的精密滚齿机的传动系统图，设滚刀轴匀速旋转，若齿轮 Z_1 具有转角误差 $\Delta\varphi_1$，则工作台或工件(传动链末端元件)的转角误差为

$$\Delta\varphi_{g1}=\Delta\varphi_1\times\frac{80}{20}\times\frac{23}{23}\times\frac{28}{28}\times\frac{28}{28}\times\frac{42}{56}\times i_c\times\frac{e}{f}\times i_x\times\frac{1}{84}=K_1\Delta\varphi_1 \tag{4-1}$$

由式(4-1)可见，反映齿轮 Z_1 的转角误差对末端工作台传动精度的影响程度，被称为误差传递系数。同理，若第 j 个传动元件有转角误差 $\Delta\varphi_1$，则转角误差通过相应的传动链传递到末端工作台上转角误差为

$$\Delta\varphi_{gj}=K_j\Delta\varphi_j \tag{4-2}$$

式中：K_j——第 j 个传动件的误差传递系数。

因此，各传动件传动误差对工件精度影响的误差总和为

$$\Delta\varphi_{\Sigma}=\sum_{j=1}^{n}\Delta\varphi_{gj}=\sum_{j=1}^{n}K_j\Delta\varphi_j \tag{4-3}$$

由式(4-3)可见，当传动副为升速时，即 $K_j>1$，转角误差被扩大，当降速时，$K_j<1$，转角误差被缩小。末端传动副的降速比越大，其他传动元件的误差对被加工工件的影响越小。

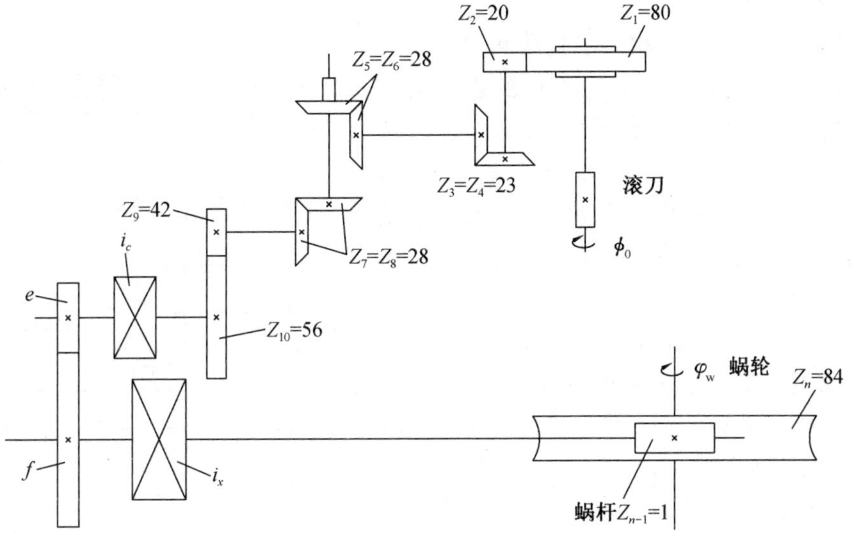

图 4-6　精密滚齿机传动系统图

为了减小机床传动误差对加工精度的影响，采取的措施有：

① 采用降速传动链传动，特别是尽可能使末端传动副采用大的降速比；

② 减少传动链中的元件数目，缩短传动链；

③ 提高传动元件，特别是末端传动元件的制造精度和装配精度；

④ 采用误差校正机构或自动补偿系统。在传动链中增加一个机构，使其产生一个与原传动链产生的传动误差大小相等、方向相反的误差，以此来抵消传动链本身的误差。当然对传动链误差的准确测量，是采用这一措施的关键。

2. *刀具几何误差*

刀具的尺寸、几何形状和相互位置误差会使零件产生加工误差。刀具误差对加工精度的影响随刀具种类的不同而异。当采用定尺寸刀具（如钻头、铰刀、键槽铣刀、拉刀等）加工时，刀具的制造误差和磨损会带来加工误差。刀具的尺寸精度将直接影响工件的加工精度。采用成形刀具（如成形铣刀、车刀、成形砂轮等）加工，刀刃的几何形状和有关尺寸存在制造误差及刀具的安装误差，都会造成加工表面的形状或尺寸误差。在应用展成法加工时，刀刃的形状和尺寸误差，同样会产生加工误差。另外刀具安装调整不正确，也会产生加工表面的几何形状误差。

在切削过程中，任何刀具都不可避免地要产生磨损，并由此产生工件尺寸和形状的改变。对一般车刀、单刃镗刀、铣刀等在加工过程中的磨损，则影响零件的形状精度或使一批零件的尺寸分散范围增大。

刀具的尺寸磨损量 ab 是在被加工表面的法线方向上测量的。刀具磨损量 ab 随切削路程的增加而增加，其关系如图 4-7 所示。在切削初始的一段时间内刀具磨损较激烈；进入正常磨损期，磨损平缓；进入急剧磨损期，磨损急剧增加，应避免刀具磨损进入这一阶段。

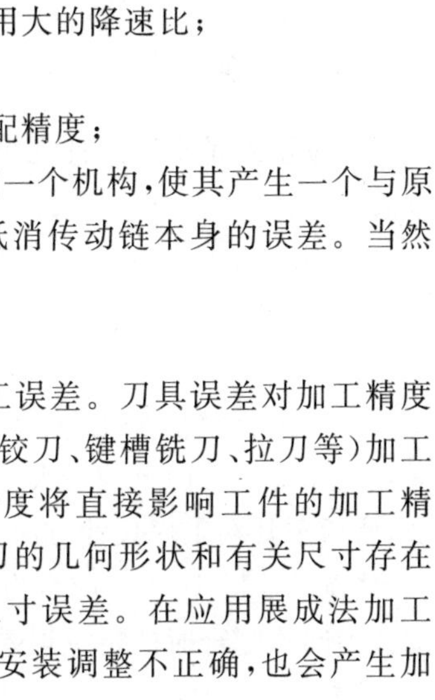

图 4-7　刀具的尺寸磨损量 ab 与切削路程间关系

3. 夹具几何误差

夹具的作用是使工件相对于机床和刀具具有正确的位置,夹具的制造误差对工件的加工精度有很大影响。如在图4-8所示的钻床夹具中,钻套孔轴线 f 至夹具定位平面 c 间的距离误差,影响工件孔的轴线 a 至底面 B 的尺寸 L 的精度;钻套孔轴线 f 与夹具定位平面 c 间的平行度误差,影响工件孔的轴线 a 与底面 B 的平行度;夹具定位平面 c 与夹具体底面 d 的垂直度误差,影响工件孔的轴线 a 与底面 B 间的尺寸精度和平行度;钻套孔的直径误差亦影响工件孔的轴线 a 至底面 B 的尺寸精度和平行度。

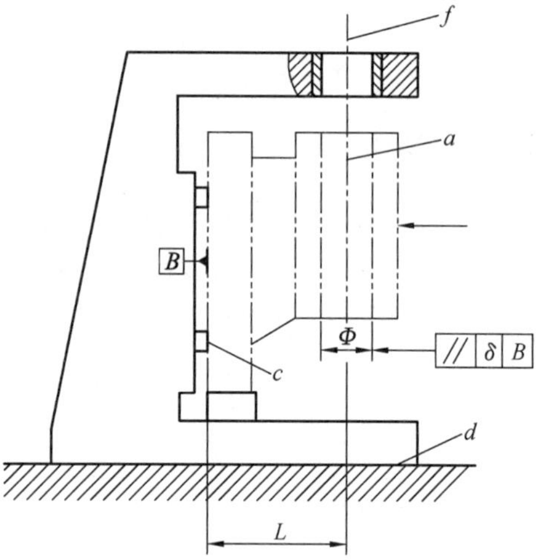

图 4-8 钻床夹具几何误差

夹具磨损将使夹具的误差增大,从而使工件的加工误差也相应增大。为了保证工件的加工精度,除了严格保证夹具的制造精度外,必须注意提高夹具易磨损件(如钻套、定位销等)的耐磨性。当磨损到一定限度后须及时予以更换。

4.2.2 定位误差

定位误差是由于工件在夹具上定位不准确而引起的加工误差。定位误差来源于两个方面:

① 由于工件的定位基准与工序基准不重合而引起的定位误差,称为基准不重合误差;

② 由于工件定位基准面或夹具上相应的定位元件不准确而引起的定位误差,称为基准位移误差。

在采用调整法加工时,工件的定位误差实质上就是一批工件在夹具上定位时,工序基准在工序尺寸方向上的最大变动量。因此,计算定位误差的一般方法就是首先找出工序基准,然后求其在工序尺寸方向上的最大变动量,即可得到定位误差。

【例4-1】 图4-9所示为孔、销间隙配合的情况,若工件的工序基准为内孔轴线,试确定孔销间隙配合时的定位误差。

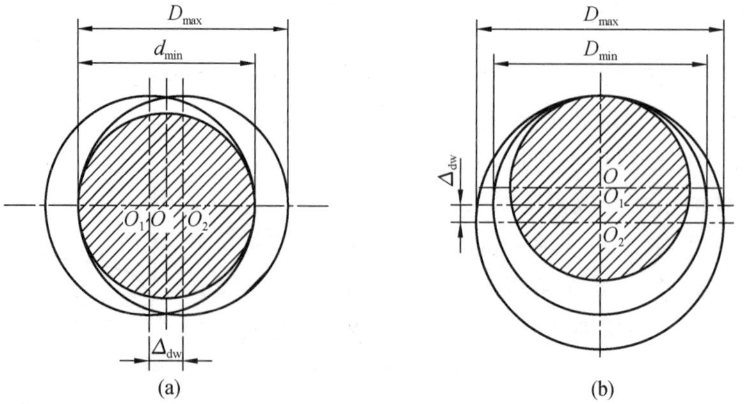

图 4-9 孔销间隙配合时的定位误差

【解】 孔和销的接触不确定，参考图 4-9a，当工件孔径为最大，销竖直放置，而定位销直径为最小时，孔心在任意方向上的最大变动量均为孔与销的最大间隙量，即无论工序尺寸方向如何（只要工序尺寸方向垂直于孔的轴线），定位误差均为

$$\Delta_{dw}=D_{max}-d_{min} \tag{4-4}$$

式中：Δ_{dw}——定位误差；

D_{max}——工件定位孔最大直径；

d_{min}——夹具定位销最小直径。

在某些特殊情况下，孔、销可能保持固定边接触，如销水平放置（见图 4-9b），此时求出的孔心在接触点与中心连线方向上的最大变动量为孔径公差的一半。若工件的工序基准仍为孔心，且工序尺寸方向与固定接触点和销子中心连线方向相同，则其定位误差为

$$\Delta_{dw}=\frac{1}{2}(D_{max}-D_{min})=\frac{1}{2}T_D \tag{4-5}$$

式中：T_D——孔径公差。

在这种情况下，孔在销上的定位实际上已转化为支承定位的形式，定位基准变成了与固定边相接触的孔的一条母线（图 4-9b 所示为孔的上母线）。此时的定位误差是由于定位基准（孔的上母线）与工序基准（孔心）不重合所造成的，属于基准不重合误差，与销的直径大小无关。

【例 4-2】 图 4-10 所示三批直径为 $d_{-\Delta d}^{\ 0}$ 的外圆，在 V 形块上定位铣平面，加工表面的工序尺寸分别为 H_1、H_2、H_3，试确定它们的定位误差。

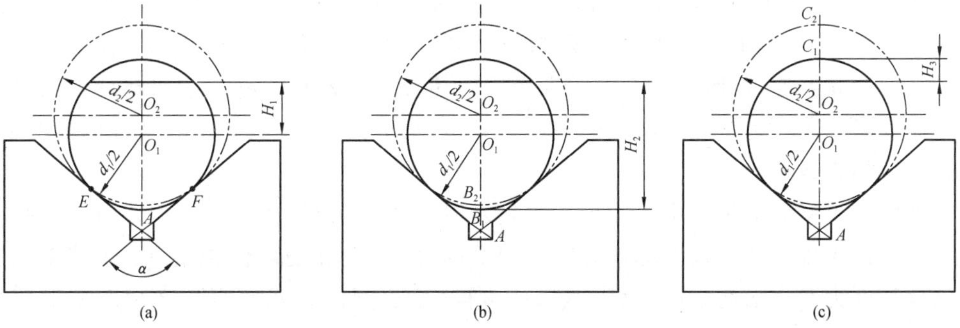

图 4-10　用 V 形块定位的误差（$d_1=d_{min}$，$d_2=d_{max}$）

【解】 工件以外圆上的圆柱面为定位面，在 V 形块上定位。此时定位基准为外圆轴线，而 V 形块体现的调刀基准则是 V 形块理论圆（其直径等于工件定位外圆直径 $d_{-\Delta d}^{\ 0}$ 的平均尺寸）的轴线。但由于 V 形块定位中，当工件尺寸有大小变化时，接触点 E、F 位置会产生变化，所以加工前可参考不变的点 A（即 V 形块两工作表面的交点）作为调整刀具位置尺寸的依据。

a. 尺寸 H_1 的定位误差

此时，工序基准为圆柱的轴线，工件的工序基准与定位基准重合，无基准不重合误差，如图 4-10a 所示。定位误差为

$$\Delta_{dw}(H_1)=\overline{O_1O_2}=\overline{AO_2}-\overline{AO_1}=\frac{d_2}{2\sin(\alpha/2)}-\frac{d_1}{2\sin(\alpha/2)}=\frac{T_d}{2\sin(\alpha/2)} \tag{4-6}$$

b. 尺寸 H_2 的定位误差

此时，工序基准为圆柱的下母线，如图 4-10b 所示。

$$\Delta_{dw}(H_2)=\overline{B_1B_2}=\overline{AB_2}-\overline{AB_1}=(\overline{AO_2}-\overline{O_2B_2})-(\overline{AO_1}-\overline{O_1B_1})$$
$$=\frac{T_d}{2}\left(\frac{1}{\sin(\alpha/2)}-1\right) \tag{4-7}$$

c. 尺寸 H_3 的定位误差

此时，工序基准为圆柱的上母线，如图 4-10c 所示。

$$\Delta_{dw}(H_3)=\overline{C_1C_2}=\overline{AC_2}-\overline{AC_1}=(\overline{AO_2}+\overline{O_2C_2})-(\overline{AO_1}+\overline{O_1C_1})$$
$$=\frac{T_d}{2}\left(\frac{1}{\sin(\alpha/2)}+1\right) \tag{4-8}$$

式(4-8)中第一项 $T_d\Big/\left(2\sin\frac{\alpha}{2}\right)$ 属于基准位移误差，$T_d/2$ 属于基准不重合误差。

通过以上计算可以看出，采用 V 形块定位时，以下母线作为设计基准来标注加工尺寸最好，此时的定位误差最小，同时也便于测量。

需要指出的是，定位误差一般总是针对成批生产，并采用调整法加工情况而言；在单件生产时，若采用调整法进行加工(采用样件或对刀块对刀)，或在数控机床上进行加工时，同样有定位误差问题。但若采用试切法进行加工，则一般不需考虑定位误差。

4.2.3 工艺系统受力变形引起的误差

1. 工艺系统刚度

加工过程中，机床、夹具、工件和刀具所组成的工艺系统在切削力、夹紧力、传动力、重力、惯性力等外力作用下会产生变形而破坏已调整好的刀具和工件间的相对位置。同时工艺系统各环节相互连接处，由于存在间隙等原因还会产生相对位移。这两部分位移总称为工艺系统变形。工艺系统变形必然会破坏刀具切削刃与工件表面间已调整好的相对位置，使工件产生加工误差。

在切削加工中对加工精度影响最大的是刀刃沿加工表面法线方向(Y 方向上)的变形，因此计算工艺系统刚度就仅考虑此方向上的切削分力 F_y 和变形位移量 y。工艺系统的刚度以法向切削力和在法向方向上(误差敏感方向)所引起的刀具和工件间相对变形位移的比值表示，即

$$J_{yt}=\frac{F_y}{y} \tag{4-9}$$

式中：F_y——法向切削力；

y——在 F_x、F_y、F_z 综合作用下刀具相对于工件的法向位移。

y 不只是由法向切削分力 F_y 所引起，垂直切削分力 F_z 与纵向切削分力 F_x 也会不同程度使工艺系统在 y 方向上产生位移，因此 y 方向上的位移是三个方向上分力共同作用的结果。

一般把夹具作为机床的附加装置，其变形就认为是机床变形的组成部分，因此，工艺系统受力变形的总变形位移 y_{xt} 是各组成部分变形位移的迭加 $y_{xt}=y_j+y_d+y_g$，根据工艺系统刚度定义为

$$y_j=\frac{F_y}{k_j}$$

$$y_d = \frac{F_y}{k_d}$$

$$y_g = \frac{F_y}{k_g}$$

所以

$$k_{xt} = \frac{1}{1/k_j + 1/k_d + 1/k_g} \tag{4-10}$$

式中：y_{xt}、k_{xt}——分别为工艺系统的变形位移、刚度；

y_j、k_j——分别为机床的变形位移、刚度；

y_d、k_d——分别为刀具的变形位移、刚度；

y_g、k_g——分别为工件的变形位移、刚度。

2. 工艺系统刚度对加工精度的影响

工艺系统的刚度是动态变化的，除受到其各组成部分的刚度影响外，还会随着切削过程受力点位置的变化而变化。现以车床两顶尖间加工光轴为例进行分析，如图 4-11 所示，工艺系统受力变形对加工精度的影响，存在下列几种情况：

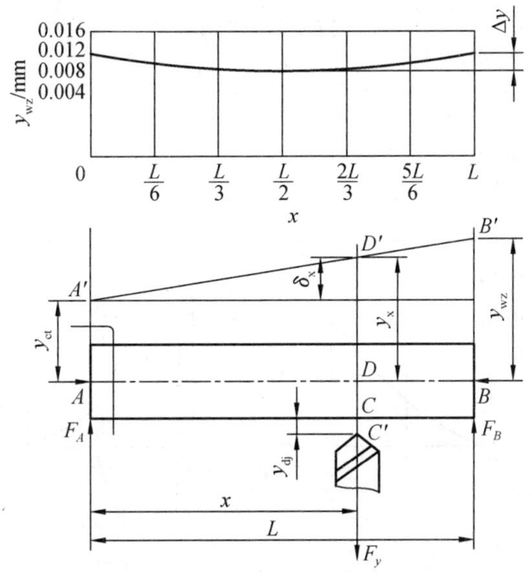

图 4-11　短粗轴工艺系统的变形随施力点位置的变化情况

(1) 机床刚度对加工精度的影响

若加工刚度较高的工件，如短粗轴类工件，假定机床床身、工件及刀具的受力变形位移可忽略不计，则机床总变形位移量将是机床的床头箱、尾架及刀架等部件变形位移量的综合反映。当刀尖切至工件如图 4-11 所示的位置时，在切削力作用下，头座由 A 移至 A'，尾座由 B 移至 B'，刀尖由 C 移至 C'，它们的位移分别为 y_{ct}、y_{wz}、y_{dj}。此时，工件的轴线由原来 AB 位置移至 $A'B'$，则在切削点处的位移 y_x 为 $y_x = y_{ct} + \delta_x$。

由于 $\delta_x = (y_{wz} - y_{ct})\frac{x}{L}$，所以 $y_x = y_{ct} + (y_{wz} - y_{ct})\frac{x}{L}$。

设 F_A 和 F_B 为 F_y 所引起的在床头和尾座处的作用力，则

$$F_A=\frac{F_y(L-x)}{L},F_B=\frac{F_yx}{L}$$

将 $y_{ct}=\frac{F_A}{k_{ct}},y_{wz}=\frac{F_B}{k_{wz}},y_{dj}=\frac{F_y}{k_{dj}}$代入上式得到工艺系统的总位移为

$$y_{xt}=y_x+y_{dj}=F_y\left[\frac{1}{k_{ct}}\left(\frac{L-x}{L}\right)^2+\frac{1}{k_{wz}}\left(\frac{x}{L}\right)^2+\frac{1}{k_{dj}}\right]$$

于是工艺系统刚度为

$$k_{xt}=\frac{F_y}{y_{xt}}=\frac{1}{\frac{1}{k_{ct}}(\frac{L-x}{L})^2+\frac{1}{k_{wz}}(\frac{x}{L})^2+\frac{1}{k_{dj}}} \tag{4-11}$$

由式(4-11)可得，工艺系统刚度随着受力点在工件轴线方向上的位置不同发生变化，使车出的工件产生马鞍形圆柱度误差。

(2) 工件刚度对加工精度的影响

若加工刚度较低的工件，如细而长轴类工件，此时机床、刀具的受力变形相对较小，可忽略不计，则工艺系统的变形位移完全取决于工件的变形（见图 4-12）。在切削力作用下，工件的变形可按材料力学有关公式计算，即

$$y_{gj}=\frac{F_y}{3EI}\cdot\frac{(L-x)^2x^2}{L}$$

$$J_{gj}=\frac{F_y}{y_{gj}}=\frac{3EIL}{(L-x)^2\cdot x^2}$$

式中：E——工件材料的弹性模量，N/mm^2；

I——工件截面惯性矩，mm^4。

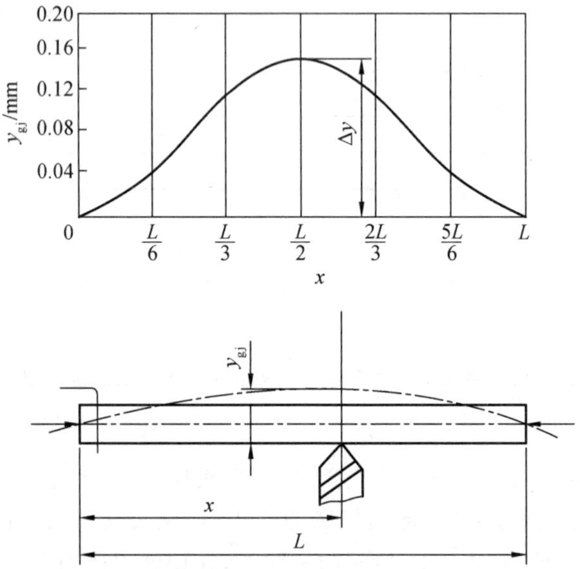

图 4-12　细长轴工艺系统的变形随施力点位置的变化情况

当同时考虑机床及工件的变形时，由于刀具压缩变形很小，可忽略不计，此时工艺系统的变形为

$$y_{xt}=F_y\left[\frac{1}{k_{ct}}\left(\frac{L-x}{L}\right)^2+\frac{1}{k_{wz}}\left(\frac{x}{L}\right)^2+\frac{1}{k_{dj}}+\frac{(L-x)^2x^2}{3EIL}\right]$$

则系统的刚度为：

$$k_{xt}=\frac{1}{\frac{1}{k_{ct}}(\frac{L-x}{L})^2+\frac{1}{k_{wz}}(\frac{x}{L})^2+\frac{1}{k_{dj}}+\frac{(L-x)^2x^2}{3EIL}} \tag{4-12}$$

由于工艺系统刚度沿工件轴线方向各个位置是不同的，所以加工出来的工件，在横截面上的直径尺寸是变化的，使工件产生腰鼓状形状误差。

3. 切削力变化引起的误差

切削过程中，由于毛坯加工余量和材料硬度的变化，引起切削力的变化，工艺系统受力变形也相应地发生变化，即刀具相对于工件的位置也发生变化，因而产生工件的尺寸误差和形状误差。图 4-13 所示为工件毛坯 A 为椭圆形，车削前将车刀调整至图中虚线圆位置。车削时刀尖受切削力影响移至实线位置，工件每转一转过程中，切深不断发生变化。切深大的地方切削力大，背吃刀量为 a_{p1}，由此产生的受力变形也大；切深小的地方切削力也小，此时背吃刀量为 a_{p2}，受力变形也就小；所以工件 B 仍有椭圆形误差，这种经加工后工件存在的加工误差和加工前的毛坯误差相对应，其几何形状误差与上工序相似，这种现象称为误差复映现象。

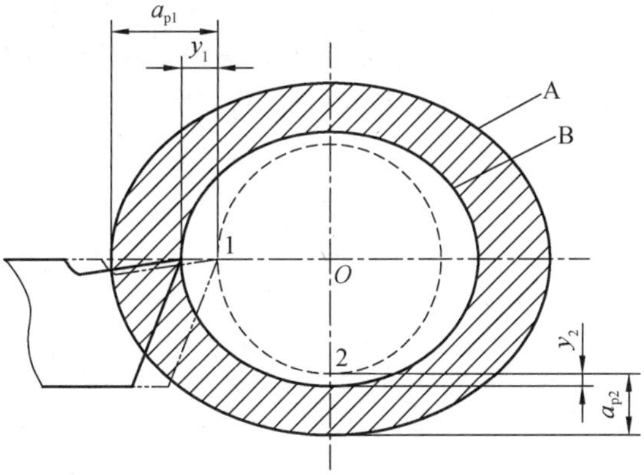

图 4-13　车削时的误差复映

毛坯误差为

$$\Delta_m=a_{p1}-a_{p2} \tag{4-12}$$

车削至点 1 时，切削力为 $C_{Fy}f^{y_{Fy}}a_{p1}{}^{x_{Fy}}$；

车削至 2 点时，切削力为 $C_{Fy}f^{y_{Fy}}a_{p2}{}^{x_{Fy}}$；

式中：f——进给量；

x_{Fy}，y_{Fy}——指数；

C_{Fy}——与工件材料，刀具几何形状及切削条件有关的系数。

当材料硬度均匀，刀具几何形状、切削条件和进给量一定的情况下，$C_{Fy}f^{y_{Fy}}=C$(常数)，故 $F_{y1}=Ca_{p1}{}^{xFy}$；$F_{y2}=Ca_{p2}{}^{xFy}$。对于一般刀具的几何形状，$x_{Fy}\approx1$，此时由切削力 F_{y1}、F_{y2} 引起的工艺系统受力变形为

$$y_1=\frac{Ca_{p1}}{k_{xt}},y_2=\frac{Ca_{p2}}{k_{xt}}$$

所以

$$\Delta_g = y_1 - y_2 = \frac{C}{k_{xt}}(a_{p1} - a_{p2}) = \frac{C}{k_{xt}}\Delta_m$$

令 $\Delta_g/\Delta_m = \varepsilon$，则

$$\varepsilon = \frac{C}{k_{xt}}$$

上式说明了加工后工件误差 Δ_g 与毛坯误差 Δ_m 间的关系，被称为误差复映规律。ε 定量地反映了毛坯误差经加工后减小的程度，被称为误差复映系数，误差复映系数与工艺系统刚度成反比，即工艺系统刚度越大，复映在工件上的误差越小。

若某一工件需要分成几次走刀加工，每次走刀的复映系数为 ε_1、ε_2、ε_3…ε_n，则总的复映系数 ε 将变得更小。因此经过几次加工后，加工误差也就降到允许的范围之内了。在成批或大量生产中，用调整法加工一批工件时，误差的复映规律表明了因毛坯尺寸不一致造成加工后该批工件尺寸的分散。

4. 其他作用力变化引起的误差

(1) 夹紧力变化引起的加工误差

对于刚性较差的工件，夹紧力引起的加工误差就不容忽视。例如薄壁套筒装在三爪卡盘上镗孔，夹紧后套筒孔产生弹性变形(见图 4-14a)，虽然镗出的孔为标准圆形(见图 4-14b)，但在松开三爪卡盘后，薄壁套筒弹性变形恢复使孔呈三角棱圆形(见图 4-14c)。夹紧变形引起的工件形状误差不仅取决于夹紧力的大小，而且与夹紧力的作用点及分布有关。

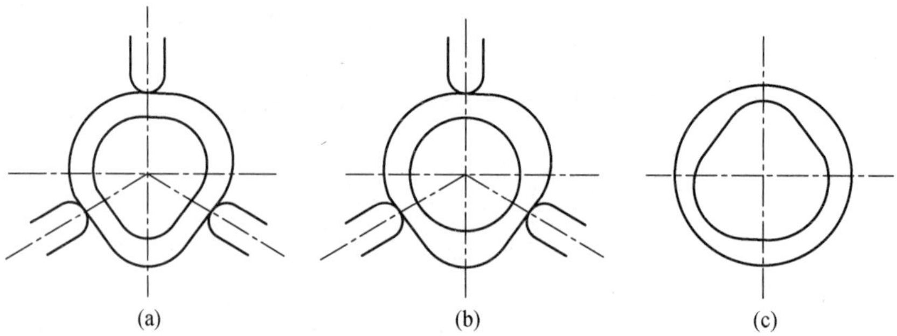

图 4-14　夹紧力引起的加工误差

(2) 惯性力变化引起的加工误差

有些夹具或工件由于结构需要，可能在加工过程中由于旋转不平衡而产生离心力，这对加工精度的影响是很大的。由于离心力在工件旋转一周的过程中不断地改变方向，因此，它在 y 方向上的分力有时和径向切削力方向相同，有时则相反，从而引起工艺系统某些环节受力变形发生变化，造成加工误差。当离心力和径向切削力同向时，工件被推离刀具，减少了实际切深；当离心力和径向切削力反向时，工件被推向刀具，增加了实际切深。总的结果使工件产生圆度误差。为消除惯性力对加工精度的影响，可以采用“配重平衡”的方法，必要时，还应降低转速。

(3) 机床部件和工件自重引起的加工误差

图 4-15 所示为大型立式车床横梁及刀架自重引起的横梁导轨变形，从而影响刀架垂直进给的准确性，造成工件的几何形状误差。对于大型工件的加工，工件自重引起的变形有时成为产生加工形状误差的主要原因。在实际生产中，装夹大型工件时可通过恰当地布

置支承减少自重引起的变形。

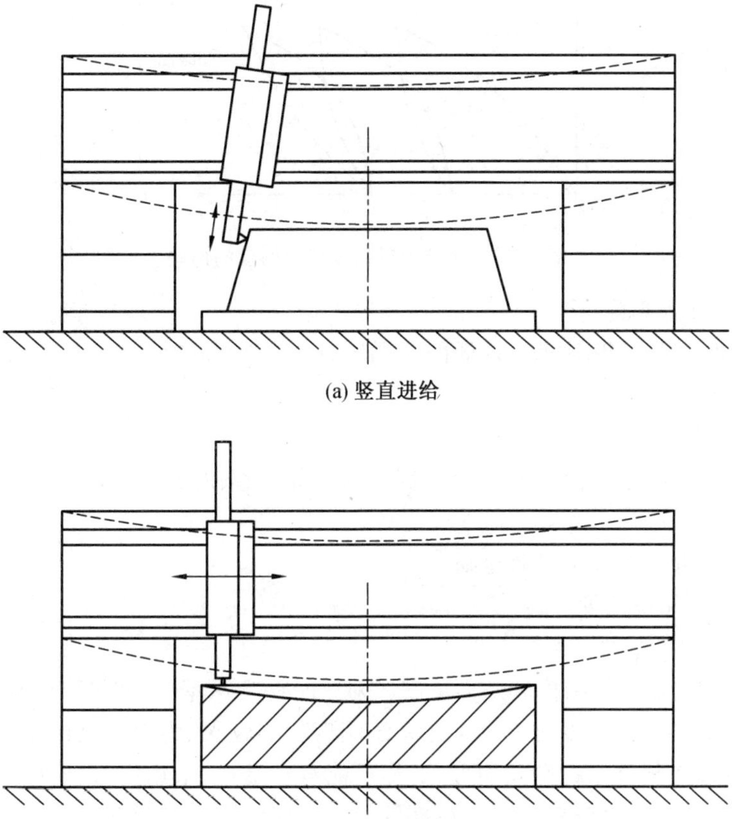

(a) 竖直进给

(b) 水平进给

图 4-15　机床部件自重所引起的误差

5. 机床刚度的测定

机床是由许多零部件组成的，其受力变形比单个弹性体的零件变形要复杂得多，用分析计算法确定其刚度对加工精度的影响困难很大。因此，目前一般是采用实验方法加以测定的，具体有静态测定法和工作状态测定法(生产法)等。

6. 影响机床部件刚度的因素

(1) 连接表面的接触变形

加工后的零件表面与理想的表面总是存在着宏观的几何形状误差和微观的粗糙度，所以装配后零件之间连接表面的实际接触面是很小一部分，而真正处在接触状态的只是个别凸峰，这些接触点在外力作用下产生了较大的接触应力，导致在表面层产生了较大的接触变形，从而降低了部件的接触刚度。

(2) 摩擦力的影响

机床部件在经过多次加载和卸载后，卸载曲线回到加载曲线的起点，残留变形不再发生，但此时加载曲线与卸载曲线仍不重合，如图4-16 所示。其原因是机床部件受力变形过程中的摩擦力作用，加载时摩擦力阻止变形的增加，卸载时摩擦力阻止变形的减小。

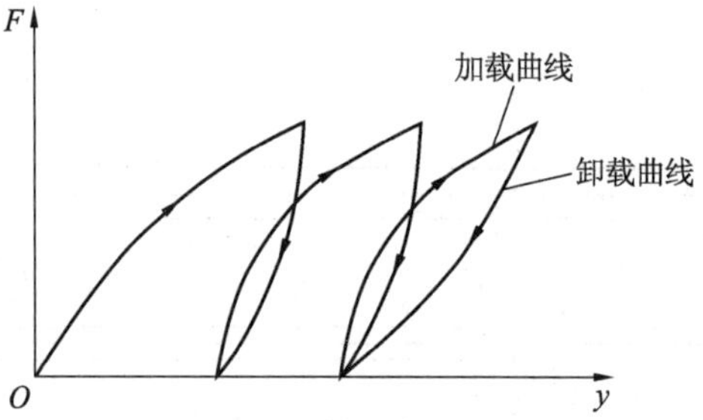

图 4-16　摩擦力对机床部件刚度的影响

(3) 薄弱零件本身的变形

在机床部件中有一些刚度比较低的薄弱零件，在受力后变形较大，从而极大地降低了机床部件的刚度。

(4) 间隙的影响

主要是在加工中载荷方向不断变化，因间隙引起位移使刀具和工件表面间的正确位置发生变化。

7. 减少工艺系统受力变形的途径

(1) 提高工艺系统刚度

具体措施有：

① 选用合理的零部件结构和断面形状。对于一些支承零件，如机床床身、立柱、横梁和夹具体等构件，它们的静刚度对整个工艺系统刚度影响较大，为提高其刚度，除适当增加其截面积外，必须改进构件结构和断面形状，尽可能减轻重量，采用空心截面，封闭截面，加大空心截面轮廓尺寸，减小壁厚。此外，在部件的适当部位增添加强筋和隔板，也能取得较好效果。

② 提高连接表面的接触刚度。提高接触刚度是提高工艺系统刚度的关键。为此，提高机床导轨的刮研质量，提高顶尖锥体和主轴及尾座套筒锥孔的接触质量，多次修研中心孔等都是生产中提高接触刚度的常用措施。此外，采用预紧措施，使机床或夹具上的有关零件在装配时产生预紧力，以此消除配合面间的间隙，增加实际接触面积，提高接触刚度。

③ 设置辅助支承。在普通车床上车细长轴时，采用中心架或跟刀架可显著提高工件的刚度。

④ 采用合理的安装方法和加工方法。如图 4-17a 所示，在卧式铣床上铣角铁形零件的端平面，如改用图 4-17b 方法安装，能较好地提高工艺系统的刚度。对薄壁套筒类零件，可采用外加刚性开口夹紧环，如图 4-18 所示。

(2) 减少切削力及其变化

合理地选择刀具材料，增大前角和主偏角，对工件进行合理的热处理及改善工件材料的加工性能等，都可使切削力减小。相对增加工艺系统刚度，减小工艺系统的受力变形。

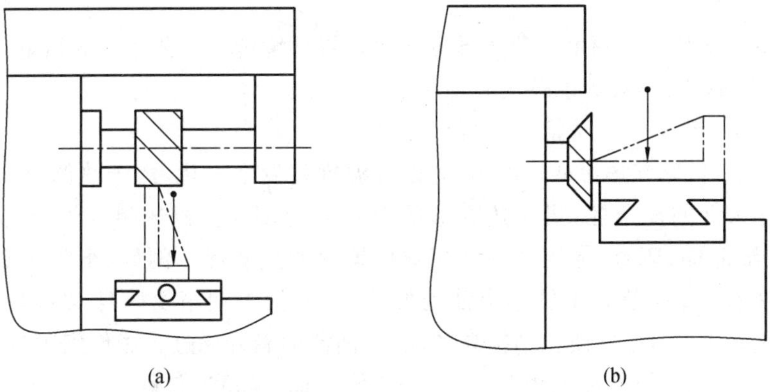

图 4-17　铣角铁形零件的两种装夹方式

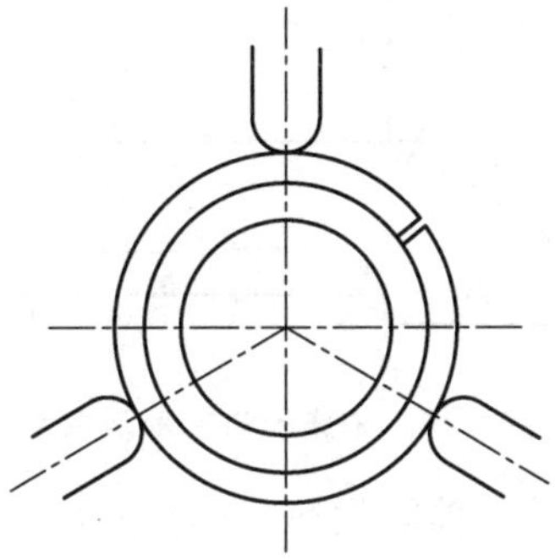

图 4-18　薄壁套筒镗孔时所用薄壁开孔过渡环

4.2.4　工艺系统受热变形引起的误差

1. 工艺系统的热源

机械加工过程中，将有大量的热量传入工艺系统中，其热源可分为内部热源和外部热源两大类。工艺系统在热的作用下，常产生复杂的变形，从而破坏工件与刀具相对运动的准确性，引起加工误差。工艺系统的热变形对加工精度的影响很大。据统计，在精密加工中，由于热变形引起的加工误差占总加工误差的 40%～70%。因此，工艺系统热变形问题已成为机械加工技术进一步发展的重要研究课题。

(1) 内部热源

机床所消耗的功率中，有 30%～70%转变为热。工艺系统内部热源包括切削过程中产生的热源和来自于机械、液压及电器产生的热源。切削过程中，工件切削层金属的弹塑性变形，刀具与工件、刀具与切屑间的摩擦所消耗的能量，绝大部分转化为切削热，切削热传给工件，刀具和切屑的分配情况将随着切削速度的变化及不同的加工方式而发生改变。对车削而言，大量的切削热被切屑所带走，且随车削速度的提高，切屑带走的热量增大，传给刀具和工件的热量减少。对钻孔、卧式镗削而言，因有大量切屑留在孔内，故传给工件的热量较高(约占 50%)。对磨削而言，传给工件的热量更高，一般占 84%左右。由此可见，切削热是引起工艺系统热变形的主要热源。传动过程中来自于轴承副、齿轮副、离合器、导轨副等的摩擦热及动力源能量(如电机、液压系统)损耗的发热等。

(2) 外部热源

外部热源主要是以热辐射和热传导方式由外界环境传入工艺系统的热量。

2. 工艺系统热变形对加工精度的影响

(1) 机床热变形对加工精度的影响

切削过程中，机床在热源的影响下，各部分温度将发生变化，由于热源分布不均匀及机床结构和工作条件的复杂性，机床热变形的形式多种多样。机床热变形对加工精度的影响，主要是主轴部件、床身、导轨及两者相对位置等的热变形。例如，车床热变形的热源主要是主轴箱轴承的摩擦热和主轴箱中油池发热，它们使主轴箱及床身局部温度升高，其变形情况如图 4-19 所示，温升使主轴抬高和倾斜，油池的温升通过箱底传到床身，使床身上下表面产生温差，造成床身弯曲而中凸，并进一步使主轴抬高和倾斜。

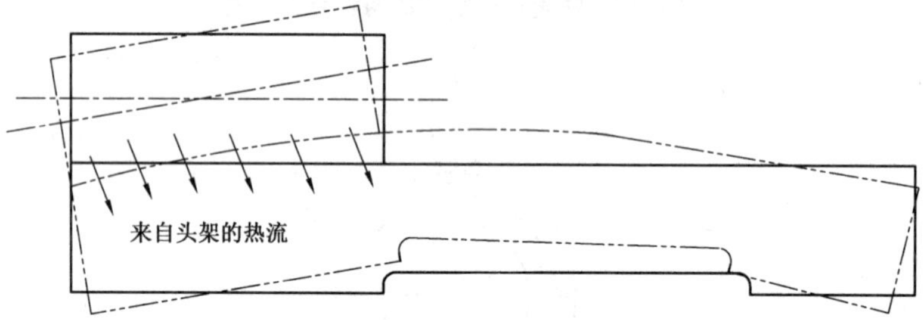

图 4-19 车床的热变形示意图

立轴磨床热变形的热源也是主轴箱发热，它除了使主轴箱变形外，还将使立柱倾斜，从而使主轴对机床工作台产生位移和倾斜，如图 4-20 所示。

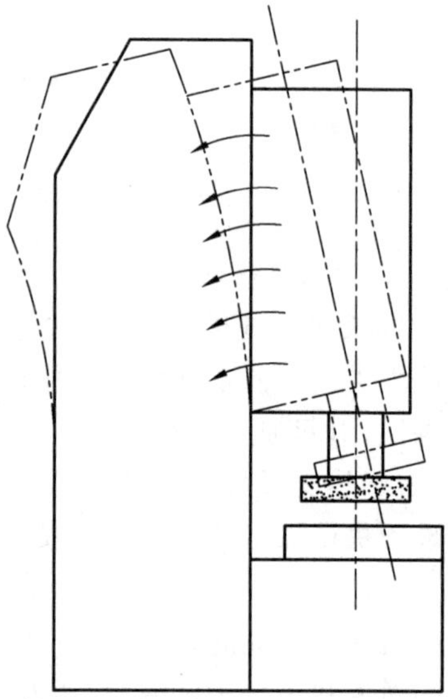

图 4-20 立轴磨床的热变形

为了减少机床热变形对加工精度的影响，目前采取的主要措施有：

① 减少机床的热源影响。用低粘度的润滑油改善轴承的润滑条件，提高齿轮副的传动精度并配以油雾润滑，从而减少传动副的发热，用强制风冷方式增加机床内部的电机和变速系统的散热。此外，设法将热源分离到机床外部或移到通风散热较好的位置，如将立式机床的主电机安装在主轴箱顶部，将液压系统置于床身外部等。

② 均匀机床零部件的温升。利用机床发出的热量来均衡机床重要部分温升较低的部位，使机床处于热平衡稳定状态，其热变形就会减小，如图 4-21 所示。另外注意结构对称性设计，在主轴箱的内部结构中，注意传动元件(轴、轴承及传动齿轮)安放的对称性可有效均衡箱壁的温升而减少其变形。

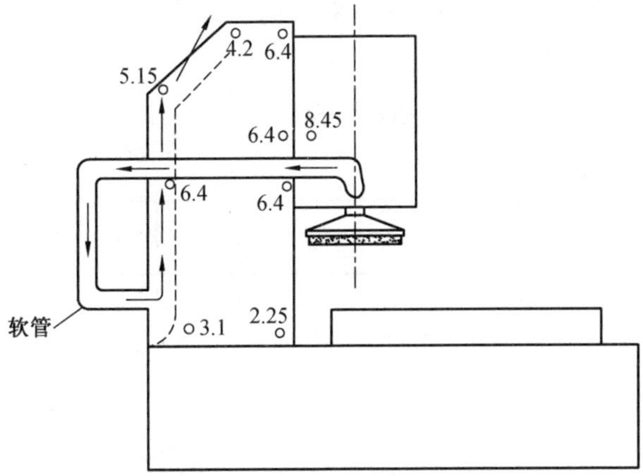

"o"表示测量位置，数值单位为"℃"

图 4-21　平面磨床上用热空气均衡立柱冷后壁的温度场

③ 采取隔热措施。在发热部件和机床重要大件之间加装隔热材料，以阻隔热辐射和热对流对支撑大件的加热，也可以较好地减少机床热变形。

④ 工艺措施的改进。如在开始精加工前，可先让机床空转一段时间，待机床达到近于热平衡状态后再进行加工。在顺序加工一批零件的间断时间内不要停车或尽量减少停车时间，以免破坏热平衡，以便保持已调整好的位置。在加工中还应严格控制切削用量，以减少工件的发热。

⑤ 采用恒温措施。例如，精密磨床、坐标镗床、螺纹磨床、齿轮磨床等精密机床都要安装在恒温车间内使用。恒温的精度根据加工精度的要求而定。

(2) 工件的热变形对加工精度的影响

在切削过程中，工件的热变形主要来自切削热，对精密零件及某些大型工件同时还会因周围环境温度的变化和局部受到日光等热源的辐射热产生热变形。工件的热变形因采用加工方法不同而异，如车削时，传给工件的热量小(约 10%)，因此变形小；钻孔时，因传给工件热量多(约 50%)，故变形大。此外，工件热变形还会因受热体积(尺寸)不同而不同，如薄壁件和实心件，即使是同样的热量，其温升和热变形也是不同的。

从工件的受热情况来看，均匀受热与不均匀受热，两者引起的变形情况也是不相同的。现对这两种情况进行分析。

① 工件均匀受热引起变形。在车削外圆时，设测得的工件温升为 Δt，则热伸长量(直径上和长度上)可按简单物理公式计算，即

$$\Delta L=\alpha L\Delta T \tag{4-13}$$

式中：α ——工件材料的热膨胀系数；

L——工件在热变形方向上的尺寸。

一般情况下，工件热变形在精加工中较为突出，尤其是长度长而精度要求较高的零件，如磨削丝杠，若丝杠长为 3 m，每磨一次温度就升高约 3 ℃，则丝杠的伸长量为 0.1 mm，而 6 级丝杠的螺距累积误差在全长上不允许超过 0.02 mm，由此可见热变形的严重性。

② 工件不均匀受热引起的变形。在刨削或磨削平面时，工件因单面受热，上下表面间形成温差而变形，从而造成几何形状误差。如图 4-22 所示，当工件长度为 L，厚度为 S，工件

受热上下表面温差为 $\Delta T=T_1-T_2$ 时，工件变形成向上凸起。以 Δf 表示工件中点变形量，由于中心角 φ 甚小，故可认为中性层弦长近似为原长 L，于是

$$\Delta f=\frac{L}{2}\tan\frac{\varphi}{4}$$

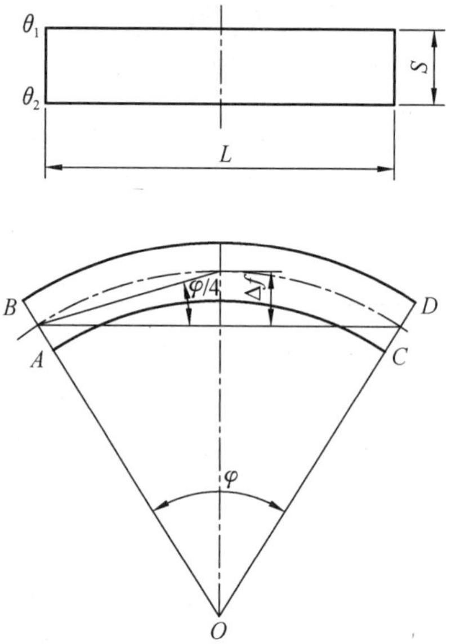

图 4-22　工件单面受热时的弯曲变形计算

因为 φ 很小，故 $\tan\frac{\varphi}{4}\approx\frac{\varphi}{4}$，所以

$$\Delta f=\frac{L\varphi}{8}$$

由于 $\alpha L\Delta T=\widehat{BD}-\widehat{AC}=(AO+AB)\varphi-AO\times\varphi=AB\times\varphi=S\varphi$

$$\varphi=\frac{\alpha L\Delta T}{S}$$

所以

$$\Delta f\approx\alpha\Delta T\frac{L^2}{8S}$$

由此可见，热变形量 Δf 随 L 增大或板厚度 S 减小而急剧增大。

为减少工件热变形对加工精度的影响，可以采取以下措施：

a. 在切削区域内添加充分的冷却液；

b. 提高切削速度或进给量，减少传入工件的热量；

c. 在精加工前给工件以充分冷却时间；

d. 及时刃磨刀具和修正砂轮，以免刀具和砂轮变钝，引起切削热的增大；

e. 采用弹簧后顶尖，使工件在夹紧时有受热伸缩自由。

(3) 刀具的热变形对加工精度的影响

使刀具产生热变形的热源主要也是切削热，尽管传给刀具的热量占总热量的百分比很小(3%～5%)，但是因刀具体积小，热容量小，因此刀具温升可能很高。

加工大型零件时，刀具热变形往往造成几何形状误差。如车削长轴时，可能由于刀具

热伸长而产生锥体。

减小刀具热变形对加工精度影响的措施有：减小刀具伸出长度，改善散热条件，改进刀具角度以减少切削热，合理选用切削用量及加工时加冷却液使刀具得到充分冷却等。

4.2.5　工件内应力重新分布引起的误差

内应力（残余应力）是指当外部载荷卸载的情况下，其内部仍残存着的应力。工件中的内应力处于一种不稳定的状态，它的内部组织有强烈的要恢复到一个稳定的没有内应力的状态的倾向，即使在常温下工件也不断进行这种变化，直到内应力消失为止。在毛坯制造和工件加工过程中，由于热或力的作用，使毛坯或工件的金属内部宏观的或微观的组织发生了不均匀的体积变化，使工件产生了内应力。应力的重新分布或消失就会引起工件形状变化和原有的加工精度丧失。

1. 热加工中产生的内应力

在铸、锻、焊及热处理等加工过程中，由于工件各部分热胀冷缩不均匀及金相组织转变时的体积变化，会使毛坯产生残余应力。如果继续进行切削加工，从该毛坯上切除部分金属，就会破坏已有的内应力平衡，使应力重新分布，零件就会出现明显变形，使工件产生由内应力而导致的加工误差。这一过程可以通过图 4-23 所示的模型得到说明。

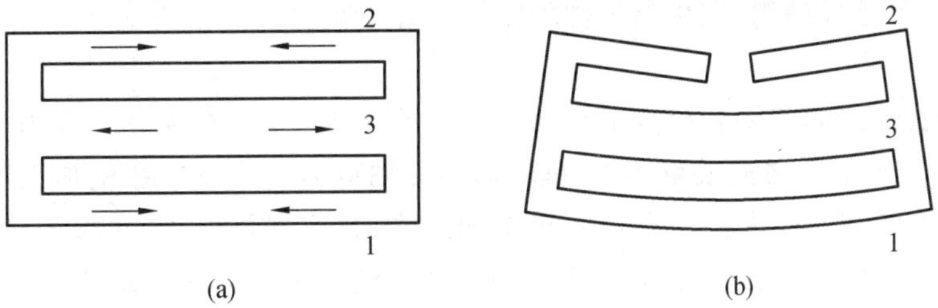

图 4-23　铸件因内应力面引起的变形

如图 4-23a 所示，铸件浇铸后冷却过程大致为：由于壁 1 及壁 2 较薄，且又在铸件外侧，散热较易、冷却较快。壁 3 较厚，且又居于铸件中间，冷却较慢，当壁 1 和 2 由塑性状态冷至弹性状态时，壁 3 温度还比较高，尚处于塑性状态。所以壁 1 和 2 冷却及体积收缩不受阻碍。但当壁 3 也冷却到弹性状态时，其体积收缩则受到先冷下来的壁 1 和 2 的阻碍。最后在壁 3 上产生拉应力，壁 1 和 2 上产生压应力，达到一种内应力平衡状态。然后，如果在铸件 2 上切开一个缺口，那么壁 2 上的压力消失，铸件将在壁 1 和 3 的内应力作用下，壁 1 伸长，壁 3 收缩，铸件产生弯曲变形，如图 4-23b 所示，直到内应力重新分布达到新的平衡为止。

2. 冷校直产生的残余应力

轴心线弯曲的细长轴冷校直过程如图 4-24a 所示，实线为未加力前的状况，虚线为加力后的状况。在外力 $\boldsymbol{F}$ 的作用下，工件内部的应力分布如图 4-24b 所示，在轴心线以上产生压应力，轴心线以下产生拉应力。在轴线和两条虚线之间是弹性变形区域，在虚线以外是塑性变形区域。当外力 $\boldsymbol{F}$ 去除后，外层的塑性变形阻止内部弹性变形的恢复，使应力重新分布（见图 4-24c）。如再次加工，又将产生新的弯曲变形。故高精密件不允许冷校直。

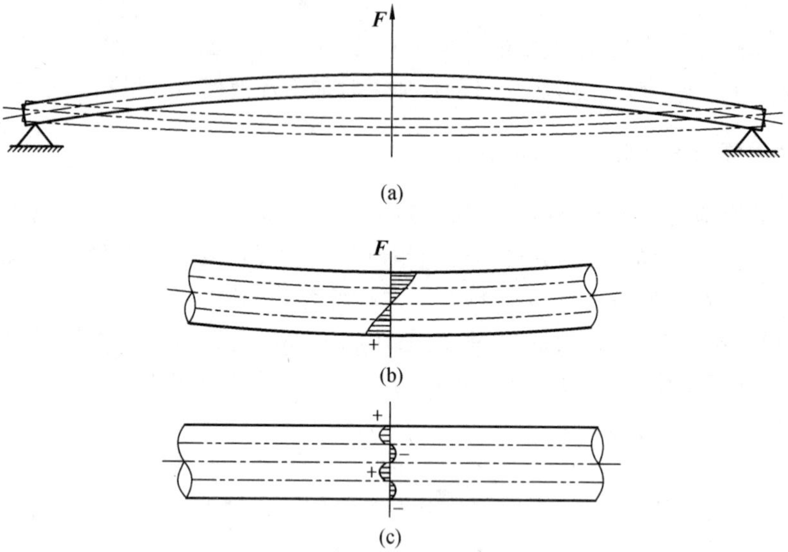

图 4-24　细长轴冷校直引起的内引力

3. 减少或消除内应力的措施

① 合理设计零件结构，在机器零件的结构设计中减少各部分的壁厚差，以减少铸、锻件的残余应力。

② 采用时效处理，消除和减少毛坯及加工后的残余应力。尽量使内应力重新分布引起的变形发生在机械加工之前或粗加工阶段，而不让内应力变形发生在精加工阶段或精加工之后。为此，铸件、锻件、焊接件在进入机械加工之前，应安排退火、回火等热处理工序；箱体、床身等重要零件在粗加工之后，适时安排时效处理；工件上一些重要表面的粗、精加工工序宜分阶段安排，使工件在粗加工后能有更多的时间通过变形使内应力重新分布，待工件充分变形后再进行精加工，以减少内应力变形对加工精度的影响。

4.2.6　原理误差

原理误差是由于在加工中采用了近似加工运动或近似的刀具切刃形状轮廓而产生的误差。当用模数铣刀以成形法加工齿轮时，理论上要求刀具轮廓与工件的齿槽形状完全相同，即一种模数的每种齿轮都应有相应的铣刀，但这样就必须备用大量不同规格的铣刀，这是很不经济的，同时管理也很不方便。实际生产中是将每种模数的齿轮，按齿数分组，在组内使用同一把铣刀加工所有齿数的齿轮，这样对组内其他齿数的齿轮来说加工后便会出现齿形误差。

在生产中，采用近似加工方法，可使刀具形状和机床结构简化，刀具数量减少，生产率提高，成本降低。因此，只要将误差能合理地限制在规定的精度范围之内，近似加工就是一种合理的行之有效的加工方法。

4.2.7　提高加工精度的途径

机械加工过程中，为保证和提高加工精度，必须根据产生加工误差的主要原因，采取误差预防或误差补偿等有效措施来直接控制原始误差或控制原始误差对零件加工精度的影响。

1. 误差预防技术

指减少误差源或改变误差源至加工误差之间的数量转换关系，以控制或减少误差影响。

(1) 直接减少或消除原始误差

首先应提高机床、夹具、刀具和量具等的制造精度，控制工艺系统的受力、受热变形。其次在查明影响加工精度的主要原始误差因素后有针对性地采取措施，对其进行消除或减少。

如在车床上加工细长轴，为提高精度常采用跟刀架，虽减小了径向切削力 $\boldsymbol{F}_y$，但因工件刚度极差，并没解决工件在轴向切削力 $\boldsymbol{F}_x$ 作用下而“压弯”的问题(见图 4-25a)。为了解决这一问题，可采用下列预防措施：① 采用反向进给的切削方式，进给方向由卡盘一端指向尾架使轴向切削力 $\boldsymbol{F}_x$ 对工件起拉伸作用而不是压缩作用(见图 4-25b)；② 采用有伸缩性的弹性后顶尖，既避免了工件从切削点到尾架顶尖一段由于受压而弯曲，又使工件在热伸长下有伸缩的余地；③ 反向进给采用大进给量和较大主偏角的车刀，增大 $\boldsymbol{F}_x$ 使工件受强力拉伸作用，具有抑制振动的作用，使切削平稳；④ 在卡盘一端的工件上车出一缩颈，其直径约为工件坯料直径一半，以增加工件的柔性，可减小由于坯料弯曲而在卡盘强制夹持下而产生轴心线歪斜的影响。

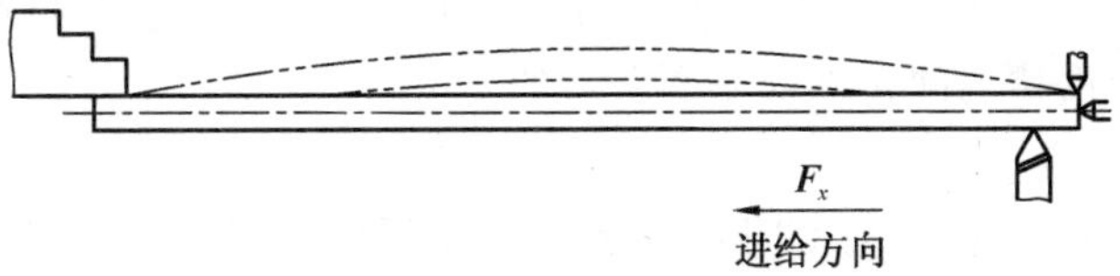

(a) 顺向进给时 F_x 对细长轴起压缩作用

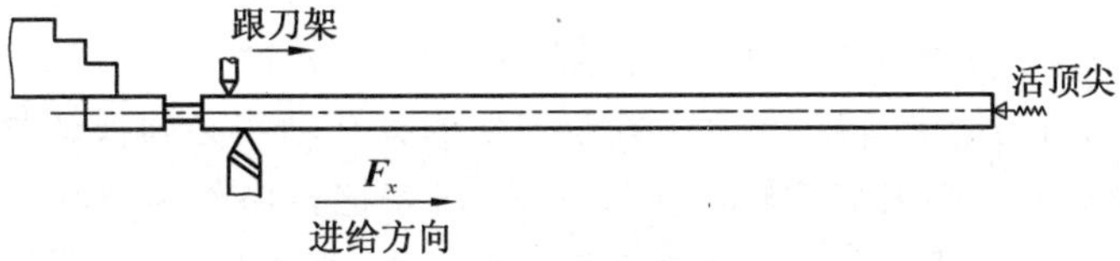

(b) 反向进给时 F_x 对细长轴起拉伸作用

图 4-25　不同进给方向加工细长轴的比较

(2) 转移原始误差

误差转移法是把影响加工精度的原始误差转移到误差的非敏感方向或不影响加工精度的方面。这样，在不减少原始误差的情况下，同样可以获得较高的加工精度。

例如，转塔车床的转塔刀架在工作时需经常旋转，要长期保持其转位精度是比较困难的，因此在生产中采用垂直装刀法，使转位误差处于零件加工表面的切线方向，即加工误差的非敏感方向，使其对加工尺寸精度影响甚微，可忽略不计。又如，用镗模加工箱体孔系，主轴与镗杆为浮动联接，这样就把机床的主轴回转误差、导轨误差等转移到与箱体孔系加工精度无关的方面，镗孔精度由夹具和镗模来保证。此外在大型龙门式机床中，为消除横梁变形引起的加工误差(这往往是产生加工误差的主要原始误差之一)，可在机床上再增添一根主要承受主轴重量的附加梁。

(3) 分化原始误差

生产中常会由于毛坯或半成品的误差引起定位误差或复映误差太大，因而造成本工序的加工误差。为此可根据误差复映规律，在加工前将这批工件按误差大小分为 n 组，使每组工件的误差缩小为 $1/n$，然后再按各组工件的加工余量或有关尺寸的变动范围，调整刀具与工件的相对位置或选用合适的定位元件，使各组工件加工后的尺寸分布中心基本一致，大大缩小整批工件的尺寸分散范围。

(4) 均化原始误差

加工过程中，机床、刀具等的误差总是要传递给工件的，其中的某些误差只是根据局部地方的最大误差值来判定的。均化原始误差的实质就是利用有密切联系的刀具或工件表面（如配偶件表面、成套件表面等）的相互比较，相互检查，从中找出它们之间的差异，然后再进行相互修正加工或互为基准的加工，使这些局部较大的误差比较均匀地影响到整个加工表面，使被加工表面原有的误差不断缩小和平均化，因而工件的加工精度也就极大地得到提高。

例如，对工件上精密孔径或轴颈的研磨加工，研具的精度并不很高，分布在研具上的磨料粒度大小也不一样，但研磨时利用工件和研具在研磨过程中的研磨和磨损，使工件和研具相互修整，同时工件和研具间有复杂的相对运动轨迹，使工件上各点均有机会与研具的各点相互接触并受到均匀的微量切削，逐步使误差均化，因而获得精度高于研具原始精度的加工表面。又如精密分度盘的最终精磨，也是在不断微调定位基准与砂轮之间的角度位置，通过不断均化各分度槽之间角度误差而获得的。

(5)“就地加工”法

在机械加工和装配中，有些精度问题涉及很多零部件的相互关系，如只单纯依靠提高单个零件的精度来达到设计要求，有时不仅是困难的，甚至是不可能的。“就地加工”法就是把各相关零件、部件先行装配，使它们处于工作时要求的位置，然后就地进行最终加工，以此法消除机器或部件装配后的累积误差，保证高的装配精度。

如在转塔车床的制造中，转塔上六个安装刀架的大孔轴线必须保证与机床主轴回转轴线重合，各大孔的端面又必须与主轴回转轴线垂直，若把转塔作为单独零件加工出这些表面，装配后就很难保证上述两项要求。采用就地加工法，把转塔装配到转塔车床上后，在车床主轴上装镗杆和径向进给小刀架来进行最终精加工，就很容易保证上述各项精度要求。

2. 误差补偿技术

误差补偿的方法就是在现存的原始误差条件下，人为地在系统中引入一个附加的原始误差，使之与系统中现存的原始误差相抵消，并尽量使两者大小相等，方向相反，从而达到减少或消除工件的加工误差，提高加工精度的目的。

(1) 常值系统性误差的补偿

① 控制原始误差的大小和方向

如在双柱坐标镗床上，利用重锤和人为制造的横梁导轨直线度误差（在刮研横梁导轨时，故意使导轨面产生“向上凸”的几何形状误差）去补偿由于主轴等部件引起的横梁扭曲及由于横梁自重引起的横梁“向下垂”的变形误差。

② 采用校正装置

在加工精密丝杠、蜗轮副、齿轮等精密元件时，为消除传动链误差的影响，常采用各种形式的误差校正机构和装置，以达到误差补偿而提高加工精度的目的。如在精密螺纹加工中，机床传动链误差将直接反映到被加工零件螺距上，使精密丝杠的加工精度受到一定的限制，为了满足加工精度要求，生产中广泛采用螺纹加工校正装置，以误差补偿原理来消除传动链误差的方法。当刀架纵向进给运动时，由校正尺工作表面使杠杆产生位移并使丝杠螺母产生与螺距误差大小相等方向相反的附加转动，从而使车刀恢复到要求的进给速度。

(2) 变值系统性误差的补偿

对于变值系统性误差的补偿，往往是不能用一种固定的补偿量所能解决的，而需采用积极控制的误差补偿方法。主要措施有：

① 在线检测。在加工中随时测量出工件的实际尺寸，随时给刀具以附加的补偿量来控制刀具和工件间的相对位置，使工件尺寸的变动范围始终在自动控制之中，如现代机械加工中的在线测量和在线补偿。

② 偶件自动配磨。将互配件中的一个零件作为基准件，去控制另一个零件的加工精度。在加工过程中不断自动测量、比较工件的实际尺寸直至达到规定的尺寸，机床就自动停止加工，从而保证精密偶件间高精度的配合间隙。如柴油机高压油泵柱塞的自动配磨就是采用的这种方法。

③ 积极控制起决定作用的误差因素。在某些复杂精密零件的加工中，当无法对主要精度参数直接进行在线测量和控制时，就应该设法控制起决定作用的误差因素，并把它掌握在很小的变动范围内。如在加工高精度精密丝杠时，由于母丝杠与工作丝杠温升不同，相对的长度变化也不同，采用校正尺只能补偿两者间温差的恒值部分，而不能补偿各自温度变化而产生的变值部分，为满足现在对精密丝杠越来越高的要求，必须设法控制影响工件螺距累积误差的主要误差因素——加工过程中母丝杠和工作丝杠的温度变化。具体措施有：母丝杠采用空心结构，通入恒温油使母丝杠恒温；采用淋浴的方法使工件恒温，并在砂轮的磨削区域用低于室温的油做局部的冷却，带走磨削所产生的热量；用泵将冷冻机已经降温的油经自动温度控制系统，使油的温度达到给定值后再送入母丝杠和工件淋浴管道内，达到恒温目的。

4.3　加工误差统计分析

前面对加工精度的影响因素进行了分析，实际生产中，工件的加工误差是多种因素影响的综合结果，且这些因素的影响往往带有随机性，因此仅用单因素分析是不够的，需用数理统计的方法(分布图分析法、点图分析法等)进行综合分析，找出规律，提出相应的解决措施。

4.3.1　概述

根据加工误差出现的规律，可将其分为两类：

(1) 系统性误差

该误差是指顺序加工一批工件时，大小、方向保持不变或按一定的规律变化的误差。前者为常值系统性误差，如一次调整情况下的调整误差，机床、夹具、刀具的制造误差；后者为变值系统性误差，如刀具的磨损误差、工艺系统热平衡前的热变形误差等。

(2) 随机性误差(偶然性误差)

该误差是指顺序加工一批工件时,大小、方向不同且无规则地变化的误差。如由于工件材质不均匀、加工余量不均匀、残余应力等引起的误差。

在不同的情况下,误差的表现性质有所不同。例如,对于在一次调整中加工出来的一批工件,调整误差是常值性系统误差,但对于经过若干次调整加工出来的一批工件,由于每次的调整不可能是常值,变化也无一定规律,因此调整误差所引起的加工误差又成为随机性误差。

4.3.2 分布图分析法

1. 实际分布图与理论分布图

分布图是表明一批工件尺寸分布情况的曲线,也称为分布曲线。

(1) 实际分布图

由于各种误差的影响,同一工艺条件下加工出来的一批工件的加工尺寸的实际数值是在一定范围内变动的,其最大和最小加工尺寸之差称为尺寸的分散范围。实际分布图的基本要点是测量一批工件的加工尺寸,统计在尺寸分散范围内每个尺寸间隔出现的工件数(频数),以每个尺寸间隔的宽度为底,该间隔内工件频数为纵向高度画出一个个矩形,即得到直方图。

若以尺寸间隔的中间值为横坐标,频数或频率(频数与所测工件总数之比)为纵坐标,即可得若干点,连接这些点就成为分布折线图。直方图和分布折线图统称为实际分布图。当所测工件总数增多且尺寸间隔很小时,这根折线便很接近于光滑曲线,即实际分布曲线(见图 4-26)。

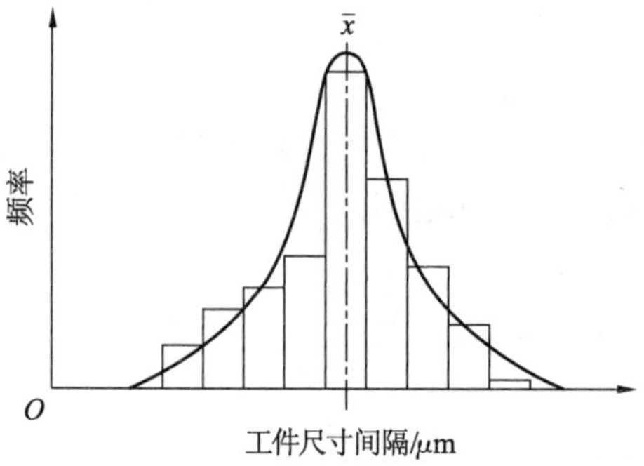

图 4-26 实际分布曲线图

(2) 理论分布图

大量的试验、统计、分析表明,用调整法加工一批零件,在没有突出因素影响的情况下,其尺寸分布近似正态分布,如图 4-27 所示。在研究加工误差时,常用理论分布曲线来近似地代替实际分布曲线,可使问题的分析大大地简化。

正态分布的概率密度的函数表达式为

$$y=\frac{1}{\sigma\sqrt{2\pi}}e^{-\frac{(x-\mu)^2}{2\sigma^2}} \qquad (4\text{-}14)$$

式中:y——概率密度,工件分布在单位尺寸宽度上的概率;

x——工件尺寸;

μ——总体的平均值;

σ——正态分布随机变量的均方差值。

一般用样本的平均值 $\bar{x}$ 代替 μ,用样本的 σ 代替总体的均方差值。

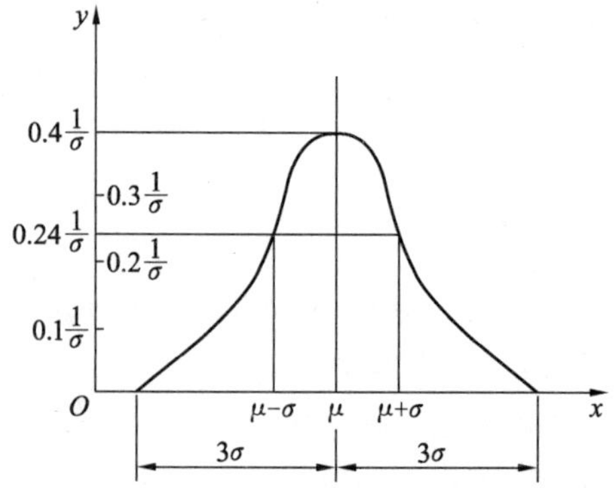

图 4-27 正态分布曲线

正态分布曲线的特点：

① 曲线呈扣钟形对称于直线 $x=\mu$，靠近 μ 的工件尺寸出现的概率较大。当 $x=\mu$ 时，y 有最大值：

$$y_{\max}=\frac{1}{\sigma\sqrt{2\pi}} \tag{4-15}$$

② 对 μ 的正偏差和负偏差，其概率相等。

③ 分布曲线下与 x 轴所围成的面积包括全部零件数（100%），其值等于 1。

参数 μ 决定了曲线的位置，当 σ 保持不变，曲线随 μ 值的变化沿 x 轴移动而不改变形状，μ 值的变化主要受常值系统性误差的影响，如图 4-28a 所示。

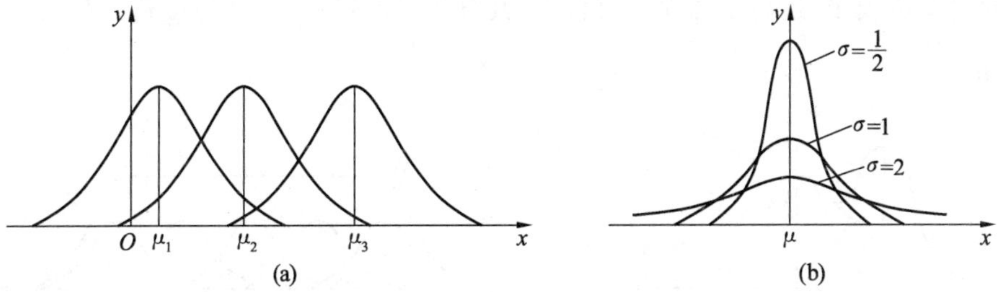

图 4-28　μ、σ 值对正态分布曲线的影响

σ 是决定分布曲线形状和分散范围的唯一参数。σ 减小时，曲线形状陡峭，分散范围小，表明加工尺寸变动小，加工精度高；σ 增大，曲线形状平坦，分散范围大，表明加工尺寸变动大，加工精度低，如图 4-28b 所示。σ 的变化是由随机性误差决定的，随机性误差越大，σ 越大。尺寸在 $\pm 3\sigma$ 范围内的工件数占总工件数的 99.73%。因此，一般取整批工件的分散范围为 6σ。

$\pm 3\sigma$（或 6σ）是一个很重要的概念，在研究加工精度时，6σ 的大小表明了某种加工方法在一定的条件（毛坯余量、切削用量、正常的机床、夹具与刀具等）下所能达到的加工精度。一般情况下，应使所选择的加工方法能保证：

$$6\sigma \leqslant T$$

其中，T 为公差带宽度。

2. 分布图分析法的应用

(1) 误差分析

从分布曲线的形状、位置，可以分析各种误差的影响。假如加工过程中没有变值系统性误差（或影响很小），则其尺寸分布应服从正态分布。在成批大量生产中，抽样检验后计算出 μ 和 σ，绘制分布图。如果实际分布曲线与正态分布曲线基本相符，就可根据 μ 是否与公差带中心重合来判断是否存在常值系统性误差。如果实际分布与正态分布有较大出入，则可根据非正态分布曲线的形状初步分析其形成原因，以判断变值系统性误差是何种类型。图 4-29 表示了几种非正态分布曲线，可根据其形状初步分析其形成原因。

图 4-29a 为多峰值分布曲线，这表示该分布曲线有几个分布中心，即存在着阶跃变值系统性误差，如将几次调整加工的零件合在一起作分布曲线就会出现多峰值分布。

图 4-29b 为等概率分布曲线，其中有一段曲线概率相等，这是由于线性变值系统性误差所形成。如加工中刀具或砂轮的尺寸磨损比较显著（尺寸磨损大于随机性误差时），尽管在

加工的每一瞬间，工件的尺寸分布为正态分布，但随着刀具或砂轮的磨损，不同瞬间尺寸分布的算术平均值是逐渐移动的（当均匀磨损时，瞬时平均值可看成是匀速移动），因此分布曲线为平顶。

图 4-29c 为不对称分布曲线，这是采用试切法或调整法加工时，主观上怕出现不可修复的不合格品，加工孔时宁小勿大，加工轴时宁大勿小，因而造成不对称分布，这是由随机误差（主观误差）形成的。另外当工艺系统存在显著的热变形时，分布曲线往往不对称。例如，刀具热变形严重，加工轴时曲线凸峰偏向左，加工孔时曲线凸峰偏向右。

图 4-29d 也是不对称分布，这是由于对于工件的对称度、锥度、端面圆跳动、径向圆跳动等误差是没有负值的，尽管它仍服从正态分布，但其实际负值部分叠加到了正值部分，所以接近零的误差值较多，远离零的误差值较少，其分布呈不对称状，称为瑞利分布。

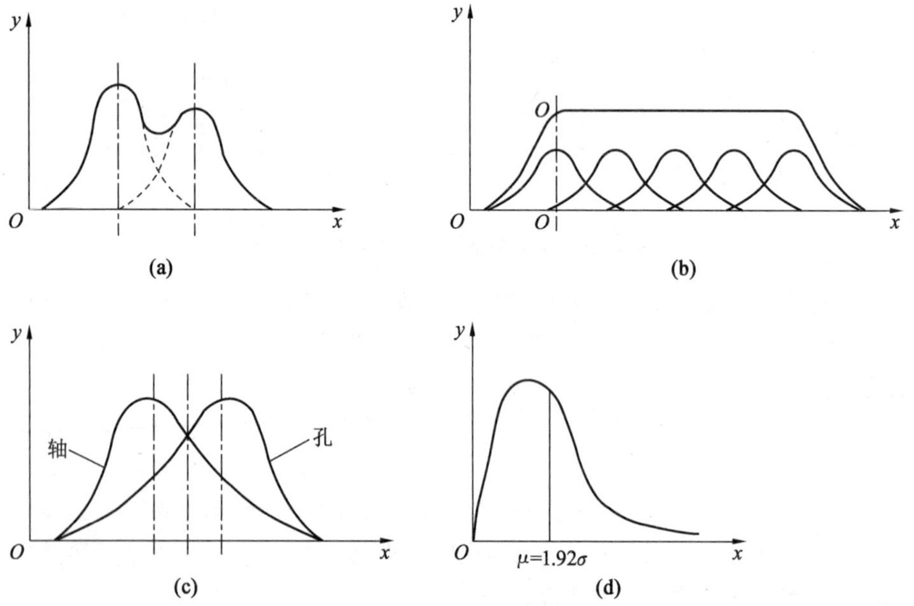

图 4-29　几种非正态分布曲线

(2) 确定各种加工方法所能达到的加工精度

由于各种加工方法在各种随机性因素影响下所得到的加工尺寸分布图符合正态分布，所以在多次统计的基础上，求得某种加工方法的均方差 σ 值，再按尺寸分布范围等于 6σ 的规律，即可确定各种加工方法所能达到的加工精度。

(3) 确定工艺能力能否满足加工精度要求

工艺能力（工序能力）是指处于控制状态的加工方法所能加工出产品质量的实际能力。由于加工时误差超出分散范围的概率极小，可以认为不会发生，所以可用该工序的尺寸分散范围来表示工艺能力。由于大多数加工工艺的分布都接近于正态分布，所以一般都取工艺能力为 6σ。

判断工艺能力能否满足加工精度要求，只要把工件规定的公差 T 与工艺能力 6σ 相比较，T 与 6σ 的比值称为工艺能力系数 C_p，即

$$C_p = T/6\sigma \tag{4-16}$$

根据工艺能力系数 C_p 的大小，可将工艺能力分为 5 级，见表 4-1。

表 4-1 工艺等级

工艺能力系数值	工艺等级	说明
$C_p>1.67$	特级工艺	工艺能力很高，可以允许有异常波动或做相应考虑
$1.67\geqslant C_p>1.33$	一级工艺	工艺能力足够，可以有一定的异常波动
$1.33\geqslant C_p>1.00$	二级工艺	工艺能力勉强，必须密切注意
$1.00\geqslant C_p>0.67$	三级工艺	工艺能力不足，可能产生少量不合格品
$C_p\leqslant 0.67$	四级工艺	工艺能力很差，必须加以改进

一般情况下，工艺能力系数不应低于二级，即 $C_p>1$。但即使如此，加工中是否会出现不合格品，还要看加工过程中调整的情况。如有常值系统性误差存在，μ 就与公差带中心不重合，这时还是有可能出现不合格品的。

(4) 估算一批零件的合格率和不合格品率

$F(x)$分布曲线下某一间隔内的面积，表示该区间内工件出现的概率，据此可计算出一批零件的合格率和不合格品率。

如图 4-30 所示，尺寸在 C、D 两点间的工件为合格品，计算出图中阴影部分的面积即可得到该工序加工的合格率。加工孔时，阴影部分右边零件的尺寸过大，为不可修复的不合格品；阴影部分左边零件的尺寸过小，为可修复的不合格品；加工轴时正好与此相反。

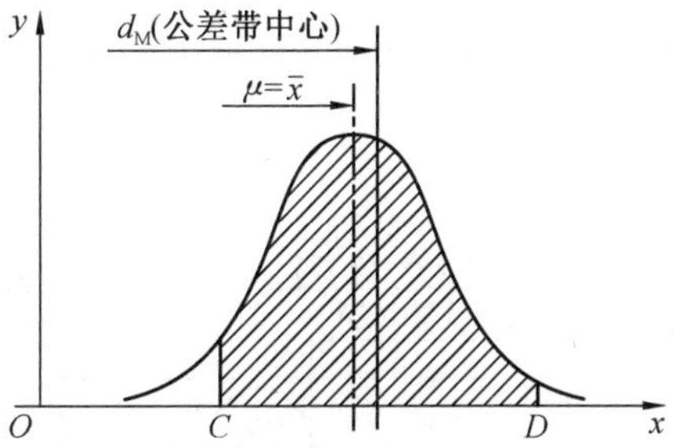

图 4-30 用正态分布曲线估计不合格品率

分布曲线下面积的计算可利用积分方法，利用正态分布曲线估量不合格品率

$$F(x)=\frac{1}{\sigma\sqrt{2\pi}}\int_{-\infty}^{x}\mathrm{e}^{-\frac{1}{2}\left(\frac{x-\mu}{\sigma}\right)^{2}}\mathrm{d}x \tag{4-17}$$

其中 F 值需用查表法求得。令 $z=\dfrac{x-\mu}{\sigma}$，变为标准正态分布，并取积分区间为 $0\sim z$，则

$$F(z)=\frac{1}{\sqrt{2\pi}}\int_{0}^{z}\mathrm{e}^{-\frac{z^{2}}{2}}\mathrm{d}z \tag{4-18}$$

各种不同 z 值的 $F(z)$可由表 4-2 查出。

表 4-2　正态分布曲线下的面积函数

z	$F(z)$	z	$F(z)$	z	$F(z)$	z	$F(z)$
0.00	0.000 0	0.80	0.288 1	1.80	0.464 1	2.80	0.497 400
0.05	0.019 9	0.90	0.315 9	1.90	0.471 3	2.90	0.498 100
0.10	0.039 8	1.00	0.341 3	2.00	0.477 2	3.00	0.498 650
0.15	0.059 6	1.10	0.364 3	2.10	0.482 1	3.20	0.499 310
0.20	0.079 3	1.20	0.384 9	2.20	0.486 1	3.40	0.499 660
0.30	0.117 9	1.30	0.403 2	2.30	0.489 3	3.60	0.499 841
0.40	0.155 4	1.40	0.419 2	2.40	0.491 8	3.80	0.499 928
0.50	0.191 5	1.50	0.433 2	2.50	0.493 8	4.00	0.499 968
0.60	0.225 7	1.60	0.445 2	2.60	0.495 3	4.50	0.499 997
0.70	0.258 0	1.70	0.455 4	2.70	0.496 5		

【例 4-3】 磨床上加工一批销轴外圆，要求外径尺寸为 $\phi 14_{-0.043}^{-0.016}$ mm，抽样检查一批工件，经实测计算后得到 $\bar{x}=13.974$ mm，$\sigma=0.005$ mm，其尺寸分布符合正态分布，试分析该工序的加工质量。

【解】 (1) 根据所计算的 $\bar{x}$ 及 6σ 作分布图(见图 4-31)，显然，图中阴影部分为不合格品。

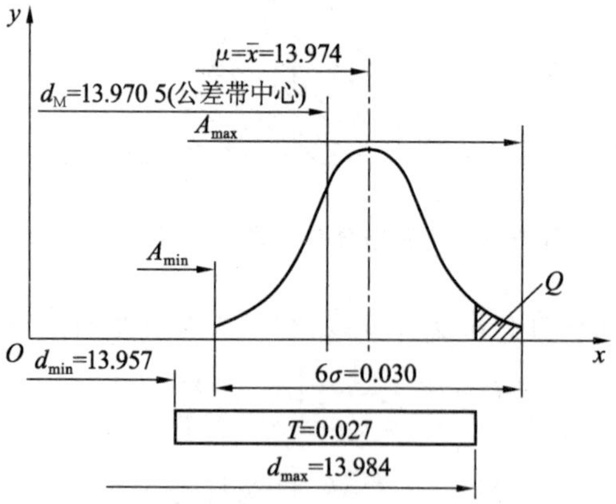

图 4-31　圆销直径尺寸分布图

(2) 计算工艺能力系数 C_p

$$C_p=\frac{T}{6\sigma}=\frac{(-0.016)-(-0.043)}{6\times 0.005}=0.9<1$$

工艺能力系数 $C_p<1$，说明本工序工艺能力不足，产生不合格品是不可避免的。

(3) 计算不合格品率 Q：工件要求最大尺寸 $d_{max}=13.984$ mm，最小尺寸 $d_{min}=13.957$ mm。

实际生产中工件可能出现的最小极限尺寸为

$A_{min}=\bar{x}-3\sigma=13.974-0.015=13.959\ mm>d_{min}$，故不会出现不可修复的不合格品。

实际生产中工件可能出现的最大极限尺寸为

$A_{max}=\bar{x}+3\sigma=13.974+0.015=13.989\ mm>d_{max}$，故将产生可修复的不合格品。

不合格品率 $Q=0.5-F(z)$

$$z=\frac{x-\bar{x}}{\sigma}=\frac{13.984-13.974}{0.005}=2$$

查表4-2，得 $F(z)=0.4772$

$$Q=0.5-0.4772=2.28\%$$

(4) 改进措施：重新调整机床，使分散中心 $\bar{x}$ 与公差带中心 d_M(13.970 5)重合，调整量 $\Delta=13.974-13.9705\ mm=0.0035\ mm$（具体操作时，砂轮进刀量为 $\frac{\Delta}{2}$ 即可）。这时不合格品率减少，经计算可得，不合格品率为0.7%，其中可修复和不可修复的不合格品率各为0.35%。

分布图分析法不能反映零件加工的先后顺序，因而不能反映误差的变化趋势，分析时很难把变值系统性误差与随机性误差区分开来；同时它必须等一批工件加工结束后，才能得出分布情况，因此不能在加工过程中及时提供控制精度的资料。下面介绍的点图法，可以弥补上述不足。

4.3.3 点图分析法

点图分析法是在分布图分析法的基础上发展起来的，其要点是在一次调整中，按工件加工顺序依次定期测量尺寸，作出加工尺寸变化图，从而看出加工过程中加工尺寸变化的全貌。这样可以得到在时间上与工艺过程运行同步的有关信息，反映出加工误差随时间变化的趋势。应用这种分析方法的前提是工艺过程应该是稳定的。

1. 单值点图

如果按加工顺序逐个测量工件的尺寸，以工件序号为横坐标，工件尺寸(或误差)为纵坐标，将所测尺寸用点的形式标在坐标图上，就可得到图4-32a所示点图。当加工工件很多，为了缩短点图的长度，将顺次加工出的几个工件编为一组，以工件组序为横坐标，纵坐标保持不变，将同一组内各工件根据尺寸标在同一横坐标的垂直线上，就可得到图4-32b所示点图。上述点图都反映了每个工件尺寸(或误差)与加工时间的关系，称为单值点图。

如果把点图的上下极限点包络成两根平滑的曲线，并作出这两根曲线的平均值曲线，就能较清楚地揭示出加工过程中误差的性质和变化趋势。平均值曲线 OO' 表示每一瞬时的分散中心，其变化情况反映了变值系统性误差随时间变化的规律，其起始点 O 可看成常值系统性误差的影响；上下限曲线 AA' 和 BB' 间的宽度表示每一瞬时的尺寸分散范围，也就是反映了随机性误差的影响，如图4-32c所示。

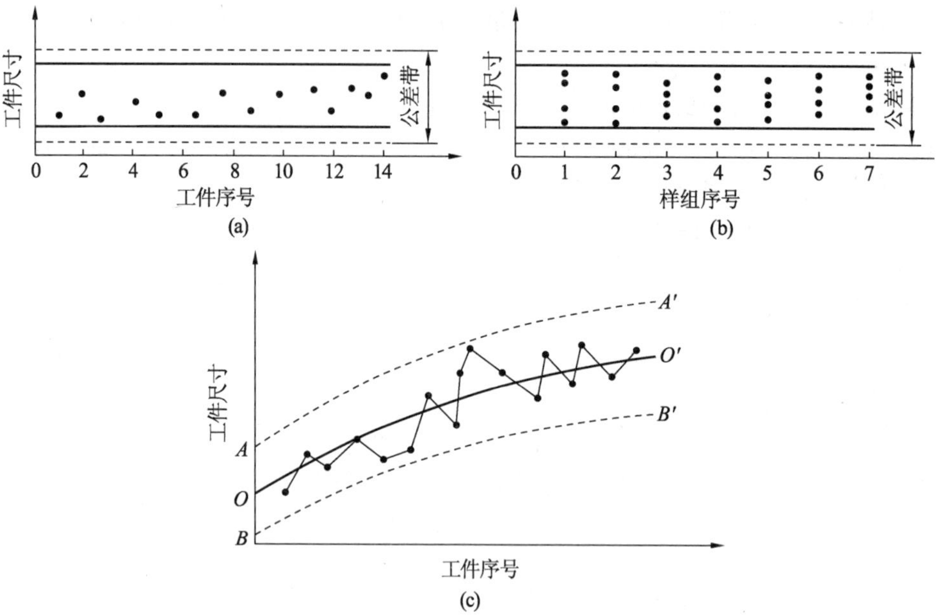

图 4-32 单值点图

2. $\bar{x}-R$ 图

单值点图由于分散的数值很大，难以看出零件在依次加工过程中尺寸变化的一般趋向，为了能直接反映出加工中系统性误差和随机性误差随加工时间的变化趋势，生产中常用样组点图。以分组序号为横坐标，以每组零件的平均尺寸 $\bar{x}$ 为纵坐标绘制的图称为 $\bar{x}$ 点图，用以控制工艺过程质量指标的分布中心。若横坐标不变，以每组零件的极差 R(组内最大尺寸与最小尺寸之差)为纵坐标绘制的图称为极差 R 点图，极差 R 点图可显示出加工过程中尺寸分散范围的变化情况，用以控制工艺过程质量指标的分散程度。

实际生产中，常将 $\bar{x}$ 点图和 R 点图联合起来使用，称为 $\bar{x}-R$ 图。前者控制工艺过程质量指标的分布中心，后者控制工艺过程质量指标的分散程度。

$\bar{x}-R$ 图可以用来判断工艺过程的稳定性，判定现行工艺或新工艺能否稳定地满足产品的加工质量要求，并在加工过程中提供控制加工精度的资料。

要判别加工过程的尺寸波动是否属于正常，需要分析 $\bar{x}$ 和 R 的分布规律。从概率论可知，当总体是正态分布时，其样本平均值 $\bar{x}$ 的分布也服从正态分布，因此，$\bar{x}$ 的分散范围是 $(\omega \pm 3\sigma_{\bar{x}})$。$R$ 的分布虽不是正态分布，但当 $m<10$ 时，其分布与正态分布也是比较接近的，所以 R 的分散范围也可取为 $\bar{R} \pm 3\sigma_R$。据此，可在 $\bar{x}-R$ 图上分别作出其中心线和上、下控制线，作为判断工艺过程稳定性的界限线。

$\sigma_{\bar{x}}$ 和 σ_R 与总体均方差 σ 的关系为

$$\sigma_{\bar{x}} = \frac{\sigma}{\sqrt{m}} \tag{4-19}$$

$$\sigma_R = d\sigma \tag{4-20}$$

式中 d 值与样组容量 m 有关，见表 4-3。

总体均值 μ 和均方差值 σ 通常未知，μ 可由小样本平均值 $\bar{x}$ 的平均值 $\bar{\bar{x}}$ 来估计，总体均方差值 σ 可由极差平均值 $\bar{R}$ 来估算：

$$\hat{\mu}=\overline{\overline{x}},\quad \overline{\overline{x}}=\frac{1}{m}\sum_{i=1}^{m}\overline{x_i}$$

$$\hat{\sigma}=a_n\overline{R},\quad \overline{R}=\frac{1}{m}\sum_{i=1}^{m}R_i$$

式中：$\hat{\mu}$、$\hat{\sigma}$——分别表示 μ、σ 的估计值；

$\overline{x_i}$——各小样本的平均值；

R_i——各小样本的极差；

a_n——常数，其值见表 4-3。

表 4-3　系数表

m/件	4	5	6	7	8	9	10
d	0.880	0.864	0.848	0.833	0.820	0.808	0.797
a_n	0.486	0.430	0.395	0.370	0.351	0.337	0.325
A_2	0.73	0.58	0.48	0.42	0.37	0.34	0.31
D_1	2.28	2.11	2.00	1.92	1.86	1.82	1.78
D_2	0	0	0	0.076	0.136	0.184	0.223

$\overline{x}$ 的上控制线位置　$\overline{x}_s=\overline{\overline{x}}+A_2\overline{R}$

$\overline{x}$ 的下控制线位置　$\overline{x}_x=\overline{\overline{x}}-A_2\overline{R}$

$\overline{x}$ 的平均线位置　$\overline{\overline{x}}=\dfrac{1}{m}\sum\limits_{i=1}^{m}\overline{x}_i$

R 的上控制线位置　$R_s=\overline{R}+3\sigma_R=(1+3da_n)\overline{R}=D_1\overline{R}$

R 的下控制线位置　$R_x=\overline{R}-3\sigma_R=(1-3da_n)\overline{R}=D_2\overline{R}$

R 的平均线位置　$\overline{R}=\dfrac{1}{m}\sum\limits_{i=1}^{m}R_i$

以上式中，A_2、D_1、D_2 为常数，可查表 4-3 获得。

在 $\overline{x}-R$ 图上作出上下控制线后，就可根据图中点的情况来判别工艺过程是否稳定（波动状态是否属于正常），判别的标志见表 4-4。

表 4-4　正常波动与异常波动标志

正常波动	异常波动
1. 没有点超出控制线 2. 大部分点在中线上下波动，小部分在控制线附近 3. 点没有明显的规律性	1. 有点超出控制线 2. 点密集在中线上下附近 3. 点密集在控制线附近 4. 连续 7 点以上出现在中线一侧 5. 连续 11 点中有 10 点出现在中线一侧 6. 连续 14 点中有 12 点以上出现在中线一侧 7. 连续 17 点中有 14 点以上出现在中线一侧 8. 连续 20 点中有 16 点以上出现在中线一侧 9. 点有上升或下降倾向 10. 点有周期性波动

必须指出，工艺过程稳定性与出不出不合格品是两个不同的概念。工艺的稳定性用 $\bar{x}-R$ 图判断，而工件是否合格则用公差衡量，两者之间没有必然的联系。如某一工艺过程是稳定的，但误差较大，若用这样的工艺过程来制造精密零件，则不合格率会较高。同时，工艺过程出现异常波动，是指总体分布的数字特征 μ、σ 发生了变化，这种变化可能有好有坏，如发现点密集在平均线上下附近，说明分散范围变小了，这应查明原因，使之巩固，以提高工艺能力（即减小 6σ 值）。

4.4 机械加工表面质量

4.4.1 机械加工表面质量概念

机械加工表面质量包括表面粗糙度、波度和表面层材料物理机械性能。表面质量对机械零件的可靠性、寿命等都有显著的影响。机器零件的使用性能如耐磨性、疲劳强度、耐腐蚀性等除了与材料本身的性质和热处理有关外，主要决定于加工后的表面质量。表面质量包括的主要内容是：

（1）表面的几何形状特征

主要包括：① 表面粗糙度，已加工表面的微观几何形状误差；② 波度，介于宏观几何形状误差和表面粗糙度（微观几何误差）之间的周期性几何形状误差。

（2）表面层的物理及机械性能

主要包括：表面层因塑性变形引起的加工硬化、表面层的金相组织变化、表面层的残余应力等。

近年来人们对机械加工表面质量问题进行了较深入的研究。提出了表面完整性的概念，这个概念涉及表面形貌，如表面粗糙度及波度；表面缺陷，如宏观缺陷、表面裂纹等；表面层的微观组织及化学特性，如表面层的金相组织、化学性质、微裂纹等；表面层的物理机械性能；表面层的其他工程技术特性，如对光的反射、表面带电性质等。

4.4.2 表面质量对零件使用性能的影响

1. 表面质量对零件耐磨性能的影响

（1）表面粗糙度对耐磨性的影响

零件的磨损，一般分为初期磨损、正常磨损和急剧磨损三个阶段。在初期磨损阶段，当两个零件表面互相接触时，实际上只是一些凸峰顶部相接触，表面愈粗糙，实际接触面积就越小，单位面积上的压力就越大。当两个零件发生相对运动时，在接触的凸峰处就产生了弹性变形、塑性变形及剪切等，造成零件表面的磨损。即使在有润滑的条件下，也因接触压力过大，超过了润滑油膜承受的压力临界值，油膜被破坏，形成半干摩擦，甚至出现干摩擦。如图 4-33 所示是零件的磨损曲线，在初期磨损阶段，磨损很快，随着磨损的发展，接触面积逐渐加大、单位面积压力逐渐降低，磨损变慢，进入正常磨损阶段（n），通过此阶段后将进入急剧磨损阶段（m），零件表面将产生急剧磨损。

由试验得知（见图 4-34），在一定条件下，表面粗糙度对耐磨性有一个最佳的数值，即过大或过小的粗糙度都会引起零件的严重磨损。粗糙度过小引起严重磨损的原因是由于润滑油被挤出，产生了严重的咬合磨损。

表面粗糙度的轮廓形状及加工的纹路方向对零件的耐磨性也有显著影响。因为表面轮廓形状及方向能影响实际接触面积及润滑油的分布状况。

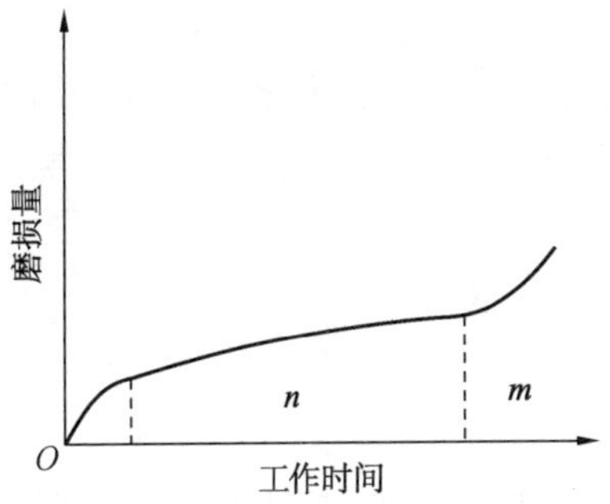

图 4-33　磨损过程的基本规律

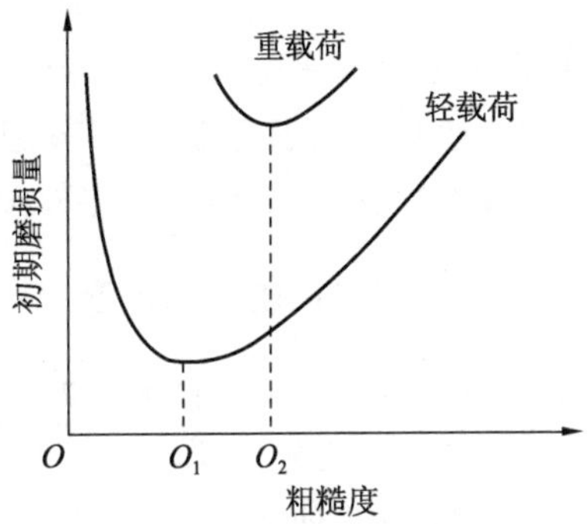

图 4-34　磨损量与粗糙度

(2) 表面冷作硬化对耐磨性的影响

经过加工的零件表面会产生一定的冷作硬化，加工表面的冷作硬化，使摩擦副表面层金属的显微硬度提高，故一般可使耐磨性提高。但过分的冷作硬化将引起金属组织过度疏松甚至出现裂纹和表层金属的剥落，使耐磨性下降。

如果表面层的金相组织发生变化，其表层硬度相应地也随之发生变化，影响耐磨性。

2. 表面质量对疲劳强度的影响

(1) 表面粗糙度对疲劳强度的影响

在交变载荷作用下，零件的破坏常常是因表面产生疲劳裂纹所致。表面疲劳裂纹与应力集中有关，零件表面的粗糙度、划痕和裂纹等缺陷容易引起应力集中，产生裂纹，造成疲劳破坏。另外，加工纹路方向对疲劳强度影响更大，刀痕与受力方向垂直，疲劳强度将显著降低；不同材料对应力集中的敏感程度不同，如铸铁对应力集中不敏感，即粗糙度对疲劳强度的影响就不大。一般情况下，钢的强度极限越高，对应力集中就越敏感。

(2) 表面层的残余应力、冷作硬化对疲劳强度影响

零件表面层为残余压应力，能够部分的抵消工作载荷施加的拉应力，从而提高零件的疲劳强度；而残余拉应力使疲劳裂纹扩展，加速疲劳破坏，从而降低零件的疲劳强度。表面冷作硬化一般伴有残余压应力的产生，可以防止裂纹产生和阻止已有裂纹扩展，对提高疲劳强度有利。

3. 表面质量对零件耐腐蚀性能的影响

金属表面逐渐被氧化或溶解而遭破坏的现象称为腐蚀，它是由化学、电化学过程而引起的。当零件表面凸凹不平时，则在凹谷底部，易储存腐蚀介质，底部角度愈小，深度愈大，则介质对零件表面的腐蚀作用愈强烈。因此，减小加工表面的粗糙度，可以改善零件的抗腐蚀能力。

4. 表面质量对零件配合性质的影响

表面粗糙度会改变实际有效过盈量和间隙量，因此表面质量好坏直接影响零件配合性质的稳定性。对过盈配合表面装配时，若表面粗糙度过大，配合表面凸峰被挤平，使过盈量减小，降低了配合的结合强度；间隙配合零件的表面粗糙度过大，初期磨损就会增大，工作

一段时间，配合间隙就会加大，从而改变了原来的配合性质。所以，对配合精度要求较高的连接，零件表面的粗糙度必须有相应的要求。根据有关试验得知，加工精度与表面粗糙度的关系为

$$Rz=(0.1\sim0.25)T$$

5. 表面质量对零件接触刚度的影响

由于零件表面实际接触面积仅占理论接触面积较小的一部分，受外力作用时，接触表面极易产生弹塑性变形，从而导致零件接触刚度的降低。

4.4.3 加工表面粗糙度的影响因素

1. 切削加工影响表面粗糙度的因素

(1) 刀具切削刃几何形状的影响

影响粗糙度的几何因素是刀具进给运动在工件加工表面上的切削层残留面积，如图 4-35 所示。残留面积的高度 H 直接影响表面粗糙度。

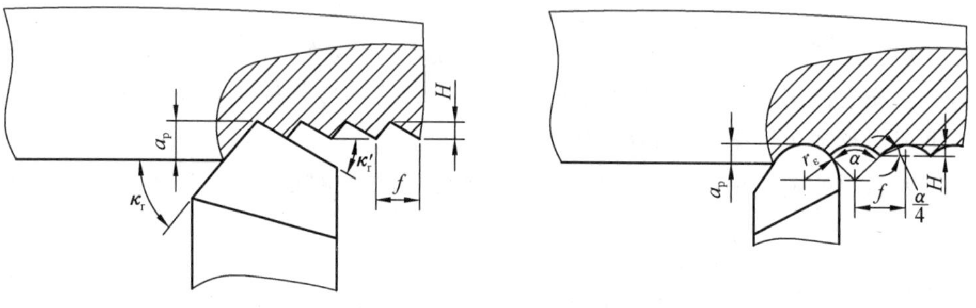

图 4-35 切削后残留面积

如图 4-35a 所示，当刀尖圆弧半径 $r_\varepsilon=0$ 时，得其波峰的高度 H 为

$$H=\frac{f}{\cot\kappa_r+\cot\kappa_r'} \tag{4-21}$$

式中：f——进给量，mm/r；

κ_r——主偏角，(°)；

κ_r'——副偏角，(°)。

如图 4-35b 所示，当刀尖圆弧半径 $r_\varepsilon\neq0$ 时，得其波峰的高度 H 为

$$H\approx\frac{f^2}{8r_\varepsilon} \tag{4-22}$$

减少残留面积的波峰高度 H，可以通过减小进给量和刀具的主偏角和副偏角及增大刀尖圆弧半径来实现。另外，提高刀具切削刃的刃磨质量也是降低粗糙度的措施之一。

(2) 工件材料的影响

切削塑性材料时，刀具前刀面对切屑挤压严重，产生晶格扭曲，滑移和塑性变形，强迫切屑与工件分离时产生撕裂作用，加大了表面粗糙度。一般说来，韧性较大的塑性材料，加工后表面粗糙度也大，对于同样的材料，晶粒组织愈粗大，加工后的粗糙度亦大。为了减小这类材料加工后的粗糙度，常在切削加工前进行正火或调质处理等，以得到均匀细密的晶粒组织和较高的硬度。

(3) 切削用量的影响

① 切削速度 v 的影响。切削速度高,切削过程中的切屑和加工表面的塑性变形小,加工表面的粗糙度也小。在一定的切削速度(10 m/min)下,有可能产生积屑瘤和鳞刺,它不仅与切削速度有关,而且与工件材料、金相组织、冷却润滑及刀具状况等有直接关系。

② 进给量 f 的影响。可减小切削层残留面积,从而减小粗糙度。但当进给量过小,则增加刀具与工件表面的挤压次数,使塑性变形增大,反而增大了粗糙度。

③ 背吃刀量 a_p 的影响。正常切削时 a_p 对粗糙度影响不大,但在精密加工中却对粗糙度有影响,过小的 a_p 将使刀刃圆弧对工件加工表面产生强烈的挤压和摩擦,引起工件的塑性变形,增大了粗糙度。

(4) 工艺系统的高频振动

当工艺系统产生高频振动时使刀尖相对于工件之间的正确加工位置发生变化,产生微幅振动,从而使粗糙度值加大。

2. 磨削加工影响表面粗糙度的因素

磨削砂轮是由众多形状不一的磨粒所组成。如单从几何因素来考虑,可以认为通过单位面积加工表面的磨粒数愈多,每个磨粒切下的切削厚度就愈小,也即划痕愈小,因此砂轮速度 v 愈高,工件速度 v_w 愈低、纵向进给量 f 愈小,则粗糙度愈小;磨粒的粒度愈小及修正砂轮的微刃越多,粗糙度也愈小;另外,砂轮的直径愈大,粗糙度也愈小等。

但事实上,在磨削表面的形成过程中,不仅有几何因素的影响,而且还有塑性变形方面对粗糙度的影响。影响磨削表面粗糙度的主要因素有:

(1) 砂轮的粒度

砂轮的粒度号数愈大,磨粒愈细,在工件表面上留下的刻痕就愈多愈细,表面粗糙度值就愈小。但磨粒过细,磨削效率越低。

(2) 砂轮的硬度

砂轮太硬,钝化了的磨粒不能及时脱落,工件表面受到强烈的摩擦和挤压作用,塑性变形加剧,使工件表面粗糙度值增大。砂轮太软,砂粒脱落过快,磨料不能充分发挥切削作用,且刚修整好的砂轮表面会因砂粒脱落而过早被破坏,工件表面粗糙度值也会增大。

(3) 砂轮的修整

修整砂轮的金刚石工具愈锋利,修整导程愈小,修整深度愈小,则修出的磨粒微刃愈细愈多,刃口等高性愈好,因而磨出的工件表面粗糙度值也愈小。

(4) 磨削速度

提高磨削速度,单位时间内划过磨削区的磨粒数多,工件单位面积上的刻痕数也多;同时还有减小被磨表面金属塑性变形的作用,刻痕两侧的金属隆起小,因而工件表面粗糙度值小。

(5) 磨削径向进给量与光磨次数

增大磨削径向进给量,塑性变形随之增大,被磨表面粗糙度值也增大。

磨削将结束时不再做径向进给,仅利用工艺系统的弹性恢复进行的磨削,称为光磨。增多光磨次数,可显著降低磨削表面粗糙度值。

(6) 工件圆周进给速度与轴向进给量

工件圆周进给速度和轴向进给量小，单位切削面积上通过的磨粒数就多，单颗磨粒的磨削厚度就小，塑性变形也小，因此工件的表面粗糙度值也小。但工件圆周进给速度若过小，砂轮与工件的接触时间长，传到工件上的热量就多，有可能出现磨削烧伤。

(7) 冷却润滑液

冷却润滑液可及时冲掉碎落的磨粒，减轻砂轮与工件的摩擦，降低磨削区的温度，减小塑性变形，并能防止磨削烧伤，减小表面粗糙度。

4.4.4 表面层物理机械性能的变化及影响因素

在切削过程中，由于受到切削力、切削热的作用，工件表面层发生很大的变化，主要表现为表面层的冷作硬化、金相组织变化、表面层的残余应力。

1. 加工表面的冷作硬化

机械加工过程中，由于加工表面受到切削力的作用使表面层产生塑性变形，晶间产生剪切滑移，晶格扭曲，并产生晶粒的拉长、破碎，被加工件表面层的显微硬度及强度有所提高，这就是冷作硬化现象。

(1) 表面层的硬化评定参数

表面层的硬化程度(见图 4-36)，主要以冷硬层深度 h 及表面层的显微硬度 H 来表示，硬化程度 N 为

$$N=\frac{H-H_0}{H_0}\% \tag{4-23}$$

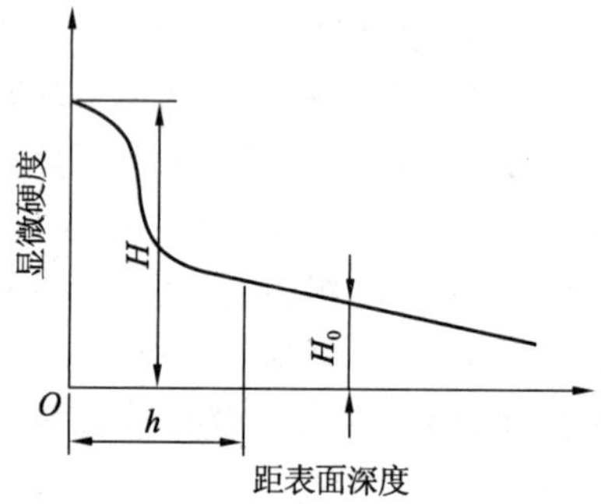

图 4-36 切削加工后表面层的冷作硬化

式中：H_0——母体材料的硬度。

硬化程度主要取决于切削力、切削温度及塑性变形速度的大小。当温度在(0.25～0.3)t_R(t_R 熔点温度)范围内，会产生再结晶，表面层硬化消失。

(2) 影响加工硬化的主要因素

① 切削用量的影响。如图 4-37 所示，增大切削速度，可以使金属的塑性变形减小，从而可使加工表面层的硬化程度及深度降低；增大进给量，切削表面层塑性变形也大，故硬化程度及深度随之也增加，但当进给量过小时，切削厚度也小，由于刀刃圆弧半径对工件表面层的挤压，反而使表面层的硬化程度增加；切削深度对表面层冷作硬化的影响与进给量的相似，但较进给量的影响弱一些。

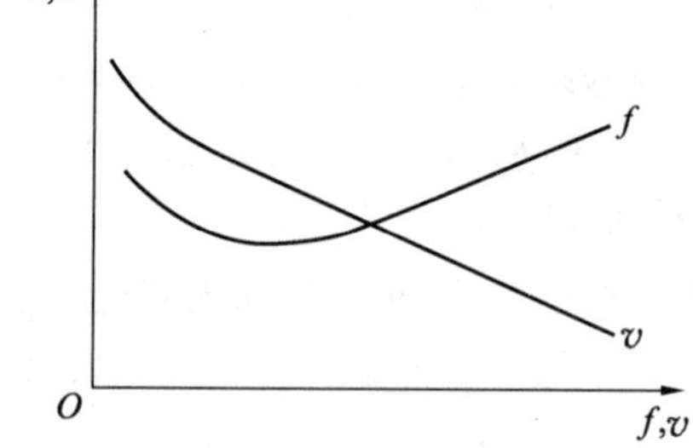

图 4-37 切削速度与进给量对冷作硬化的影响

② 切削刀具的影响。增大前角，可减小加工表面的塑性变形，所以加工硬化变小，增大后角，可以减少刀具后刀面与加工表面的摩擦，从而减少工件表面的硬化程度及深度；刀具刃口半径愈大，刀刃对加工表面的挤压作用愈大，故容易造成加工硬化。

③ 被加工材料的影响。塑性及韧性大、硬度低的被加工材料容易产生加工硬化。

2. 表面层金相组织变化及影响因素

(1) 磨削烧伤

在磨削过程中，磨削所消耗的能量绝大部分都转化为热能，传入工件的热使加工表面局部升温，当温度达到金相组织转变临界点时，就会产生金相组织变化。对于一般的切削加工来说，尚达不到这个相变温度。而对于磨削加工，切除单位体积金属所消耗的能量，即磨削的比能耗，远远大于车削的比能耗，平均高达30倍。磨削加工消耗的能量大，故产生的热量也多，传入工件的热量比例又比较大，而又集中在被加工表面的很小面积上，从而造成工件表面层局部高温，有时可达熔化温度，引起表面层金相组织变化，即磨削烧伤。

磨削淬火钢时，在工件表面层上产生的高温将使表层产生以下三种金相组织变化：

① 如果工件表面层温度未超过相变临界温度（一般中碳钢为720 ℃），但超过马氏体的转变温度（一般中碳钢为300 ℃），工件表面将产生回火组织（回火屈氏体和回火索氏体），硬度比原来的回火马氏体低，称为回火烧伤。

② 如果工件表面层温度超过相变临界温度，再加上充分的冷却液，则表面层急冷形成二次淬火马氏体，硬度高于回火马氏体，但极薄，只有几个微米厚，在它下层由于冷却较慢出现了比回火马氏体硬度低的组织称之为淬火烧伤。

③ 如果工件表面温度超过了相变临界温度，磨削过程中没有冷却液，表层被退火，称之为退火烧伤。

(2) 影响磨削烧伤的因素及其分析

磨削烧伤的实质是材料表面层的金相组织发生变化，是由于磨削区表面层的高温及高温梯度引起的，磨削温度的高低主要取决于热源强度和热作用时间，因此凡是影响磨削热产生与传导的因素都将是影响磨削烧伤的因素。

① 被加工材料。被加工材料对磨削区温度的影响主要取决于其强度、硬度、韧性和导热性。工件材料的高温强度越高，加工性就越差，磨削加工中所消耗的功率就越多，发热量就越大。耐热钢由于其高温硬度高于一般碳钢，因此比一般碳钢难加工，磨削时磨削热量很大。表面温升很高，若工件过软，容易堵塞砂轮，反而使加工表面温升加剧。被加工材料的韧性越大，磨削力就越大。弹性模数小的材料，在磨削过程中弹性恢复大，造成磨粒与已加工表面产生强烈摩擦促使温度上升。因此，强度越高、硬度越大、韧性越好的材料磨削时越容易产生烧伤。

② 砂轮的选择。磨削导热性差的材料，应注意选择砂轮的硬度、结合剂和组织。硬度太高的砂轮，磨削自锐性差，使磨削力增大、温度升高，容易产生烧伤，因此应选较软的砂轮为好。磨削时磨粒受较大磨削力可以弹让，减小了磨削深度，从而降低了磨削力，有助于避免烧伤；砂轮中的气孔对消减磨削烧伤起着重要作用，因为气孔既可以容纳切屑使砂轮不易堵塞，又可以把冷却液或空气带入磨削区使温度下降。因此磨削热敏感性强的材料应选组织疏松的砂轮，但应注意组织过于疏松、气孔过多的砂轮，易于磨损而失去正确的形状。

砂轮磨粒本身的脆性、硬度和强度对形成和保持磨粒的锋利性有很大的影响。氧化物系列中的铬刚玉易碎裂形成新刃，碳化物系列的磨粒硬度高于氧化物系列磨粒，颗粒较为锋利，绿色碳化硅的强度和锋利性又好于黑色碳化硅，宜于磨削硬而导热性差的材料。金刚石磨料最不易产生磨削烧伤，其主要原因是其硬度和强度都比较高。立方氮化硼砂轮热稳定性极好，磨粒切削刃锋利，磨削力小，磨料硬度和强度也很高，且与铁族元素的化学惰性高，磨削温度低，所以能磨出较高的表面质量。

通常来说，为了避免发热量大而引起磨削烧伤，应选用粗粒度砂轮。当磨削软而塑性大的材料时，为防止堵塞砂轮也应选择较粗粒的砂轮。

③ 磨削用量。理论分析计算与实践均表明增大磨削深度 a_p 时，磨削力和磨削热也急剧增加，表面层温度升高，故 a_p 不能选得过大，否则容易造成烧伤。增加进给量 f，磨削区温度下降，可减轻磨削烧伤。这是因为增大 f 使砂轮与工件表面接触时间相对减少，故热作用时间减少而使整个磨削区温度下降。但增大 f 会增大表面粗糙度，可以通过采用宽砂轮等方法来解决。

增大工件速度 v_w 时，磨削区温度上升，但上升的速度没有增大 a_p 时那么大。另外，增大 v_w，还有减薄烧伤层深度的作用。但增大 v_w 也会使表面粗糙度增大，可考虑用提高砂轮速度来解决。

增加砂轮速度 v_s，无疑会使表面温度趋于升高。但提高了 v_s 却又可使切削厚度下降，单颗磨粒与工件表面的接触时间少，这些因素又降低了表面层温度，因而提高 v_s，加工表面的温升有时并不严重。实践表明，同时提高 v_w 和 v_s，可避免产生烧伤。

④ 冷却润滑。良好的冷却润滑条件可将磨削区的热量及时带走，避免或减轻烧伤。

3. 残余应力及影响因素

机械加工中，零件金属表面层发生形状变化或组织改变时，在表层与基体交界处的晶粒间或原始晶胞内就产生相互平衡的弹性应力，这种应力属于微观应力，称之为残余应力。

(1) 热塑性变形引起的残余应力

在切削加工过程中，切削区产生的大量切削热会使工件表层温度很高。图 4-38a 为工件上温度分布示意图。t_{su}点相当于金属具有高塑性的温度，温度高于 t_{su}的表层金属不会产生残余应力；t_m 和 t_n 分别表示金属融化温度和标准室温。由 4-38a 可知，表层金属 1 的温度超过 t_{su}，使其处于没有残余应力作用的完全塑性状态；金属层 2 的温度在 t_n 和 t_{su}之间，从而使这层金属受热后体积膨胀，由于表层金属 1 处于完全塑性状态，故它对金属层 2 的受热膨胀不起任何阻碍作用；但金属层 2 的膨胀受到处于室温状态的里层金属 3 的阻止，金属层 2 由于膨胀受阻将产生瞬时压缩残余应力，而金属层 3 则受到金属层 2 的牵连产生瞬时拉伸残余应力，如 4-38b 所示；当切削结束后，工件表面的温度开始下降，当金属层 1 的温度低于 t_{su}时，将从完全塑性变形状态转变为不完全塑性状态，金属层 1 的冷却使其体积收缩，但它的收缩受到金属层 2 的阻碍，这样金属层 1 内就产生了拉伸残余应力，而在金属层 2 的压缩残余应力将进一步增大，如 4-38c 所示。表层金属继续冷却，金属层 1 继续收缩，它仍将受到里层金属的阻碍，因此金属层 1 的拉伸应力还要继续增加，而金属层 2 压缩应力则扩展到金属层 2 和金属层 3 内。在室温下，由切削热引起的表层金属残余应力状态如 4-38d 所示。

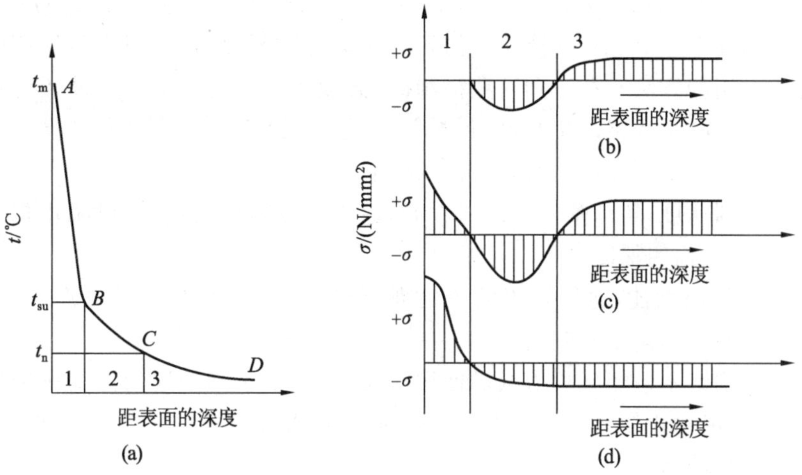

图 4-38　热塑性变形产生的残余应力

(2) 冷态塑性变形引起的残余应力

切削加工时，被切金属受到切削力和滚压力的作用产生强烈的塑性变形，与其相连成一体的工件表面层也同样地经受了相当大的冷态塑性变形。如果工件表面层的冷态塑性变形与切削方向一致，则刀具把切屑切离后，基体金属必然要阻止其表面在切削方向冷塑性变形所引起的收缩，维持与基体金属等长，故表层为残余拉应力；如果工件表层的冷塑性变形发生在切削力 $\boldsymbol{F}_y$ 方向(垂直于切削方向)，刀具是负前角时，表层就被压薄了。按一般的变形规律，压薄后的金属，其另外两个方向的尺寸（长度和宽度)，必然要增大，内于基体尺寸的限制，结果表层产生残余压应力。

另外，钢的冷态塑性变形，随着变形程度的增加，会导致金属密度下降，于是比容增大，也会引起表面残余压应力。

机械加工中的残余应力是上述各种原因综合而成。如果热塑性变形占优势的表面层呈现残余拉应力，其他原因占优势的可能为残余拉应力也可能为残余压应力，视哪种原因起主导作用面而决定。

(3) 局部金相组织变化引起的残余应力

切削时产生的高温能引起表面层的金相组织变化。不同的金相组织具有不同的比重，也就是说具有不同的比容。如果工件的表层与基体的组织不一样，其比容必然发生变化，造成体积的膨胀或收缩，但这种膨胀或收缩要受到基体的限制，从而使表面出现压应力或拉应力。以磨削淬火钢为例，淬火钢原来的组织为马氏体，当磨削后出现回火时，表层从马氏体转变成屈氏体或索氏体(实际上是扩散度很高的珠光体)，表层比重增大，从 7.75 增至 7.78，比容减小，体积缩小，产生残余拉应力。

实际上机械加工后表层的残余应力状态是冷塑性变形、热塑性变形和金相组织变化共同作用的结果，因此产生的残余应力较为复杂。

4.4.5　控制加工表面质量的途径

1. 减小表面粗糙度的工艺措施

为减少或消除几何因素对表面粗糙度的影响，切削加工中，应首先考虑减小残留面积高度。减小残留面积高度的方法，首先是改变刀具的几何参数：增大刀尖圆弧半径 r_ε 和减小副偏角 κ_r'。采用带有 $\kappa_r'=0$ 的修光刃的刀具或宽刃精刨刀、精车刀也是生产中减小加工表面粗糙度所常用的方法。在采用这些措施时，必须注意避免振动。另外还可考虑采用减小进给量的措施来减小残留面积高度，但减小 f 会降低生产率，故只有在改变刀具几何参数后会引起振动或其他不良影响时，才考虑减小 f。

合理选择切削速度，切削塑性大的材料时，适当地提高切削速度，以防止积屑瘤和鳞刺的产生，从而减小表面粗糙度。

改善材料的切削性能，通过适当的热处理，如进行正火、调质等热处理，以提高材料的硬度、降低塑性和韧性，防止鳞刺的产生。

正确选择切削液不但能延长刀具的使用寿命，而且由于切削液的冷却作用使切削温度降低，切削液的润滑作用使刀具和被加工表面间的摩擦状况得到改善，因而对降低加工表面粗糙度值有明显的作用。

磨削时可从正确选择砂轮、磨削用量和磨削液等方面采取措施来减小表面粗糙度。当磨削温度不太高、工件表面没有出现烧伤和涂抹微熔金属时，就应降低工件线速度 v_w 和纵向进给速度 v_{ft}，并仔细修整砂轮，适当增加光磨次数；当磨削表面出现微熔金属的涂抹点时，则可采取减小磨削深度，必要时适当提高工件线速度等措施来减小表面粗糙度。同时还应考虑砂轮是否太硬，磨削液是否充分，是否有良好的冷却性和流动性。当磨削表面出现拉毛、划伤时，主要应检查磨削液是否清洁，砂轮是否太软。

进一步减小表面粗糙度值，还可采用精密切削加工和光整加工工艺等，这将在下面详细讲述。

2. 改善表面物理、力学性能的工艺措施

为减少表面层冷作硬化，应合理选择刀具的几何形状，采用较大的前角和后角，并在刃磨时尽量减小其切削刃口半径，使用时尽量减小刀具后面的磨损限度，合理选择切削用量，采用较高的切削速度和较小的进给量。加工中采用有效的冷却润滑液。

为防止磨削烧伤，应注意控制磨削用量，提高工件线速度与砂轮圆周速度的比值，适当加大横向进给量，并选取较小的磨削深度。正确选择砂轮的硬度、结合剂和组织，提高磨粒硬度，使用较粗粒度的砂轮，修整砂轮时适当增大修整导程和修整深度，选用较软的砂轮以提高砂轮的自锐性，使砂轮不易被磨屑堵塞而防止烧伤的发生。还可采用间隙磨削，用开槽砂轮进行磨削，使工件与砂轮间断接触以改善散热条件，且工件受热时间短，因此能有效减轻烧伤程度。同时要通过采用高压大流量冷却、内冷却砂轮、含油砂轮等措施来改善冷却效果以防烧伤。

为控制加工表面的残余应力，一般需另加一道专门的工序，如采用人工时效方法来消除表面残余应力，采用高频淬火、氰化、渗碳、渗氮等表面热处理工艺，使表面形成残余压应力。同时还可采用精密加工工艺或光整加工工艺、表面强化工艺作为最终加工工序。

3. 提高表面质量的加工方法

提高表面质量的加工方法可分为两大类：一类着重于减小加工表面的粗糙度，另一类着重改善表面层的物理——力学性能。

(1) 减小表面粗糙度的加工方法

主要是指精密、超精密加工和光整加工。精密、超精密加工的切削深度和进给量一般均极小，切削速度则很高或极低，加工时尽可能进行充分的冷却润滑，最大限度地排除切削力、切削热对加工质量的影响，以有利于减小表面粗糙度。光整加工是用粒度很细的磨料对工件表面进行微量切削和挤压、擦光的过程，它不要求机床有精确的成形运动。加工过程中，磨具与工件的相对运动应尽量复杂，尽可能使磨料不走重复的轨迹，让工件加工表面各点都受到具有很大随机性的接触条件，以突出它们之间的高点，进行相互修整，使误差逐步均化而得到消除，从而获得极光洁的加工表面和高于磨具原始精度的加工精度。

① 超精密切削。指加工尺寸误差小于 0.1 μm，表面粗糙度 $Ra<0.025$ μm 的切削加工方法。超精密切削加工最关键的问题是超微量切除技术。用于超精密切削的刀具材料必须能刃磨得极其锋利（切削刃口钝圆半径 r_a 小），并在切削过程中保持其锋利程度。刀具的刃磨质量对超精密切削的表面质量有明显的影响，所以必须使刀具的前、后刀面有极小的粗糙度。为保证超精密切削时工件表面的残留面积小，背吃刀量和进给量要足够小，切削速度要非常高。

超精密切削对机床精度和加工环境也有极高的要求，机床主轴应有极高的旋转精度，进给部件应运动平稳、均匀、无爬行现象，机床必须安装在恒温室内并置于隔振地基上。为防止切屑擦伤已加工表面，常采用吸屑器及时吸走切屑，或用充分的煤油和橄榄油对切削区进行润滑和清洗。

在超精密磨削和镜面磨削时，还必须将砂轮修出大量等高的微刃，这些等高的微刃能从工件表面切除极微薄的余量，以消除一些微量尺寸误差，从而得到很高的加工精度；由于微刃是大量的，在加工表面只留下极微细的切削痕迹而得到极小的表面粗糙度值。

② 研磨。利用研具和工件的相对运动，在研磨剂的作用下，对工件进行的光整加工和精密加工。研磨加工中研具在一定的压力下与加工表面做复杂的相对运动，使研具和工件之间的磨料和研磨液按尽可能不重复的轨迹滚动或滑动，在相对运动中切削、刮擦和挤压，起着机械切削作用和物理化学作用，从而切去极微薄的一层金属，获得很高的表面质量和加工精度。

研磨方法可分为手工研磨和机械研磨，机械研磨使工件和研具的相对运动靠机械运动来实现，所以效率较高，常用于批量生产。如果按研磨剂的使用条件来分，研磨可分为自由嵌砂研磨、强迫嵌砂研磨、无嵌砂研磨三种。

③ 珩磨。珩磨是一种在大批大量生产中应用很广的孔光整加工方法。其工作原理是由几根粒度很细的油石所组成的珩磨头做旋转（定时改变旋转方向）和往复运动，同时珩磨头上的磨条做径向进给运动，使磨条以一定的压力对工件表面进行磨削、挤压和刮擦，珩磨头的旋转和往复运动，使磨粒在孔表面所形成的轨迹是交叉而不重复的网纹，此网纹有利于润滑油膜的形成。珩磨的切削速度远低于磨削速度，其径向压强只有磨削时的 1/100～1/50，所以珩磨一般不会发生磨削烧伤，但效率也不高。珩磨能获得 IT4～IT6 级的尺寸精度，孔的圆度和圆柱度误差小于 0.003～0.005 mm，表面粗糙度 Ra 可达 0.4～0.02 μm。

为了使磨条能均匀地与加工表面接触，以保证小而均匀地切除余量，珩磨头与工件孔必须保证同轴，因此珩磨头一般与机床主轴浮动连接，珩磨不能修正被加工孔轴线的位置误差。

④ 抛光。用涂有抛光膏的高速旋转的弹性抛光轮，在相对机械运动的作用下，去掉工件表面的微观凸峰，以获得光亮、平整表面的加工方法。抛光膏由磨粒和油脂混合而成，其

作用和研磨剂相同。弹性抛光轮可分别用毛毡、皮革、帆布、绸布等叠加而成。抛光的机理为附着在抛光轮表面的磨粒对工件表面的微量切削作用,抛光轮表面纤维在离心力作用下对工件表面起到滚压和强烈摩擦作用,使工件表面金属出现极薄的塑流层,对不平处起到填平作用,从而获得高质量的加工表面。由于抛光所去除的余量相当微小,且抛光一般为手工操作,所以抛光加工主要用于加工精度要求不高而表面要求光洁的工件,提高零件的疲劳强度、耐腐蚀性或作表面装饰,而不能提高零件的尺寸及形位精度。

近年来,为解决手工抛光生产率低、工人劳动强度大的问题,液体抛光、电解抛光、化学抛光等高效、先进的抛光方法获得越来越多的应用。

(2) 改善表面物理、力学性能的加工方法

改善表面物理、力学性能的加工方法常用的有滚压加工、挤(胀)孔、喷丸强化、金刚石压光等冷压加工方法。通过使表面层金属发生冷态塑性变形,以提高表面硬度,在表面层产生压缩残余应力,同时也降低表面粗糙度值。冷压加工既简便又有明显效果,应用十分广泛。

① 喷丸强化。它是利用大量快速运动的珠丸打击零件表面,使工件表面因塑性变形而发生冷作硬化和残余压应力的加工方法。这时表层金属结晶颗粒的形状和方向也得到改变,因而有利于提高零件的抗疲劳强度和延长使用寿命。

喷丸所使用的珠丸一般是铸铁的,或是切成小段的钢丝(使用一段时间后自然变成球状)。对于铝质工件,为避免表面残留铁质微粒而引起电解腐蚀,宜采用铝丸或玻璃丸。珠丸直径一般为 0.2～4 mm,对于尺寸较小粗糙度值要求较小的工件,采用直径较小的珠丸。

喷丸强化工艺主要用于强化形状复杂或不宜用其他方法强化的工件。使用的设备是压缩空气喷丸装置和机械离心式喷丸装置,工作时能使珠丸以 35～50 m/s 的速度喷向工件表面。

② 滚压加工。它是利用经过淬硬和精细研磨过的滚轮或滚珠,在常温状态下对金属表面进行挤压,利用金属产生塑性变形,从而达到改善加工表面的物理力学性能、减小表面粗糙度的一种无屑加工方法。加工过程中,将表层的凸起部分向下压,凹下部分往上挤,即用工件表面的“峰”去填充“谷”,逐渐将前工序留下的波峰压平,从而修正工件表面的微观几何形状。在塑性变形过程中,表层金属产生晶格扭曲和拉长,并使其组织细化,所以滚压加工既减小了表面粗糙度,又使表面层冷作硬化并产生残余压应力,因此提高了耐磨性、疲劳强度和抗腐蚀能力。

滚压加工可降低表面粗糙度值 3～5 级,表面硬度一般可提高 10%～40%,表层金属的耐疲劳强度一般可提高 30%～50%。

4.5 机械加工过程中的振动及其控制

在机械加工过程中产生的振动十分有害,它会干扰和破坏工艺系统的正常运动,使加工表面产生振纹,影响零件的表面质量和使用性能。由于工艺系统持续承受动态交变载荷的作用,刀具使用寿命缩短,机床连接性受到破坏,精度会逐步丧失,严重时甚至使切削加工无法继续进行。为减少振动,有时不得不减小切削用量,从而使机械加工的效率降低。此外,振动引起强烈的噪声会危害周围人员的身体健康。因此,揭示机械加工振动的机理,

掌握机械加工振动的规律，找出减小机械加工振动的方法，是机械制造技术的重要研究课题。

机械加工产生的振动主要有自由振动、强迫振动和自激振动(颤振)三种类型。

4.5.1 自由振动

当系统受到初始干扰力而破坏了其平衡状态后，系统仅靠弹性恢复力来维持的振动称为自由振动。由于系统中总存在着阻尼，自由振动将逐渐衰减。在切削过程中，出于材料硬度不均或工件表面有缺陷，工艺系统就会产生这类振动，但由于阻尼作用，振动将迅速衰减，因而对机械加工影响较小。

4.5.2 机械加工过程中的强迫振动

机械加工中的强迫振动是由于受到外界(相对于切削过程而言)周期性干扰力的作用而引起的振动。强迫振动是影响加工质量和生产效率的关键问题之一。

1. 强迫振动产生的原因

强迫振动有来自机床内部的振源，也有来自机床外部的振源。机内振源主要有机床旋转件的不平衡、机床传动机构的缺陷、往复运动部件的惯性力及切削过程中的冲击等。

机床中各种旋转零件(例如，电动机转子、联轴节、带轮、离合器、轴、齿轮、卡盘、砂轮等)由于形状不对称、材质不均匀或加工误差、装配误差等因素，难免会有偏心质量产生，偏心质量引起的离心惯性力与旋转零件转速的平方成正比，转速越高，产生周期性干扰力的幅值就越大。

带传动中平带接头连接不良、V带的厚度不均匀，链传动中由于链条运动的不均匀性，齿轮制造不精确或有安装误差会产生周期性干扰力，以及轴承滚动体大小不一等机床机构的缺陷产生的动载荷都会引起强迫振动。

在铣削、拉削加工中，刀齿在切入工件或从中切出时，都会有很大的冲击发生。断续表面也会发生由于周期冲击而引起的强迫振动。

在具有往复运动部件的机床中，最强烈的振源往往就是往复运动部件改变运动方向时所产生的惯性冲击。

2. 强迫振动的特征

(1) 频率

强迫振动的频率与干扰力的频率相同，或是干扰力频率的整倍数。这种频率对应关系是诊断机械加工中所产生的振动是否为强迫振动的主要依据，并可利用上述频率特征去分析、查找强迫振动的振源。

(2) 幅值

强迫振动的幅值既与干扰力的幅值有关，又与工艺系统的动态特性及干扰力频率有关。一般来说，在干扰力源频率不变的情况下，干扰力的幅值越大，强迫振动的幅值将随之增大，工艺系统的动态特征对强迫振动的幅值影响极大。如果干扰力的频率远离工艺系统各阶模态的固有频率，则强迫振动响应将处于机床动影响的衰减区，振动幅值很小；当干扰力频率接近工艺系统某一固有频率时，强迫振动的幅值将明显增大；若干扰力频率与工艺系统某一固有频率相同，系统将产生共振。若工艺系统阻尼较小，则共振幅值将十分大。

根据强迫振动的这一幅频响应特征，可通过改变运动参数或工艺系统的结构，使干扰力源的频率发生变化或让工艺系统的某阶固有频率发生变化，以使干扰力源的频率远离工艺系统的固有频率，强迫振动的幅值就会明显减小。

(3) 相位角

强迫振动的位移变化总是比干扰力在相位上滞后一个角 ϕ，其值与系统的动态特性及干扰力频率有关。

4.5.3 机械加工中的自激振动(颤振)

1. 自激振动的概念

(1) 自激振动

机械加工过程中，在没有周期性外力(相对于切削过程而言)作用下由系统内部激发反馈产生的周期性振动，称为自激振动，简称颤振。

实际切削过程中，由于工艺系统由若干个弹性环节组成，在某些瞬时的偶然性扰动力的作用下便会产生振动(自由振动)。工艺系统的振动必然要引起刀具和工件相对位置的变化，这一变化又会引起切削力的波动，并由此再次引起工艺系统的振动，在一定条件下便会激发成自激振动。

上述过程可用传递函数的概念来分析。机床加工系统是一个由振动系统和调节系统组成的闭环反馈控制系统，如图 4-39 所示。在加工过程中，由于偶然性的外界干扰(如加工材料硬度不均、加工余量有变化等)引起切削力的变化而作用在机床系统上，会使系统产生振动。系统的振动将引起工件、刀具间的相对位置发生周期性变化，使切削过程产生交变切削力，并因此再次引起工艺系统振动，如果工艺系统不存在自激振动的条件，这种偶然性的外界干扰将因工艺系统存在阻尼而使振动逐渐衰减。维持自激振动的能量来自电动机，电动机通过动态切削过程把能量传给振动系统，以维持振动运动。

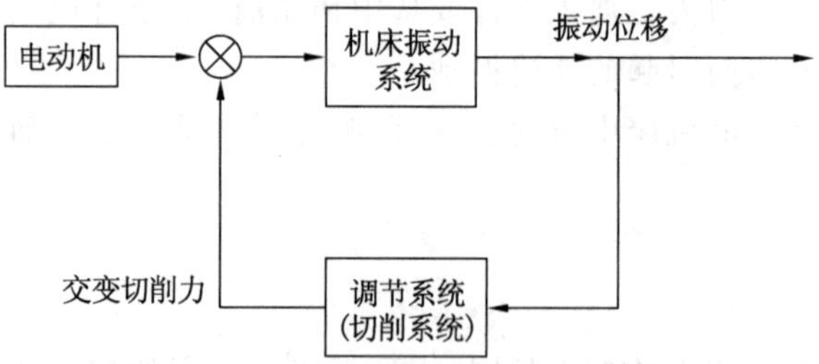

图 4-39 自激振动闭环反馈控制系统

(2) 自激振动的特点

与强迫振动相比，自激振动具有以下特征：机械加工中的自激振动是在没有外力(相对于切削过程而言)干扰下所产生的振动，这与强迫振动有本质的区别，自激振动的频率接近于系统的固有频率，也就是说颤振频率取决于振动系统的固有特性。这与自由振动相似(但不相同)，而与强迫振动根本不同。自由振动受阻尼作用将迅速衰减，而自激振动却不因有阻尼存在而衰减。

(3) 产生自激振动的条件

自激振动维持稳定振动的条件：在一个振动周期内，从一个持续作用的能源所获得(输入)的能量 $E(+)$ 等于系统阻尼力所消耗的能量 $E(-)$，如图 4-40 所示。实际上自激振动系统是非线性系统，维持稳定振动点是能量输入曲线 $E(+)$ 和能量消耗曲线量 $E(-)$ 的交点 Q。当振动系统吸收的能量 $E(+)$ 小于消耗的能量 $E(-)$，不会有自激振动产生，加工系统是稳定的。即使振动系统内部原来就储存一部分能量，在若干次振动之后，这部分能量也将消耗殆尽，因此机械加工过程中不会有自激振动产生。

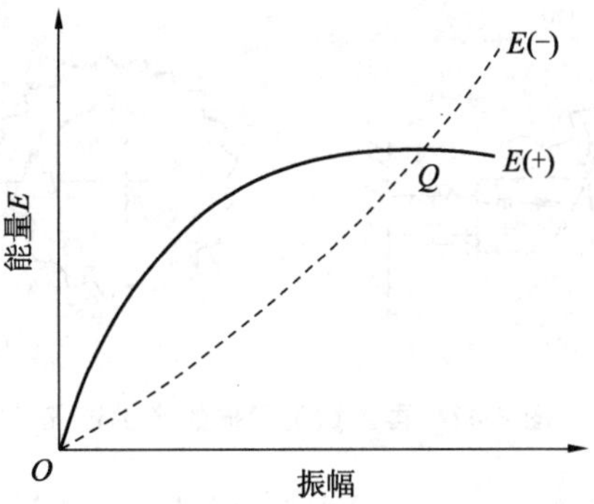

图 4-40　自激振动时系统中的能量关系

2. 自激振动的激振机理

产生自激振动的激振原因非常复杂，许多学者曾提出不同的学说，比较公认的有再生原理、振型耦合理论和负摩擦原理。

(1) 再生理论

切削和磨削加工过程中，后一次走刀和前一次走刀的切削区会有重叠的部分，图 4-41 示出了磨削外圆时的情况。设砂轮宽度为 B，工件每转进给量为 f，工件相邻两转相互重叠部分的大小用重叠系数 u 表示，则有 $u=(B-f)/B$。显然，用切断刀、成形刀加工或横向切入磨削时 $u=1$，车、磨螺纹时 $u=0$，而大多数切削加工时 $0<u<1$。在本来稳定的切削过程中，假设受到瞬时的偶然扰动，刀具与工件便会发生相对振动(自由振动)，振动的幅值将因阻尼存在而逐渐衰减。这种振动会在工件表面留下一段振纹(见图 4-42b)。当工件转过一转后，刀具将在留有振纹的表面上进行切削，如图 4-42c 所示。此时切削厚度将发生波动，这就有动态切削力产生。如果各种条件的匹配是促进振动的，那么将会进一步发展到持续的切削颤振状态(见图 4-42d)。这种由振纹和动态切削力的相互影响作用称为振纹的再生效应。由振纹的再生效应导致的切削颤振称为再生型颤振。

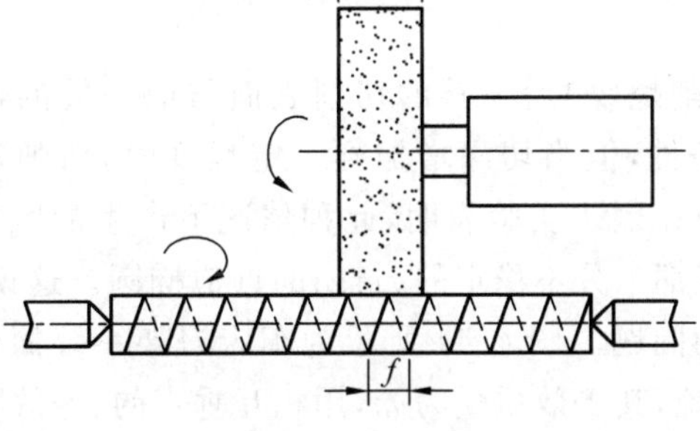

图 4-41　磨削加工

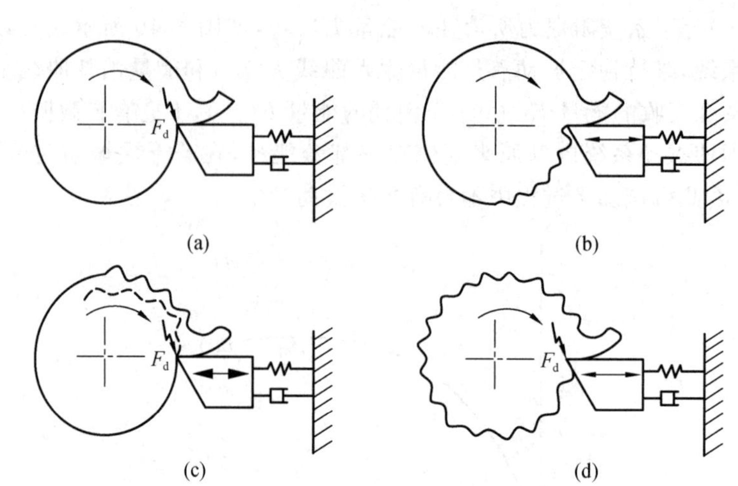

图 4-42　再生切削颤振的产生过程

图 4-43 所示前后两转切削情况。一般来说，后转切削振纹相对于前转振纹存在相位差 φ。在后次振纹曲线 $y_n(t)$ 上的一个振动周期，由于 $y_n(t)$ 在相位上滞后于前次的 $y_{n-1}(t)$，即 $0<\varphi<\pi$。可以看出，在振出的半个周期的平均切削厚度大于振入的半个周期的平均切削厚度，于是振出时切削力所做的正功就大于振入时切削力所做的负功，系统就会有能量输入（$\varphi=\pi/2$ 时能量输入最大），振动得以维持。由上面分析可知，后转 $y_n(t)$ 的振纹在相位上滞后于前转 $y_{n-1}(t)$ 的振纹，是再生切削颤振的必要条件。

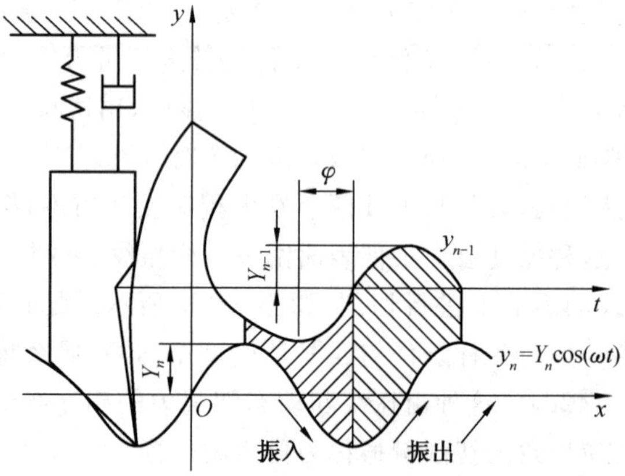

图 4-43　再生切削效应

（2）振型耦合原理

某些切削加工（如车削螺纹）后一转的切削表面与前一转的切削表面完全没有重叠。因此不存在再生颤振的条件，但当切深增加到一定程度时，切削过程仍会发生切削颤振。可见还有引起颤振的其他原因。实验表明，此种情况下产生的颤振，刀尖与工件相对运动的轨迹是一个形状和位置都十分不稳定的、封闭的近似椭圆。这说明它是一个二维平面中的两个自由度系统的振动问题。图 4-44 所示为车床刀架系统简化的动力学模型，设工件不动，主振系统是刀架系统，其等效质量为 m，用相互垂直的、等效刚度分别为 k_1 和 k_2 的两组弹簧支持着。如果刀架振动运动的实际轨迹沿着椭圆曲线的顺时针方向行进，则在刀具

从 a 经 b 到 c 做振入运动时，切削厚度较薄，切削力较小；而在刀具从 c 经 d 到 a 做振出运动时，切削厚度较大，切削力较大。于是振出时切削力所做的正功就大于振入时切削力所做的负功，系统就会有能量输入，振动得以维持。这种由于振功系统在各主振模态间相互耦合、相互关联而产生的自激振动，称为振型耦合型颤振。

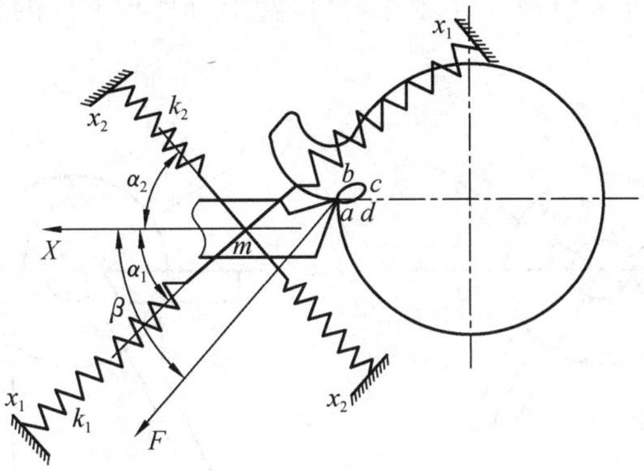

图 4-44　车床刀架振型耦合模型

解释切削颤振机理的学说有很多种，它们均在一定程度上解释了颤振产生的机理。但由于切削颤振过程的物理现象十分复杂，还有许多规律未被揭示，有待于进一步深入研究。

4.5.4　机械加工振动的防治

消减振动的途径主要有三个方面：消除或减弱产生机械加工振动的条件；改善工艺系统的动态特性，提高工艺系统的稳定性；采用各种消振减振装置。

1. 消除或减弱产生强迫振动的条件

(1) 减小机内干扰力的幅值

高速旋转零件(例如磨床的砂轮、车床的卡盘及高速旋转的齿轮等)必须进行平衡。对于高精度机床，应尽量少用或不用齿轮、平带等可能成为振源的传动元件，并使振动源(尤其是液压系统)与机床本体分离，放在分开的两个地基基础上。对于往复运动部件，应采用较平稳的换向机构。在条件允许的情况下，适当降低换向速度及减小往复运动部件的质量，以减小惯性力。

(2) 适当调整振源的频率

在选择转速时，使可能引起强迫振动的振源频率 f 远离机床加工系统模态的固有频率，尤其是机床薄弱环节处的固有频率 f_n，一般应满足

$$\left|\frac{f-f_n}{f}\right| \geqslant \frac{1}{4}$$

(3) 采取隔振措施

隔振有两种方式：一种为主动隔振，是为了阻止机床振源通过地基外传；另一种是被动隔振，是阻止机外干扰力通过地基传给机床。常用的隔振材料有橡胶、金属弹簧、空气弹簧、泡沫乳胶、软木、矿渣棉、木屑等。中小型机床多用橡胶衬垫，而重型机床多用金属弹簧或空气弹簧。

2. 消除或减弱产生自激振动的条件

(1) 调整振动系统小刚度主轴的位置图

图 4-45a 所示尾座结构为小刚度主轴 x_1 刚好落在切削力 $\boldsymbol{F}$ 与 x 轴的夹角 β 范围内，容易产生振型耦合型颤振。图 4-45b 所示尾座结构较好，小刚度主轴 x_1 落在 $\boldsymbol{F}$ 与 x 轴的夹角 β 范围之外。除改进机床结构设计之外，合理安排刀具与工件的相对位置，也可调整刚度主轴的相对位置。

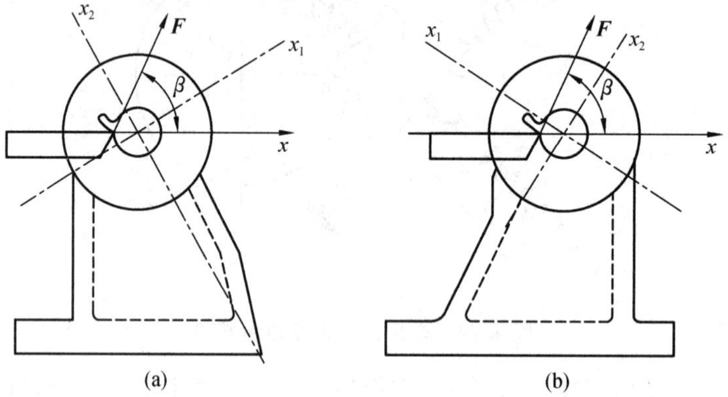

图 4-45 两种尾座结构

(2) 减小重叠系数

重叠系数 u 直接影响再生效应的大小。重叠系数 u 的数值取决于加工方式、刀具的几何形状及切削用量等，增大刀具的主偏角 κ_r 和增大进给量 f，均可使重叠系数 u 减小。在外圆切削时，采用 $\kappa_r=90°$ 的车刀，有明显的减振作用。

(3) 增加切削阻尼

适当减小刀具后角，可以加大工件和刀具后刀面之间的摩擦阻尼，对提高切削稳定性有利。但刀具后角过小会引起摩擦颤振，一般后角取 2°～3°为宜。必要时还可在后刀面磨出带有负后角的消振棱，如图 4-46 所示。但是，如果加工系统产生摩擦型颤振，则必须设法减小摩擦阻尼，并适当改变转速，使切削速度 v 处于 $F-v$ 曲线的下降特性区之外。

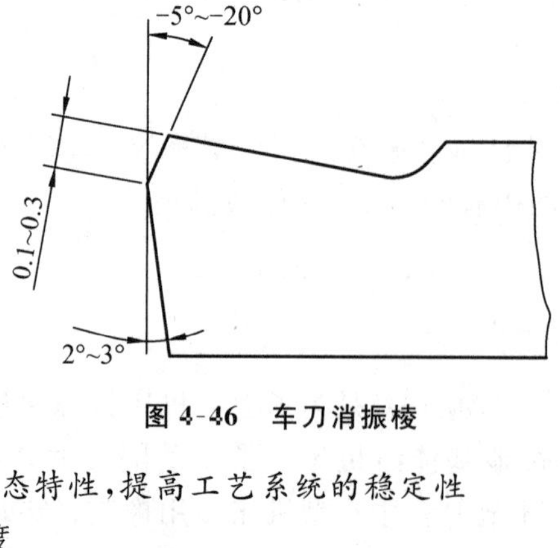

图 4-46 车刀消振棱

3. 改善工艺系统的动态特性，提高工艺系统的稳定性

(1) 提高工艺系统刚度

提高工艺系统的刚度，可以有效地改善工艺系统的抗振性和稳定性。同时也要在满足刚度的前提下，尽量减小结构的重量。

(2) 增大工艺系统的阻尼

工艺系统的阻尼主要来自零部件材料的内阻尼、结合面上的摩擦阻尼，以及其他附加阻尼。材料的内阻尼是指由材料的内摩擦而产生的阻尼，不同材料的内阻尼是不同的。由于铸铁的内阻尼比钢大，所以机床上的床身、立柱等大型支承件常用铸铁制造。机床整机阻尼的 50％～80％来自零部件结合面间的阻尼，应通过各种途径加大结合面间的摩擦阻尼。对于机床的活动结合面，应当注意调整其间隙，必要时可施加预紧力以增大摩擦力。

4. 采用各种消振减振装置

如果不能从根本上消除产生切削振动的条件，又无法有效地提高工艺系统的动态特性，为保证必要的加工质量和生产率，可以采用消振减振装置。常用的减振器有以下三种类型。

(1) 动力减振器

它是用弹性元件 k_2 和阻尼 c 将一个附加质量 m_2 连接到主振动系统 m_1，k_1 上，如图 4-47 所示。利用附加质量的动力作用，使其加到主振系统上的作用力(或力矩)与激振力(或力矩)大小相等方向相反，从而达到抑制主振系统振动的目的。

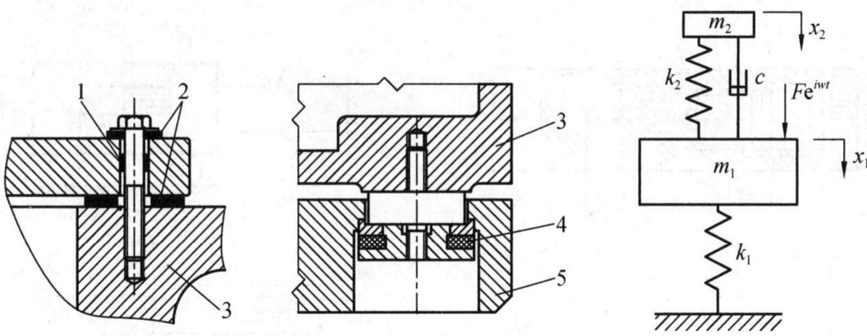

1—橡皮圈；2—橡皮垫；3—机床质量 m_1；4—弹性阻尼元件；5—附加质量 m_2

图 4-47　动力减振器

(2) 摩擦减振器

摩擦减振器利用摩擦阻尼来消耗振动能量，达到减振的目的。图 4-48 是一个装在车床尾架上的摩擦减振器，它靠填料圈的摩擦阻尼来减小振动。

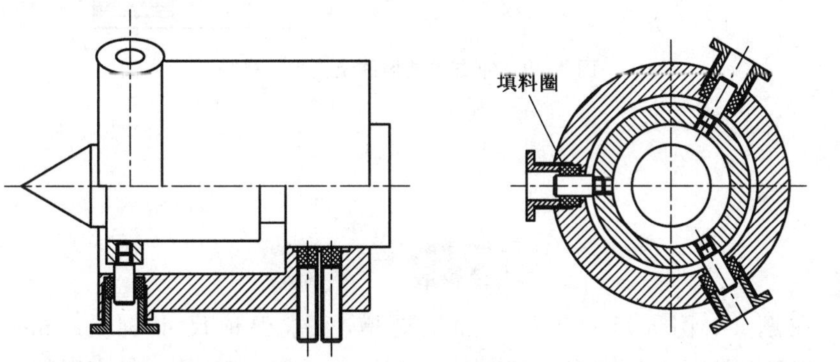

图 4-48　摩擦减振器

(3) 冲击减振器

利用两物体相互碰撞要消耗能量的原理，在振动体上装一个起冲击作用的自由质量(冲击块)m。系统振动时，冲击块将反复冲击振动体，以消耗振动能量，达到减振的目的。图4-49是冲击式减振器的典型结构和动力学模型。为获得最有利的碰撞条件，要求振动体与冲击块都能以最大的速度运动时发生碰撞。为此，应保证合理的间隙，其值按下式计算：

$$\delta=\frac{T}{2}x_{\max}=\frac{\pi}{w}Aw=\pi A$$

式中：T——振动体M的振动周期；

A——振动体M的振幅。

由于振幅是可变的，因而间隙应设计成可调整的，以根据实际情况调整间隙，取得最佳减振效果。

冲击式减振器具有结构简单，重量轻，体积小，减振效果与振动频率无关等特点，可在较大的频率范围内使用。

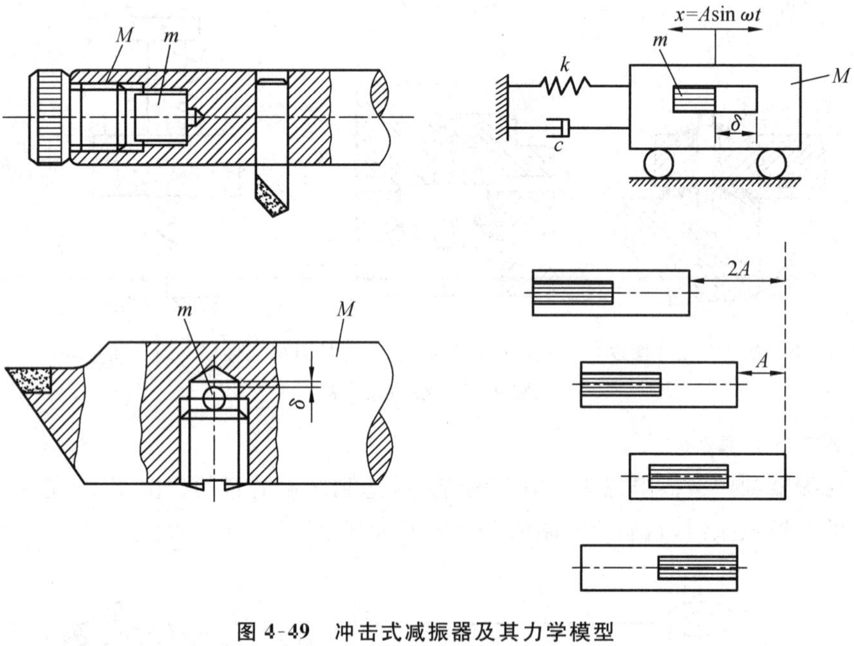

图4-49　冲击式减振器及其力学模型

习题和思考题

4-1　在题4-1图a所示工件上加工键槽，要求保证尺寸$54_{-0.14}^{\ 0}$ mm和对称度0.03 mm。现有三种定位方案，分别如图b,c,d所示。试分别计算三种方案的定位误差，并选择最佳方案。

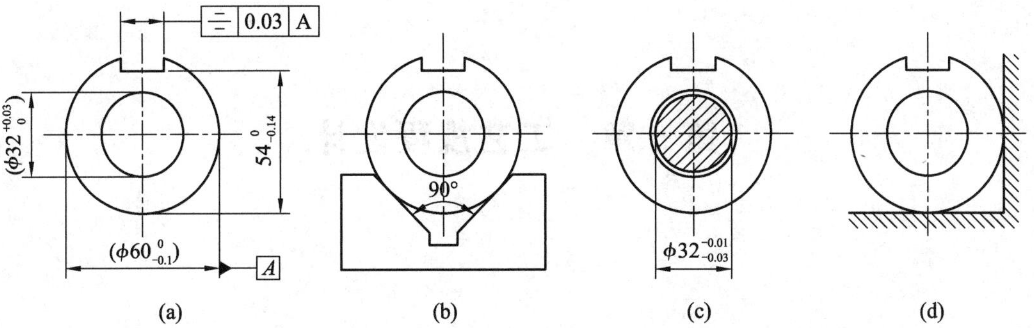

题 4-1 图

4-2　车削一批轴的外圆，其尺寸要求为 $\phi 20_{-0.1}^{0}$ mm，若此工序尺寸按正态分布，$\sigma=0.025$ mm，公差带中心小于分布曲线中心，其偏移值 $\Delta_0=0.03$ mm，试指出该批工件的常值系统性误差及随机性误差，并计算合格率及不合格品率。

4-3　加工一批工件的外圆，要求尺寸为 $\phi 20\pm0.07$ mm，若加工尺寸按正态分布加工后发现有 8% 的工件为不合格品，且其中一半不合格品的尺寸小于零件的下偏差，试确定该工序所能达到的加工精度。

4-4　有一批零件，其内孔尺寸为 $\phi 60_{0}^{+0.03}$ mm，属正态分布，试求尺寸在 $\phi 60_{+0.01}^{+0.03}$ mm 之间的概率。

4-5　在两台相同的自动车床上加工一批小轴的外圆，要求保证直径 $\Phi 11\pm0.02$ mm，第一台加工 1 000 件，其直径尺寸按正态分布，平均值 $\overline{x_1}=11.005$ mm，均方差 $\sigma_1=0.004$ mm。第二台加工 500 件，其直径尺寸也按正态分布，平均值 $\overline{x_2}=11.015$ mm，$\sigma_2=0.0025$ mm。试求：

(1) 在同一图上画出两台机床加工的两批工件的尺寸分布图，并指出工序精度高的机床。

(2) 计算并比较机床的不合格品率，指出不合格品率高的机床，并分析产生的原因及提出改进的办法。

4-6　加工小轴及铜套各 1 000 件，要求小轴的直径 $d=15_{-0.07}^{0}$ mm，铜套的孔径 $D=15_{0}^{+0.11}$ mm，加工后知其尺寸均属正态分布，允许可返修不合格品率小于 3%，每隔半小时从连续加工的工件中抽检四件为一组，经分组检验测得轴与孔的分组尺寸均值的分布中心分别为 $\overline{x}_{分轴}=14.965$ mm，$\overline{x}_{分孔}=15.070$ mm，轴与孔的分组尺寸均值的均方差 $\sigma_{分轴}=0.005$ mm，$\sigma_{分孔}=0.01$ mm。试求：

(1) 计算小轴与铜套的不合格品件数(是否可返修)，分析产生不合格品的原因并提出改进措施。

(2) 若对不满足加工要求的零件采取措施后再加工一批，得可返修不合格品率为 2.28%，问所采取的措施是什么？

4-7　在生产现场测量一批小轴的外圆(计 1 000 件)，其最大尺寸 $D_{max}=25.030$ mm，最小尺寸 $D_{min}=25.000$ mm，若整批工件尺寸为正态分布，图纸要求该轴的外径为 $\phi 25_{-0.005}^{+0.025}$ mm，求这批零件的不合格品有多少件？能否修复？

4-8　在车床上加工一批工件的孔，经测量实际尺寸小于要求的尺寸而必须返修的工件数占 22.4%，大于要求的尺寸而不能返修的工件数占 1.4%，若孔的直径公差 $T=0.2$ mm，整批工件尺寸服从正态分布，分析该工序的工序能力，并判断车刀的调整误差。

第5章 工艺规程设计

5.1 概 述

任何一个产品都可以采用几种不同的工艺过程完成，但其中总有一种工艺过程在某一具体条件下是最合理的，人们把合理工艺过程的有关内容写在工艺文件中，用以指导生产，这些工艺文件就是工艺规程。规定产品或零部件制造工艺过程和操作方法等的工艺文件称为机械加工工艺规程。

工艺规程是在总结实践经验的基础上，依据科学理论和必要的工艺试验制订的。经审定批准的工艺规程是指导生产的工艺文件，企业有关人员必须严格执行。工艺规程不是一成不变的，随着科学技术的发展，会有新的更为合理的工艺规程来代替原有的相对不合理的工艺规程。但是工艺规程的修订或更改，必须经过充分的工艺试验验证，并严格按照工厂的相关规定履行审批手续。

5.1.1 机械加工工艺规程的作用

① 机械加工工艺规程是指导生产的主要技术文件。机械加工工艺规程是指导现场生产的根据，一切从事生产的人员都要严格、认真地贯彻执行，用它指导生产可以实现“优质、高产、低成本”的要求。

② 机械加工工艺规程是生产组织和管理工作的基本依据。在生产管理中，产品投入前的原材料及毛坯的供应，通用工艺装备的准备，机床负荷的调整，专用工艺装备的设计制造，生产作业计划编制，劳动力的组织及生产成本核算等都要以工艺规程为基本依据。

③ 机械加工工艺规程是新建、扩建工厂或车间的基本资料。新建和扩建机械制造厂(或车间)时，根据工艺规程确定机床和其他辅助设备的种类、型号规格和数量，厂房面积，设备布置，生产工人的工种、等级及数量，以及各辅助部门的安排等。

先进的工艺规程还起着交流和推广先进制造技术的作用。典型工艺规程可以缩短工厂摸索和试制的过程。

5.1.2 机械加工工艺规程的格式

机械加工工艺规程的制订包括拟定工艺路线和工序设计两部分内容。前者仅确定各工序的加工方法及顺序，后者则要具体地规定每道工序的操作内容，最后按照规定的格式编写成工艺文件。

机械加工工艺规程的工艺文件主要有工艺过程卡片和工序卡片两种基本形式。

工艺过程卡片亦称为工艺路线卡片，格式见表5-1。它是以工序为单位简要说明零件加工过程的一种工艺文件，由于工序内容不够具体，故不能直接指导工人操作，只能用来了解零件加工的流程。对单件小批量生产，一般只需编制机械加工工艺过程卡片，供生产管理和调度使用。至于每一工序具体应如何加工，则由操作者决定。

工序卡片是为每一道工序编制的一种工艺文件，格式见表 5-2。在卡片上应绘制工序简图，在工序简图上，应用规定符号表示工件在本工序的定位情况，用粗黑实线表示本工序的加工表面，应注明各加工表面的工序尺寸及公差、表面粗糙度和其他技术要求等。在工序卡片上，还要详细写明各工步的顺序和内容，使用的设备及工艺装备，规定的切削用量和时间定额等具体内容。

表 5-1　机械加工工艺过程卡

<table>
<tr><td rowspan="4">厂名
（车间）</td><td rowspan="4">机械加
工工艺
过程卡</td><td colspan="2">产品名称
及型号</td><td></td><td colspan="2">零件名称</td><td colspan="2"></td><td colspan="4">零件图号</td><td colspan="5"></td></tr>
<tr><td rowspan="3">材
料</td><td>名称</td><td></td><td rowspan="2">毛
坯</td><td>种类</td><td colspan="2"></td><td colspan="3" rowspan="2">零件
重量/
kg</td><td colspan="2">毛重</td><td colspan="3"></td><td>第　页</td></tr>
<tr><td>牌号</td><td></td><td>尺寸</td><td colspan="2"></td><td colspan="2">净重</td><td colspan="3"></td><td>共　页</td></tr>
<tr><td>性能</td><td></td><td colspan="2">每料件数</td><td colspan="2"></td><td colspan="3">每台件数</td><td colspan="2"></td><td colspan="3">每批件数</td><td></td></tr>
<tr><td rowspan="2">工序号</td><td rowspan="2" colspan="3">工 序 内 容</td><td rowspan="2">加工
车间</td><td rowspan="2" colspan="2">设备名称
及编号</td><td colspan="6">工艺装备名称及编号</td><td rowspan="2" colspan="2">技术
等级</td><td colspan="3">时间定额/min</td></tr>
<tr><td>夹具</td><td colspan="2">刀具</td><td colspan="3">量具</td><td colspan="2">单件</td><td>准备—终结</td></tr>
<tr><td></td><td colspan="3"></td><td></td><td colspan="2"></td><td></td><td colspan="2"></td><td colspan="3"></td><td colspan="2"></td><td colspan="2"></td><td></td></tr>
<tr><td></td><td colspan="3"></td><td></td><td colspan="2"></td><td></td><td colspan="2"></td><td colspan="3"></td><td colspan="2"></td><td colspan="2"></td><td></td></tr>
<tr><td></td><td colspan="3"></td><td></td><td colspan="2"></td><td></td><td colspan="2"></td><td colspan="3"></td><td colspan="2"></td><td colspan="2"></td><td></td></tr>
<tr><td></td><td colspan="3"></td><td></td><td colspan="2"></td><td></td><td colspan="2"></td><td colspan="3"></td><td colspan="2"></td><td colspan="2"></td><td></td></tr>
<tr><td rowspan="2">更改
内容</td><td colspan="17"></td></tr>
<tr><td colspan="17"></td></tr>
<tr><td>编制</td><td colspan="2"></td><td>抄写</td><td colspan="2"></td><td>校对</td><td colspan="2"></td><td colspan="2">审核</td><td colspan="5"></td><td>批准</td><td></td></tr>
</table>

表 5-2 机械加工工序卡

<table>
<tr><td rowspan="2">（厂名）</td><td rowspan="2">机械加工工序卡</td><td>产品名称及型号</td><td>零件名称</td><td>零件图号</td><td>工序名称</td><td>工序号</td><td>第 页</td></tr>
<tr><td></td><td></td><td></td><td></td><td></td><td>共 页</td></tr>
<tr><td colspan="3" rowspan="10">（画工序简图处）</td><td>车间</td><td>工段</td><td>材料名称</td><td>材料牌号</td><td>力学性能</td></tr>
<tr><td></td><td></td><td></td><td></td><td></td></tr>
<tr><td>同时加工件数</td><td>每料件数</td><td>技术等级</td><td>单件时间/min</td><td>准备－终结时间/min</td></tr>
<tr><td></td><td></td><td></td><td></td><td></td></tr>
<tr><td>设备名称</td><td>设备编号</td><td>夹具名称</td><td>夹具编号</td><td>工作液</td></tr>
<tr><td></td><td></td><td></td><td></td><td></td></tr>
<tr><td rowspan="4">更改内容</td><td colspan="4"></td></tr>
<tr><td colspan="4"></td></tr>
<tr><td colspan="4"></td></tr>
<tr><td colspan="4"></td></tr>
</table>

<table>
<tr><td rowspan="2">工步号</td><td rowspan="2">工步内容</td><td colspan="3">计算数据/mm</td><td rowspan="2">走刀次数</td><td colspan="4">切削用量</td><td colspan="3">工时定额/min</td><td colspan="4">刀具、量具及辅助工具</td></tr>
<tr><td>直径或长度</td><td>进给长度</td><td>单边余量</td><td>背吃刀量/mm</td><td>进给量(mm/r 或 mm/min)</td><td>切削速度/(r/min 或双行程数/min)</td><td>切削速度(m/min)</td><td>基本时间</td><td>辅助时间</td><td>工作地服务时间</td><td>名称</td><td>规格</td><td>编号</td><td>数量</td></tr>
<tr><td></td><td></td><td></td><td></td><td></td><td></td><td></td><td></td><td></td><td></td><td></td><td></td><td></td><td></td><td></td><td></td><td></td></tr>
<tr><td></td><td></td><td></td><td></td><td></td><td></td><td></td><td></td><td></td><td></td><td></td><td></td><td></td><td></td><td></td><td></td><td></td></tr>
<tr><td></td><td></td><td></td><td></td><td></td><td></td><td></td><td></td><td></td><td></td><td></td><td></td><td></td><td></td><td></td><td></td><td></td></tr>
<tr><td></td><td></td><td></td><td></td><td></td><td></td><td></td><td></td><td></td><td></td><td></td><td></td><td></td><td></td><td></td><td></td><td></td></tr>
<tr><td>编制</td><td colspan="4"></td><td>抄写</td><td colspan="2"></td><td>校对</td><td></td><td>审核</td><td colspan="2"></td><td>批准</td><td colspan="3"></td></tr>
</table>

工序卡片主要是用以指导工人如何进行操作，它主要用于大批大量生产中的机械加工各道工序和单件小批生产中的关键工序。

5.1.3 机械加工工艺规程的设计原则

机械加工工艺规程设计必须遵循以下原则：

① 保证零件质量，达到图纸设计要求；

② 在规定的生产纲领和生产批量下，要求工艺成本最低；

③ 充分利用现有的生产条件；

④ 尽量减轻工人劳动强度，保证安全生产，创造良好、文明的劳动条件；

⑤ 积极采用先进技术和工艺，力争减少材料和能源消耗，并应符合环境保护要求。

5.1.4　机械加工工艺规程设计所需的原始资料

在制订机械加工工艺规程时必须具有下列原始资料：

① 产品装配图、零件图；

② 产品验收质量标准；

③ 产品的年生产纲领；

④ 毛坯材料与毛坯生产条件；

⑤ 制造厂的生产条件，包括机床设备和工艺装备的规格、性能和当前的技术状态，工人的技术水平，工厂自制工艺装备的能力及工厂供电、供气的能力等有关资料；

⑥ 工艺规程设计、工艺装备设计所用设计手册和有关标准；

⑦ 国内外有关制造技术资料等。

5.2　机械加工工艺规程设计

5.2.1　机械加工工艺规程设计的内容及步骤

在具备了所需的原始资料后，即可制定工艺规程，其主要内容及步骤为：

① 阅读装配图和零件图。了解产品的用途、性能和工作条件，熟悉零件在产品中的地位和作用，明确零件的主要技术要求。

② 工艺审查。审查图纸上的尺寸、视图和技术要求是否完整、正确、统一，分析主要技术要求是否合理、适当，审查零件结构工艺性。

所谓零件结构工艺性，是指零件在满足使用要求的前提下，制造的可行性和经济性。所谓结构工艺性好，是指在现有工艺条件下既能方便制造，又有较低的制造成本。表 5-3 列举了常规工艺条件下零件结构工艺性定性分析的例子，供参考。

表 5-3　零件结构工艺性举例

序号	零件结构			
	工艺性不好		工艺性好	
1	两端轴颈需磨削加工，因砂轮圆角而不能清根	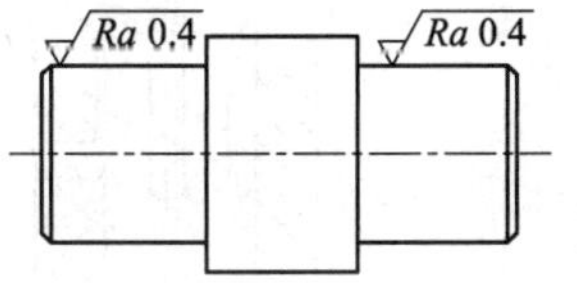	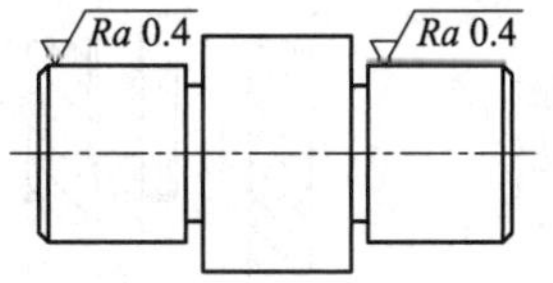	留有退刀槽，磨削时可以清根
2	斜面钻孔，钻头易引偏	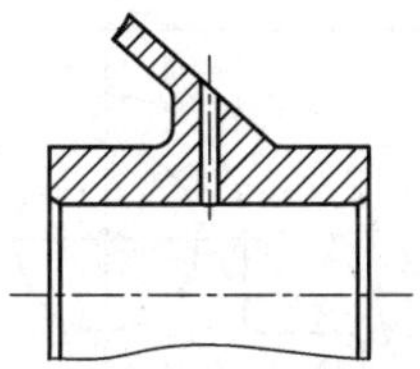	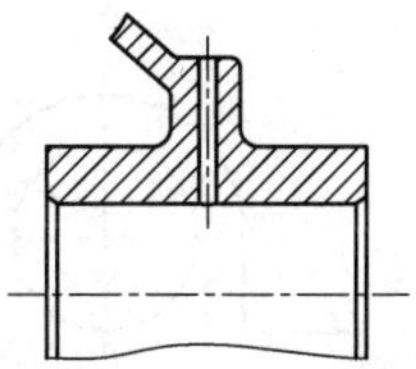	只要结构允许，留出平台，直接钻孔

续表

序号	零件结构			
	工艺性不好		工艺性好	
3	孔壁出口处有台阶面，钻孔时钻头易引偏，易折断	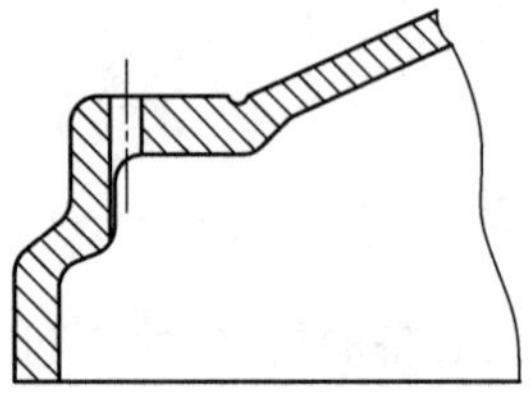	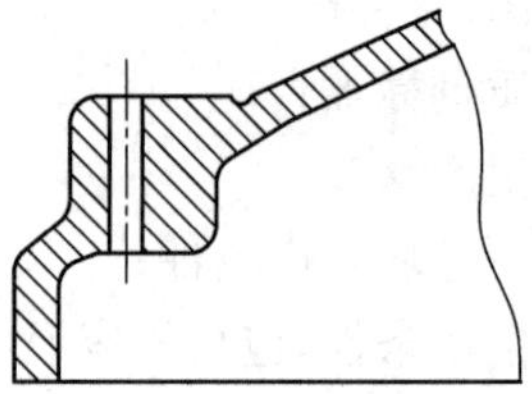	只要结构允许，内壁出口处做成平面，钻孔位置容易保证
4	孔离箱壁太近，钻头在圆角处易钻偏；箱壁高度尺寸大，需加长钻头方能钻孔	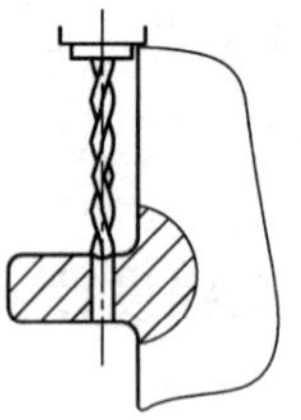	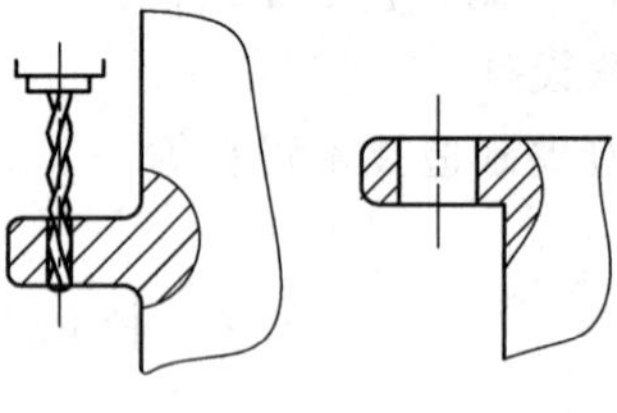 (a) (b)	加长箱耳，不需加长钻头即可钻孔；只要使用上允许，将箱耳设计在某一端，可方便加工
5	小齿轮无法加工，插齿无退刀空间	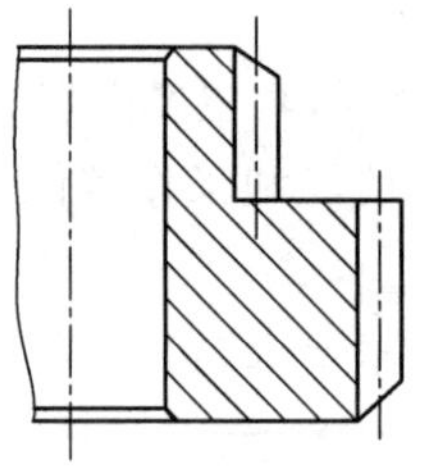	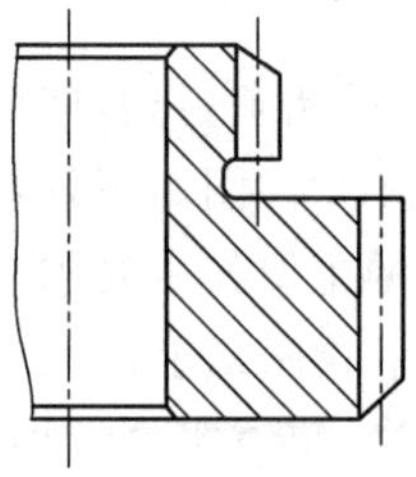	大齿轮可以滚齿或插齿，小齿轮可以插齿加工
6	车螺纹时，螺纹根部易打刀；工人操作紧张，且不能清根	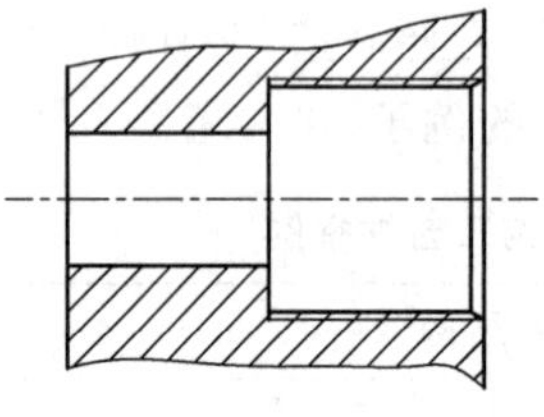	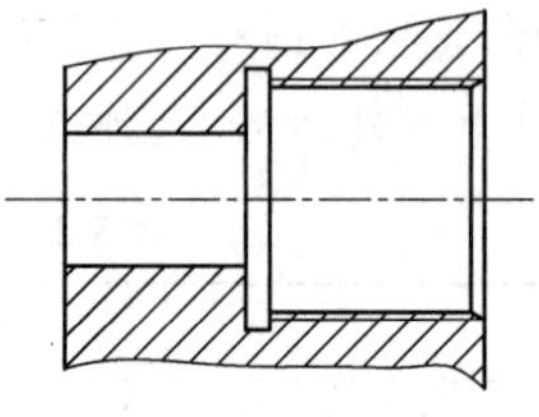	留有退刀槽，可使螺纹清根，操作相对容易，可避免打刀
7	插键槽时，底部无退刀空间，易打刀	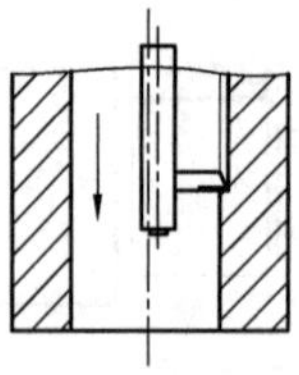	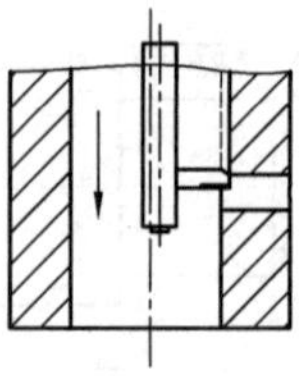	留出退刀空间，避免打刀
8	加工面大，加工时间长，且零件尺寸愈大，平面度误差也愈大	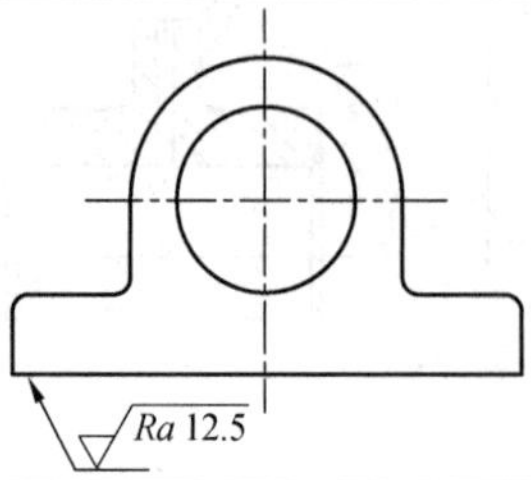	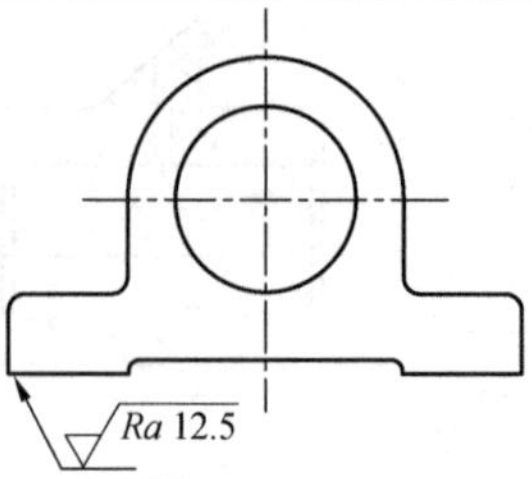	加工面减小，节省工时，减小刀具损耗，且易保证平面度要求

续表

序号	零件结构			
	工艺性不好		工艺性好	
9	钻孔过深，加工时间长，钻头损耗大，且钻头易偏斜	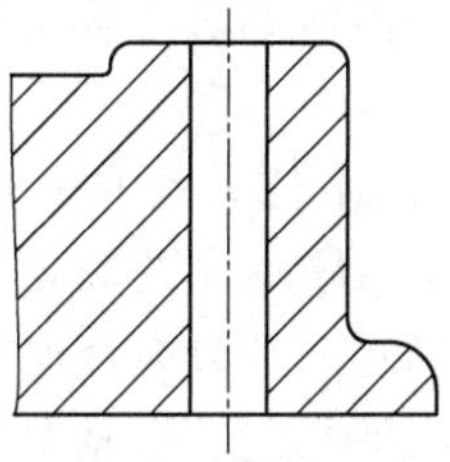	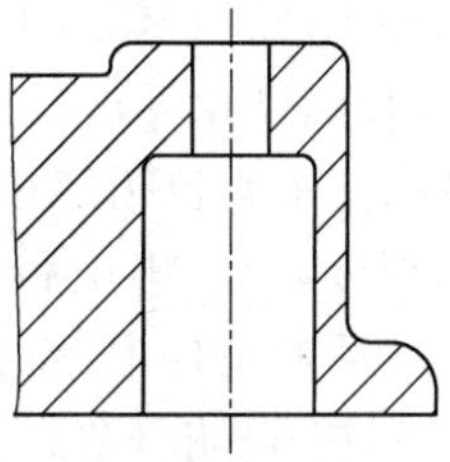	钻孔的一端留空刀，钻孔时间短，钻头寿命长，钻头不易偏斜
10	加工面设计在箱体内，加工时调整刀具不方便，观察也困难	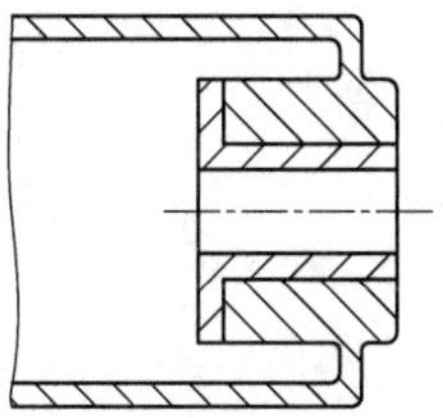	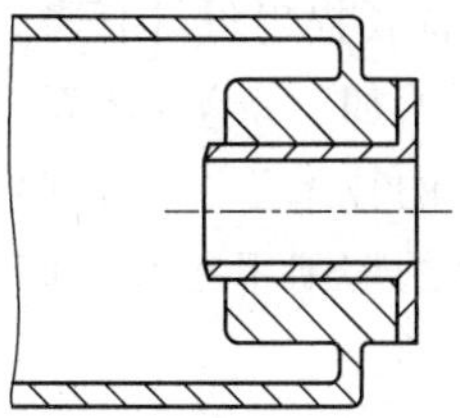	加工面设计在箱体外部，加工方便
11	键槽设置在阶梯轴 90° 方向上，需两次装夹加工	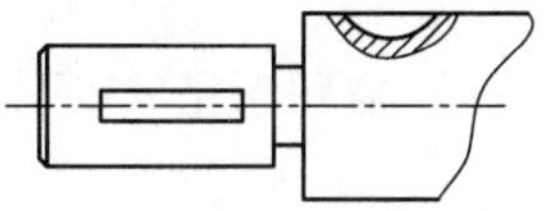	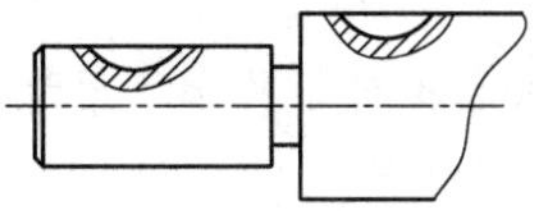	将阶梯轴的两个键槽设计在同一方向上，一次装夹即可对两个键槽加工
12	锥面磨削加工时易碰伤圆柱面，且不能清根	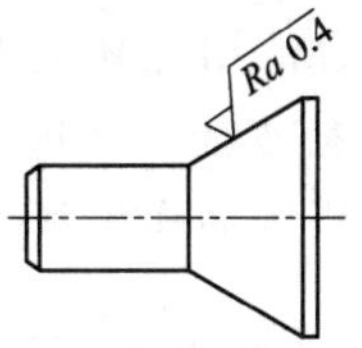	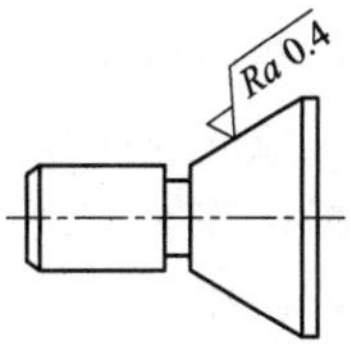	留出砂轮越程空间，可方便地对锥面进行磨削加工
13	加工面高度不同，需两次调整加工，影响加工效率	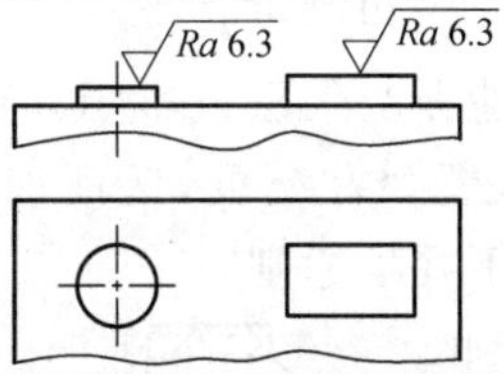	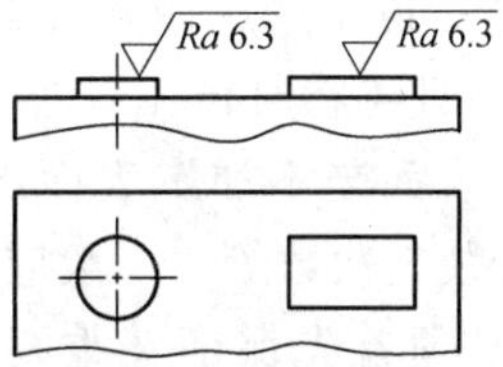	加工面在同一高度，一次调整可完成两个平面加工
14	三个空刀槽宽度不一致，需使用三把不同尺寸的刀具进行加工	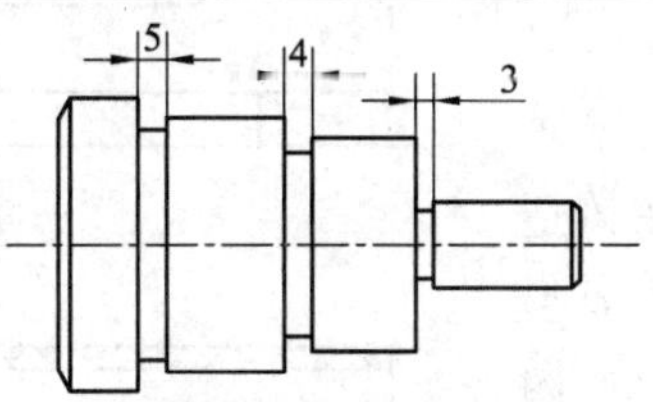	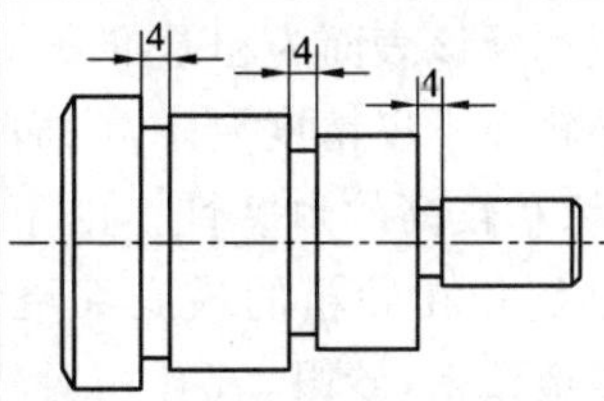	空刀槽宽度尺寸相同，使用一把刀具即可加工
15	内孔底部圆弧精加工困难	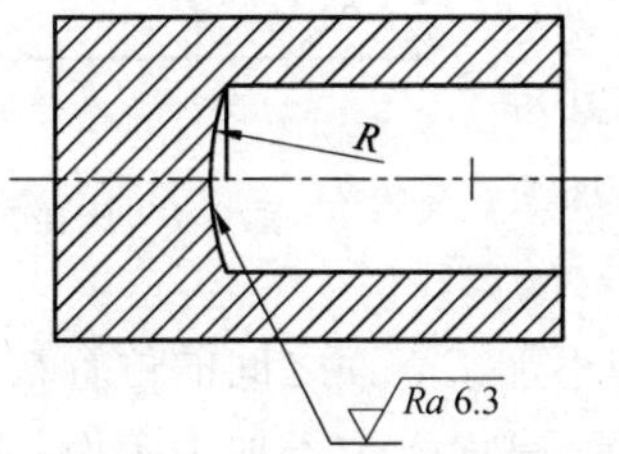	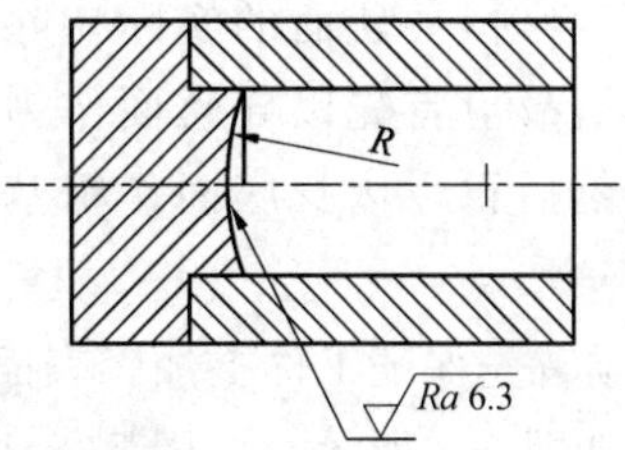	改为装配式结构，圆弧方便加工

③ 确定零件生产类型。根据产品的年生产纲领研究确定零件生产类型。

④ 确定毛坯的种类、形状、尺寸及精度。根据零件在产品中的作用、零件本身的结构特征与外形尺寸、零件材料工艺特性及零件生产批量等确定毛坯的种类。常用的毛坯种类有铸件、锻件、焊接件、冲压件、型材等，编制工艺规程前需熟悉毛坯的特点，如铸件的分型面、浇口、冒口的位置，拔模斜度及铸件公差等。

⑤ 拟订工艺路线。主要包括定位基准的选择，定位夹紧方法的确定，各表面加工方法的选择，加工阶段的划分，工序集中和分散程度及工序顺序的确定等。往往要同时提出几种可能的加工方案，然后通过技术、经济的比较，确定一种最为合理的工艺方案。

⑥ 确定加工设备(机床)和工艺装备(含刀具、夹具、量具、辅具等)，对需要改装或重新设计的专用工艺装备要提出设计任务书。

⑦ 确定各工序的加工余量，计算工序尺寸及公差。

⑧ 确定各工序的技术要求及检验方法。

⑨ 确定各工序的切削用量和时间定额。

⑩ 编制工艺文件。

5.2.2 工艺路线的拟订

拟订工艺路线是设计工艺规程最为关键的一步，需顺序完成以下几个方面的工作。

1. 定位基准的选择

在工艺规程设计中，正确选择定位基准，对保证零件技术要求、确定加工先后顺序有着至关重要的影响。定位基准有精基准与粗基准之分。用毛坯上未经加工的表面作定位基准，称为粗基准；用加工过的表面作定位基准，称为精基准。在选择定位基准时一般是先根据零件的加工要求选择精基准，然后再考虑用哪一组表面作粗基准把精基准加工出来。

(1) 粗基准的选择原则

工件加工的第一道工序所用基准都是粗基准，粗基准选择得正确与否，不但与第一道工序的加工有关，而且还将对该工件加工的全过程产生重大影响。粗基准的选择，主要是考虑如何保证加工表面与不加工表面之间的位置尺寸精度，保证加工表面的加工余量均匀、足够，以及减少装夹次数等。一般应遵循以下几项原则：

① 如果工件必须首先保证某重要表面的加工余量均匀，则应选择该表面为粗基准。

例如，床身导轨面不仅精度要求高，而且要求有均匀的金相组织和较高的耐磨性。由于在铸造床身时，导轨面是倒扣在砂箱的最底部浇铸成形的，导轨面材料质地致密，砂眼、气孔相对较少，因此要求在加工床身时，导轨面的实际切除量要尽可能地小而均匀；故应首先以导轨面作为粗基准加工床身底面，然后再以床身底面作精基准加工导轨面，如图 5-1 所示。

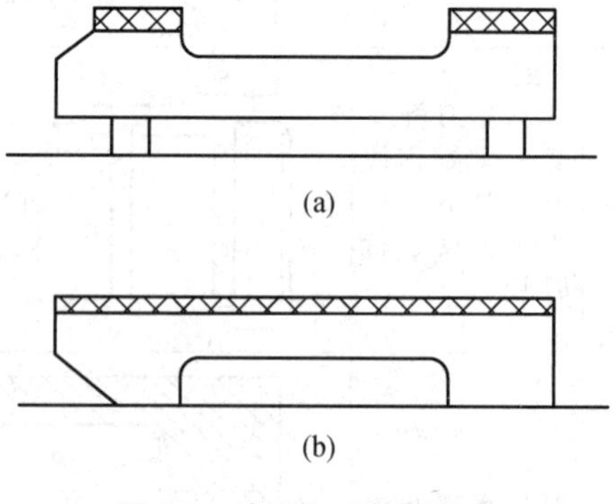

图 5-1 床身加工的粗基准

② 如果必须首先保证工件上加工表面与不加工表面之间的位置精度，则应以不加工表面作为粗基准，如图 5-2 所示。如图 5-2a 所示，表面 1 为不加工表面，为保证镗孔后零件的

壁厚均匀，应选表面 1 作粗基准镗孔、车外圆、车端面。如图 5-2b 所示，如以内孔 2 为粗基准，则内孔 2 的加工余量均匀，但与外圆 1 不同轴。

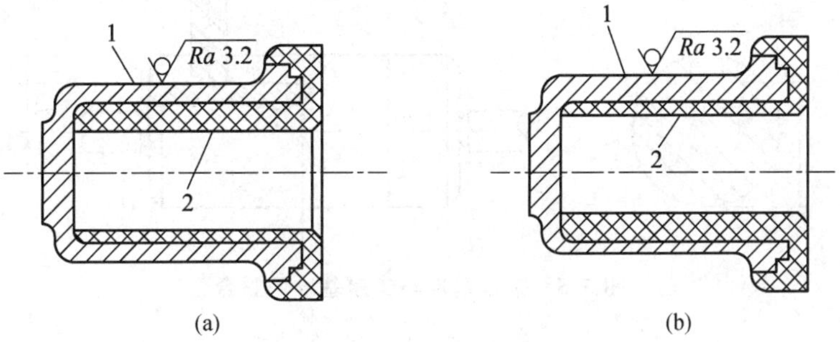

图 5-2　选择不同粗基准时的不同加工结果

③ 如果零件上每个表面都要加工，则应以加工余量最小的表面为基准。图 5-3 所示为阶梯轴，表面 ϕ55 mm 外圆加工余量最小，应选它为粗基准，如果以表面 ϕ108 mm 外圆为粗基准来加工 ϕ50 mm 外圆时，则可能因这些表面间存在较大位置误差而造成 ϕ50 mm 表面加工余量不足。

④ 粗基准应选择尽可能平整、光洁，不允许有锻造飞边、铸造浇冒口切痕或其他缺陷，并有足够的支承面积的表面。其目的是使工件定位稳定，夹紧可靠。

⑤ 粗基准只能用一次，这是因为粗基准误差较大，重复使用将导致所加工的两组表面之间的位置误差较大，所以粗基准一般不得重复使用。如图 5-4 所示的小轴，如重复使用毛坯面 B 定位加工表面 A 和 C，必然会使 A 和 C 表面的轴线产生较大的同轴度误差。

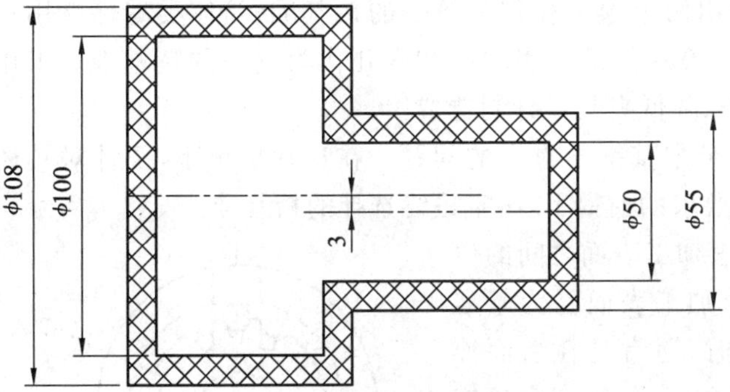

图 5-3　阶梯轴加工的粗基准选择

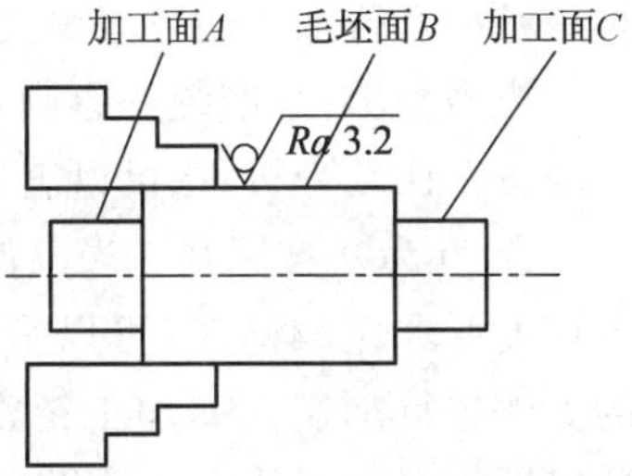

图 5-4　重复使用粗基准实例

上述选择粗基准的原则，有时不能同时兼顾，只能根据主次选择。

(2) 精基准的选择原则

精基准选择时主要考虑如何保证设计技术要求的实现，以及装夹的准确、可靠和方便。一般应遵循以下几项原则：

① 基准重合原则。应尽量选用设计基准和工序基准作为精基准。在对加工面位置尺寸有决定性作用的工序中，特别是当位置公差要求很严时，一般不应违反这一原则。如图 5-5 的键槽加工，如以中心孔定位，并按尺寸 L 调整铣刀位置，工序尺寸 $t=R+L$，由于定位基准和工序基准不重合，因此 R 与 L 两尺寸的误差都将影响键槽尺寸精度。如采用图 5-6 所示定位方式，工件以外圆下母线 B 为定位基准，则基准重合，容易保证尺寸 t 的加工精度。

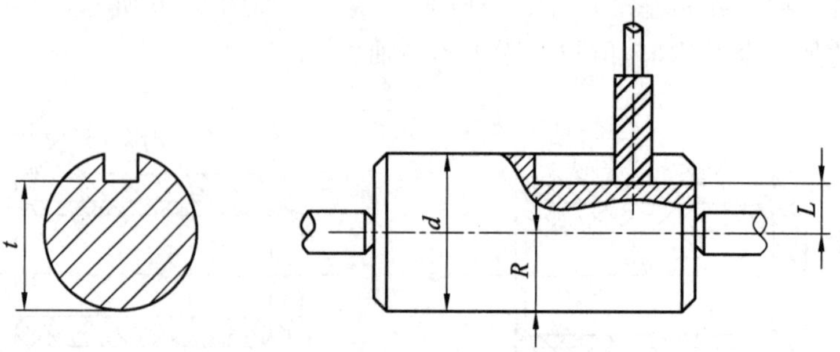

图 5-5　定位基准与工序基准不重合

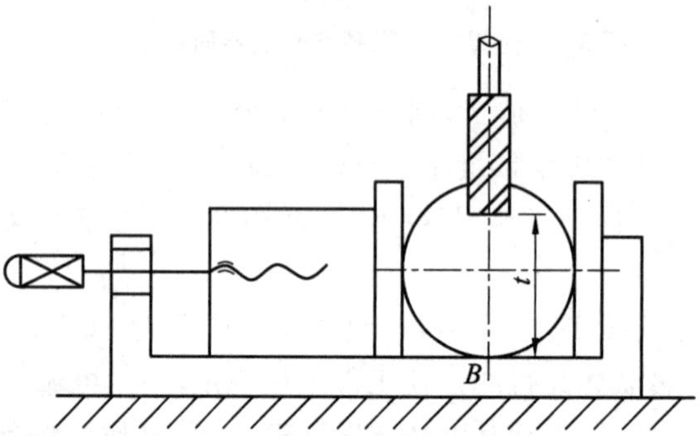

图 5-6　定位基准与工序基准重合

② 基准统一原则。应尽量采用统一的定位基准，以保证所加工的各个表面之间具有正确的相对位置关系。如轴类零件，常用两个顶尖孔作为统一的精基准；箱体类零件常用一面两孔作为统一的精基准；圆盘、齿轮等零件常采用端面和内孔作为统一的精基准。采用统一基准进行加工还可减少夹具种类、降低夹具设计制造费用。

应当指出，基准统一原则常常会带来基准不重合的问题。在这种情况下，要针对具体问题进行认真分析，在可以满足设计要求的前提下，决定最终选择的精基准。

③ 互为基准原则。当工件上两个加工表面之间的位置精度要求比较高时，可以采用两个加工表面互为基准的方法进行加工。如加工精密齿轮时，通常是在齿面淬硬以后再磨齿面及内孔，因齿面淬硬层较薄，磨削余量应小而均匀，故需先以齿面为基准磨内孔，如图 5-7 所示，然后再以内孔为基准磨齿面。又如车床主轴的主轴颈和前端锥孔的同轴度要求很高，也常采用互为基准反复加工的方法。

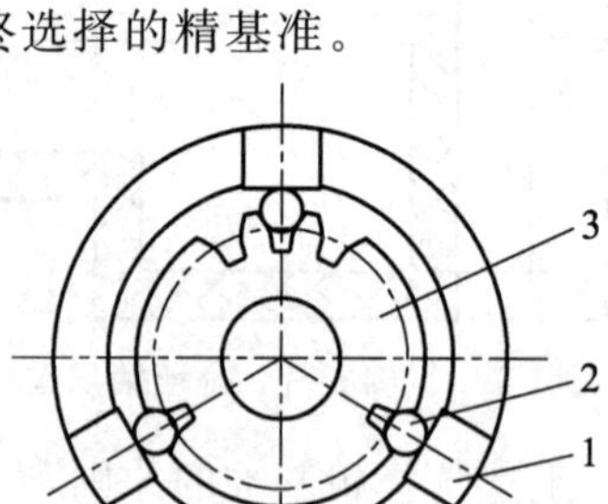

1—三爪卡盘；2—滚柱；3—工件

图 5-7　以齿形面为基准磨内孔

④自为基准原则。一些表面的精加工工序，要求加工余量小而均匀，常以加工表面自身为精基准进行加工。例如，磨削车床床身导轨面时，要求导轨面均匀致密的耐磨层保持一定的深度，磨削余量一般小于 0.5 mm，这时可用装在磨头上的百分表找正床身导轨面，或者观察火花来找正导轨面，如图 5-8 所示。又如连杆小头孔最后金刚镗时就以精镗后的小头孔自身定位，等工件

夹紧后再将定位销移去，如图 5-9 所示。

加工中自为基准的例子很多，如用浮动铰刀铰孔、拉刀拉孔、珩孔、无心磨削等。

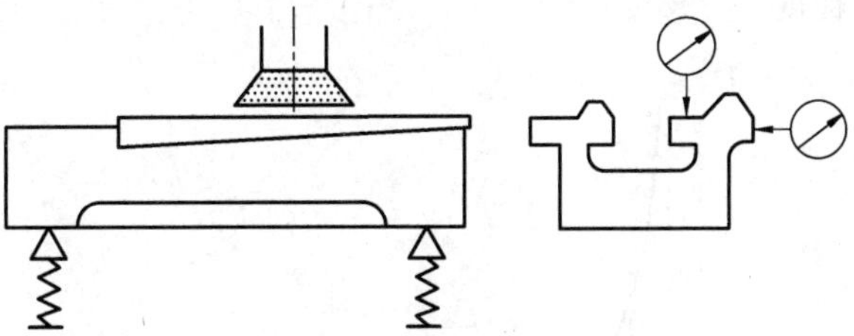

图 5-8 自为基准磨削床身导轨面

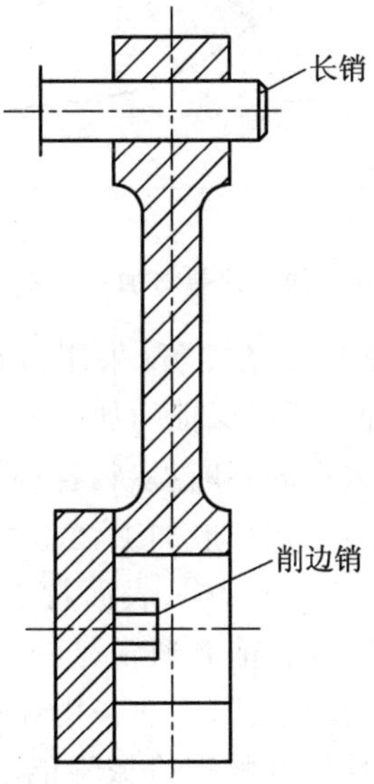

图 5-9 连杆小头孔自为基准定位

另外精基准选择时，一定要保证工件定位准确，夹紧可靠，夹具结构简单，工件装夹方便。

上述四项选择精基准的原则，有时不可能同时满足，应根据实际条件决定取舍。

总之，定位基面的选择原则是从生产实践中总结出来的，在保证加工精度的前提下，应使定位简单准确，夹紧可靠，加工方便，夹具结构简单。因此，必须结合具体的生产条件和生产类型来分析和运用这些原则。

2. 表面加工方法的选择

表面加工方法的选择首先取决于加工表面的技术要求，此外应满足零件的质量、低成本和高生产率的要求。

(1) 加工方法选择时应考虑的因素

① 加工经济精度。各种加工方法(车、铣、刨、磨、钻、扩、铰等)所能达到的加工精度和表面粗糙度，都是在一定的范围的。任何一种加工方法，只要精心操作、细心调整、选择合适的切削用量，其加工精度就可以得到提高，表面粗糙度就可以减小，但所耗费的时间与成本会增大。图 5-10 为加工误差与加工成本之间的关系曲线，为负指数函数。在点 A 左侧，

即使再增加成本(C),加工精度也很难再提高,当超过点B后,即使加工精度再降低,加工成本也降低极少。曲线中的AB段,属于经济精度范围。每种加工方法都有经济的加工精度和经济的加工表面粗糙度。

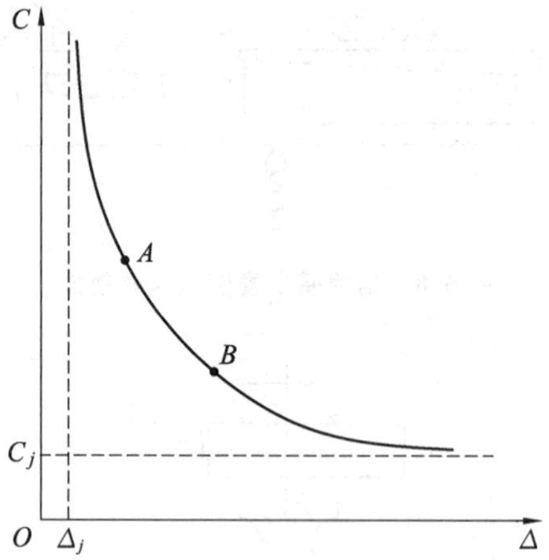

图 5-10 加工误差与加工成本的关系

所谓加工经济精度是指在正常加工条件下(采用符合质量标准的设备、工艺装备和标准技术等级的工人,不延长加工时间)所能保证的加工精度和表面粗糙度。

应当指出,随着机械制造技术水平的不断提高,各种加工方法的经济精度在不断提高。原来精密加工才能达到的经济精度,现在一般加工就能达到了。

② 工件的结构形状和尺寸。零件的结构、表面特点不同,所选择的加工方法将不同。如箱体零件的平面和盘状零件的端平面,前者通常是铣削,而后者用车削加工。同样,箱体上的螺栓孔通常用钻孔,而大直径的轴承孔,一般采用镗孔的方法。

③ 工件材料的性质。材料的性质及物理机械性能不同,采用的加工方法也往往不同,如硬度很低而韧性较高的金属材料(有色金属材料)不宜采用磨削方法加工,因为磨屑易堵塞砂轮的工作表面,需要采用切削方法加工。而淬火钢、耐热钢因硬度高最好采用磨削加工。

④ 生产类型和经济性。大批量生产,宜采用高效率的机床设备和先进的加工方法,如加工内孔和平面时可采用拉削;轴类零件加工可采用半自动液压仿形车床。在适应多品种小批量生产方法时,可采用数控机床、通用机床、成组加工等加工技术及方法。

⑤ 现有设备情况和技术条件。充分利用工厂或车间现有的设备和工艺手段,挖掘企业潜力。

零件上具有一定技术要求的加工表面,一般都不是只通过一次加工就能达到图样要求的,对于精密零件的主要表面,往往要通过多次加工才能逐步达到加工质量要求。表 5-4、表 5-5、表 5-6 列出了外圆表面加工、孔加工、平面加工的各种加工方法所能达到的加工经济精度和表面粗糙度值,表 5-7、表 5-8、表 5-9 列出了各种加工方法所能达到的形位精度,供选择表面加工方法时参考。

表 5-4　外圆加工中各种加工方法的加工经济精度和表面粗糙度

加工方法	加工情况	加工经济精度 IT	表面粗糙度 $Ra/\mu m$
车	粗车	12～13	10～80
	半精车	10～11	2.5～10
	精车	7～8	1.25～5
	金刚石车(镜面车)	5～6	0.02～1.25
铣	粗铣	12～13	10～80
	半精铣	11～12	2.5～10
	精铣	8～9	1.25～2.5
车槽	一次行程	11～12	10～20
	二次行程	10～11	2.5～10
外磨	粗磨	8～9	1.25～10
	半精磨	7～8	0.63～2.5
	精磨	6～7	0.16～1.25
	精密磨(精修整砂轮)	5～6	0.04～0.32
	镜面磨	5	0.008～0.08
抛光			0.008～1.25
研磨	粗研	5～6	0.16～0.63
	精研	5	0.04～0.32
	紧密研	5	0.008～0.08
超精加工	精	5	0.08～0.32
	精密	5	0.01～0.16
砂带磨	精磨	5～6	0.02～0.16
	精密磨	5	0.01～0.04
滚压		6～7	0.16～1.25

注：切削有色金属时，表面粗糙度取 *Ra* 小值。

表 5-5　孔加工中各种加工方法的加工经济精度和表面粗糙度

加工方法	加工情况	加工经济精度 IT	表面粗糙度 $Ra/\mu m$
钻	ϕ15 mm 以下	11～13	5～80
	ϕ15 mm 以上	10～12	20～80
扩	粗扩	12～13	5～20
	一次扩孔(铸孔或冲孔)	11～13	10～40
	精扩	9～11	1.25～10
铰	半精铰	8～9	1.25～10
	精铰	6～7	0.32～2.5
	手铰	5	0.08～1.25
拉	粗拉	9～10	1.25～5
	一次拉孔(铸孔或冲孔)	10～11	0.32～2.5
	精拉	7～9	0.16～0.63
推	半精推	6～8	0.32～1.25
	精推	6	0.08～0.32

续表

加工方法	加工情况	加工经济精度 IT	表面粗糙度 $Ra/\mu m$
镗	粗镗 半精镗 精镗(浮动镗) 金刚镗	12～13 10～11 7～9 5～7	5～20 2.5～10 0.63～5 0.16～1.25
内磨	粗磨 半精磨 精磨 精密磨(精修整砂轮)	9～11 9～10 7～8 6～7	1.25～10 0.32～1.25 0.08～0.63 0.04～0.16
珩	粗珩 精珩	5～6 5	0.16～1.25 0.04～0.32
研磨	粗研 精研 精密研	5～6 5 5	0.16～0.63 0.04～0.32 0.008～0.08
挤	滚珠、滚柱扩孔器,挤压头	6～8	0.01～1.25

注:切削有色金属时,表面粗糙度取 *Ra* 小值。

表 5-6　平面加工中各种加工方法的加工经济精度和表面粗糙度

加工方法	加工情况		加工经济精度 IT	表面粗糙度 $Ra/\mu m$
周铣	粗铣 半精铣 精铣		11～13 8～11 6～8	5～20 2.5～10 0.63～5
端铣	粗铣 半精铣 精铣		11～13 8～11 6～8	5～20 2.5～10 0.63～5
车	半精车 精车 细车(金刚石车)		8～11 6～8 6	2.5～10 1.25～5 0.02～1.25
刨	粗刨 半精刨 精刨 宽刀精刨		11～13 8～11 6～8 6	5～20 2.5～10 0.63～5 0.16～1.25
插				2.5～20
拉	粗拉(铸造或冲压表面) 精拉		10～11 6～9	5～20 0.32～2.5
平磨	粗磨 半精磨 精磨 精密磨		8～10 8～9 6～8 6	1.25～10 0.63～2.5 0.16～1.25 0.04～0.32
刮	$25\times25\ mm^2$ 内点数	8～10 10～13 13～16 16～20 20～25		0.63～1.25 0.32～0.63 0.16～0.32 0.08～0.16 0.04～0.08

续表

加工方法	加工情况	加工经济精度 IT	表面粗糙度 $Ra/\mu m$
研磨	粗研 精研 精密研	6 5 5	0.16～0.63 0.04～0.32 0.008～0.08
砂带磨	精磨 精密	5～6 5	0.04～0.32 0.01～0.04
滚压		7～10	0.16～2.5

注：切削有色金属时，表面粗糙度取 Ra 小值。

表 5-7 轴心线平行的孔的加工经济精度——位置精度 mm

加工方法	工具的定位	两孔中心线间的距离误差或从孔中心线到平面的距离误差	加工方法	工具的定位	两孔中心线间的距离误差或从孔中心线到平面的距离误差
在立式钻床或摇臂钻床上钻孔	用钻模	0.1～0.2	在卧式镗床上镗孔	用镗模	0.05～0.08
	按划线	1.0～3.0		按定位样板	0.08～0.2
在立式钻床或摇臂钻床上镗孔	0.05～0.08			按定位器的指示读数	0.04～0.06
在车床上镗孔	按划线	1.0～2.0		用量块	0.05～0.1
	用带有滑座的角尺	10～11		用内径规或塞尺	0.05～0.25
在坐标镗床上镗孔	用光学仪器	0.004～0.015		用程序控制的坐标装置	0.04～0.05
在金刚镗床上镗孔	—	0.008～0.02		用游标尺	0.2～0.4
在多轴组合机床上镗孔	用镗模	0.03～0.05		按划线	0.4～0.6

表 5-8 轴心线相互垂直的孔的加工经济精度——位置精度 mm

加工方法	工具的定位	在 100 长度上轴心线的垂直度	轴心线的倾斜度
立式钻床上钻孔	用钻模	0.1	0.5
	按划线	0.5～1.0	0.2～2
在铣床上镗孔	回转工作台	0.02～0.05	0.1～0.2
	回转分度头	0.05～0.1	0.3～0.5
多轴组合机床上镗孔	用镗模	0.02～0.05	0.01～0.03
卧式镗床上镗孔	用镗模	0.05～0.08	0.02～0.06
	回转工作台	0.08～0.2	0.03～0.08
	按指示器调整零件的回转	0.05～0.15	0.5～1
	按划线	0.5～1.0	0.5～2.0

表 5-9 常用机床的加工经济精度——形状精度 mm

机床类型			圆度	锥度	平面度(凹入)
普通车床	最大加工直径	≤400	0.02	0.015∶100	0.03∶200 0.04∶200 0.05∶200 0.06∶200 0.08∶200 0.10∶200 0.12∶200 0.14∶200 0.16∶200
		≤800	0.03	0.05∶300	
		≤1 600	0.04	0.06∶300	
高精度车床			0.01	0.02∶150	0.02∶200
外圆磨床	最大磨削直径	≤200	0.006	0.011∶500	
		≤400	0.008	0.02∶1000	
		≤800	0.012	0.025∶全长	
无心磨床			0.01	0.008∶100	圆度 0.003
珩磨机			0.01	0.02∶300	

钻孔的倾斜度			
钻床	立式钻床	划线法 0.3∶100	用钻模 0.1∶100
	摇臂钻床	划线法 0.3∶100	用钻模 0.1∶100

机床类型			圆度	锥度	平面度(凹入)	孔轴心线的平行度	孔与断面的垂直度
卧式镗床	镗杆直径	≤100	外圆 0.05 内孔 0.04	0.04∶200	0.04/300	0.05∶300	0.05∶300
		≤160	外圆 0.05 内孔 0.05	0.05∶300	0.05/500		
		>160	外圆 0.06 内孔 0.05	0.06∶400			
内圆磨床	最大孔径	≤50	0.008	0.008∶200	0.009		
		≤200	0.015	0.015∶200	0.013		
		≤800	0.02	0.02∶200	0.02		
立式金刚镗床			0.08	0.02∶300			0.03∶300

机床类型			平面度	平行度(加工面对基准面)	垂直度	
					加工面对基准面	加工面对互间
卧式铣床			0.06∶300	0.06∶300	0.04∶150	0.05∶300
立式铣床			0.06∶300	0.06∶300	0.04∶150	0.05∶300
龙门铣床	最大加工宽度	≤2000	0.05∶1 000	0.03∶1 000 0.05∶2 000 0.06∶3 000 0.07∶4 000 0.010∶6 000 0.013∶8 000	0.03∶1 000	0.06∶300
		>2000				0.10∶500

续表

机床类型			平面度	平行度（加工面对基准面）	垂直度	
					加工面对基准面	加工面对互间
龙门刨床		≤2 000	0.03∶1 000	0.03∶1 000 0.05∶2 000 0.06∶3 000 0.07∶4 000 0.10∶6 000 0.12∶8 000		0.03∶300
		>2 000				0.05∶500
		≤800	0.06∶500		0.06∶500	0.06∶5 200
		≤1 250	0.07∶500		0.07∶ 500	0.07∶ 500
平面磨床	立轴矩台、卧轴矩台（*Ra*0.8 μm）			0.02∶1 000		
	高精度卧轴矩台（*Ra*0.4 μm）			0.009∶ 500		0.01∶100
	卧轴矩台（*Ra*0.8 μm）			0.02∶工作台直径		
	立轴圆台（*Ra*0.8 μm）			0.03∶1 000		

表中所列的都是生产实际中的统计资料，可以根据对被加工零件加工表面的精度和粗糙度轮廓要求、零件的结构和被加工表面的形状、大小及车间或工厂的具体条件，选取最经济合理的加工方案，必要时应进行技术经济论证。但还必须指出：这是在一般情况下可能达到的精度和表面粗糙度，在具体条件下是会有差别的。随着生产技术的发展，工艺水平的提高，同一种加工方法所能达到的精度和表面粗糙度也会提高。

具有一定技术要求的加工表面，一般不是只通过一次加工就能达到图纸加工要求的，对于精密零件的主要表面，往往要经过多次加工才能达到加工质量要求。图 5-11、图 5-12 和图 5-13 分别列出了外圆表面、孔表面、平面的加工方案和各种加工方案所能达到的加工经济精度和表面粗糙度，供选择表面加工方案时参考。

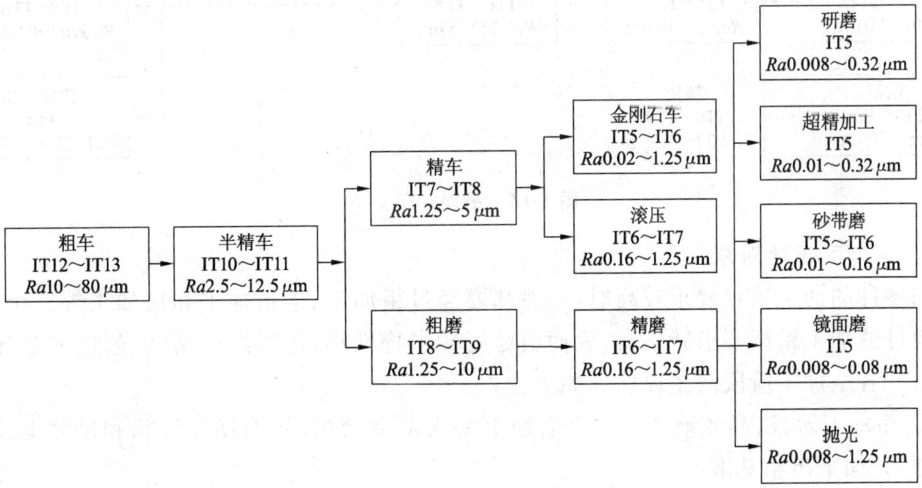

图 5-11　外圆表面加工方案

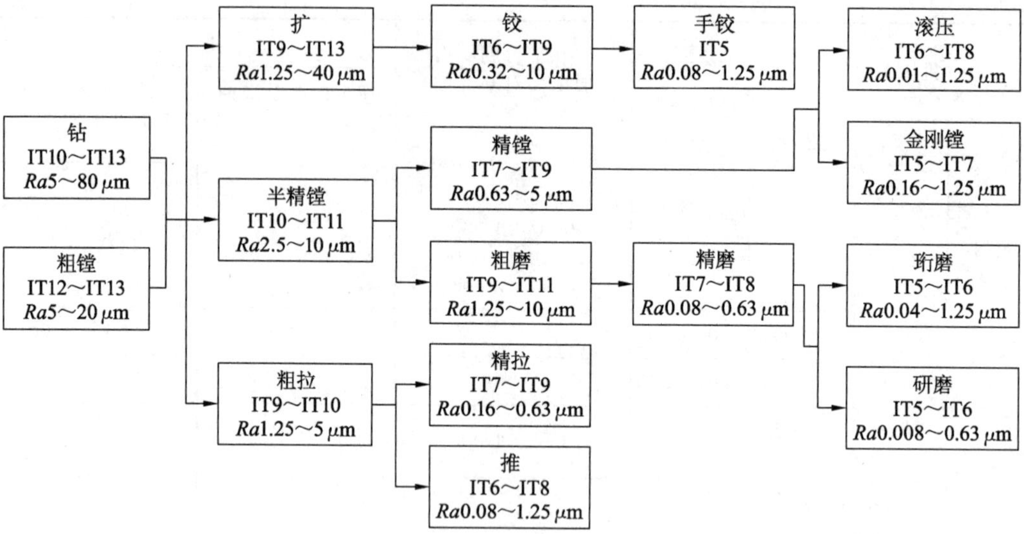

图 5-12　孔表面加工方案

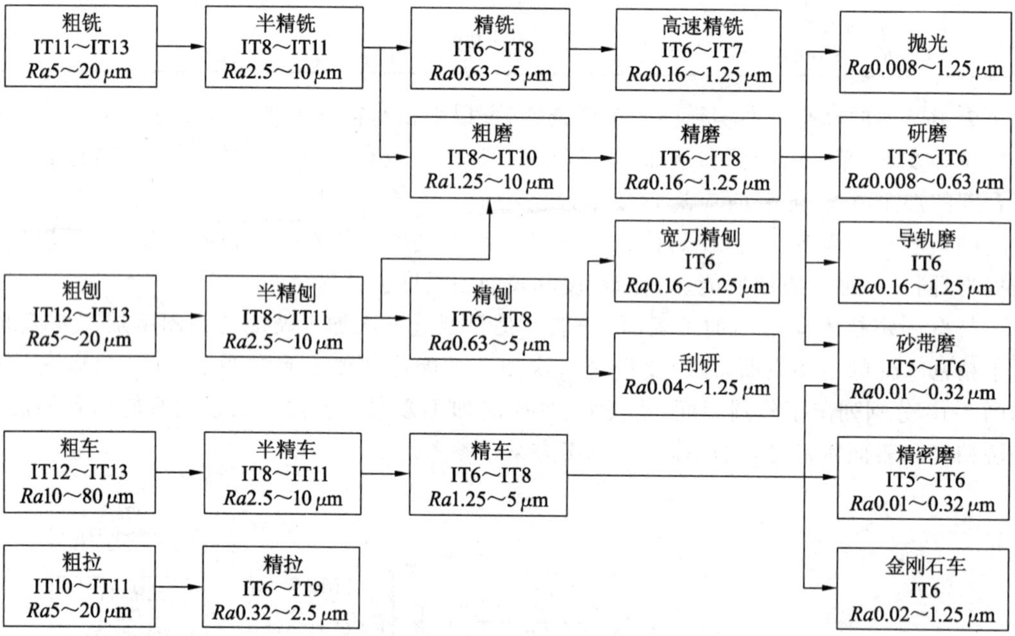

图 5-13　平面加工方案

3. 加工阶段的划分

当零件的加工质量要求较高时，一般都要经过粗加工、半精加工和精加工等三个阶段；如果零件的加工精度要求特别高、表面粗糙度要求特别小，还要经过精密、超精密和光整加工阶段。各个加工阶段的主要任务如下：

① 粗加工阶段：高效地切除加工表面上的大部分余量，使毛坯在形状和尺寸上接近成品零件，并加工出精基准。

② 半精加工阶段：去除粗加工后留下的误差，使被加工表面达到一定精度。为精加工

做好准备，并加工钻孔、攻螺纹、铣键槽等次要表面。

③ 精加工阶段：主要保证零件表面的尺寸、形状、位置精度及表面粗糙度要求。大多数表面至此加工完毕，少数需要进行精密加工或光整加工的表面，此处为其做好准备。

④ 精密、超精密或光整加工阶段：对于精度要求很高(IT5 以上)、表面粗糙度值要求很小($Ra \leqslant 0.2\ \mu m$)的表面，尚需安排精密、超精密和光整加工，其主要任务是减小表面粗糙度值和进一步提高尺寸精度和形状精度，但一般没有提高表面间位置精度的作用。

将零件的加工过程划分为几个加工阶段的主要目的：

① 有利于保证加工质量。粗加工切除加工表面上的大部分余量，切削力和切削热都较大，装夹工件所需夹紧力亦较大，粗加工后，残存在工件中的内应力会重新分布，在这些力作用下，会使工件产生较大变形。划分加工阶段，可逐步修正工件的原有误差，此外各加工阶段之间的时间间隔相当于自然时效，有利于消除残余应力和变形。

② 可及早发现毛坯缺陷。粗加工后容易发现毛坯的缺陷(气孔、砂眼、裂纹和加工余量不够)，便于及时报废或修补，避免后续精加工的经济损失。

③ 有利于合理利用机床设备。粗加工使用功率大、刚性好、生产率高、精度较低的设备；精加工使用精度高的设备。

④ 便于热处理工序安排。粗加工后，可安排时效处理，消除内应力；半精加工后，可进行淬火，然后采用磨削进行精加工。

⑤ 保护精加工过的表面。精加工和光整加工放在最后，可少受擦碰损坏。

应当指出，将工艺过程划分为几个阶段进行是对整个加工过程而言的，不能拘泥于某一表面的加工。例如，工件的定位基准，在半精加工阶段(有时甚至在粗加工阶段)中就需要加工得很精确。另外，加工阶段划分并不是绝对的，在高刚度高精度机床设备上加工刚性好、加工精度要求不特别高或加工余量不太大的工件就可以不必划分加工阶段。有些精度要求不太高的重型零件，由于运送和装夹工件费时费工，一般也不划分加工阶段。

4. 工序的集中与分散

工序集中与分散，是拟定工艺路线时确定工序数目或工序内容多少的两种不同原则。工序集中就是零件的加工集中在少数几道工序内完成，每道工序的加工内容较多。工序分散就是将零件加工分散在较多的工序内进行，每道工序加工内容较少。

(1) 工序集中的特点

① 有利于采用自动化程度较高的高效率机床和工艺装备，生产效率高。

② 工序数少，设备数少，可相应减少操作工人数和生产面积。

③ 工件的装夹次数少，不但可缩短辅助时间，而且由于在一次装夹中加工了许多表面，有利于保证各加工表面之间的相互位置精度要求。

④ 机床结构通常较为复杂，调整和维修比较困难。

(2) 工序分散的特点

① 所用机床和工艺装备简单，易于调整。

② 设备数量多，操作工人多，占用生产面积大。

③ 可采用最合理的切削用量。

④ 对操作工人的技术水平要求不高。

采用工序集中还是工序分散，应根据零件的生产纲领、现有生产条件、零件的结构特点和技术要求等因素综合分析后选用。

单件小批生产可采用加工中心等工序集中方法，它可简化生产组织工作。这种组织方式的可重组生产的能力较强，生产适应性好，转产相对容易，受到愈来愈多的重视。

大批大量生产可采用多刀、多轴机床，各种高效组合机床和自动线等工序分散方法，这种组织方式可实现高生产率生产，但对产品改型的适应性较差，转产比较困难。

对于重型零件，工序应适当集中；对于刚性较差且精度较高的零件，工序应适当分散。

5. 工序先后顺序的安排

一个零件有许多表面需要进行机械加工，此外还有热处理工序和辅助工序。合理安排加工顺序，对保证零件质量、提高生产率、降低加工成本都至关重要。

(1) 机械加工工序的安排

机械加工工序先后顺序的安排，一般应遵循以下几个原则：

① 先基准面后其他。首先加工被选作精基准的表面的，再以加工出的精基准为定位基准，安排其他表面的加工。应当注意，此原则有两层含义：一是工艺路线开始安排的加工面应该是选作定位基准的精基准面，然后再以精基准定位，加工其他表面；二是为保证一定的定位精度，当加工面的精度要求很高时，精加工前一般应先精修一下精基准。

② 先粗后精。先安排各表面粗加工，后安排精加工。对于精度和表面质量要求较高的零件，其粗精加工应该分开。

③ 先主后次。先加工主要表面，后加工次要表面。零件的主要表面是指加工精度和表面质量要求较高的表面，其工序多，且加工质量对零件质量影响较大，因此应先进行加工；一些次要表面如孔、键槽等，可穿插在主要表面加工中间或以后进行。

④ 先面后孔。先加工平面，后加工孔。当零件上有较大的平面可作定位基准时，可先加工出来作定位面，以面定位，加工孔。这样定位稳定、准确，装夹工件比较方便；在毛坯面上钻孔，容易使钻头引偏，若该平面需要加工，则应在钻孔之前先加工平面。特殊情况例外，对于手铰车床主轴箱主轴孔止推面，为保证止推面与主轴轴线垂直度要求，精镗主轴孔后，以孔定位手铰止推面。

(2) 热处理工序及表面处理工序的安排

① 为改善工件材料切削性能而进行的热处理工序，如退火、正火、调质等，应安排在切削加工之前进行。

② 为了消除工件内应力而进行的热处理工序，如人工时效、退火等，最好安排在粗加工之后精加工之前进行；有时也可安排在切削加工之前进行。

③ 为了改善工件材料的力学物理性能而进行的热处理工序，如淬火、渗碳淬火、调质等，通常安排在粗加工后、精加工前进行。其中渗碳淬火一般安排在切削加工后，磨削加工前进行。而表面淬火和渗氮等变形小的热处理工序，允许安排在精加工后进行。

④ 为了提高零件表面耐磨性或耐蚀性而进行的热处理工序及以装饰为目的的热处理工序或表面处理工序，如镀铬、镀锌、氧化、发蓝等，一般放在工艺过程的最后。

(3) 辅助工序的安排

辅助工序的种类很多，如检验、去毛刺、清洗、防锈、平衡及去磁等，它们也是工艺过程的重要组成部分。

检验工序分加工质量检验和特种检验，是工艺过程中必不可少的工序。除了在工序中

自检外,需要在下列场合单独安排检验工序:

① 粗加工全部结束之后;

② 较长工时工序和重要工序的前后;

③ 送往外车间加工的前后;

④ 全部加工工序完成之后。

除了安排几何尺寸检验工序之外,有的零件还要安排探伤、密封、称重、平衡等检验工序。切削加工后,应对零件表层或内腔上影响机器装配质量的毛刺,安排去毛刺工序。零件在装配前,一般应安排清洗工序。用磁力夹紧的工序,要安排去磁工序,不让带有剩磁的工件进入装配线。

6. 机床设备与工艺装备的选择

正确选择机床设备是一件很重要的工作,它不但直接影响工件的加工质量,而且还影响工件的加工效率和制造成本。所选机床设备的尺寸规格应与工件的形体尺寸相适应,机床精度等级应与本工序加工要求相适应,电动机功率应与本工序加工所需功率相适应,机床设备的自动化程度和生产效率应与工件生产类型相适应。

选用机床设备应立足于国内,必须进口的机床设备,须经充分论证,严格履行审批手续。

如果工件尺寸太大(或太小)或工件的加工精度要求过高,没有现成的机床设备可供选择时,可以考虑采用自制专用机床。可根据工序加工要求提出专用机床设计任务书,机床设计任务书应附有与该工序加工有关的一切必要的数据资料,包括工序尺寸、公差及技术条件,工件的装夹方式,该工序加工所用切削用量、工时定额、切削力、切削功率及机床的总体布置形式等。

工艺装备的选择将直接影响工件的加工精度、生产效率和制造成本,应根据不同情况适当选择。在中小批生产条件下,应首先考虑选用通用工艺装备(包括夹具、刀具、量具和辅具);在大批大量生产中,可根据加工要求设计制造专用工艺装备。使用数控机床加工,机时费用高,为充分发挥数控机床的作用,宜选用机械夹固不重磨刀具和耐磨性特别好的刀具,例如,硬质合金涂层刀具、立方氮化硼刀具和人造金刚石刀具等,以减少更换刀具和预调刀具的时间。数控加工所用刀具使用寿命至少应保证能将一个工件加工完。

机床设备和工艺装备的选择不仅要考虑设备投资的当前效益,还要考虑产品改型及转产的可能性,应使其具有更大的柔性。

7. 工艺路线拟定实例

现以CA6140型车床主轴箱箱体为例,介绍工艺路线拟订的方法和步骤。图5-14为CA6140型车床主轴箱箱体简图。

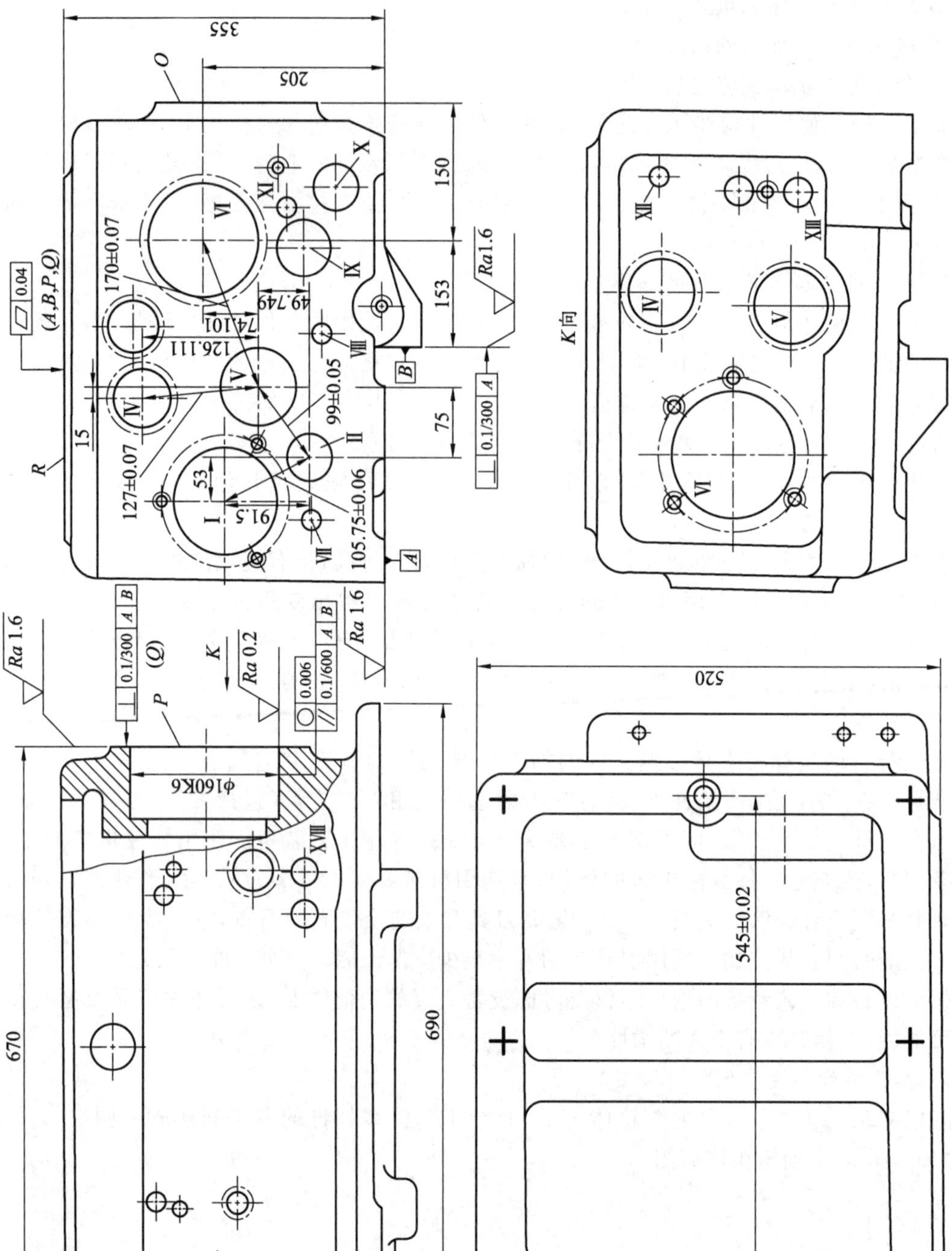

图 5-14　CA6140 型车床主轴箱箱体简图

(1) 主轴箱箱体的结构特点及技术条件分析

主轴箱箱体是主轴箱部件的基础件，主轴箱部件的装配精度在很大程度上取决于主轴箱的加工精度。主轴箱箱体零件的主要加工面是平面和孔。底面 A 和小侧面 B 既是主轴箱部件的装配基准，又是主轴孔Ⅵ的设计基准；主轴孔Ⅵ相对于 A、B 面的平行度要求为 0.1 mm/600 mm，各主要平面对 A、B 面的垂直度要求为 0.1 mm/300 mm。主轴箱箱体上的孔大多是轴承的支承孔，这些孔不仅本身有较高的尺寸精度要求(IT6、IT7)、几何形状精度要求(圆度公差为 0.006～0.008 mm)，而且有较高的位置精度要求。主轴箱箱体孔系中，技术要求最高的是主轴孔Ⅵ，它的尺寸公差为 IT6，圆度公差为 0.006 mm，前后主轴承孔的同轴度要求为 0.012 mm。

(2) 定位基准的选择

① 精基准的选择。根据基准重合原则应选主轴箱的装配基准和主轴孔Ⅵ的设计基准 A 面和 B 面作精基准，A 面本身面积也大，用 A 面定位稳定可靠；此外，用 A、B 面作精基准定位，箱体开口朝上，镗孔时安装刀具、调整刀具、测量孔径等都很方便。不足之处是：加工箱体内部支承壁上的孔时，只能使用吊架式镗模，如图 5-15 所示，由于悬挂式吊架刚度较差，故镗孔精度不高，且每加工一个箱体就需要装卸吊架一次，不仅操作费事费时，而且吊架的装夹误差也会影响孔的加工精度。这种定位方式一般只在单件小批生产中应用。

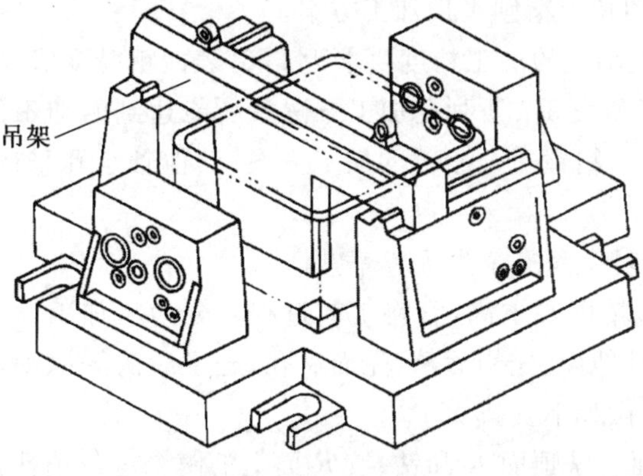

图 5-15　吊架式镗模

在大批大量生产中，为便于工件装夹，可以在顶面 R 上预先做出两个定位销孔；加工时，箱体开口朝下，用顶面 R 和两个定位销孔作精基准支承在夹具定位元件(一个平面、两个定位销)上，如图 5-16 所示。这种定位方式的优点：定位可靠；镗杆中间导向支承架可以直接固定在夹具体上，刚性好，有利于保证孔系加工的相互位置精度；装卸工件方便，便于组织流水线生产和自动化生产。这种定位方式的不足：镗孔过程中无法观察加工情况，无法测量孔径和调整刀具；此外，由于基准不重合必然会带来基准不重合误差，为保证主轴孔至底面 A 的尺寸要求，须相应提高定位面(顶面 R)至底面 A 的尺寸精度。

② 粗基准的选择。根据粗基准选择原则，生产中一般都选主轴承孔的毛坯面和距主轴承孔较远的Ⅰ轴孔作粗基准。由于铸造主轴箱箱体毛坯时，形成主轴承孔、其他轴支承孔及箱体内壁的型芯是装成一个整体安装在砂箱中的，它们间具有较高的位置精度，因此，以主轴承孔作粗基准不但可以保证主轴承孔的加工余量均匀，而且还可以保证箱体内壁(不加工面)与主轴箱部件中的装配件(主要是齿轮)之间具有规定的间距。

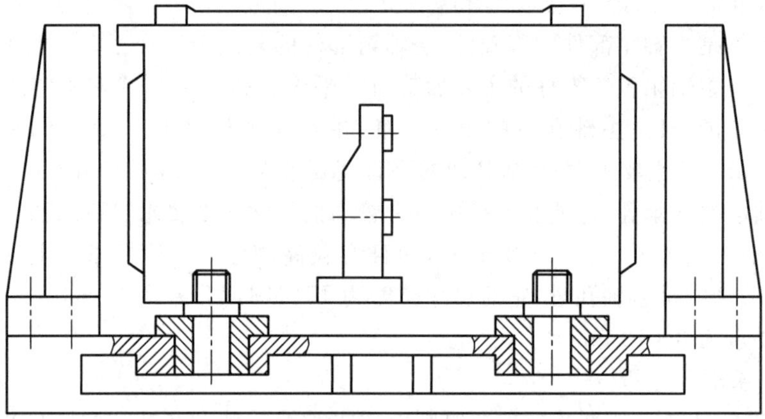

图 5-16　中间导向支承固定在夹具体上的镗模

(3) 加工方法的选择

① 平面加工。主轴箱箱体主要平面的平面度要求为 0.04 mm，表面粗糙度要求为 $Ra1.6\ \mu m$。参照图 5-13 平面加工方案和表 5-6 所列的平面加工方法及所能达到的加工经济精度和表面粗糙度，大批大量生产中宜采用铣平面和磨平面加工方案；单件小批生产中宜采用粗刨、半精刨和宽刀精刨平面加工方案。

② 孔系加工。主轴孔的加工精度要求为 IT6，表面粗糙度值要求为 $Ra0.2\ \mu m$，参照图 5-12 孔表面加工方案和表 5-7 所列孔加工方法及所能达到的加工经济精度和表面粗糙度，可采用粗镗—半精镗—精镗—金刚镗的加工方案；其他轴承孔采用粗镗—半精镗—精镗的加工方案。

(4) 加工阶段的划分和工序先后顺序安排

主轴箱箱体加工精度要求高，宜将工艺过程划分为粗加工、半精加工和精加工三个阶段，根据先基准面后其他面、先粗后精、先面后孔、先主后次等原则，在大批大量生产中主轴箱箱体的加工顺序可做如下安排：

① 加工精基准面。铣顶面 R 和钻、铰 R 面上的两个定位销孔，同时加工 R 面上的其他小孔。

② 主要表面的粗加工。粗铣底平面(A)、侧平面(O、B)和两端面(P、Q)，粗镗、半精镗主轴孔和其他孔。

③ 人工时效处理。

④ 次要表面加工。在两侧面上钻孔、攻螺纹，在两端面和底面上钻孔、攻螺纹。

⑤ 精加工精基准面。磨顶面 R。

⑥ 主要表面精加工。精镗主轴孔及其他孔，金刚镗(高速细镗)主轴孔，磨箱体主要表面。

考虑到孔系精加工的不合格品率较高，有些工厂将精镗、金刚镗主轴孔工序安排在次要表面加工之前进行，这样可避免因孔系精加工出现不合格品而对次要表面进行加工的工时；但这有一个条件，在精加工之后安排的次要表面加工，它们的材料去除量应是不多的，且在工件上的分布应是比较均匀的。

在大批大量生产中，毛坯质量较高，各轴承孔的镗孔余量较小，为使镗孔余量均匀，最好是粗镗、半精镗、精镗和金刚镗等加工工序都统一采用经精加工过的精基准面定位顺序进行，在粗镗孔前就要安排精加工基准面。这种违反先粗后精原则的工序顺序安排有一个前提条件，那就是箱体毛坯的制造质量较高，各轴承孔的镗孔余量较小，粗镗、半精镗孔之后由于内应力重新分布所引起的工件变形很小。

表 5-10 列出了大批大量生产 CA6140 型车床主轴箱箱体的机械加工工艺路线。

表 5-10　大批大量生产 CA6140 型车床主轴箱箱体的机械加工工艺路线

工序号	工序内容	所用设备
1	粗铣顶面 R	立式铣床
2	钻、扩、铰顶面 R 上两定位孔，加工其他紧固孔	摇臂钻床
3	粗铣底面 A、B，侧面 O，端面 P、Q	龙门铣床
4	磨顶面 R	立式转台平面磨床
5	粗镗纵向孔系	双工位组合机床
6	时效处理	
7	半精镗、精镗纵向孔系，半精镗、精镗主轴孔	双工位组合机床
8	金刚镗主轴孔	专用机床
9	钻、铰横向孔及攻螺纹	专用组合机床
10	钻 A、P、Q 各面上的孔，攻螺纹	专用组合机床
11	磨底面 A、B，侧面 O，端面 P、Q	组合平面磨床
12	去毛刺、修锐边	钳工台
13	清洗	清洗机
14	检验	检验台

在中小批生产条件下加工主轴箱箱体，可以考虑根据工序集中原则组织工艺过程，采用加工中心加工箱体。它的特点是：一次装夹就能完成箱体许多表面的加工；加工表面间具有很高的位置精度；转换生产对象非常方便，生产适应性好。

5.2.3　加工余量

1. 概述

用去除材料方法制造机器零件时，一般都要从毛坯上切除一层层材料之后最后才能制得符合图样规定要求的零件。毛坯上留作加工用的材料层，称为加工余量。加工余量有总余量和工序余量之分。某一表面毛坯尺寸与零件设计尺寸的差值就是总余量值，用 Z_0 表示。上工序与本工序基本尺寸的差值为本工序的工序余量 Z_i。总余量 Z_0 与工序余量 Z_i 的关系可用下式表示：

$$Z_0 = \sum_{i=1}^{n} Z_i \tag{5-1}$$

式中：n——某一表面所经历的加工工序数。

工序余量有单边余量和双边余量之分。对于非对称表面（见图 5-17a），其加工余量用

单边余量 Z_b 用下式表示：

$$Z_b = l_a - l_b \tag{5-2}$$

式中：Z_b——本工序的工序余量；

l_b——本工序的基本尺寸；

l_a——上工序的基本尺寸。

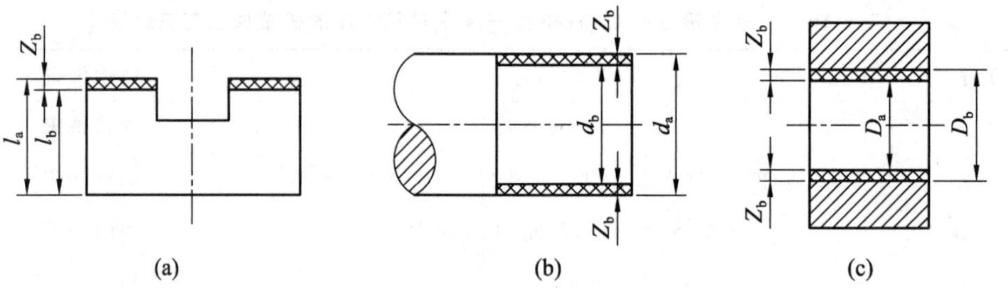

图 5-17　单边余量与双边余量

对于外圆与内圆这样的对称表面(见图 5-17b,c)，其加工余量用双边余量 $2Z_b$ 表示，对于外圆表面(见图 5-17b)有：

$$2Z_b = d_a - d_b \tag{5-3}$$

对于内圆表面(见图 5-17c)有：

$$2Z_b = D_b - D_a \tag{5-4}$$

由于工序尺寸有偏差，故各工序实际切除的余量值是变化的，因此工序余量有公称余量(简称余量)、最大余量 Z_{max}、最小余量 Z_{min} 之分，对于图 5-18 所示被包容面加工情况，本工序加工的工称余量：

$$Z_b = l_a - l_b \tag{5-5}$$

公称余量的变动范围：

$$T_Z = Z_{max} - Z_{min} = T_b + T_a \tag{5-6}$$

式中：T_b——本工序工序尺寸公差；

T_a——上工序工序尺寸公差。

工序尺寸公差一般按"入体原则"标注。对被包容尺寸(轴径)，上偏差为 0，其最大尺寸就是基本尺寸；对包容尺寸(孔径、槽宽)，下偏差为 0，其最小尺寸就是基本尺寸。

正确规定加工余量的数值是十分重要的，加工余量规定得过大，不仅浪费材料而且耗费机时、刀具和电力；但加工余量也不能规定得过小，如果加工余量留得过小，则本工序加工就不能完全切除上工序留在加工表面上的缺陷层，这就没有达到设置这道工序的目的。

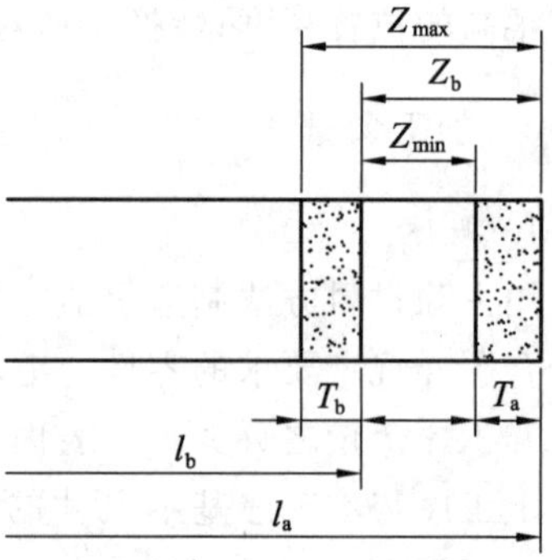

图 5-18　被包容面加工工序余量及公差

2. 加工余量的影响因素

(1) 上工序留下的表面粗糙度值 Rz(表面粗糙度最大高度)和表面缺陷层深度 H_a

本工序必须把上工序留下的表面粗糙度和表面缺陷层全部切去，因此本工序加工余量

必须包括 Rz 和 H_a 这两项因素。

(2) 上工序的尺寸公差 T_a

由于上工序加工表面存在尺寸误差，为了使本工序能全部切除上工序留下的表面粗糙度和表面缺陷层，本工序加工余量必须包括 T_a 项。

(3) 上工序的形位误差 $\boldsymbol{e}_a$

工件上存在一些不由尺寸公差 T_a 所控制的形状误差和位置误差，如图 5-19 所示轴线直线度误差，在确定加工余量时，必须考虑它们的影响，否则本工序加工将无法去除上工序留下的表面粗糙度 Rz 及表面缺陷层深度 H_a。

(4) 本工序的装夹误差 $\boldsymbol{\varepsilon}_b$

如果本工序存在装夹误差（包括定位误差、夹紧误差），则在确定本工序加工余量时还应考虑 $\boldsymbol{\varepsilon}_b$ 的影响。

由于 $\boldsymbol{e}_a$ 与 $\boldsymbol{\varepsilon}_b$ 都是向量，所以要用矢量相加取矢量和的模进行余量计算。

综上分析可知，工序余量的最小值可用以下公式计算：

对于单边余量：
$$Z_{min}=T_a+Rz+H_a+|\vec{e}_a+\vec{\varepsilon}_b| \tag{5-7}$$

对于双边余量：
$$2Z_{min}=T_a+2(Rz+H_a)+2|\vec{e}_a+\vec{\varepsilon}_b| \tag{5-8}$$

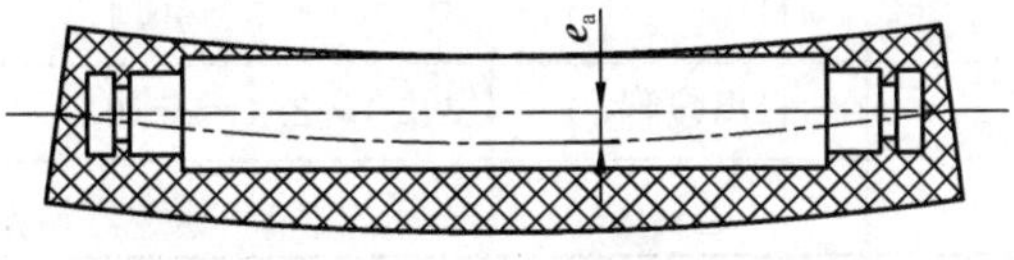

图 5-19　轴线弯曲误差对加工余量的影响

3. 加工余量的确定

确定加工余量有计算法、查表法和经验估计法等。

(1) 计算法

此法是根据上述加工余量公式和一定的试验资料，对影响加工余量的各种因素具体分析，并计算确定加工余量。用此方法比较科学，但需有比较可靠和全面的试验资料，目前应用较少。

(2) 经验估计法

此法是根据经验确定加工余量。通常，为防止余量过小而产生不合格品，经验估计的加工余量一般都偏大，此法常用于单件小批生产中。

(3) 查表法

此法以工厂生产实践和实验研究积累的经验为基础制成的各种表格数据为依据，再结合实际加工情况加以修正。用查表法确定加工余量，方法简便，比较接近实际，生产上广泛应用。

5.2.4　工序尺寸及其公差的确定

由于工序尺寸是零件在加工时各工序应保证的加工尺寸，因此，正确地确定工序尺寸及其公差，是工序设计的一项重要工作。

工序尺寸的计算要根据零件图上的设计尺寸，以及已确定的各工序的加工余量及定位基准的转换关系来进行。工序尺寸公差则按各工序加工方法的经济精度选定。

对于各工序的定位基准与设计基准重合时的表面的多次加工，其工序尺寸的计算比较简单，此时只要根据零件图上的设计尺寸、各工序的加工余量、各工序所能达到的经济精度，由最后一道工序开始依次向前推算，直至毛坯，即可确定各工序尺寸及公差。

【例 5-1】 某车床主轴箱箱体的主轴孔，设计要求为 ϕ100Js6，Ra0.8 μm，加工工序为粗镗—半精镗—精镗—浮动镗。试确定各工序尺寸及公差。

【解】 此为各工序的定位基准与设计基准重合时的表面的多次加工。先根据有关手册及工厂实际经验确定各工序的基本余量，其数值见表 5-11 的第二列；再根据各种加工方法的经济精度表格确定各工序尺寸的公差，其数值见表 5-11 的第三列；最后由后工序向前工序逐个计算工序尺寸，其数值见表 5-11 的第四列，并得各工序尺寸、尺寸公差和表面粗糙度 Ra，见表 5-11 的第五列。

表 5-11 工序间尺寸、公差、表面粗糙度及毛坯尺寸的确定

工序名称	工序基本余量/mm	工序的经济精度	工序尺寸/mm	工序尺寸及其公差和 Ra
浮动镗	0.1	Js6(±0.011)	100	$\phi100\pm0.011$，Ra=0.8 μm
精　镗	0.5	$H7(^{+0.035}_{0})$	100−0.1=99.9	$\phi99.9^{+0.035}_{0}$，Ra=1.6 μm
半精镗	2.4	$H10(^{+0.140}_{0})$	99.9−0.5=99.4	$\phi99.4^{+0.140}_{0}$，Ra=1.6 μm
粗 镗	5	$H13(^{+0.440}_{0})$	99.4−2.4=97.0	$\phi97.0^{+0.440}_{0}$，Ra=1.6 μm
毛坯孔	8	(±1.3)	97.0−5=92.0	$\phi92\pm1.3$

工序基准或定位基准与设计基准不重合时，或在加工过程中工序基准多次转换时，或工序尺寸尚需从待加工的表面标注时，工序尺寸及公差的计算比较复杂，需用工艺尺寸链来进行分析计算。

1. 尺寸链

(1) 尺寸链的定义

在零件的加工和机器的装配过程中，相互联系并按一定顺序排列的封闭尺寸组，称为尺寸链。

图 5-20 所示零件，A_1 尺寸已加工，现以 M 面定位，用调整法加工 P 面，直接得到尺寸 A_2，并间接保证尺寸 A_0，此时 A_1、A_2 和 A_0 三个尺寸构成一个封闭尺寸组合，即形成了尺寸链。

图 5-21 所示为孔轴装配尺寸链。装配时孔的尺寸 B_1 和轴的尺寸 B_2 已经确定，装配后形成装配间隙 B_0，则 B_1、B_2 和 B_0 构成一个尺寸链。

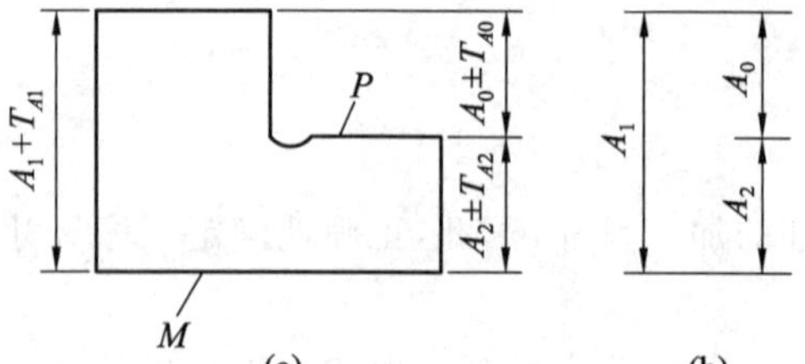

图 5-20 工艺尺寸链

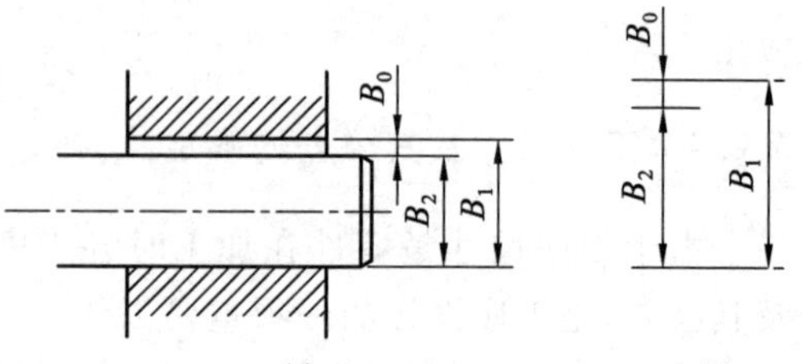

图 5-21 装配尺寸链

（2）尺寸链的组成

组成尺寸链的每个尺寸称为环，环可分为封闭环和组成环，组成环又可分为增环和减环。

① 封闭环。加工或装配过程中最后（自然或间接）形成的环。如图 5-20 和图 5-21 中的 A_0 和 B_0。

② 组成环。尺寸链中除封闭环外的各环称为组成环。它是加工或装配时直接得到的尺寸。组成环又分增环和减环。

a. 增环。该环尺寸增大，尺寸链中其余环尺寸不变，封闭环尺寸相应增大的组成环。

b. 减环。该环尺寸增大，尺寸链中其余环尺寸不变，封闭环尺寸相应减小的组成环。

建立尺寸链时，首先应确定封闭环，再从封闭环一端起，依次画出与此相关的直接得到的尺寸作为组成环，最后回到封闭环的另一端，形成一个封闭的尺寸链图。

（3）尺寸链的分类

按不同情况分类尺寸链有以下几种：

① 按应用范围，尺寸链可分为工艺尺寸链和装配尺寸链。

② 按各环所处空间位置，尺寸链可分为直线尺寸链、平面尺寸链（见图 5-22）和空间尺寸链。

③ 按环几何特征，尺寸链可分为长度尺寸链和角度尺寸链（见图 5-23）。

由于最常见的是直线尺寸链，且平面尺寸链和空间尺寸链均可通过坐标投影方法转换为直线尺寸链求解，因此，此处只介绍直线尺寸链的计算方法。

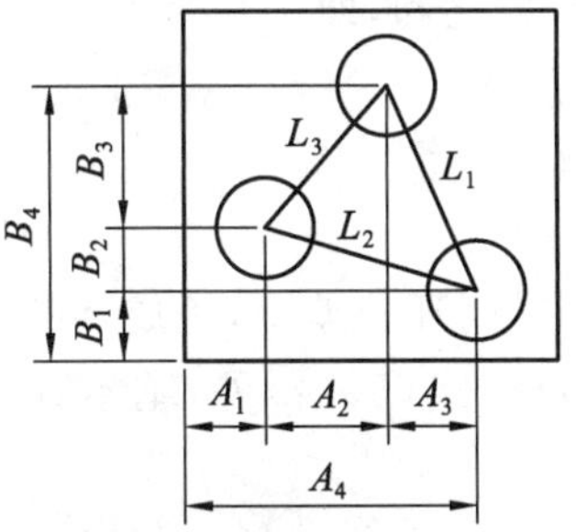

图 5-22　平面尺寸链

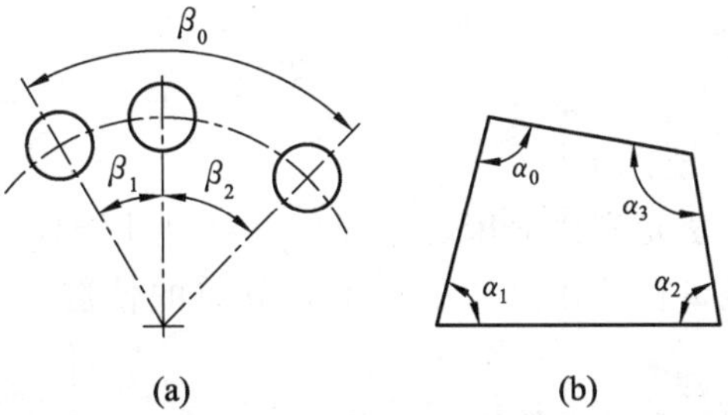

图 5-23　角度尺寸链

（4）尺寸链的计算

按求解的环是组成环还是封闭环的不同，尺寸链的计算有设计计算和校核计算。已知封闭环求组成环的计算为设计计算，已知组成环求封闭环的计算为校核计算。按求解尺寸链方法的不同，尺寸链计算有极值法（又称完全互换法）和统计法（又称大数互换法）两种。

① 极值法

此法是按误差综合最不利的情况，即组成环出现极值（最大值或最小值）时，来计算封闭环。优点是简便、可靠；缺点是当封闭环公差小，组成环数目多时，会使组成环公差小，加工困难。

a. 封闭环基本尺寸。封闭环的基本尺寸 A_0 等于所有增环的基本尺寸 A_z 之和减去所有减环的基本尺寸 A_j 之和，即

$$A_0 = \sum_{z=1}^{m} A_z - \sum_{j=m+1}^{n-1} A_j \tag{5-9}$$

式中：m、$n-1$——分别为增环数、组成环数

b. 封闭环极限尺寸。封闭环最大极限尺寸 $A_{0\max}$ 等于所有增环的最大极限尺寸 $A_{z\max}$ 之和减去所有减环的最小极限尺寸 $A_{j\min}$ 之和；封闭环最小极限尺寸 $A_{0\min}$ 等于所有增环的最小极限尺寸 $A_{z\min}$ 之和减去所有减环的最大极限尺寸 $A_{j\max}$ 之和，即

$$A_{0\max} = \sum_{z=1}^{m} A_{z\max} - \sum_{j=m+1}^{n-1} A_{j\min} \tag{5-10}$$

$$A_{0\min} = \sum_{z=1}^{m} A_{z\min} - \sum_{j=m+1}^{n-1} A_{j\max} \tag{5-11}$$

c. 封闭环上、下偏差。封闭环上偏差 ES_0 等于所有增环的上偏差 ES_z 之和减去所有减环的下偏差 EI_j 之和；封闭环下偏差 EI_0 等于所有增环的下偏差 EI_z 之和减去所有减环的上偏差 ES_j 之和，即

$$ES_0 = \sum_{z=1}^{m} ES_z - \sum_{j=m+1}^{n-1} EI_j \tag{5-12}$$

$$EI_0 = \sum_{z=1}^{m} EI_z - \sum_{j=m+1}^{n-1} ES_j \tag{5-13}$$

d. 封闭环中间偏差。封闭环中间偏差 Δ_0 等于所有增环的中间偏差 Δ_z 之和减去所有减环的中间偏差 Δ_j 之和，即

$$\Delta_0 = \sum_{z=1}^{m} \Delta_z - \sum_{j=m+1}^{n-1} \Delta_j \tag{5-14}$$

e. 封闭环公差。封闭环公差 T_0 等于所有组成环公差 T_i 之和，即

$$T_0 = \sum_{z=1}^{m} T_z + \sum_{j=m+1}^{n-1} T_j = \sum_{i=1}^{n-1} T_i \tag{5-15}$$

② 统计法

此法是利用概率的原理来进行尺寸链计算，主要用于封闭环公差小，组成环数目多以及大批量自动化生产中成正态分布的情况。除了式(5-9)～式(5-14)外，基本计算公式还有：

封闭环公差等于所有组成环公差 T_i 的平方和开方，即

$$T_0 = \sqrt{\sum_{i=1}^{n-1} T_i^2} \tag{5-16}$$

2. 工序尺寸及其公差的计算实例

(1) 定位基准与设计基准不重合时，工序尺寸及公差的计算

【例 5-2】 图 5-24a 所示轴套工件，在车床上已加工好外圆、内孔及各表面。已知 $A_1 = 65 \pm 0.05$ mm，$A_2 = 40^{+0.05}_{0}$ mm，现需在铣床上以端面 A 定位铣出表面 C，保证尺寸 $A_3 = 20^{0}_{-0.2}$ mm，试计算铣此缺口时的工序尺寸。

【解】 ① 建立尺寸链

表面 C 的位置尺寸是由表面 B 标注。表面 B 为表面 C 的设计基准。铣缺口的定位基准为 A 面，故设计基准与定位基准不重合，需进行工艺尺寸换算。工序尺寸应由 A 面标出为 A_4。加工中尺寸 A_3 为间接得到的，故为封闭环，即 $A_3 = A_0$。有关尺寸所组成的尺寸链如图 5-24b 所示。其中 A_1 为减环，A_2、A_4 为增环。

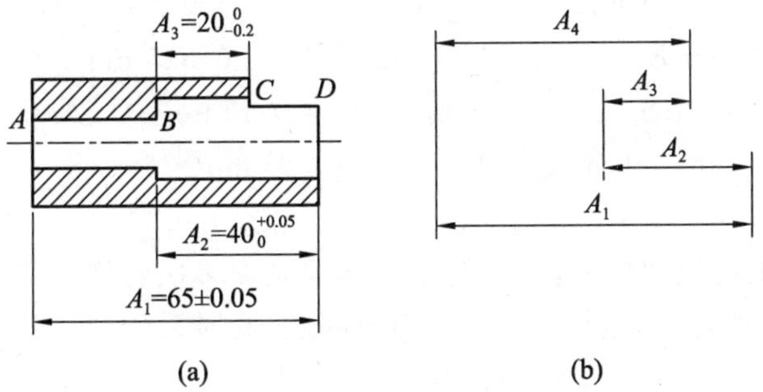

图 5-24 轴套工件加工工艺尺寸链

② 计算 A_4 基本尺寸及上、下偏差

由式(5-9)知 $A_0=A_2+A_4-A_1$，得 $A_4=A_0+A_1-A_2=20+65-40=45$ mm

由式(5-12)和式(5-13)可知，

$ES_0=ES_2+ES_4-EI_1$，得 $ES_4=ES_0+EI_1-ES_2=0+(-0.05)-0.05=-0.1$ mm

$EI_0=EI_2+EI_4-ES_1$，得 $EI_4=EI_0+ES_1-EI_2=-0.2+0.05-0=-0.15$ mm

故 $A_4=45_{-0.15}^{-0.10}$ mm，工序尺寸为 $A_4=44.9_{-0.05}^{0}$ mm。

(2) 一次加工满足多个设计尺寸要求时工序尺寸及其公差的计算

【例 5-3】 一带有键槽的内孔，其设计尺寸如图 5-25a 所示，加工顺序为：

① 镗内孔至 $A_1=\phi 39.6_{0}^{+0.10}$ mm；

② 插键槽至工序尺寸 A_2；

③ 淬火热处理；

④ 磨内孔，同时保证内孔直径 $A_3=\phi 40_{0}^{+0.05}$ mm 和键槽深度 $A_4=43.6_{0}^{+0.34}$ mm，两个设计尺寸的要求，求工序尺寸 A_2。

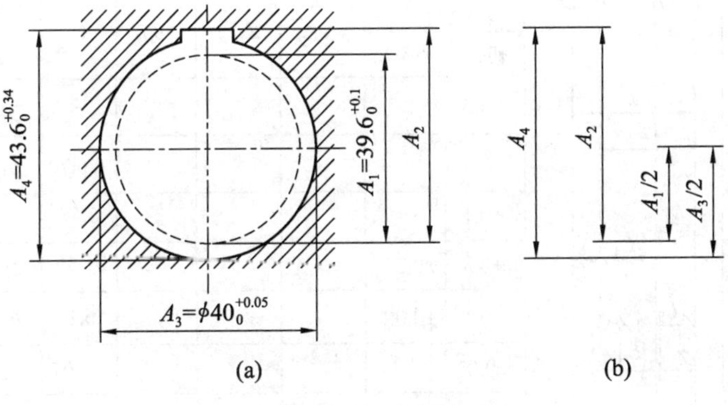

图 5-25 内孔及键槽的工艺尺寸链

【解】 ① 建立尺寸链。由于键槽深度的设计尺寸 A_4 是间接保证的，故为封闭环。找出与封闭环相关的尺寸，画出尺寸链图，如图 5-25(b)所示。

② 判断增、减环。$A_3/2(20_{0}^{+0.025}$ mm)为增环，$A_1/2(19.8_{0}^{+0.05}$ mm)为减环。

③ 计算 A_2 的基本尺寸及上、下偏差。

由式(5-9)，可知：$A_4=A_2+A_3/2-A_1/2$，故

$A_2=A_4-A_3/2+A_1/2=43.6-20+19.8=43.4$ mm

由式(5-12)和式(5-13)可得

$ES_2=ES_4-ES_3/2+EI_1/2=0.34-0.025+0=+0.315$ mm

$EI_2=EI_4-EI_3/2+ES_1/2=0-0+0.05=+0.05$ mm

故 $A_2=43.4^{+0.315}_{+0.050}$ mm，工序尺寸 $A_2=43.45^{+0.265}_{0}$ mm。

(3) 工序尺寸与加工余量计算图表法

对于同一方向上的较多尺寸，加工时定位基准又需多次转换的零件，由于工序尺寸关系复杂，又有余量确定问题，此时采用图表跟踪法比较方便。

【例 5-4】 图 5-26 所示零件的有关轴向表面的工艺安排如下：

工序 10：以 D 面定位，粗车 A 面，然后以 A 面为测量基准粗车 C 面，保证工序尺寸 L_1 和 L_2(见图 5-27)；

工序 20：以 A 面定位，粗车及精车 B 面，保证工序尺寸 L_3，然后以 B 面为测量基准粗车 D 面，保证工序尺寸 L_4；

工序 30：以 B 面定位，精车 A 面，保证工序尺寸 L_5；再以 A 面为测量基准精车 C 面，保证工序尺寸 L_6；

工序 40：用靠火花磨削法磨削 B 面，控制磨削余量 Z_7。

试确定各工序尺寸、公差和余量。

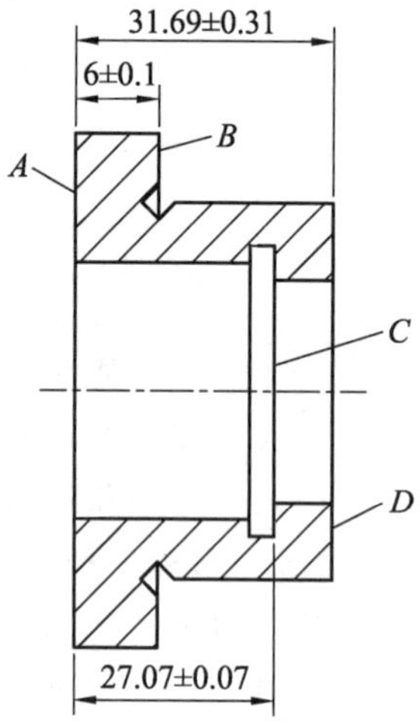

图 5-26　轴套零件简图

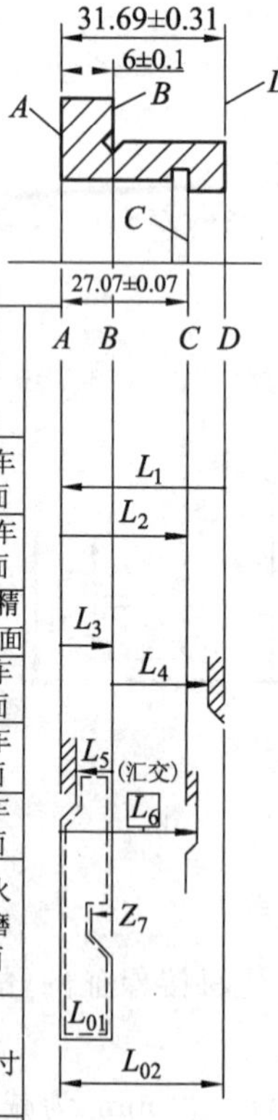

工序号	加工内容	工序公差 $\pm\frac{1}{2}T_i$ 初拟	工序公差 $\pm\frac{1}{2}T_i$ 调整后	余量变动量 $\pm\frac{1}{2}T_{Zi}$	最小余量 $Z_{i\min}$	平均余量 Z_{iM}	平均尺寸 A_{iM}	注成单向偏差 $A_{i\ 0}^{+Ti}$ 或 $A_{i-Ti}^{\ 0}$
10	粗车A面	±0.5					34	34.5^{0}_{-1}
	粗车C面	±0.3					26.7	$26.4^{+0.06}_{0}$
20	粗、精车B面	±0.1					6.58	$6.68^{0}_{-0.2}$
	粗车D面	±0.3	±0.23				25.59	$25.82^{0}_{-0.46}$
30	精车A面	±0.1	±0.08				6.1	$6.18^{0}_{-0.16}$
	精车C面	±0.07					27.07	$27^{+0.14}_{0}$
40	靠火花磨B面	±0.02		±0.02	0.08	0.1		
结果尺寸		±0.1 ±0.3					6 31.69	
符号说明		— 工艺基准 ➝ 工艺尺寸 ⊸ 加工表面 — 结果尺寸 ▯ 余量						

图 5-27　工序尺寸图表法

【解】 用图表法确定各工序尺寸、公差和余量一般按以下步骤进行：

(1) 绘制加工过程尺寸联系图

① 在图 5-27 的上方绘出被加工零件简图，标注出与轴向表面加工有关的设计尺寸，并从有关表面向下引竖线。在表的左边，按加工过程从上到下，严格地排出加工顺序；在表的右边列出需要计算的项目。

② 按加工顺序自上而下填写工序号及加工内容。

③ 按图示规定符号画出各工序的工艺基准、加工表面、工序尺寸和加工终结尺寸线，加工余量按“入体”位置示意。为方便计算，可将设计尺寸的偏差换算成对称偏差的形式标注。

(2) 工艺尺寸链查找

由终结尺寸两端向上作“迹线”，遇到箭头（加工表面）拐弯，画工序尺寸的平行线，遇到圆点（测量基准）则继续往上，重复以上过程，直到两条查找线路汇交为止。图 5-27 中虚线就是以终结尺寸（6±0.1）mm（L_{01}）为封闭环向上追迹所列出的一个尺寸链。采用同样的方法可以列出所有以设计尺寸（或加工余量）为封闭环的尺寸链，如图 5-28 所示。

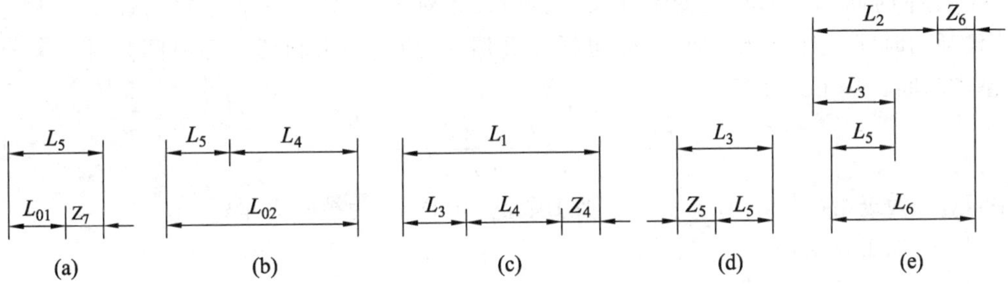

图 5-28 按图表法查找的工艺尺寸链

(3) 计算项目栏的填写

① 初步选定工序公差 T_i，必要时做适当调整；确定工序最小余量 $Z_{i\min}$。

② 根据工序公差计算余量变动量 T_{zi}；

③ 根据工序公差和余量变动量，计算平均余量 Z_{iM}；

④ 根据平均余量计算平均工序尺寸；

⑤ 将平均工序尺寸和平均公差改注成基本尺寸和上、下偏差形式。

在确定工序公差时，若工序尺寸就是设计尺寸，则该工序公差取图纸标注的公差（图 5-27 中工序尺寸 L_6），对中间工序尺寸（图 5-27 的 L_1、L_2、L_3、L_4、L_5、Z_7）的公差，可按加工经济精度或根据实际经验初步拟定，靠磨余量 Z_7 的公差，取决于操作者的技术水平，本例中取 $Z_7=(0.1\pm0.02)$ mm。

将初拟工序尺寸公差代入结果尺寸链中图 5-28a 和图 5-28b 中，当全部组成环公差之和小封闭环的公差时，则初拟公差可定下来，否则需对初拟公差进行修正。修正时首先考虑缩小公共环的公差；其次考虑实际加工可能性，优先缩小那些不会给加工带来很大困难的组成环的公差。修正的依据仍是使全部组成环公差之和等于或小于图纸给定的结果尺寸（封闭环）的公差。

对图 5-28a 和图 5-28b 的尺寸链，按初拟工序公差验算，结果尺寸 L_{01} 和 L_{02} 均超差，考虑到 L_5 是两个尺寸链的公共环，先缩小 L_5 的公差至±0.08 mm，重新验算，L_{01} 不超差，L_{02}

仍超差。在 L_{02} 的尺寸链中，将 L_4 的公差缩小至±0.23 mm，再验算，不超差。于是，各工序尺寸公差便可定下来，并填入“修正后”一栏中去。

最小加工余量 Z_{min} 通常根据手册和现有资料结合实际经验修正确定。

表内余量变动量由余量所在尺寸链，按式(5-15)计算得到；表内平均尺寸 L_{iM} 通过尺寸链计算得到，最后将尺寸按“入体”原则标注。

5.2.5 工艺过程经济性分析

1. 时间定额

(1) 时间定额的定义

在一定生产条件下，规定完成一件产品或完成一道工序所消耗的时间，称为时间定额。时间定额是安排生产计划、进行成本核算的主要依据，也是设计或扩建工厂(或车间)时计算设备、工人数量、车间布置和生产组织的依据。

(2) 时间定额的组成

① 基本时间 $t_{基}$。直接改变工件尺寸、形状、相对位置、表面状态或材料性质等工艺过程所消耗的时间。对于机械加工，则包括刀具切入、切削加工和切出等时间。对于车削加工，基本时间可按下式计算：

$$t_{基}=\frac{l+l_1+l_2}{nf}i \tag{5-17}$$

式中：i——为进给次数，$i=Z/a_p$，Z 为加工余量(mm)，a_p 为被吃刀量(mm)；

l——加工长度，mm；

l_1——刀具切入长度，mm；

l_2——刀具切出长度，mm；

n——机床主轴转速，r/min；

f——进给量，mm/r。

② 辅助时间 $t_{辅}$。在一道工序中，为完成工艺过程所进行的各种辅助动作所消耗的时间开停机床、改变切削用量、测量工件等所消耗的时间。

基本时间和辅助时间的总和称为作业时间。

③ 布置工作地时间 $t_{布置}$。为使加工正常进行，照管工作地(包括刀具调整、润滑机床、清除切屑、收拾工具等)所消耗的时间。一般可按操作时间的 $\alpha\%$(2%～7%)来估算。

④ 休息与生理需要时间 $t_{休}$。工人在工作班内为恢复体力和满足生理需要所消耗的时间。一般按操作时间的 $\beta\%$(2%)来估算。

单件时间 $t_{单件}$ 是上述四部分时间的总和，即

$$t_{单件}=t_{基}+t_{辅}+t_{布置}+t_{休}=(t_{基}+t_{辅})(1+\alpha\%+\beta\%) \tag{5-18}$$

⑤ 准备与终结时间 $t_{准终}$。加工一批零件时，工人在开始和终了时所做的准备终结工作而消耗的时间。如熟悉工艺文件、领取毛坯、安装刀具和夹具、调整机床及归还工艺装备和送交成品等。准备终结时间对一批零件只消耗一次。零件批量 N 越大，分摊到每个工件上的准备终结时间越小。所以成批生产时的单件时间定额为

$$t_{单件}=t_{基}+t_{辅}+t_{布置}+t_{休}=(t_{基}+t_{辅})(1+\alpha\%+\beta\%)+t_{准终}/N \tag{5-19}$$

2. 提高生产率的工艺途径

劳动生产率是以工人在单位时间内所生产出合格产品的数量来评定的。不断提高劳动生产率是降低成本、增加积累和扩大社会再生产的根本途径。提高劳动生产率是一个与产品设计、制造工艺、组织管理等有关的综合性任务。提高劳动生产率的主要工艺途径是缩短单件工时定额等。

(1) 缩短基本时间

① 提高切削用量。提高生产率的最有效办法是提高切削用量。目前广泛采用高速车削和高速磨削，硬质合金车刀切削速度可达 200 m/min，陶瓷刀具可达 500 m/mm，人造金刚石车刀切速可达 900 m/min，高速磨削切削速度已高达 80～125 m/s。强力磨削的磨削深度达 6～12 mm。

② 减少切削行程长度。如多把车刀同时加工工件的同一表面(见图 5-29)，宽砂轮做切入磨削等，均可使切削行程长度减小。

③ 合并工步。用几把刀具或一把复合刀具对工件的几个不同表面或同一表面同时加工，由于工步的基本时间全部或部分重合，可减少工序的基本时间，图 5-29 和图 5-30 为多刀加工和复合刀具的实例。

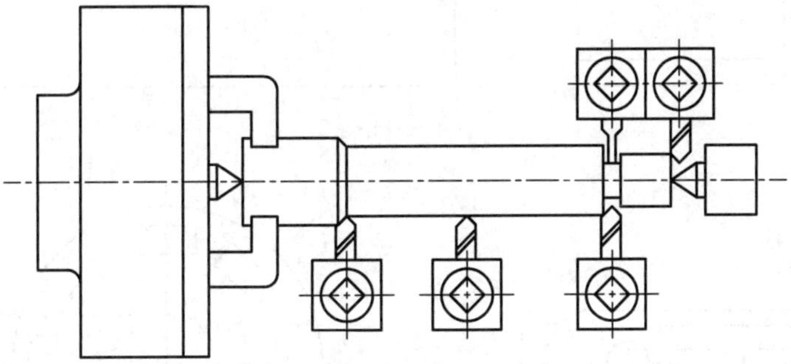

图 5-29　多刀车削加工

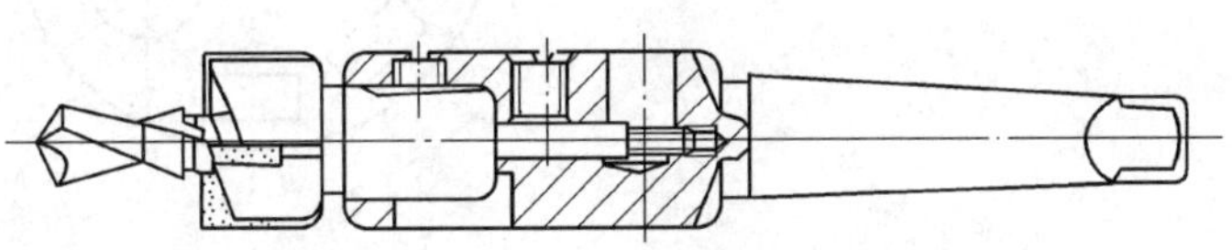

图 5-30　钻一扩复合刀具

④ 采用多件加工。机床在一次装夹中同时加工几个工件，使分摊到每个工件上的基本时间和辅助时间大为减少。工件可采用平行、顺序和平行顺序加工，如图 5-31 所示。

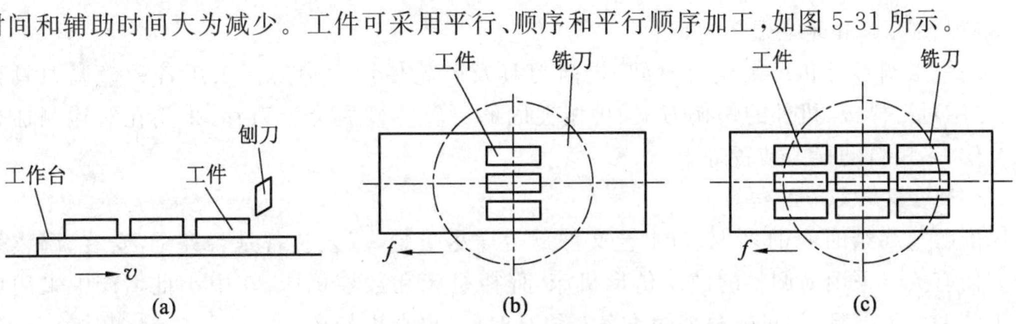

图 5-31　顺序多件、平行多件和平行顺序多件加工

(2) 减少辅助时间和尽量使辅助时间与基本时间重叠

减少辅助时间可采用先进夹具或自动上、下料装置减少装、卸工件的时间；提高机床操作的机械化与自动化水平，实现集中控制、自动调速与变速以缩短开、停机床和改变切削用量的时间。辅助时间与基本时间重叠可采用转位夹具或转位工作台、直线往复或工作台等使装卸工件的时间与基本时间重合；采用线检测的方法控制加工过程中的尺寸，使测量时间与基本时间重叠。图 5-32 为辅助时间与基本时间重叠的示例。

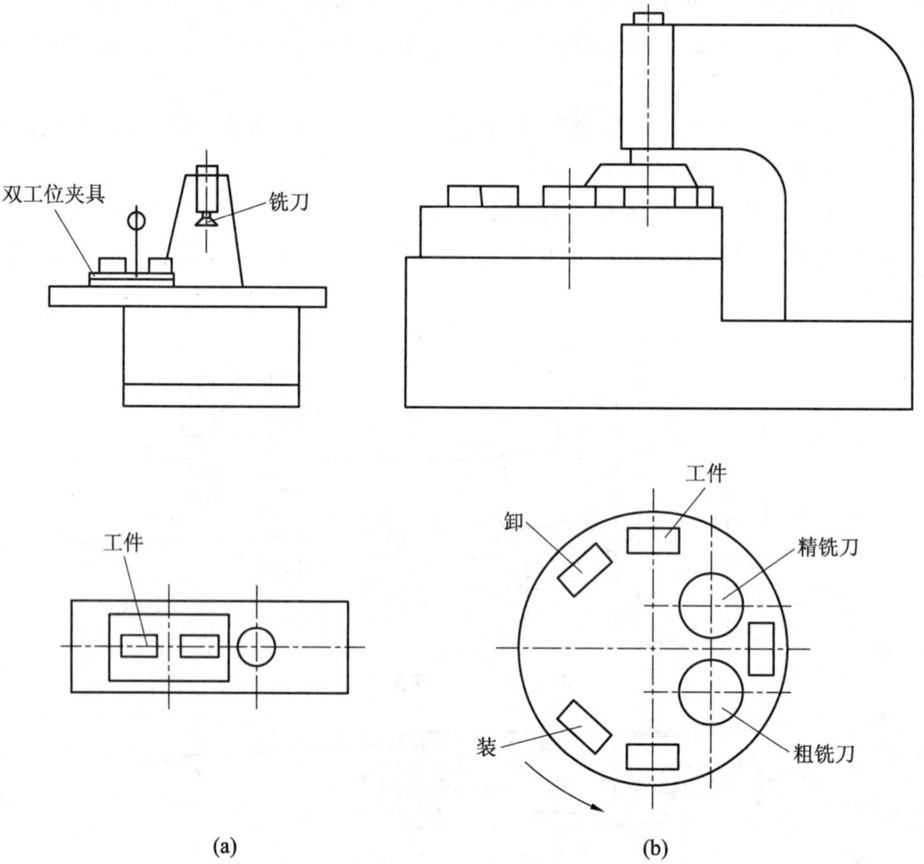

图 5-32　辅助时间与基本时间重合的示例

(3) 缩短工作地点服务时间

缩短微调刀具和每次换刀时间，提高刀具及砂轮使用寿命等。采用各种微调刀具机构、专用对刀样板、机外的快换刀夹、机械夹固的可转位硬质合金刀片、采用在线检测加自动补偿、采用自动换刀装置等。

(4) 缩短准备与终结时间

准备与终结时间的多少，与工艺文件是否详尽清楚，工艺装备是否齐全，安装、调整是否方便有关。采用易调整的液压仿形机床、程控机床和数控机床；在中小批生产中采用成组工艺和成组夹具，均可明显缩短准备与终结时间，提高生产率。

(5) 采用新工艺和新方法

采用先进的毛坯制造方法，如精铸、精锻等；采用少、无切屑新工艺，如冷挤、液压等；采用特种加工，如用电火花加工锻模等；改进加工方法，如以拉代铣，以铣代刨、以精磨代刮研等。

3. 工艺方案的经济分析

制订零件的机械加工工艺规程时，在同样能满足被加工零件技术要求和满足产品交货期的条件下，一般可拟出几种不同工艺方案，但其生产成本却不尽相同。对工艺方案进行技术经济分析，就是比较不同方案的生产成本，以便选择在给定生产条件下最经济的方案。

生产成本是指制造一个零件或一件产品时所必需的一切费用的总和。它包括两大部分费用：一部分费用与工艺过程直接有关，称工艺成本，它占零件生产成本的 70%～75%；另一部分费用与工艺过程不直接有关，如行政人员工资，厂房折旧及维护，照明、取暖及通风等。由于在同一生产条件下与工艺过程不直接有关的费用基本上是相等的，因此，对零件工艺方案进行经济分析，只需分析比较工艺成本即可。

(1) 机械加工工艺成本

工艺成本由可变成本与不变成本两部分组成。

① 可变成本：是与年产量成比例的成本。它包括材料费、机床工人的工资、机床电费；普通机床折旧费、普通机床修理费、刀具费和通用夹具费等，这类成本用 V 表示。

② 不变成本：是与年产量的变化无直接关系的成本。它包括专用机床折旧费、专用机床修理费、专用夹具费和调整工人的工资等，这类成本以 S 表示。

零件(或一个工序)全年的工艺成本 E 和单件工艺成本 E_d 可用下式表示：

$$E=VN+S \tag{5-20}$$

$$E_d=V+S/N \tag{5-21}$$

式中：N——零件的年产量；

V——可变成本；

S——不变成本。

全年工艺成本 $E=VN+S$ 的图解为一直线，如图 5-33a 所示，它说明全年工艺成本的变化 E 与年产量的变化 N 成正比。单件工艺成本 E_d 与年产量 N 是双曲线关系，如图 5 33b 所示。当 N 增大时，E_d 减小，且逐渐接近于 V。

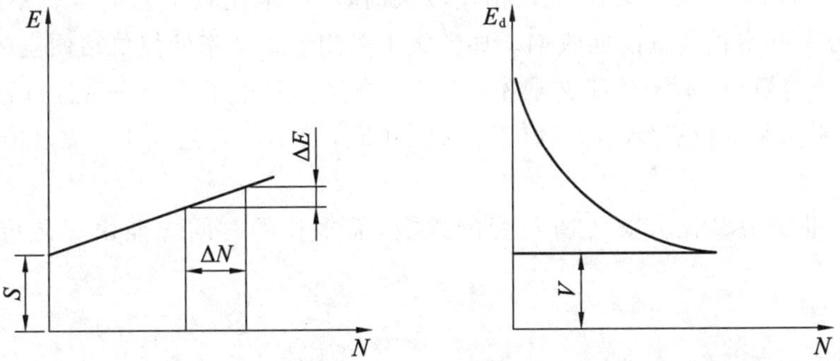

(a) 全年工艺成本与年产量的关系　　(b) 单件成本与年产量的关系

图 5-33　工艺成本的图解曲线

(2) 工艺方案的经济性评比

对几种不同工艺方案进行经济评比时，有以下两种不同情况：

① 基本投资或使用设备相同的情况

当需评比的工艺方案基本投资相近或均采用现有设备时，可用工艺成本评比各方案经济性。

若两种不同工艺方案的全年工艺成本分别为

$$E_1 = V_1 N + S_1,\ E_2 = V_2 N + S_2$$

当产量一定时，先分别计算两种方案的全年工艺成本，比较后，选其小者；当年产量变化时，可根据上述公式用图进行比较。如图 5-34a 所示，当计划产量 $N < N_K$ 时，则选方案 2；当 $N > N_K$ 时，则选方案 1。N_K 称临界产量，由图 5-34a 可以看出，两条直线交点的横坐标便是 N_K 值。所以，由

$$N_K V_1 + S_1 = N_K V_2 + S_2$$

可得

$$N_K = (S_2 - S_1)/(V_1 - V_2) \tag{5-22}$$

若两条直线不相交，如图 5-34b 所示，则不论年产量如何，方案 1 总比方案 2 经济。

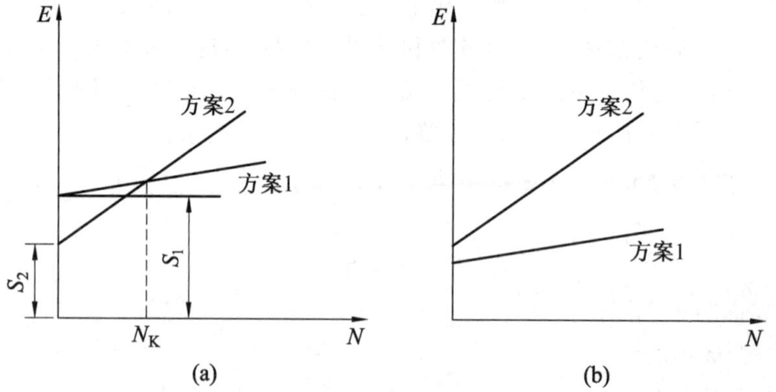

图 5-34 两种工艺方案的经济对比

② 两种工艺方案的基本投资差额较大的情况

当需评比的两种方案的基本投资相差较大时，单纯地比较工艺成本就不够了，此时还应考虑不同方案基本投资额的回收期。如方案 1 采用了生产率低但价格便宜的机床和工艺装备，所以基本投资(K_1)小，但工艺成本(E_1)高；方案 2 采用了生产率高且价格较贵的机床和工艺装备，所以基本投资(K_2)大，但工艺成本(E_2)较小。工艺成本低是由于增加投资而得到的。

回收期是指方案 2 比方案 1 所花费的投资，需多长的时间才能由工艺成本的降低而收回。

回收期 τ(年)可用下式表示

$$\tau=(K_2-K_1)/(E_1-E_2)=\Delta K/\Delta E \tag{5-23}$$

式中：ΔK——基本投资差额，元；

ΔE——全年生产费用节约额，元/年。

回收期愈短，则经济效益愈好。一般回收期应满足以下要求：

① 回收期应小于所用设备或工艺装备的使用年限；

② 回收期应小于市场对该产品的需求年限；

③ 回收期限应小于国家规定的标准回收期，采用专用工艺装备的标准回收期为 2～3 年，采用专用机床的标准回收期为 4～6 年。

考虑投资回收期后的临界年产量 N_K' 计算如下(参见图 5-35)：

$$N_K'V_1+S_1=N_K'V_2+S_2+\Delta E$$

有

$$N_K'=(S_2-S_1+\Delta E)/(V_1-V_2) \tag{5-24}$$

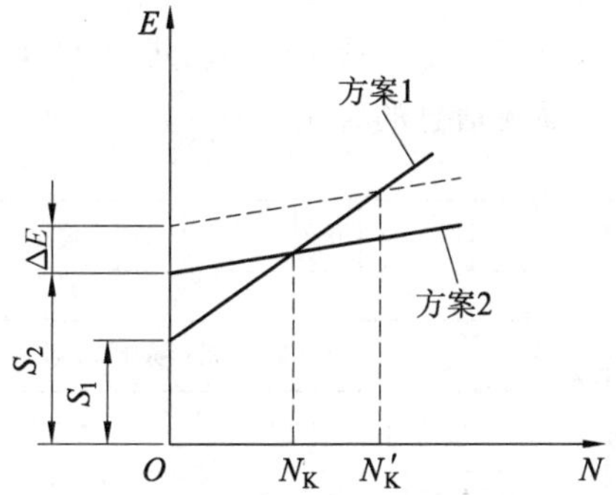

图 5-35　临界年产量和追加投资的临界年产量

5.3　成组技术

近年来，由于科学技术飞速发展和市场竞争日趋激烈，机械工业产品更新越来越快，产品品种增多，而每种产品的生产数量却并不很多。据统计，世界上 75%～80%的机械产品是以中小批生产方式制造的。与大量生产企业相比，中小批生产企业的劳动生产率比较低，生产周期长，产品成本高，市场竞争能力差。如何用规模生产方式组织中小批量产品的生产，一直是国际生产工程界广为关注的重大研究课题，成组技术就是针对生产中的这种需求发展起来的一种生产技术。

5.3.1　成组技术基本原理

成组技术(Group Technology，简称 GT)是一种将工程技术与管理技术集于一体的生产组织管理方法体系，其基本原理是利用产品零件间的相似性，将零件分类成组，然后根据每组零件所特有的相似特征，为同组零件找出它们相对统一的最佳处理方法，以取得所期望的经济效益。成组技术可以发挥规模生产的优势，达到提高生产效率、降低生产成本、节省资源的目的。

作为一种机械制造的应用技术，成组技术涉及对机械制造中相似性的特征进行标识、开发和利用的一系列过程，也就是说，需建立或选择一种编码系统对零件特征进行标识，根据应用需求确定零件分组准则，建立相似零件族进行相似性开发，然后在应用领域对之加以利用。

5.3.2 零件的分类编码

零件编码就是用数字表示零件的形状特征，代表零件特征的每一个数字码称为特征码。迄今为止，世界上有70多种分类编码系统，应用最广的是奥匹兹(Opitz)分类编码系统，该系统是1964年西德阿亨工业大学Opitz教授领导编制的，是成组技术早期较为完善的编码系统，很多国家以它为基础建立了各国的分类编码系统。我国机械工业行业于1984年制订了“机械零件编码系统(简称JLBM-1系统)”。该系统是在分析德国奥匹兹系统和日本KK系统的基础上，根据我国机械产品设计的具体情况制订的。该系统由名称类别、形状及加工码、辅助码三部分共15个码位组成，每一码位包括从0～9的10个特征项号，详见图5-36和表5-12～表5-16。JLBM-1系统的特点是零件类别按名称类别矩阵划分，便于检索，码位适中，又有足够的描述信息的容量。

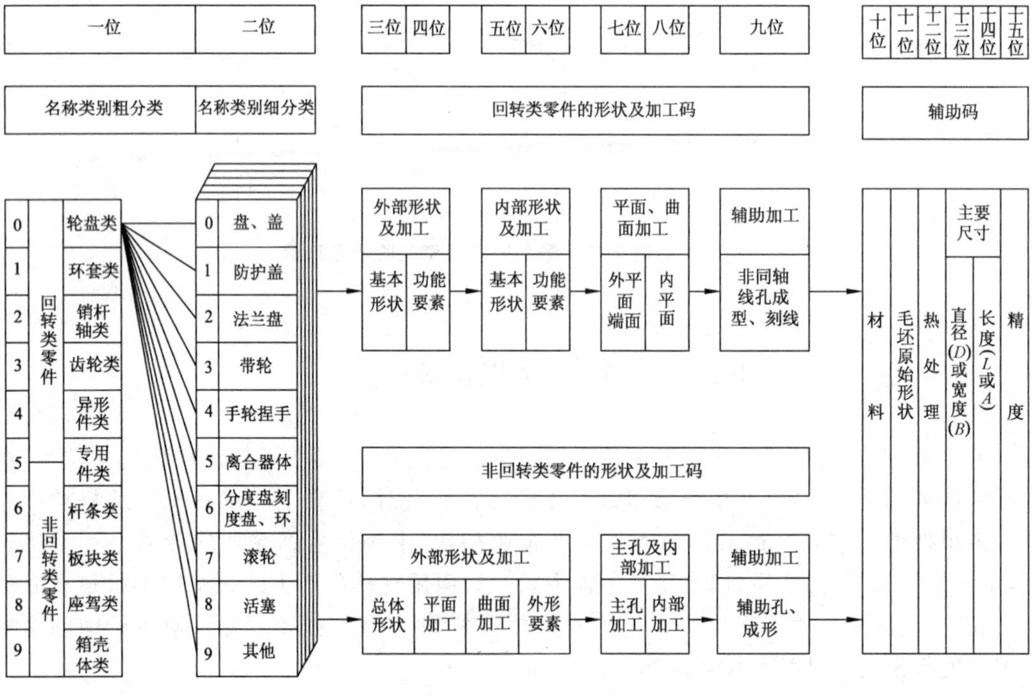

图5-36 JLBM-1分类编码系统

表 5-12 回转类零件分类表(第三～九位)

码位	三	三	四	四	五	五	五	六	六	七	七	八	八	九	九	九
特征	外部形状及加工				内部形状及加工					平面、曲面加工				辅助加工(非同轴线孔、成形、刻线)		
项号	基本形状		功能要素		基本形状			功能要素		外(端)面		内面				
0	单一轴线	光滑	0	无	0	无轴线孔		0	无	0	无	0	无	0	无	
1	单一轴线	单向台阶	1	环槽	1	非加工孔		1	环槽	1	单一平面不等分平面	1	单一平面不等分平面	1	均匀孔	轴向
2	单一轴线	双向台阶	2	螺纹	2	通孔	光滑单向台阶	2	螺纹	2	平行平面等分平面	2	平行平面等分平面	2	均匀孔	径向
3	单一轴线	球、曲面	3	1+2	3	通孔	双向台阶	3	1+2	3	槽、键槽	3	槽、键槽	3	非均匀孔	轴向
4	单一轴线	正多边形	4	锥面	4	盲孔	单侧	4	锥面	4	花键	4	花键	4	非均匀孔	径向
5	单一轴线	非圆对称截面	5	1+4	5	盲孔	双侧	5	1+4	5	齿形	5	齿形	5	倾斜孔	
6	单一轴线	弓、扇形或4、5以外	6	2+4	6	球、曲面		6	2+4	6	2+5	6	3+5	6	各种孔组合	
7	多轴线	平行轴线	7	1+2+4	7	深孔		7	1+2+4	7	3+5或4+5	7	4+5	7	成形	
8	多轴线	弯曲、相交轴线	8	传动螺纹	8	相交孔平行孔		8	传动螺纹	8	曲面	8	曲面	8	机械刻线	
9	其他		9	其他	9	其他		9	其他	9	其他	9	其他	9	其他	

表 5-13 非回转类零件分类表(第三～九位)

码位	三	三	三	四	四	四	五	五	五	六	六	七	七	七	七	八	八	八	九	九	九
	外部形状及加工											主孔、内部形状及加工							辅助加工(辅助孔、成形)		
	总体形状			平面加工			曲面加工			外形要素加工		主孔及要素加工				内部平面加工					
0	板条	无弯曲	轮廓边缘由直线组成	0		无	0		无	0	无	0			无	0		无	无		
1	板条	无弯曲	轮廓边缘由直线和曲线组成	1		一侧平面及台阶平面	1	回转面加工	回转面加工	1	外部一般直线沟槽	1	无螺纹	单一轴线	光滑、单向台阶或单向盲孔	1	主孔内	单一轴向沟槽	均匀孔	单方向	圆周排列的孔
2	板条	无弯曲	板或条与圆柱体组合	2		二侧平面及台阶平面	2	回转面加工	回转定位槽	2	直线定位导向槽	2	无螺纹	单一轴线	双向台阶双向盲	2	主孔内	多个轴向沟槽	均匀孔	单方向	直线排列的孔
3	板条	有弯曲	轮廓边缘由直线或直线+曲线组成	3	双向平面	直交面	3		一般曲面沟槽	3	直线定位导向凸起	3	无螺纹	多轴线	平行轴线	3	主孔内	内花键	二个方向配置孔		
4	板条	有弯曲	板或条与圆柱体组成	4	双向平面	斜交面	4		简单曲面	4	1+2	4	无螺纹	多轴线	垂直或交轴线	4	主孔内	内等分平面	多个方向配置孔		

续表

码位	三		四		五		六		七		八		九
	外部形状及加工								主孔、内部形状及加工				辅助加工（辅助孔、成形）
	总体形状		平面加工		曲面加工		外形要素加工		主孔及要素加工		内部平面加工		
5	块状	5	多向平面：二个二侧平行平面（即四面需加工）	5	复合曲面	5	2+3	5	有螺纹：单一轴线	5	1+3		非均匀孔：单个方向排列的孔
6	箱壳坐架：有分离面	6	多向平面：2+3 或 3+5	6	1+4	6	1+3 或 1+2+3	6	有螺纹：多轴线	6	2+3		成形：多个方向排列的孔
7	箱壳坐架，无分离面：矩形体组合	7	多向平面：六个平面需加工	7	2+4	7	齿形齿纹	7	有其他功能要素（功能锥、功能槽、球面、曲面等）：单一轴线	7	异形孔		成形：无辅助孔
8	箱壳坐架，无分离面：矩形体与圆柱体组合	8	多向平面：斜平面	8	3+4	8	刻线	8	有其他功能要素（功能锥、功能槽、球面、曲面等）：多轴线	8	内腔平面及窗口平面加工		成形：有辅助孔
9	其他	9	其他	9	其他	9	其他	9	其他	9	其他		其他

表 5-14　名称类别矩阵表（第一、二位）

第一位 \ 第二位			0	1	2	3	4	5	6	7	8	9
0	回转类零件	轮盘类	盘、盖	防护罩	法兰盘	带轮	手轮捏手	离合器体	分度盘刻度盘	滚轮	活塞	其他
1	回转类零件	环套类	垫圈片	环、套	螺母	衬套轴套	外螺纹套直管接头	法兰套	半联轴节	液压缸气缸		其他
2	回转类零件	销杆轴类	销、堵短圆柱	圆杆圆管	螺杆螺栓螺钉	阀杆阀芯活塞杆	短轴	长轴	蜗杆丝杆	手把手柄操纵杆		其他
3	回转类零件	齿轮类	圆柱外齿轮	圆柱内齿轮	锥齿轮	蜗轮	链轮棘轮	螺旋锥齿轮	复合齿轮	圆柱齿条		其他
4	回转类零件	异形件	异形盘套	弯管接头弯头	偏心件	扇形件弓形件	叉形接头叉轴	凸轮凸轮轴	阀体			其他
5	回转类零件	专用件										其他
6	非回转类零件	杆条类	杆、条	杠杆摆件	连杆	撑杆拉杆	扳手	键镶（压）条	梁	齿条	拨叉	其他
7	非回转类零件	板块类	板、块	防护板盖板、门板	支承板垫板	压板连接板	定位块棘爪	导向块、滑块、板	阀块分油器	凸轮板		其他
8	非回转类零件	座架类	轴承座	支座	弯板	底座机架	支架					其他
9	非回转类零件	箱壳体类	罩、盖	容器	壳体	箱体	立柱	机身	工作台			其他

表 5-15 材料、毛坯、热处理分类表(第十～十二位)

代码	十	十一	十二
项目	材料	毛坯原始材料	热处理
0	灰铸铁	棒材	无
1	特殊铸铁	冷拉材	发蓝
2	普通碳钢	管材(异型管)	退火、正火及时效
3	优质碳钢	型材	调质
4	合金钢	板件	淬火
5	铜和铜合金	铸件	高、中、工频淬火
6	铝和铝合金	锻件	渗碳+4 或 5
7	其他有色金属及其合金	铆焊件	氮化处理
8	非金属	铸塑成形件	电镀
9	其他	其他	其他

表 5-16 主要尺寸、精度分类表(第十三～十五位)

<table>
<tr><th colspan="4">十三</th><th colspan="3">十四</th><th colspan="3">十五</th></tr>
<tr><th rowspan="3">项目</th><th colspan="6">主要尺寸</th><th rowspan="3">项目</th><th colspan="2" rowspan="3">精度</th></tr>
<tr><th colspan="3">直径或宽度 D 或 B/mm</th><th colspan="3">长度 L 或 A/mm</th></tr>
<tr><th>大型</th><th>中型</th><th>小型</th><th>大型</th><th>中型</th><th>小型</th></tr>
<tr><td>0</td><td>≤14</td><td>≤18</td><td>≤3</td><td>≤50</td><td>≤18</td><td>≤10</td><td>0</td><td colspan="2">低精度</td></tr>
<tr><td>1</td><td>>14～20</td><td>>8～14</td><td>>3～6</td><td>>50～120</td><td>>18～30</td><td>>10～16</td><td>1</td><td rowspan="3">中等精度</td><td>内外 回转面加工</td></tr>
<tr><td>2</td><td>>20～58</td><td>>14～20</td><td>>6～10</td><td>>120～250</td><td>>30～50</td><td>>16～ 25</td><td>2</td><td>平面加工</td></tr>
<tr><td>3</td><td>>58～90</td><td>>20～30</td><td>>10～18</td><td>>250～500</td><td>>50～120</td><td>>25～ 40</td><td>3</td><td>1+2</td></tr>
<tr><td>4</td><td>>90～160</td><td>>30～58</td><td>>18～30</td><td>>500～800</td><td>>120～250</td><td>>40～60</td><td>4</td><td rowspan="5">高精度</td><td>外回转面加工</td></tr>
<tr><td>5</td><td>>160～400</td><td>>58～90</td><td>>30～45</td><td>>800～1 250</td><td>>250～500</td><td>>60～85</td><td>5</td><td>内回转面加工</td></tr>
<tr><td>6</td><td>>400～630</td><td>>90～160</td><td>>45～65</td><td>>1 250～2 000</td><td>>500～800</td><td>>85～120</td><td>6</td><td>4+5</td></tr>
<tr><td>7</td><td>>630～1 000</td><td>>160～440</td><td>>65～90</td><td>>2 000～3 150</td><td>>800～1 250</td><td>>120～160</td><td>7</td><td>平面加工</td></tr>
<tr><td>8</td><td>>1 000～1 600</td><td>>440～630</td><td>>90 ～120</td><td>>3 150～5 000</td><td>>1 250～2 000</td><td>>160～200</td><td>8</td><td>4 或 5、或 6 加 7</td></tr>
<tr><td>9</td><td>>1 600</td><td>>630</td><td>>120</td><td>>5 000</td><td>>2 000</td><td>>200</td><td>9</td><td></td><td>超高精度</td></tr>
</table>

有了编码系统，就可以对工厂生产的所有零件进行编码，图 5-37 给出了两个 JLBM－1 分类编码系统编码示例。

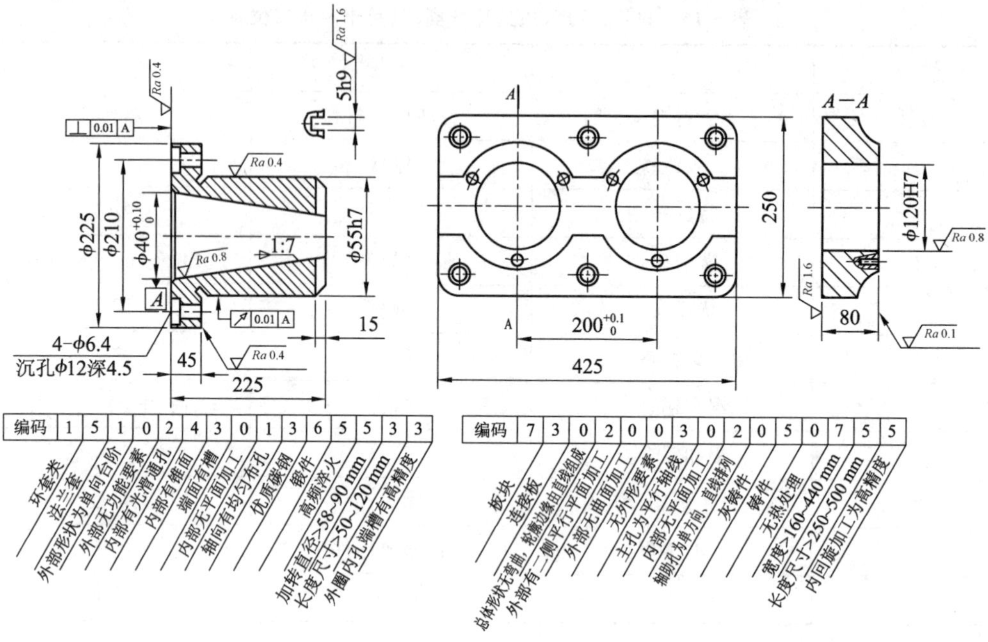

(a) 回转类零件　　(b) 非回转类零件

图 5-37　JLBM-1 分类编码系统编码示例

5.3.3　成组工艺

1. 划分零件组(族)

根据零件编码划分零件组(族)的方法有以下几种：

(1) 特征码位法

以加工相似性为出发点，选择几位与加工特征直接有关的特征码位作为形成零件组的依据，例如，可以规定第 1、2、6、7 等四个码位相同的零件划为一组，根据这个规定，编码为 043063072、041103070、047023072 的三个零件可划为同一组。

(2) 码域法

对分类编码系统中各码位的特征码规定一定的码域作为零件分组的依据，例如，可以规定某一组零件的第 1 码位的特征码只允许取 0 和 1，第 2 码位的特征码只允许取 0,1,2,3 等，凡各码位上的特征码落在规定码域内的零件划为同一组。

(3) 特征位码域法

这是一种将特征码位法与码域法相结合的零件分组方法。根据具体生产条件与分组需要，选取特征性较强的特征码位并规定允许的特征码变化范围(码域)，并以此作为零件分组的依据。

2. 编制零件组的成组加工工艺规程

编制成组加工工艺规程常用的方法有综合零件法和综合工艺路线法，分述如下：

(1) 综合零件法

按综合零件法编制成组加工工艺规程时，首先需要设计一个能集中反映该组零件全部结构特征和工艺特征的综合零件，它可以是组内的一个真实零件，也可以是人为综合的“假想”零件。编制零件组成组加工工艺规程实际上就是为该零件组综合零件编制工艺规程，该工艺规程对零件组内的每一个零件都适用，有的零件可能没有其中的一个工序(工步)或几个工序(工步)。综合零件法常用于编制形体比较简单的回转体类零件的成组加工工艺规程，图 5-38 是用综合零件法编制的成组工艺过程示例。

零件简图	工步									综合零件
	1	2	3	4	5	6	7	8	9	
	切端面	车外圆	车外圆	钻孔	钻孔	镗锥孔	车外圆	倒角	切断	
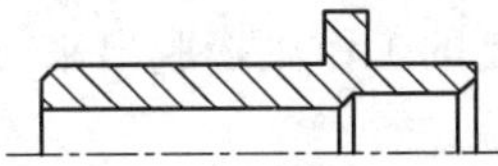	√	√	√	√	√	√	√	√	√	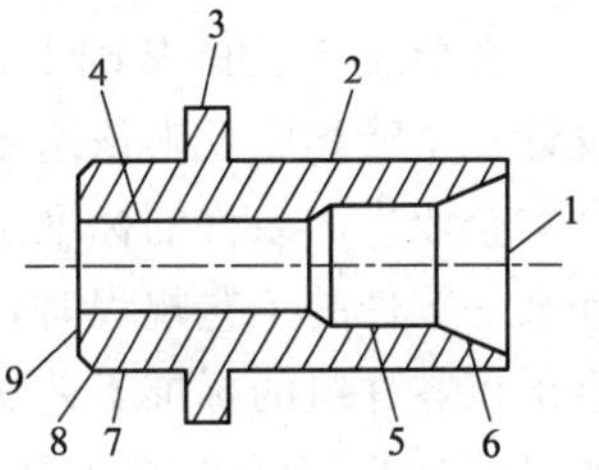
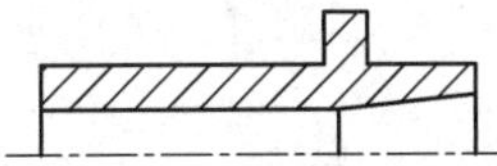	√	√	√	√		√	√		√	
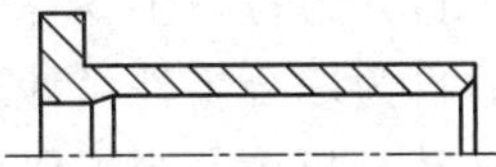	√	√	√	√	√	√			√	
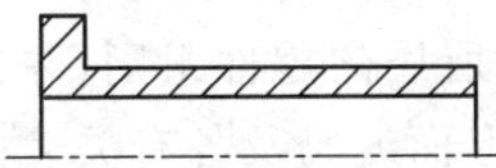	√	√	√	√					√	
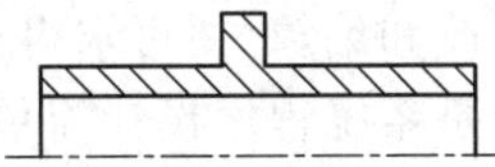	√	√	√	√					√	
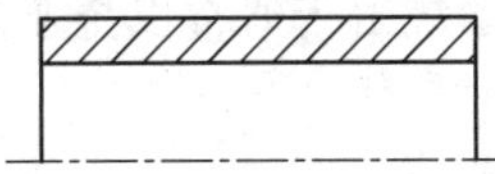	√	√		√					√	

图 5-38　套筒类零件成组工艺过程

(2) 综合工艺路线法

在零件分类成组的基础上，以组内零件最长工艺路线为基础，适当补充组内其他零件工艺过程的某些特有工序，最终形成能满足加工全组零件需求的成组加工工艺规程。综合工艺路线法常用于编制形体比较复杂的回转体类零件和非回转体类零件的成组加工工艺规程，图 5-39 是用综合工艺路线法编制的成组工艺过程示例。

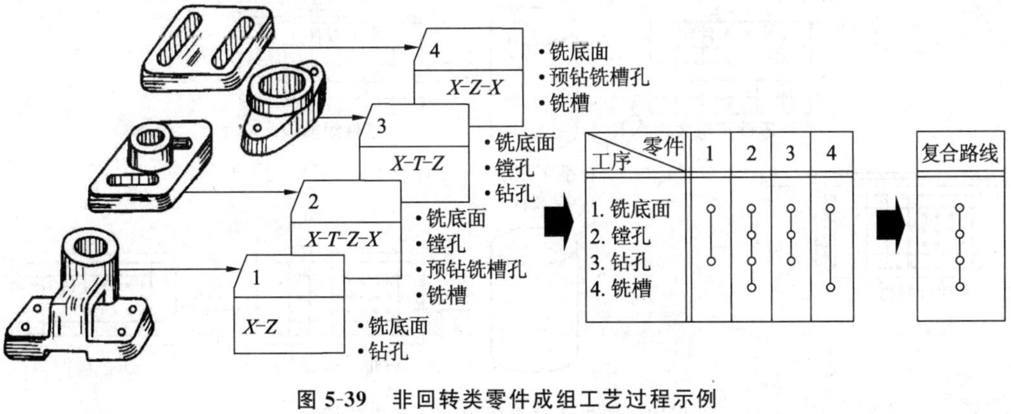

图 5-39　非回转类零件成组工艺过程示例

成组加工所用机床应具有良好的精度和刚度，其加工范围应可调。可采用通用机床改装，也可采用可调高效自动化机床，数控机床已在成组加工中获得广泛应用。

机床负荷率可根据工时核算，应保证各台设备特别是关键设备达到较高的负荷率（如80%）。若机床负荷不足或过高时，可适当调整零件组，使机床负荷率达到规定的指标。

5.4 计算机辅助机械加工工艺规程设计

长期以来，工艺规程大多由工艺人员凭经验设计，设计质量因人而异。计算机辅助工艺规程设计（Computer Aided Process Planning，简称 CAPP）从根本上改变了上述状况，它不仅可以提高工艺规程的设计质量，而且还可使工艺人员从烦琐重复的工作中摆脱出来。

5.4.1 计算机辅助工艺规程设计方法

（1）派生法（又称样件法，或变异式）

在成组工艺的基础上，将编码相同或相近的零件组成多个零件组，并为每一个零件组设计一个能集中反映该组零件结构特征和工艺特征的综合零件，然后再为综合零件设计适合本企业生产条件的标准工艺规程，并以标准工艺文件的形式存储在计算机中。当需要设计某一零件的工艺规程时，根据该零件的编码计算机会自动识别它所属的零件组别，并检索出该零件组的标准工艺文件；此时只要进一步输入所设计零件的形面编码及各有关表面的尺寸公差、表面粗糙度要求等数据，并对检索出的标准工艺进行修改和编辑，便可求得该零件的工艺规程；其设计流程如图 5-40 所示。派生法 CAPP 的特点是系统程序设计简单，易于实现，特别适用于回转类零件的工艺规程设计。派生法 CAPP 系统由于通常以企业现有工艺规程为基础，具有较浓厚的企业色彩，因而有较大的局限性。

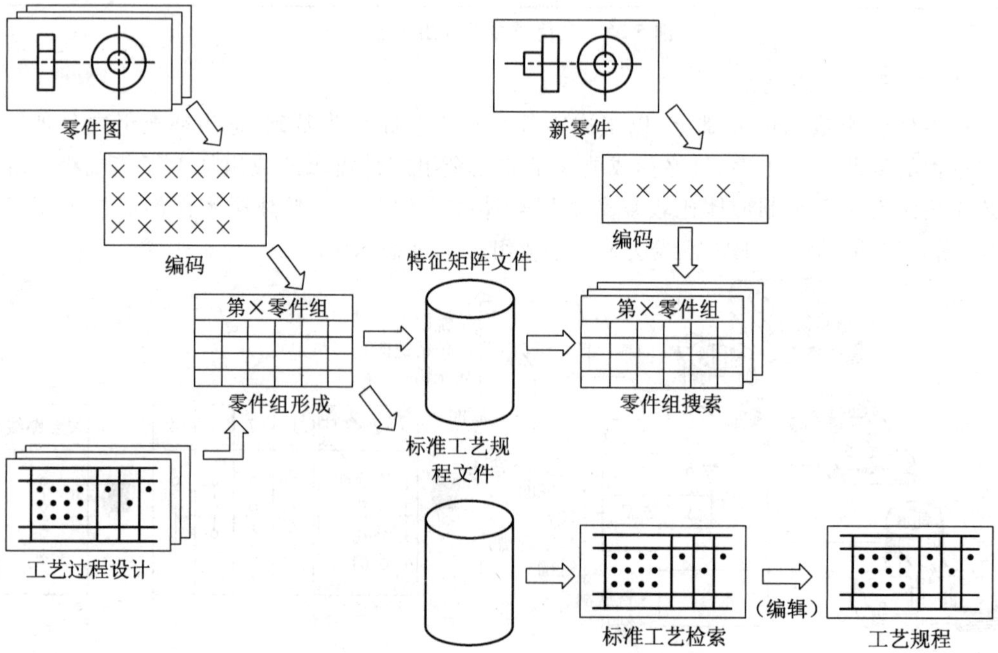

图 5-40 派生法计算机辅助工艺规程流程

(2) 创成法

创成法只要求输入零件的图形和工艺信息(材料、毛坯、加工精度和表面质量要求等),计算机便会自动地利用按工艺决策制定的逻辑算法语言,自动生成工艺规程。其特点是自动化程度高、决策更科学,但系统复杂,技术上尚不成熟。目前利用创成法设计工艺规程还只局限于某一特定类型的零件。

(3) 综合法(又称半创成法)

这是一种以派生法为主、创成法为辅的设计方法,综合法兼取两者之长,避免两者之短。在综合法中,通常对于可以采用创成的部分尽量采用创成方法,在难以实现创成的部分,采用派生方法或交互方法。由于综合法本身的优点,它得到了普遍应用。

5.4.2 派生法计算机辅助工艺规程设计原理

(1) 工艺信息数字化

① 零件编码矩阵化。为使零件按其编码输入计算机后能够找到相应的零件组,必须先将零件的编码转换为矩阵。图5-41所示零件按JLBM-1系统其编码为252700300467679;为将该编码转换为矩阵表示方式,首先需将其编码的一维数组转换为二维数组,二维数组中的第1个数字表示原编码的数位序号,第2个数字表示原编码在该数位序号上的数,表5-19列出了零件编码252700300467679的二维数组表示。这个二维数组可用矩阵表示,矩阵行的序号i表示零件编码数字的位序数,矩阵列的序号j表示零件编码该位的数字。矩阵元素a_{ij}表示零件编码的左起第i位数值为j。$a_{ij}=1$,表示该零件具有相对应的结构特征和工艺特征;$a_{ij}=0$表示该零件不具有与此相对应的结构特征和工艺特征。图5-42a是根据表5-17所列二维数组构造的反映图5-41所示零件结构特征和工艺特征的特征矩阵。

表5-17 零件编码的二维数组

一维数组	2	5	2	7	0	0	3	0	0	4	6	7	6	7	9
二维数组	1,2	2,5	3,2	4,7	5,0	6,0	7,3	8,0	9,0	10,4	11,6	12,7	13,6	14,7	15,9

② 零件组特征的矩阵化。按照上述由零件编码转换为特征矩阵的原理,将零件组内所有零件都转换成各自的特征矩阵。将同组所有零件的特征矩阵叠加起来就得到了零件组的特征矩阵,如图5-42b所示。

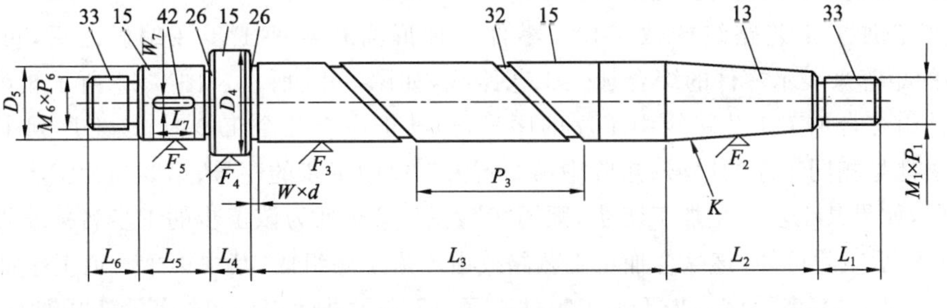

形面尺寸代号:D—直径;L—长度;K—锥度;W—槽宽或键宽;d—槽深;
M—外螺纹外径;P—螺距;F—表面粗糙度等级

形面编码:13—外圆锥面;15—外圆面;26—退刀槽;32—油槽;33—外螺纹;42—键槽

图5-41 轴类零件组的综合零件及其形面代号及编码

	0	1	2	3	4	5	6	7	8	9
1	0	0	1	0	0	0	0	0	0	0
2	0	0	0	0	0	1	0	0	0	0
3	0	0	1	0	0	0	0	0	0	0
4	0	0	0	0	0	0	0	1	0	0
5	1	0	0	0	0	0	0	0	0	0
6	1	0	0	0	0	0	0	0	0	0
7	0	0	0	1	0	0	0	0	0	0
8	1	0	0	0	0	0	0	0	0	0
9	1	0	0	0	0	0	0	0	0	0
10	0	0	0	0	1	0	0	0	0	0
11	0	0	0	0	0	0	1	0	0	0
12	0	0	0	0	0	0	0	1	0	0
13	0	0	0	0	0	0	1	0	0	0
14	0	0	0	0	0	0	0	1	0	0
15	0	0	0	0	0	0	0	0	0	1

(a)

	0	1	2	3	4	5	6	7	8	9
1	0	0	1	0	0	0	0	0	0	0
2	0	0	0	0	0	1	0	0	0	0
3	1	1	1	0	0	0	0	0	0	0
4	1	1	1	1	1	1	1	1	0	0
5	1	0	0	0	0	0	0	0	0	0
6	1	0	0	0	0	0	0	0	0	0
7	1	1	1	1	0	0	0	0	0	0
8	1	0	0	0	0	0	0	0	0	0
9	1	0	0	0	0	0	0	0	0	0
10	0	0	1	1	1	0	0	0	0	0
11	1	0	0	0	0	0	1	0	0	0
12	1	0	1	1	0	1	1	1	0	0
13	0	0	0	0	1	1	1	0	0	0
14	0	0	0	0	0	1	1	0	0	0
15	0	0	0	0	1	0	0	0	0	1

(b)

图 5-42 反映零件结构特征、工艺特征的特征矩阵

③ 综合零件设计(又称主样件设计)。在图 5-42 所示特征矩阵图中交点上出现“1”与“0”的频数是各不相同的,频数大的特征必须反映到综合零件中去,频数小的特征可以舍去,使综合零件既能反映零件组的多数特征,又不过于复杂。

④ 零件上各种形面的数字化。零件的编码只表示该零件的结构、工艺特征,没有表示零件的表面信息,而设计工艺规程必须了解零件的表面构成,因此必须对零件表面逐一编码,使零件形面数字化,如用 13 表示外圆锥面,用 15 表示外圆面,用 26 表示退刀槽,用 32 表示油槽,用 33 表示外螺纹,用 42 表示键槽等。

⑤ 工序工步名称编码。为了使计算机能按预定的方法调出工序和工步的名称,必须对所有工序、工步按其名称进行统一编码,编码以工步为单位,热处理、检验等非机械加工工序以及诸如装夹、调头等操作也当作一个工步编码。假设某一 CAPP 系统有 99 个工步,就可用 1,2,3,4,…,99 这 99 个数来表示这些工步的编码,例如,用 32、33 分别表示粗车、精车,44 表示磨削,1 表示装夹,5 表示检验,10 表示调头装夹等。

⑥ 综合加工工艺路线的数字化。零件各种形面和各种工步在编码之后,可用一个 $(N\times4)$ 的矩阵来表示零件的综合加工工艺路线,如图 5-43 所示。图 5-43 所示矩阵中第 1 列为零件组综合加工工艺路线中工序的序号,当某工序有几个工步时,该工序列中相应行上的元素都是相同工序的序号;矩阵中第 2 列为工序中工步的序号;第 3 列为工步加工表面形面编码,如果某工步不是加工工步,则用“0”表示;第 4 列为该工步的工步名称编码。分析图 5-43b 所示矩阵可知,该综合加工工艺路线由 4 道工序组成,其中第 1、2 道工序都有 4 个工步;第 3 列中“0”表示该工步不加工零件表面,15 表示外圆表面,13 表示外圆锥面;第 4 列中 1 表示装夹,14 表示钻中心孔,32、33 分别表示粗车和精车,10 表示调头装夹,44 表示磨,5 表示检验。以上分析可知,图 5-43b 所示加工工艺路线矩阵描述了一个由圆柱面与外圆锥面组成的综合零件的综合加工工艺路线;第 1 道工序为装夹工件,钻顶尖孔,粗车外圆面,

精车外圆面;第 2 道工序为调头装夹,钻顶尖孔,粗车外圆锥面,精车外圆锥面;第 3 道工序为磨外圆面;第 4 道工序为检验。

一	二	三	四
工序号	组成每个工序的工步号	工序或工步加工的型面编码	工序名称编码

(a)

1	1	0	1
1	2	0	14
1	3	15	32
1	4	15	33
2	1	0	10
2	2	0	14
2	3	13	32
2	4	13	33
3	1	15	44
4	1	0	5

(b)

图 5-43　综合零件综合加工工艺路线矩阵

⑦ 工序工步内容矩阵。对工序工步名称进行编码后,就可以用一个矩阵来描述工序工步的具体内容。图 5-44 所示矩阵中行的排列以工步为单位,一个工步占一行;矩阵第 1 列为工步序号;第 2 列是工步名称编码;第 3、4 列是该工步所用机床和刀具的编码,对某一工厂而言,机床、刀具的型号和性能都是已知的,可以对工厂所有机床和刀具进行统一编码,计算机可根据这些编码到机床、刀具数据库查找所需要的各种数据;第 5、6 两列为工步的进给量值和背吃刀量值;第 7、8 两列分别为计算切削参数的公式编码和计算基本时间的公式编码;第 9 列为该工步所属工序号。

一	二	三	四	五	六	七	八	九
工步序号	工步名称编码	工步所用机床编码	工步所用刀具编码	进给量	背吃刀量	计算切削参数的公式编码	计算基本时间的公式编码	工步所属工序编号

图 5-44　工步内容矩阵

(2) 计算机辅助工艺规程设计系统数据库

工艺信息经过数字化后便形成了大量数据,这些数据必须按一定的工艺文件形式集合起来,存储于计算机内,形成数据库。数据文件的格式主要有以下几种:

① 特征矩阵文件。每个零件组都有其特征矩阵，若一个系统有 m 个零件组，相应地将有 m 个特征矩阵与之一一对应，将这些特征矩阵按一定方式排列起来，存储于计算机内，构成特征矩阵文件，在编制工艺规程时查找设计零件所属零件组别用。

② 综合工艺路线。每个零件组都有其综合工艺路线矩阵，将系统中所有零件组的综合工艺路线矩阵按一定方式排列起来，存储于计算机内，构成综合工艺路线文件。零件组的综合工艺路线矩阵是和零件组特征矩阵相互对应的，只要找到特征矩阵，就能调出与其相对应的综合工艺路线矩阵。

③ 工序、工步文件。该文件就是工序、工步内容矩阵，它容纳了系统内所有工序和工步的具体内容，计算机可以按工序、工步的编码，从文件中提取与该编码相对应的工序、工步内容，进而形成工艺规程。

④ 工艺数据文件。文件包括与工件材料、机床、刀具、加工余量、切削用量等有关的工艺数据。

(3) 计算机辅助工艺规程设计

用计算机编制某一零件工艺规程时，首先须将表示该零件特征的编码转换成零件特征矩阵输入计算机。计算机从特征矩阵文件中逐一调出各个零件组的特征矩阵，用以查找该零件所属零件组，并据此从综合工艺路线文件中调出与该零件组相对应的综合工艺路线矩阵。其次，用户将零件的形面编码及各有关表面的尺寸公差、表面粗糙度要求等数据输入计算机，计算机根据输入的数据，从已调出的综合工艺路线矩阵中选取该零件的加工工序及工步编码，这样就得到了由工序及工步编码组成的零件加工工艺路线。然后，计算机根据该零件的工序及工步编码，从工序、工步文件中逐一调出工序及工步的具体内容，并根据机床、刀具的编码查找该工步使用的机床、刀具名称和型号，再根据输入的零件材料、尺寸等信息计算该工步的切削用量，计算切削力和功率，计算基本时间、单件时间、工序成本等。计算机将每次查到的工序或工步的具体内容都存入存储区内，最后形成一份完整的加工工艺规程，并以一定的格式打印出来。图 5-45 列出了计算机按派生法原理自动设计机械加工工艺规程的流程。

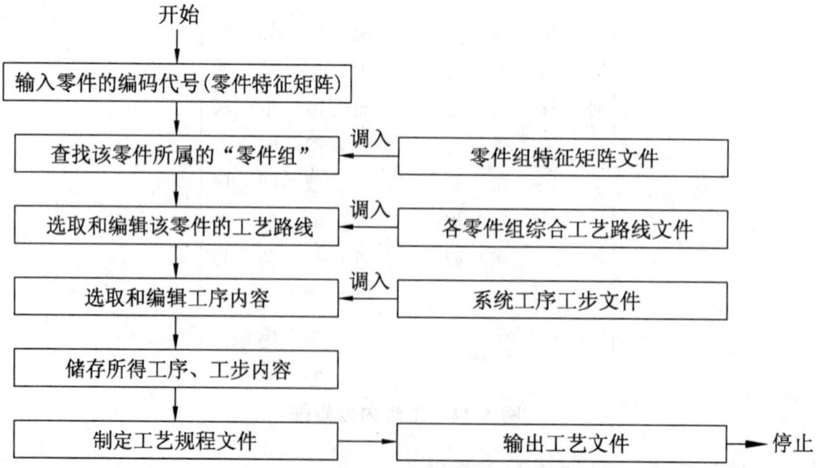

图 5-45　派生法 CAPP 流程框图

5.5　机器装配工艺规程设计

5.5.1　概述

1. 机器装配与装配工艺系统图

根据规定的精度和技术要求，将构成机器的零件组合成组件、部件和产品的过程，称为机器装配。装配是机器制造过程中最后一个环节，它包括装配、调整、检验和试验等工作。装配过程使零件、套件、组件和部件间获得一定的相互位置关系，所以装配过程也是一种工艺过程。

机器质量最终是通过装配保证的，装配质量在很大程度上决定了机器的最终质量，装配工艺过程在机械制造中占有十分重要的地位。

为保证有效地进行装配工作，通常将机器划分为若干能进行独立装配的装配单元。零件是组成机器的最小单元。套件是在每一个基准零件上装上一个或若干个零件构成的。组件是在一个基准件上装上若干零件和套件构成的。车床主轴箱中的主轴就是在主轴件上装上若干齿轮、套、垫、轴承等零件的组件，为此而进行的装配工作称为组装。部件是在一个基准件上装上若干组件、套件和零件构成的，为此而进行的装配工作称为部装。车床主轴箱装配就是部装，主轴箱箱体是进行主轴箱部件装配的基准零件。一台机器则是在一个基准件上，装上若干部件、组件、套件和零件构成的，为此而进行的装配工作称为总装。

在装配工艺规程中，常用装配工艺系统图表示零部件的装配流程和零部件间相互装配关系。在装配工艺系统图上，每一个单元用一个长方形框表示，标明零件、套件、组件和部件的名称、编号及数量，图 5-46、图 5-47、图 5-48 分别给出了组装、部装和总装的装配工艺系统图。在装配工艺系统图上，装配工作由基准件开始沿水平线自左向右进行，一般将零件画在上方，套件、组件、部件画在下方，其排列次序就是装配工作的先后次序。

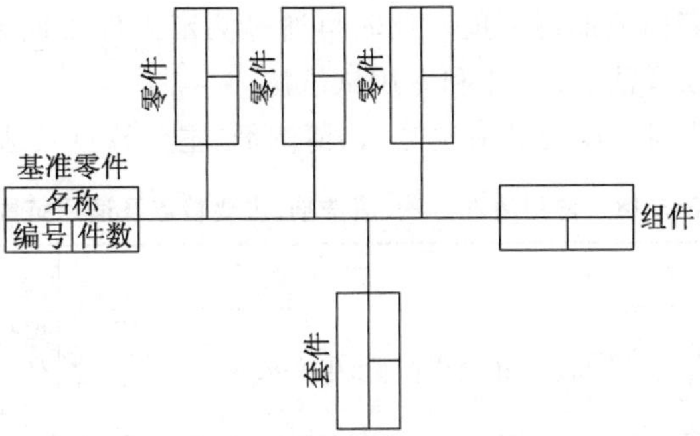

图 5-46　组件装配工艺系统图

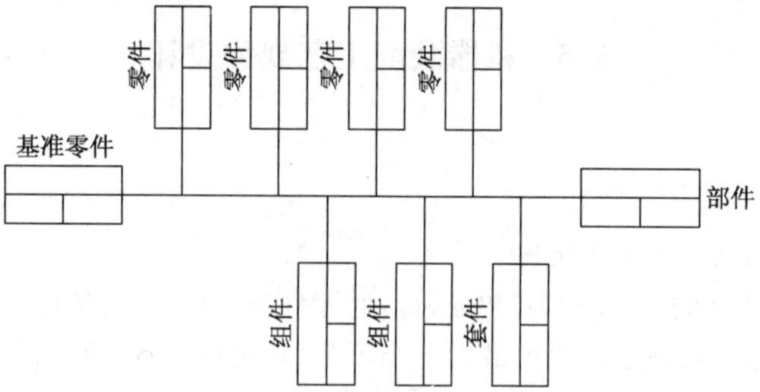

图 5-47　部件装配工艺系统图

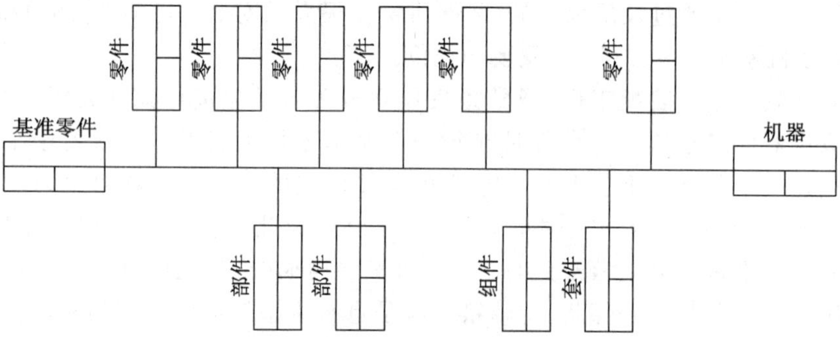

图 5-48　总装装配工艺系统图

2. 装配基本作业

机械装配中有许多基本作业，如清洗、连接、调整、检测、修配、平衡等。

(1) 清洗

清洗是装配准备工作的一个组成部分，也是保证装配质量的重要方面。

① 机械产品的清洁度。指零件、部件及整机特定部位的清洁程度，通常从规定部位按规定方法采集到的杂质微粒大小、数量和质量来表示。清洁度的检测通常是通过对样液检测来实现的。常用的检测方法有显微镜计数法、自动粒子计数法、斑点试验法和重量法等。

有时，需检测工件表面的油污程度。此时可通过测定工件表面亲水能力来确定表面油污程度。常用挂水法、喷雾法、接触法和专用试纸法。

② 清洗方法与清洗剂。常用的清洗方法、清洗剂、主要特点及适用范围见表 5-18。

表 5-18　常用清洗方法、清洗剂、主要特点及适用范围

清洗方法	清洗剂	主要特点	适用范围
擦洗	汽油、煤油、轻柴油、乙醇、丙酮	设备和操作简单，生产率低	单件小批生产中的中小型工件、大型工件的局部清洗、严重污垢工件的首道清洗
浸洗	各种清洗液	设备和操作简单，清洗时间长，常与手工刷擦结合	轻度油脂污垢的工件，大批量、形状复杂的工件
低压喷洗	各种常用清洗液，水基清洗液中无泡或低泡清洗液	常用在带有机运装置的清洗设备中：① 间歇输送定点定位喷洗；② 连续输送，连续喷洗；③ 工件固定，喷头旋转喷洗	成批生产的工件(形状复杂的工件除外)，粘附较严重的半固体污垢清洗

续表

清洗方法	清洗剂	主要特点	适用范围
高压喷洗	各种常用清洗液，水基清洗液中无泡或低泡清洗液	可去除固体污垢，工件的毛刺、飞边，工作压力＞5 MPa，一般为手工操作	污垢严重的大型工件，中小批生产中的中型工件油污严重处，重要工件的重要部位
超声波清洗	各种清洗液	清洗效果好，设备复杂，操作维护要求高，易实现自动化	形状复杂，清洁度要求高的中小工件
振动和滚动清洗	各种水基清洗液	通过机构使浸在清洗液中的工件转动或往复运动，使清洗液对工件冲击而进行清洗	特别适用于批量生产中形状复杂的工件及多孔工件的清洗
气相清洗	氟碳溶剂或氯化溶剂，如三氯乙烯、三氯三氟乙烷等	清洗效果好，设备复杂，需配置加热、冷凝、通风装置，劳动安全和管理严格	成批生产中的中型工件，清洁度要求高

(2) 连接

连接一般分两种：可拆卸连接和不可拆卸连接。

① 可拆卸连接。常见的可拆卸连接有螺纹联接、键联接和销联接，其中螺纹联接应用最广。螺纹联接时，应根据被连接零件、部件的形状和螺栓的分布情况，合理地确定各螺栓紧固顺序，施力要均匀，防止被连接件变形，避免降低装配精度。对于重要的螺纹联接，应规定出预紧力的大小。

② 不可拆卸连接。常见的不可拆卸连接有焊接、铆接和过盈连接等。过盈连接多用于孔、轴的配合。过盈连接的方法有压入法、热涨法和冷缩法。一般机械装配常采用压入法，重要或精密机械多采用热涨法或冷缩法。

(3) 校正、调整与配作

① 校正。校正是指产品中相关零部件相互位置的找正、找平及相应的调整工作。校正可以采用调整方法实现，如机床床身安装水平及导轨扭曲的校正；也可以采用修配的方法进行，如车床主轴中心与尾座套筒中心等高的校正。

② 调整。调整是指做相关零部件相互位置的调节。除完成校正功能外，调整工作还用于调节运动副的间隙，如轴承间隙、齿轮传动间隙等。

③ 配作。配作通常指配钻、配铰、配刮、配磨等，它们是装配中附加的一些钳工和机械加工工作。其中配钻多用于螺纹连接，配铰多用于销连接，配刮多用于运动副表面的精加工，配磨则多用于配合精度要求较高的孔轴表面的精加工。

(4) 平衡

对于转速和运动平稳性要求较高的机器，为了防止或削减工作过程中的振动，装配时需对有关的旋转零部件进行平衡。一般有两种平衡方法：静平衡法和动平衡法。静平衡法多用于直径较大而长度较小的零件；动平衡法则多用于长度较大而直径较小的零件。

旋转零件不平衡的常用校正方法如下：

① 补焊、铆接、胶接、螺纹联接等方法加配质量；

② 钻、铣、磨、锉等方法去除质量；

③ 在预制的平衡槽内改变平衡块的位置或数量。

（5）验收试验

机械产品装配完成后，应根据有关的技术标准和规定，对产品进行全面的检验和试验，合格后才能出厂。各类产品的检验与试验工作内容、方法各不相同。如机床的检验与试验工作包括精度检验、空运转试验、负荷试验和工作精度试验等。

3. 装配精度与装配尺寸链

机器的装配精度是根据机器的使用性能要求提出的，例如，CA6140 型普通车床的主轴回转精度要求为 0.01 mm，CM6132 型精密车床主轴回转精度要求就是 1 μm，而中国航空精密机械研究所研制的 CTC－1 型超精密车床的主轴回转精度要求则高达 0.05 μm。正确地规定机器的装配精度是机械产品设计所要解决的最为重要的问题之一，它不仅关系到产品质量，也关系到制造的难易和产品的成本。

机器由零部件组装而成，机器的装配精度与零部件制造精度直接有关。例如，图 5-49 所示卧式普通车床主轴中心线和尾座中心线对床身导轨有等高要求，这项装配精度要求与主轴箱、尾座、底板等有关部件的加工精度有关。可以从查找影响此项装配精度的有关尺寸入手，建立以此项装配要求为封闭环的装配尺寸链，如图 5-49b 所示，其中 A_1 是主轴箱中心线相对于床身导轨面的垂直距离，A_3 是尾座中心线相对于底板 3 的垂直距离，A_2 是底板相对于床身导轨面的垂直距离，A_0 则是尾座中心线相对于主轴中心线的高度差，这是在床身上装主轴箱和尾座时所要保证的装配精度要求。A_0 是在装配中间接获得的尺寸，是装配尺寸链的封闭环。由图 5-49 所示装配尺寸链可知，主轴中心线与尾座中心线相对于导轨面的等高要求与 A_1、A_2、A_3 三个组成环的基本尺寸及其精度直接有关，可以根据车床装配精度要求通过计算装配尺寸链来确定有关部件和零件的尺寸要求。

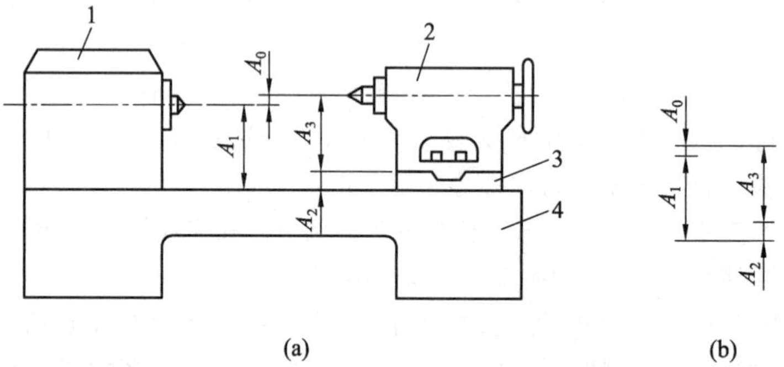

1—主轴箱；2—尾座；3—底板；4—床身

图 5-49　车床主轴线与尾座中心线的等高性要求

在根据机器的装配精度要求来设计机器零部件尺寸及其精度时，必须考虑装配方法的影响，装配方法不同，计算装配尺寸链的方法截然不同，所得结果差异甚大。对于某一给定的机器结构，设计师可以根据装配精度要求和所采用的装配方法，通过计算装配尺寸链来确定零部件有关尺寸的精度等级和极限偏差。

5.5.2　保证装配精度的四种装配方法

一台机器所能达到的装配精度既与零部件的加工质量有关，还与所采用的装配方法有关。生产中有四种保证装配精度的装配方法，现分述如下：

1. 互换装配法

采用互换法装配时，被装配的每一个零件不需做任何挑选、修配和调整就能达到规定的装配精度要求。用互换法装配，其装配精度主要取决于零件的制造精度。根据零件的互换程度，互换装配法可分为完全互换装配法和统计互换装配法，现分述如下：

(1) 完全互换装配法

采用完全互换法装配时，应用式(5-9)～式(5-15)所表示的极值法计算装配尺寸链，现举例说明如下。

【例 5-5】 图 5-50 是一个齿轮装配结构图，由于齿轮 3 要在轴 1 上回转，要求齿轮左右端面与轴套 4、挡圈 2 之间应留有一定间隙。由于该间隙是在零件装配后才间接形成的，所以它是封闭环(A_0)。经查对，影响封闭环 A_0 大小的尺寸依次有齿轮轮毂宽度 A_1、轴套厚度 A_2 及轴 1 两台肩间的长度 A_3；将 A_0、A_1、A_2、A_3 依次相连，可得如图 5-50 所示的尺寸链。在 A_0、A_1、A_2、A_3 组成的尺寸链中，A_1、A_2 为减环，A_3 是增环。已知 $A_1=35$ mm，$A_2=14$ mm，$A_3=49$ mm，若要求装配后齿轮右端的间隙在 0.10～0.35 mm 之间，试以完全互换装配法计算各组成环的公差和极限偏差。

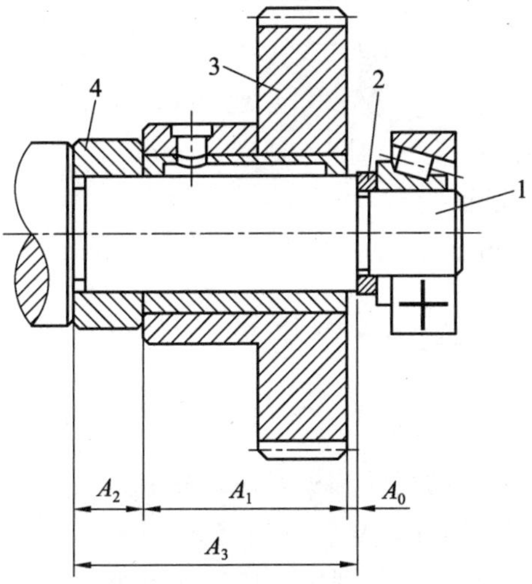

1—轴；2—挡圈；3—齿轮；4—轴套

图 5-50　齿轮装配图

【解】 ① 计算封闭环基本尺寸 A_0

由式(5-9)知：

$$A_0 = \sum_{z=1}^{m} A_z - \sum_{j=m+1}^{n-1} A_j = A_3 - (A_1 + A_2) = 49 - (35 + 14) = 0$$

② 计算封闭环公差 T_0

$$T_0 = 0.35 - 0.10 = 0.25 \text{ mm}$$

③ 确定各组成环公差

首先计算各组成环的平均公差 T_i

$$T_i = T_0/(n-1) = 0.25/3 = 0.083 \text{ mm}$$

考虑到各组成环基本尺寸的大小及制造难易程度各不相同，故各组成环制造公差应在平均公差值的基础上做适当调整。因 A_1 与 A_3 在同一尺寸分段范围内，平均公差值接近该尺寸分段范围的 IT10，按 IT10 给出组成环 A_1 与 A_3 的公差值为

$$T_1 = T_3 = 0.10\ \text{mm}$$

故 $$T_2 = T_0 - T_1 - T_3 = 0.25 - 0.10 - 0.10 = 0.05\ \text{mm}$$

④ 确定各组成环的极限偏差

组成环尺寸的极限偏差一般按“偏差入体标注”原则配置，对于内尺寸，其尺寸偏差按 H 配置；对于外尺寸，其尺寸偏差按 h 配置。入体方向不明的长度尺寸，其极限偏差按“对称偏差”原则配置。本例取

$$A_1 = 35\text{h}10 = 35_{-0.10}^{\ 0}\ \text{mm}$$

$$A_3 = 49\text{js}10 = (49 \pm 0.05)\ \text{mm}$$

由式(5-12) $$ES_0 = \sum_{z=1}^{m} ES_z - \sum_{j=m+1}^{n-1} EI_j$$

可得： $EI_2 = ES_3 - EI_1 - ES_0 = +0.05 - (-0.10) - 0.35 = -0.20\ \text{mm}$

由式(5-13) $$ES_0 = \sum_{z=1}^{m} ES_z - \sum_{j=m+1}^{n-1} EI_j$$

可得： $ES_2 = EI_3 - ES_1 - EI_0 = -0.05 - 0 - 0.10 = -0.15\ \text{mm}$

故 $$A_2 = 14_{-0.20}^{-0.15}\ \text{mm}$$

让 A_2 的公差带标准化，取 $A_2 = 14\text{b}9 = 14_{-0.193}^{-0.150}\ \text{mm}$

⑤ 核算封闭环的极限尺寸

由式(5-10)和式(5-11)知

$$A_{0\max} = \sum_{z=1}^{m} A_{z\max} - \sum_{j=m+1}^{n-1} A_{j\min} = 49.05 - 34.90 - 13.807 = 0.343\ \text{mm}$$

$$A_{0\min} = \sum_{z=1}^{m} A_{z\min} - \sum_{j=m+1}^{n-1} A_{j\max} = 48.95 - 35 - 13.85 = 0.1\ \text{mm}$$

间隙符合要求，故各组成环的尺寸和极限偏差分别为

$$A_1 = 35_{-0.10}^{\ 0}\ \text{mm},\ A_2 = 14_{-0.193}^{-0.150}\ \text{mm},\ A_3 = \pm 0.05\ \text{mm}$$

以上计算表明，只要 A_1、A_2、A_3 分别按上述尺寸要求制造，就能做到完全互换装配，达到“拿起零件就装，装完保证都合格”的要求。

完全互换装配的优点：装配质量稳定可靠；装配过程简单，装配效率高；易于实现自动装配；产品维修方便。不足之处：当装配精度要求较高，尤其是在组成环数较多时，组成环的制造公差规定得严，零件制造困难，加工成本高。所以，完全互换装配法适于在成批生产、大量生产中装配组成环数较少或组成环数虽多但装配精度要求不高的机器结构。

(2) 统计互换装配法

用完全互换法装配，装配过程虽然简单，但它是根据增环、减环同时出现极值情况来建立封闭环与组成环之间的尺寸关系的，由于组成环分得的制造公差过小常使零件加工产生困难。实际上，在一个稳定的工艺系统中进行成批生产和大量生产时，零件尺寸出现极值的可能性极小；在装配时，由于随机拿取的各装配零件制造误差的大小是各自独立发生的随机数，所有增环同时接近最大(或最小)，而所有减环又同时接近最小(或最大)的可能性很小，实际上可以忽略不计。完全互换法以提高零件加工精度为代价来换取完全互换装配

有时是不经济的。

统计互换装配法又称大数互换装配法，其实质是将组成环的制造公差适当放大，使零件容易加工，这会使极少数产品的装配精度超出规定要求，但这种事件是小概率事件，很少发生，从总的经济效果分析，仍然是经济可行的。

为便于与完全互换装配法比较，现仍以图 5-50 所示齿轮装配间隙要求为例说明。

【例 5-6】 图 5-50 所示齿轮装配结构，已知：$A_1=35$ mm，$A_2=14$ mm，$A_3=49$ mm，齿轮装配间隙要求 $A_0=0^{+0.35}_{+0.10}$ mm；A_1、A_2、A_3 的尺寸分布均为正态分布，尺寸分布中心与公差带中心相重合。试以统计互换装配法计算各组成环的公差和极限偏差。

【解】 ① 计算封闭环基本尺寸 A_0

由式(5-9)知

$$A_0=A_3-(A_1+A_2)=49-(35+14)=0 \text{ mm}$$

② 计算封闭环公差 T_0

$$T_0=0.35-0.10=0.25 \text{ mm}$$

③ 计算各组成环的平均公差 T_i，由式(5-16)

$$T_i=\frac{T_0}{\sqrt{n-1}}=\frac{0.25}{\sqrt{4-1}}\approx 0.144 \text{ mm}$$

与用完全互换法得到的各组成环平均公差 0.083 mm 相比较，统计互换法得到的公差放大了 73.5%，组成环的制造更容易了。

④ 确定各组成环公差

将各组成环制造公差应在平均公差值的基础上做适当调整。A_1 与 A_3 在同一尺寸分段范围内，平均公差值接近该尺寸分段范围的 IT11，按 IT11 给出组成环 A_1 与 A_3 的公差值为

$$T_1=T_3=0.160 \text{ mm}$$

由式(5-16)知：

$$T_2=\sqrt{T_0^2-T_1^2-T_3^2}=\sqrt{0.25^2-0.16^2-0.16^2}\approx 0.106 \text{ mm}$$

考虑到 A_2 易于制造，按 IT10 取 $T_2=0.07$ mm

⑤ 确定 A_1、A_2、A_3 的极限偏差

按“偏差入体标注”原则取 $A_1=35\text{h11}=35_{-0.16}^{\ 0}$ mm，$A_3=49\text{jsll}=(49\pm 0.08)$ mm，最后确定协调环 A_2 的极限偏差 ES_2 和 EI_2。由式(5-14)知，封闭环中间偏差

$$\Delta_0=\sum_{z=1}^{m}\Delta_z-\sum_{j=m+1}^{n-1}\Delta_j=\Delta_3-(\Delta_1-\Delta_2)$$

$$\Delta_2=\Delta_3-\Delta_1-\Delta_0=0-(-0.08)-0.225=-0.145 \text{ mm}$$

求 A_2 极限偏差

$$ES_2=\Delta_2+T_2/2=-0.145+(0.07/2)=-0.11 \text{ mm}$$

$$EI_2=\Delta_2-T_2/2=-0.145-(0.07/2)=-0.18 \text{ mm}$$

故 $$A_2=14_{-0.18}^{-0.11} \text{ mm}=13.89_{-0.07}^{\ 0} \text{ mm}$$

⑥ 核算封闭环的极限偏差

由公式(5-14)知

$$\Delta_0=\sum_{z=1}^{m}\Delta_z-\sum_{j=m+1}^{n-1}\Delta_j=\Delta_3-(\Delta_1-\Delta_2)=0-[0.08-(-0.145)]=+0.225 \text{ mm}$$

封闭环公差

$$T_0=\sqrt{T_1^2+T_2^2+T_3^2}=\sqrt{0.16^2+0.07^2+0.16^2}\approx 0.24\ \text{mm}$$

求封闭环极限偏差得

$$ES_0=\Delta_0+T_0/2=+0.225+0.24/2=+0.345\ \text{mm}$$

$$EI_0=\Delta_0-T_0/2=+0.225-0.24/2=+0.105\ \text{mm}$$

由此可知，$A_0=0^{+0.345}_{+0.105}$ mm 符合规定的装配间隙要求。故所求组成环尺寸和极限偏差分别为

$$A_1=35^{\ 0}_{-0.16}\ \text{mm},\quad A_2=13.89^{\ 0}_{-0.07}\ \text{mm},\quad A_3=49\pm 0.08\ \text{mm}$$

统计互换装配法的优点：扩大了组成环的制造公差，降低了零件制造成本；装配过程简单，生产效率高。不足之处：装配后有极少数产品达不到规定的装配精度要求，须采取另外的返修措施。统计互换装配法适于在大批大量生产中装配精度要求较高且组成环数多的机器结构。

2. 分组装配法

大批大量生产中，对于精度要求特别高同时又不便于采用调整装置的部件，若用互换装配法装配，组成环的制造公差过小，加工很困难或很不经济，此时可以采用分组装配法装配。

采用分组装配法装配时，组成环按加工经济精度制造，然后测量组成环的实际尺寸并按尺寸范围分成若干组，装配时被装配零件按照对应组号进行装配，可达到装配精度要求。现以汽车发动机活塞销孔与活塞销的分组装配为例来说明分组装配法的原理与方法。

在汽车发动机中，活塞销和活塞销孔的配合要求是很高的，图 5-51a 所示为某厂汽车发动机活塞销 1 与活塞 3 销孔的装配关系，销子和销孔的基本尺寸为 ϕ28 mm，在常温装配时要求有 0.002 5～0.007 5 mm 的过盈量。若按完全互换法装配，须将封闭环公差 $T_0=0.0050$ mm 均等地分配给活塞销 d($d=\phi 28^{\ 0}_{-0.0025}$ mm)与活塞销孔 D($D=\phi 28^{-0.0050}_{-0.0075}$ mm)，制造这样精确的销孔和销子是很困难的，也不经济。生产上常用分组法装配来保证上述装配精度要求，方法如下：

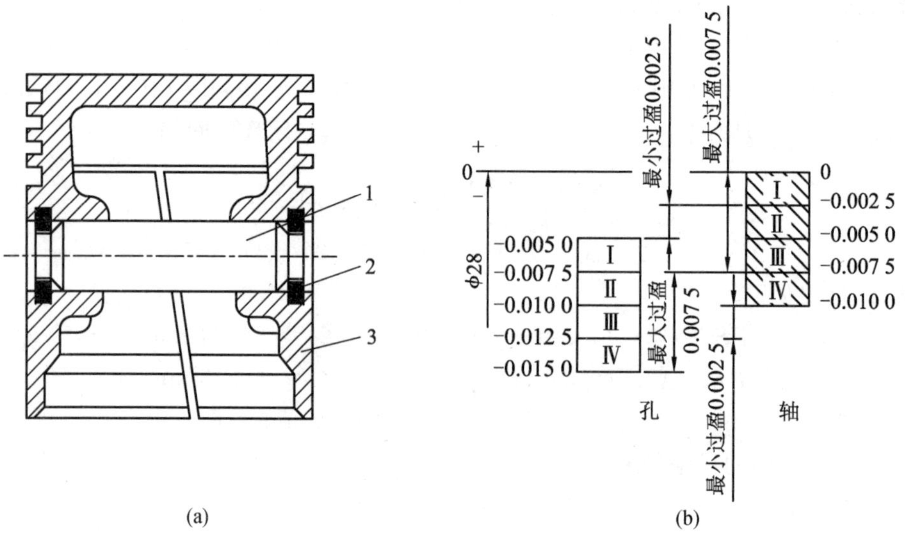

1—活塞销；2—卡簧；3—活塞

图 5-51　活塞销与活塞的装配关系

将活塞和活塞销孔的直径制造公差同向放大 4 倍，按 $d=\phi 28_{-0.010}^{0}$ mm、$D=\phi 28_{-0.015}^{-0.005}$ mm 加工，然后用精密量具测量加工好的一批工件，将销孔与销子直径按尺寸从大到小分成 4 组，分别涂上不同颜色的标记；装配时让具有相同颜色标记的销子与销孔相配，即让大销子配大销孔，小销子配小销孔，保证达到上述装配精度要求。图 5-51b 给出了活塞销和活塞销孔的分组公差带图。

采用分组装配法最好能使两相配件的尺寸分布曲线具有完全相同的对称分布曲线，如果尺寸分布曲线不相同或不对称，会造成各组相配零件数不等而不能完全配套，造成浪费。采用分组装配法时，零件的分组数不宜太多，否则会因零件测量、分类、保管、运输工作量的增大而使生产组织工作变得相当复杂。

分组装配法的主要优点：零件的制造精度不高，装配精度可很高；组内零件可互换，装配效率高。不足之处：增加了零件的测量、分组、存贮、运输工作量。分组装配法适于大批大量生产中装配组成环数少而装配精度要求特别高的机器结构。

3. 修配装配法

在单件、小批生产中装配那些装配精度要求高、组成环数较多的机器结构时，常采用修配法装配。用修配法装配时，各组成环均按经济精度加工，装配时封闭环所积累的误差，势必会超出规定的装配精度要求；为了达到规定的装配精度，装配时须修配装配尺寸链中某一组成环的尺寸（此组成环称为修配环）。为减少修配工作量，应选择便于进行修配的组成环做修配环。

采用修配法装配时，要求修配环必须留有足够但又不是太大的修配量，现举例说明如下。

【例 5-7】 图 5-52a 是车床溜板箱齿轮与床身齿条的装配结构，为保证车床溜板箱沿床身导轨移动平稳灵活，要求溜板箱齿轮与固定在床身上的齿条间在垂直平面内必须保证有 0.17～0.28 mm 的啮合间隙。已知：$A_1=53$ mm，$A_2=25$ mm，$A_3=15.74$ mm，$A_4=71.74$ mm，$A_5=22$ mm。要求 $A_0=0_{+0.17}^{+0.28}$ mm，试确定修配环尺寸并验算修配量。

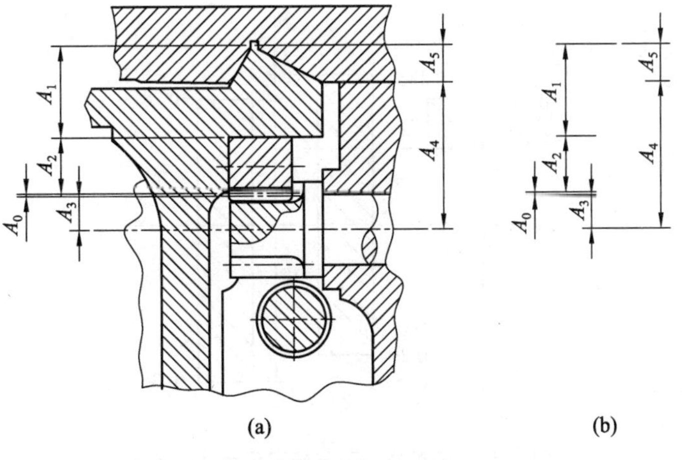

图 5-52　车床溜板箱齿轮与床身齿条的装配结构

【解】 建立装配尺寸链，如图 5-52b 所示。

（1）选择修配环

从方便修配的角度考虑，选组成环 A_2 为修配环。

（2）确定组成环极限偏差

按加工经济精度确定各组成环公差，并按“偏差入体”原则确定极限偏差，得：$A_1=53h10=53_{-0.12}^{0}$ mm，$A_3=15.74h11=15.74_{-0.055}^{0}$ mm，$A_4=71.74js11=(71.74\pm0.095)$ mm，$A_5=22js11=(22\pm0.065)$ mm，并设 $A_2=25_{0}^{+0.13}$ mm。

（3）计算封闭环极限尺寸 A_{0max}、A_{0min}

由式(5-10)、式(5-11)知：

$A_{0max}=A_{4max}+A_{5max}-A_{1min}-A_{2min}-A_{3min}=71.835+22.065-52.88-25-15.685=+0.335$ mm

$A_{0min}=A_{4min}+A_{5min}-A_{1max}-A_{2max}-A_{3max}=71.645+21.935-53-25.13-15.74=-0.290$ mm

即

$$A_0=0_{-0.290}^{+0.335}\ \text{mm}$$

由于封闭环 A_0 不符合装配要求，需通过修配修配环 A_2 来达到规定的装配精度。

（4）确定修配环尺寸 A_2

图 5-53 左侧公差带给出了装配要求，溜板箱齿轮与床身齿条间在垂直平面内的啮合最大间隙为 0.28 mm，最小间隙为 0.17 mm。图 5-53 中部公差带给出的是按上述组成环尺寸计算得到的齿条相对于齿轮的啮合间隙变化范围，最大为+0.335 mm，最小为-0.29 mm。当出现齿条相对于齿轮的啮合间隙大于 0.28 mm 时，我们将无法通过修配组成环 A_2 来达到规定的装配精度要求。分析图 5-53 所示尺寸关系可知，适当增大修配环 A_2 的基本尺寸可以使修配环 A_2 留有必要的修配量；但增大修配环 A_2 的基本尺寸，装配过程中的修配量将相应增大。为使最大修配量不致过大，修配环 A_2 基本尺寸增量 ΔA_2 可取为

$$\Delta A_2=+0.335-(+0.28)=+0.055\approx0.06\ \text{mm}$$

故修配环基本尺寸 $A_2=25+\Delta A_2=25+0.06=25.06$ mm

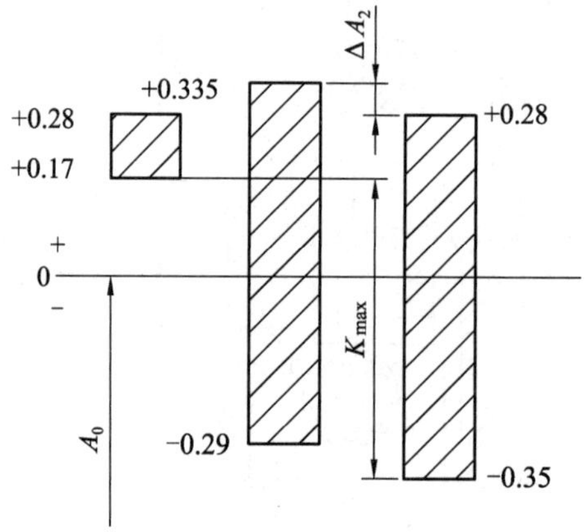

图 5-53　修配法装配与修配环尺寸的确定

（5）验算修配量

图 5-53 右侧公差带给出的是当修配环按 $A_2=25.06_{0}^{+0.13}$ mm 制造时，齿条相对于齿轮的啮合间隙变化范围，最大为+0.28 mm，最小为-0.29-0.06=-0.35 mm。当出现齿条

相对于齿轮的啮合间隙为最大值(+0.28 mm)时，无须修配就满足装配精度要求；当出现齿条相对于齿轮的间隙为−0.35 mm时，修配环的修配量最大，A_2 的最大修配量 $K_{max}=0.35+0.17=0.52$ mm。验算结果表明修配环的修配量合适。

修配装配法的主要优点：组成环均能以加工经济精度制造，却可获得很高的装配精度。不足之处：增加了修配工作量，生产效率低；对装配工人的技术水平要求高。修配装配法常用于单件小批生产中装配那些组成环数较多而装配精度要求较高的机器结构。

4. 调整装配法

装配时用改变调整件在机器结构中的相对位置或选用合适的调整件来达到装配精度的装配方法，称为调整装配法。

调整装配法与修配装配法的原理基本相同。在以装配精度要求为封闭环建立的装配尺寸链中，除调整环外各组成环均以加工经济精度制造，由于扩大组成环制造公差累积造成的封闭环过大的误差，可通过调节调整件相对位置的方法消除，最后达到装配精度要求。调节调整件相对位置的方法有可动调整法、固定调整法和误差抵消调整法等三种，分述如下：

(1) 可动调整法

图5-54a所示结构是靠拧螺钉1来调整轴承外环相对于内环的位置，从而使滚动体与内环、外环间具有适当间隙。螺钉1调到位后，用螺母2拼紧。图5-54b所示为车床刀架横向进给机构中丝杠螺母副间隙调整机构。丝杠螺母间隙过大时，可拧动螺钉4，调节撑垫5的上下位置，使螺母3、6分别靠紧丝杠的两个螺旋面，以减小丝杠与螺母3、6之间的间隙。

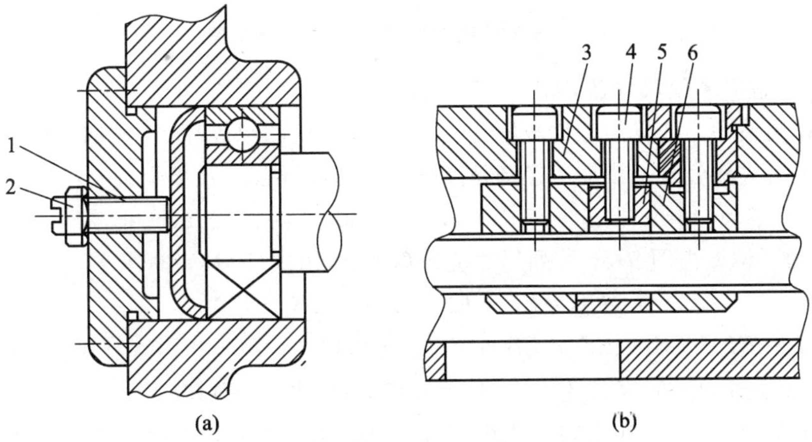

1,4—螺钉；2,3,6—螺母；5—撑垫

图5-54 可动调整法装配示例

可动调整法的主要优点：零件制造精度不高，却可获得比较高的装配精度；在机器使用过程中可随时通过调节调整件的相对位置来补偿由于磨损、热变形等原因引起的误差，使之恢复到原来的装配精度；它比修配法操作简便，易于实现。不足之处：需增加一套调整机构，增加了结构复杂程度。可动调整装配法在生产中应用甚广。

(2) 固定调整法

在以装配精度要求为封闭环建立的装配尺寸链中，组成环均按加工经济精度制造，由于扩大组成环制造公差累积造成的封闭环过大的误差，可通过更换不同尺寸的固定调整环进行补偿，达到装配精度要求。这种装配方法称为固定调整装配方法。

【例 5-8】 图 5-55 所示双联齿轮装配后要求具有轴向间隙 $A_0=0^{+0.20}_{+0.05}$ mm，已知 $A_1=115$ mm，$A_2=8.5$ mm，$A_3=95$ mm，$A_4=2.5$ mm，$A_5=9$ mm，试以固定调整装配法计算各组成环的极限偏差，并求调整环的分组数和调整环尺寸系列。

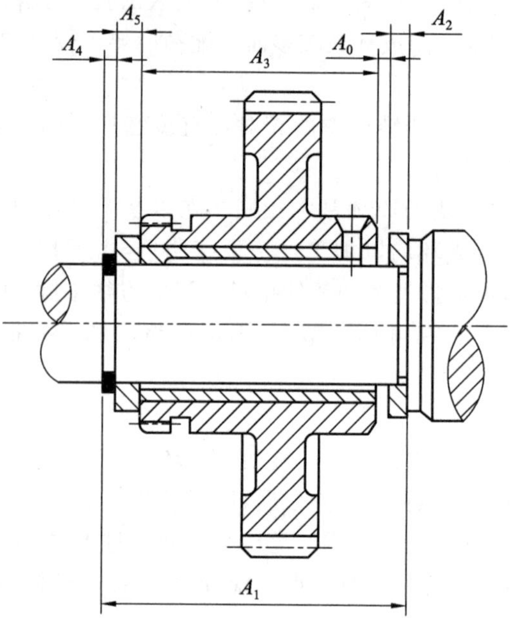

图 5-55　车床主轴双联齿轮装配结构图

【解】 ①建立装配尺寸链，如图 5-56 所示。

② 选择调整环。选择加工比较容易，装卸比较方便的组成环 A_5 作调整环。

③ 确定组成环公差。按加工经济精度确定各组成环公差及极限偏差：

$A_2=8.5^{\ 0}_{-0.1}$ mm，$A_3=95^{\ 0}_{-0.1}$ mm，$A_4=2.5^{\ 0}_{-0.12}$ mm，$A_5=9^{\ 0}_{-0.03}$ mm。已知 $A_0=0^{+0.20}_{+0.05}$ mm。组成环 A_1 的下偏差由图 5-56 所列尺寸链计算确定，由式(5-13)知：

$$EI_0=EI_l-ES_2-ES_3-ES_4-ES_5$$

$$EI_1=EI_0+ES_2+ES_3+ES_4+ES_5=+0.05+0+0+0+0=+0.05\ \text{mm}$$

考虑加工方便，令 A_1 的制造公差 $T_1=0.15$ mm，故 $A_1=115^{+0.20}_{+0.05}$ mm。

④ 确定调整范围 δ。在未装入调整环 A_5 之前，先实测齿轮端面轴向空隙 A 的大小，然后再选一个合适的调整环 A_5 装入该空隙中，要求满足装配要求。所测空隙 $A=A_5+A_0$，A 的变动范围就是我们所要求的调整范围 δ。

$$A_{max}=A_{1max}-A_{2min}-A_{3min}-A_{4min}=115.2-8.4-94.9-2.38=9.52\ \text{mm}$$

$$A_{min}=A_{1min}-A_{2max}-A_{3max}-A_{4max}=115.05-8.5-95-2.5=9.05\ \text{mm}$$

$$\delta=A_{max}-A_{min}=9.52-9.05=0.47\ \text{mm}$$

⑤ 确定调整环的分组数 i。取封闭环公差与调整环制造公差之差 T_0-T_5 作为调整环尺寸分组间隔 Δ，则

$$i=\frac{\delta}{\Delta}=\frac{\delta}{T_0-T_5}=\frac{0.47}{0.15-0.03}\approx 3.9$$

取 $i=4$。调整环分组数不宜过多，否则组织生产费事，i 一般取为 3～4。

⑥ 确定调整环 A_5 的尺寸系列。当实测间隙 A 出现最小值 A_{min} 时，在装入一个最小基本尺寸的调整环 A_5 后，应能保证齿轮轴向具有装配精度要求的最小间隙值($A_{0min}=0.05$ mm)，如图 5-56 所示。由图 5-56 知，最小一组调整环的基本尺寸应为

$$A'_5=9.05-0.05=9\ \text{mm}。$$

以此为基础，再依次加上一个尺寸间隔 Δ($\Delta=T_0-T_5=0.12$ mm)，便可求得调整环 A_5 的尺寸系列为 $9_{-0.03}^{\ 0}$ mm，$9.12_{-0.03}^{\ 0}$ mm，$9.24_{-0.03}^{\ 0}$ mm，$9.36_{-0.03}^{\ 0}$ mm。各调整环的适用范围见表 5-19。

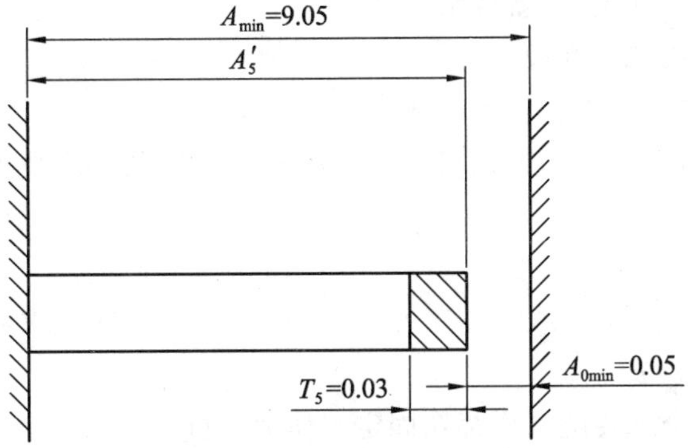

图 5-56　装配尺寸关系图

表 5-19　调整环尺寸系列与适用范围

编号	调整环尺寸/mm	适用间隙 A/mm	调整后实际间隙/mm
1	$9_{-0.03}^{\ 0}$	9.05～9.17	0.05～0.20
2	$9.12_{-0.03}^{\ 0}$	9.17～9.29	0.05～0.20
3	$9.24_{-0.03}^{\ 0}$	9.29～9.41	0.05～0.20
4	$9.36_{-0.03}^{\ 0}$	9.41～9.52	0.05～0.19

在批量大、精度高的装配中，调节件的分级级数可能很多，不便于管理，此时，可采用一定厚度的垫片与不同厚度的薄金属片组合的方法，构成不同尺寸，使调节工作更加方便，这种方法在汽车、拖拉机等生产中应用很广泛。

(3) 误差抵消调整法

根据尺寸链中某些组成环误差的方向作定向装配，使各组成环的误差方向合理配置，达到互相抵消的目的。这种装配方法在机床装配中应用较多，例如，在车床主轴装配中通过调整前后轴承的径跳方向来控制主轴的径向跳动；在滚齿机工作台分度蜗轮装配中，采用调整蜗轮和轴承的偏心方向来抵消误差，以提高分度蜗轮的工作精度。

调整装配法的主要优点：组成环均能以加工经济精度制造，却可获得较高的装配精度；装配效率比修配装配法高。不足之处：要另外增加一套调整装置。可动调整法和误差抵消调整法适于在小批生产中应用，固定调整法则主要用于大批量生产。

5.5.3 装配工艺规程设计

1. 装配工艺规程设计的原则

制定装配工艺规程应遵循以下基本原则;

① 保证产品装配质量;

② 选择合理的装配方法,综合考虑加工和装配的整体效益;

③ 合理安排装配顺序和工序,以缩短装配周期,提高装配效率,降低装配成本;

⑤ 尽量减少装配占地面积,提高单位面积的生产率;

⑥ 注意采用和发展新工艺、新技术。

2. 设计装配工艺规程的步骤

(1) 研究产品装配图和装配技术条件

审核产品图样的完整性、正确性;分析产品结构工艺性及装配技术条件;对产品结构进行装配尺寸链分析。

(2) 确定装配的方法和组织形式

装配方法和组织形式主要取决于产品结构特点、装配精度要求和生产批量,并应考虑现有生产技术条件和设备。

① 固定式装配。全部装配工作都在固定工作地进行。根据生产规模,固定式装配又可分为集中式和分散式。按集中式装配,整台产品的所有装配工作都由一个工人或一组工人在一个工作地集中完成。其特点是:装配周期长,对工人技术水平要求高,工作地面积大。按分散式装配,整台产品的装配分为部装和总装,各部件的部装和产品总装分别由几个或几组工人同时在不同工作地分散完成。其特点是:产品的装配周期短,装配工作专业化程度较高。固定式装配多用于单件小批生产;在成批生产中装配那些重量大、装配精度要求较高的产品(例如车床、磨床)时,有些工厂采用固定流水装配形式进行装配,装配工作地固定不动,装配工人则带着工具沿着装配线上一个个固定式装配台重复完成某一装配工序的装配工作。

② 移动式装配。被装配产品(或部件)不断地从一个工作地移到另一个工作地,每个工作地重复地完成某一固定的装配工作。移动式装配又分自由移动式和强制移动式两种,前者适于在大批大量生产中配那些尺寸和重量都不大的产品或部件;强制移动式装配可分为连续移动和间歇移动两种方式,连续移动式装配不适于装配那些装配精度要求较高的产品。

(3) 划分装配单元、确定装配顺序

将产品划分为套件、组件、部件等能进行独立装配的装配单元,是装配工艺规程设计中最为重要的工作之一,尤其对于大批大量生产中装配结构较为复杂的产品更为重要。无论是哪一级装配单元,都要选定某一零件或比它低一级的装配单元作为装配基准件。装配基准件通常应是产品的基体件或主干零部件,基准件应有较大的体积和重量,应有足够的支承面。

在划分装配单元确定装配基准件后即可安排装配顺序,并以装配工艺系统图的形式表示。安排装配顺序的原则是:先下后上,先内后外,先难后易,先精密后一般。图 5-57 是车床床身部件图,图 5-58 是床身部件的装配工艺系统图。

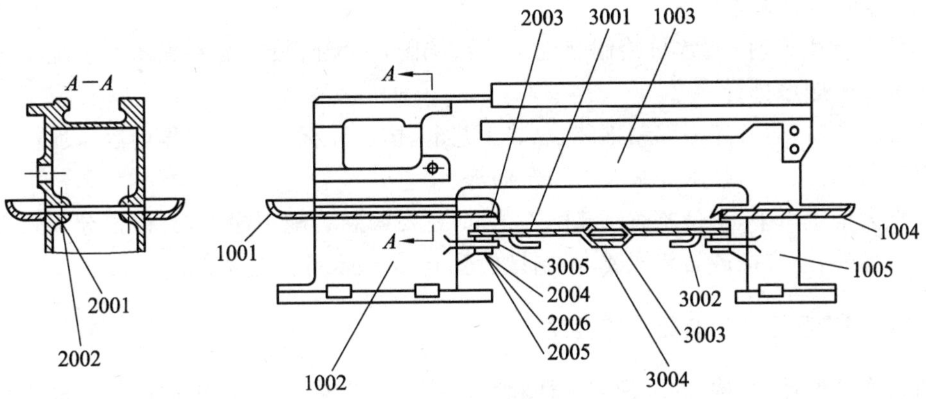

图 5-57 车床床身装配简图

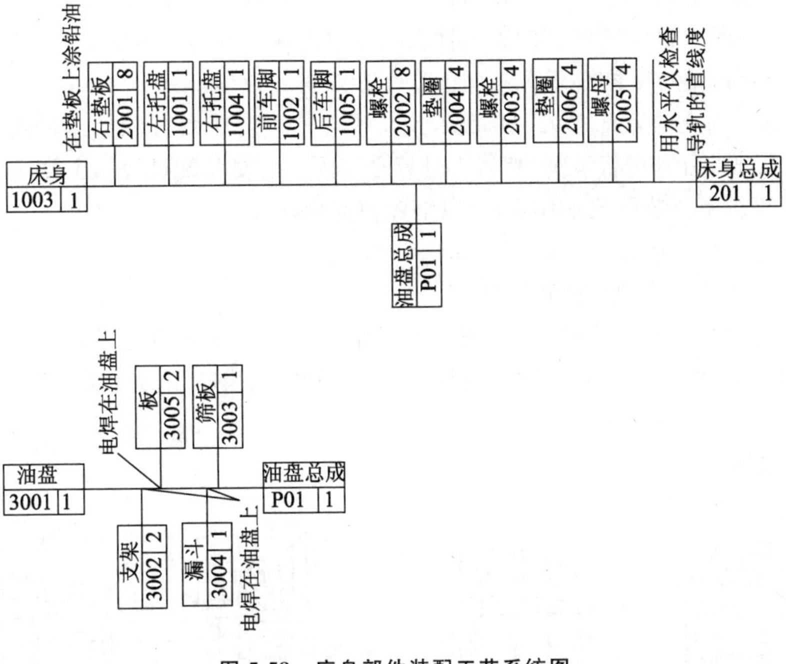

图 5-58 床身部件装配工艺系统图

(4) 划分装配工序、进行工序设计

装配顺序确定以后,可按工序集中或分散原则划分装配工序,并进行工序设计。其主要任务是:

① 划分装配工序,确定工序内容;

② 确定各工序所需设备及工具,如需专用夹具与设备,提交设计任务书;

③ 制订各工序装配操作规范,例如,过盈配合的压入力、装配温度及拧动紧固件的额定扭矩等;

④ 制订各工序装配质量要求与检验方法;

⑤ 确定各工序的时间定额,平衡各工序的装配节拍。

(5) 编制装配工艺文件

单件小批生产时,通常只绘制装配工艺系统图,装配时按产品装配图及装配工艺系统图规定的装配顺序进行。

成批生产时,通常还需编制部装、总装工艺卡,按工序标明工序工作内容、设备名称、工夹具名称与编号、工人技术等级及时间定额等。

大批大量生产中,不仅要编制装配工艺卡,还要编制装配工序卡,具体指导工人进行装配工作。另外,还应按产品装配要求,制订检验卡、试验卡等工艺文件。

5.5.4 机械产品设计的装配工艺性评价

机械产品设计(结构)的装配工艺性和零件结构工艺性一样,对机械产品的整个生产过程有较大的影响,也是评价机械产品设计的指标之一。机械产品结构的装配工艺性在一定程度上决定了装配过程周期的长短、耗费劳动量的大小、成本的高低,以及机械产品使用质量的优劣等。机械产品结构的装配工艺性应具有以下几个方面基本要求:

(1) 机械产品结构应能划分成几个独立的装配单元

所谓划分成独立的装配单元,就是要求机械产品结构能划分成独立的组件、部件等。首先按组件或部件分别进行装配,然后再进行总装配。它对装配过程的主要好处是:

① 便于组织平行装配流水作业,可以缩短装配周期;

② 便于组织厂际协作生产,便于组织专业化生产;

③ 有利于机器的维护修理和运输。

图 5-59 给出了两种传动轴结构,图 5-59a 所示结构齿轮顶圆直径大于箱体轴承孔孔径,轴上零件须依次逐一装到箱体中去;图 5-59b 所示结构齿轮顶圆直径小于箱体轴承孔孔径,轴上零件可以在箱体外先组装成一个组件,然后将其装入箱体中,这就简化了装配过程,缩短了装配周期。

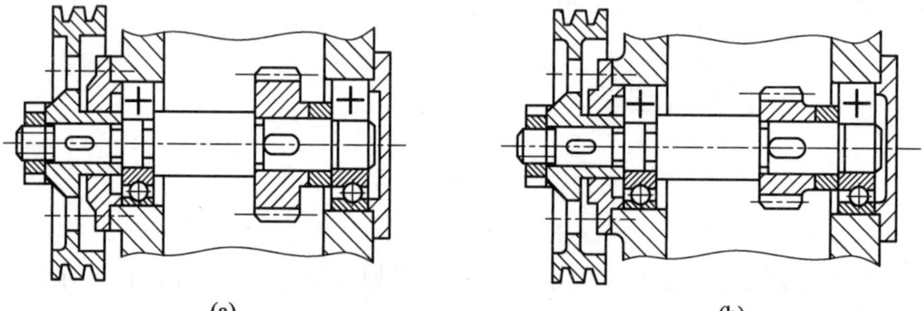

(a) (b)

图 5-59 两种传动轴结构

(2) 尽量减少装配过程中的修配劳动量和机械加工劳动量

机械产品装配中难免要对某些零件进行修配,修配工作多数由手工操作,不仅技术要求高,而且事先难以确定工作量,因此它对装配工作有较大的影响。图 5-60a 所示结构,车床主轴箱以山形导轨作为装配基准装在床身上,装配时,装配基准面的修刮劳动量大。采用图 5-60b 所示平导轨作装配基准结构,装配时,装配基准面的修刮劳动量显著减少,装配工艺得到明显改善。

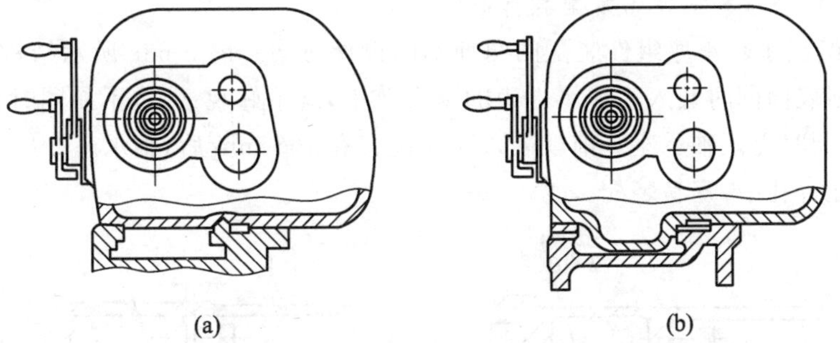

图 5-60　车床主轴箱与床身的两种不同装配结构形式

机械产品设计中，采用调整法装配代替修配法装配可以从根本上减少修配工作量。图 5-61 给出了两种车床溜板箱后压板结构，图 5-61a 所示结构用修刮压板装配面的方法来保证溜板箱后压板和床身下导轨之间具有规定的装配间隙；图 5-61b 所示结构则是用调整法来保证溜板箱后压板和床身下导轨间具有规定的装配间隙，图 5-61b 所示结构装配工艺性较好。

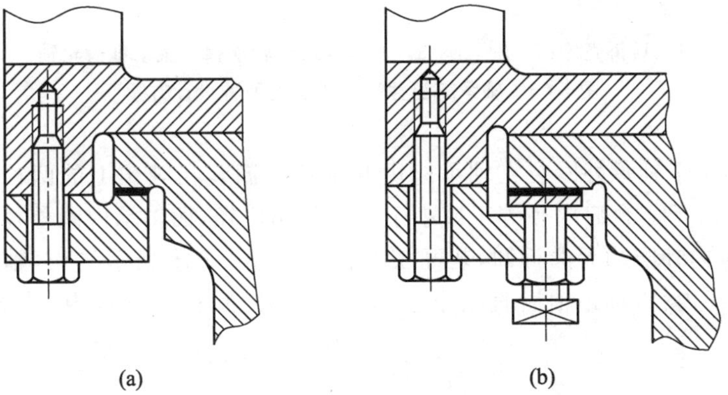

图 5-61　车床溜板箱后压板两种不同结构

机械产品装配过程中应尽量减少机械加工量。装配中的机械加工不仅会延长装配周期，而且机械加工所产生的切屑如清除不净，往往会加剧机器磨损。图 5-62 所示两种轴润滑结构，图 5-62a 所示结构在轴套安装到箱体上后需配钻油孔，装配工作中增加了机械加工工作量；图 5-62b 所示结构改在轴套上预先加工油孔，装配工艺性较好。

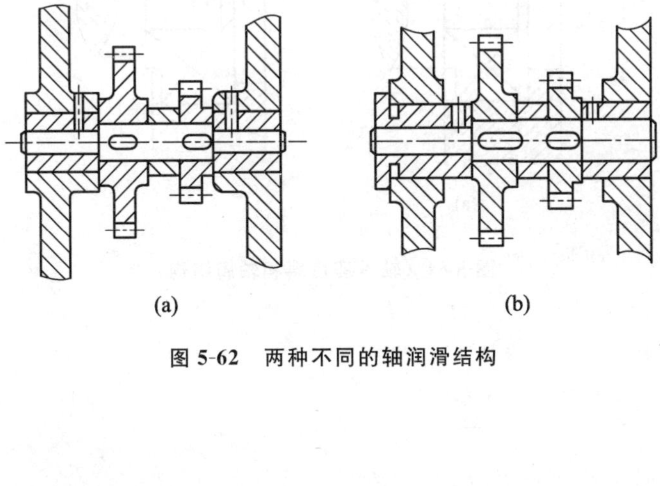

图 5-62　两种不同的轴润滑结构

(3) 机械产品结构应便于装配和拆卸

图 5-63 给出了轴承座组件装配的两种不同设计方案。图 5-63a 所示结构装配时，轴承座 2 两段外圆表面同时装入壳体零件 1 的配合孔中，既不好观察，也不易同时对准；图5-63b 所示结构，装配时先让轴承座 2 前端装入壳体配合孔中 3 mm 后，轴承座 2 后端外圆才开始进入壳体 1 配合孔中，容易装配。

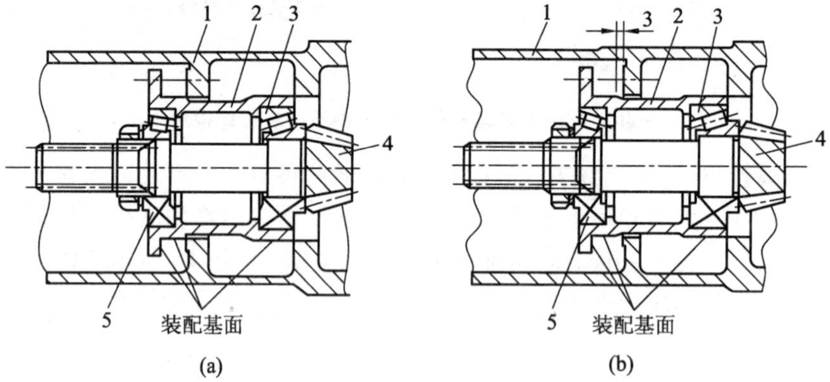

1—后桥壳体；2—轴承座；3，5—圆锥滚子轴承；4—主动锥齿轮轴

图 5-63 轴承座组件装配基面的两种设计方案

图 5-64 给出了轴承外圈装在轴承座内和轴承内圈装在轴颈上的两种结构方案。图 5-64a所示结构轴承座台肩内径等于或小于轴承外圈内径，而轴承内圈外径又等于或小于轴肩直径，轴承内外圈均无法拆卸，装配工艺性差。图 5-64b 所示结构，轴承座台肩内径大于轴承外圈的内径，轴颈轴肩直径小于轴承内圈外径，拆卸轴承内、外圈方便，装配工艺性好。

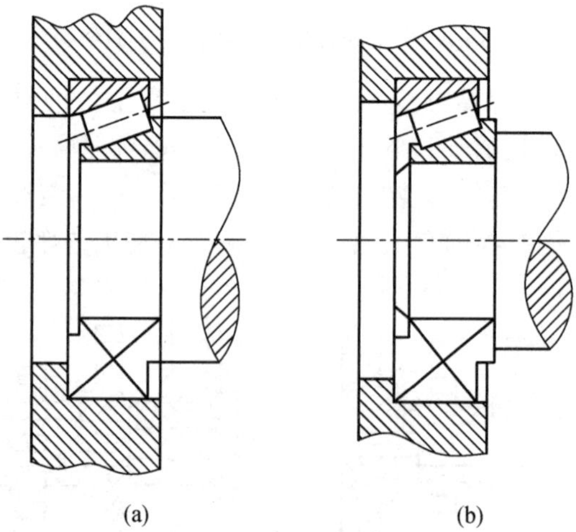

图 5-64 轴承座台肩和轴肩结构

习题和思考题

5-1　何谓机械加工工艺规程？工艺规程在生产中起什么作用？

5-2　设计机械加工工艺规程应遵循哪些原则？

5-3　何谓结构工艺性？结构工艺性分析主要包括哪些工作？

5-4　试分析题 5-4 图所示零件存在的结构工艺性问题并提出正确的改进意见。

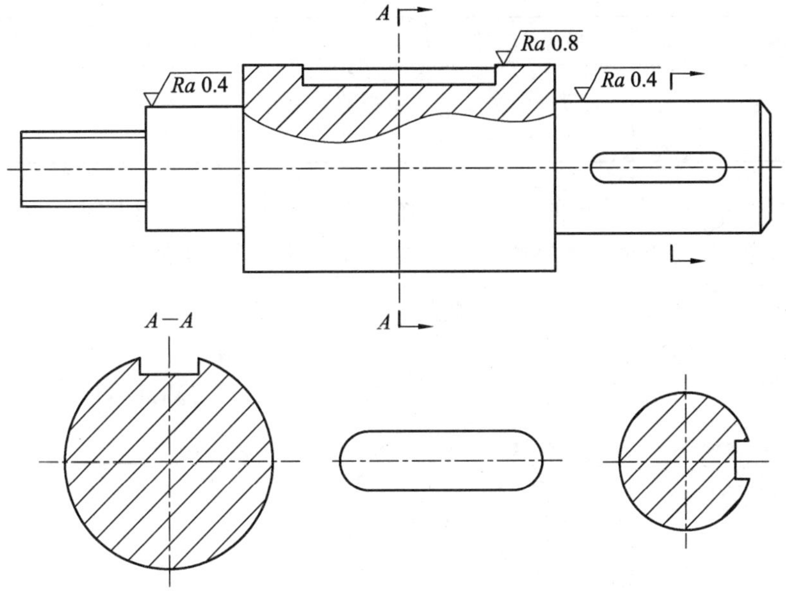

题 5-4 图

5-5　试述粗、精基准的选择原则，为什么在同一尺寸方向上粗基准只允许用一次？

5-6　试选择题 5-6 图所示三个零件的粗、精基准。其中图 a 是齿轮，$m=2$，$Z=37$，毛坯为热轧棒料；图 b 是液压油缸，毛坯为铸铁件，孔已铸出；图 c 是飞轮，毛坯为铸件。均为批量生产。图中除了有不加工表面符号外，其余均为加工表面。

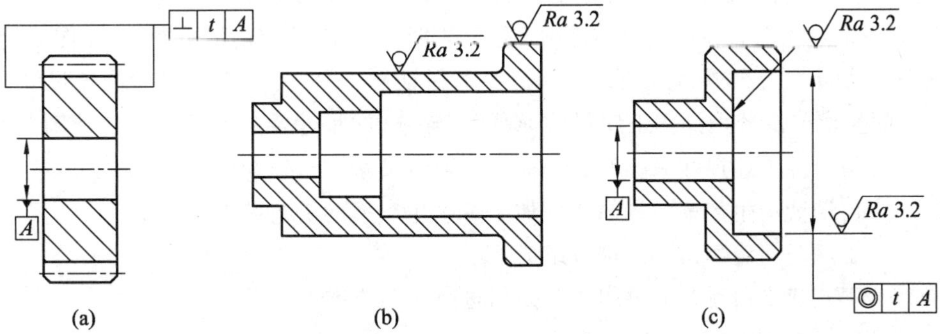

题 5-6 图

5-7　机械加工工艺过程为什么通常划分加工阶段？各加工阶段的主要作用是什么？

5-8　何谓工序集中与工序分散？各有何特点？

5-9　何谓加工经济精度？选择加工方法时应考虑的主要问题有哪些？

5-10　何谓毛坯余量？何谓工序余量？影响工序余量的因素有哪些？

5-11　有一小轴，直径 $d=\phi 30_{-0.013}^{0}$ mm，系大批大量生产，毛坯为热轧棒料，经过粗车、精车、淬火、粗磨、精磨后达到图纸要求。现给出各工序的加工余量及工序尺寸公差见题 5-11 表。毛坯的尺寸公差为±1.5 mm。试计算工序尺寸，标注工序尺寸公差，计算精磨工序的最大余量和最小余量。

题 5-11 表　各工序的加工余量及工序尺寸公差

工序名称	加工余量/mm	工序尺寸公差/mm	工序名称	加工余量/mm	工序尺寸公差/mm
粗车	3.00	0.210	粗磨	0.40	0.033
精车	1.10	0.052	精磨	0.10	0.013

5-12　题 5-12 图为某零件的一个视图，图中槽深为 $5_{0}^{+0.3}$ mm，该尺寸不便直接测量，为检验槽深是否合格，可直接测量哪些尺寸？试标出它们的尺寸及公差。

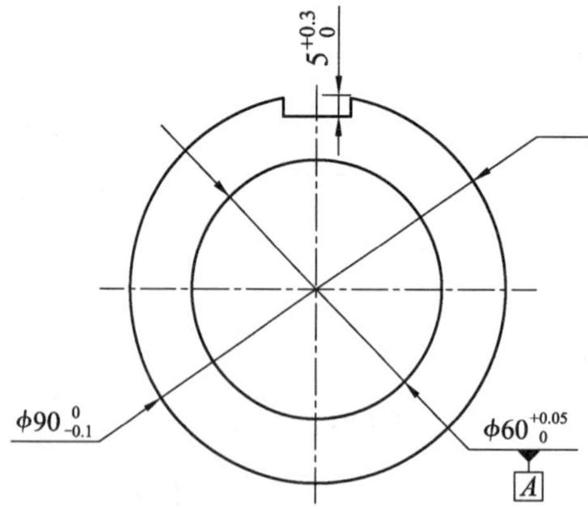

题 5-12 图

5-13　一批小轴其部分工艺过程为：车外圆至 $\phi 20.6_{-0.04}^{0}$ mm，渗碳淬火，磨外圆至 $\phi 20_{-0.02}^{0}$ mm。试计算保证淬火层深度为 0.7～1.0 mm 的渗碳工序渗入深度 t。

5-14　题 5-14 图 a 为一轴套零件图，题 5-14 图 b 为车削工序简图，题 5-14 图 c 给出了钻孔工序三种不同定位方案的工序简图，要求保证题 5-14 图 a 所规定的位置尺寸(10±0.1)mm 的要求。试分别计算工序尺寸 A_1、A_2 与 A_3 的尺寸及公差。为表达清晰起见，图中只标出了与计算工序尺寸 A_1、A_2、A_3 有关的轴向尺寸。

5-15　何谓劳动生产率？提高机械加工劳动生产率的工艺措施有哪些？

5-16　工序时间定额由哪几部分组成？

5-17　工艺成本由哪几部分组成？如何进行工艺方案的比较？

5-18　何谓 CAPP？CAPP 包括哪些功能？

5-19　装配精度一般包括哪些内容？装配精度与零件的加工精度有何区别与联系？

5-20　保证机器或部件装配精度的方法有哪几种？各适用于什么装配场合？

5-21　何谓装配单元？为什么要把机器划分成许多独立装配单元？

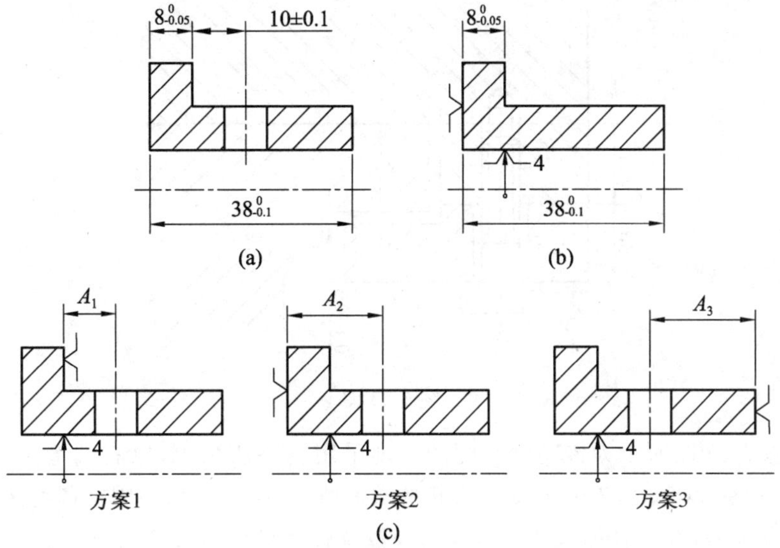

题 5-14 图

5-22　题 5-22 图所示为双联转子泵的轴向装配关系图，要求在常温情况下轴向间隙为 0.05～0.15 mm。已知 $A_1=41$ mm，$A_2=A_4=17$ mm，$A_3=7$ mm。分别采用完全互换法和大数互换法装配时，试确定各组成零件的公差和极限偏差。

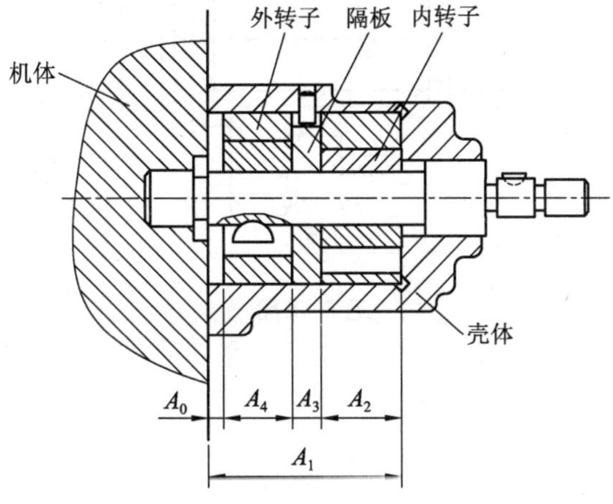

题 5-22 图

5-23　题 5-23 图所示为车床溜板与床身导轨装配图，为保证溜板在床身导轨上准确移动，装配技术要求规定，其配合间隙为 0.1～0.3 mm。试用修配法确定各零件有关尺寸及公差。

5-24　某偶件装配，要求保证配合间隙为 0.003～0.009 mm。若按互换法装配，则阀杆应为 $\phi 25_{-0.003}^{\ 0}$ mm，阀套孔应为 $\phi 25_{+0.003}^{+0.006}$ mm。因精度高而难于加工，现将轴、孔制造公差都扩大到 0.015 mm，采用分组装配法来达到要求、试确定分组数和两零件直径尺寸的偏差，并用公差带图表示出零件各组尺寸的配合关系。

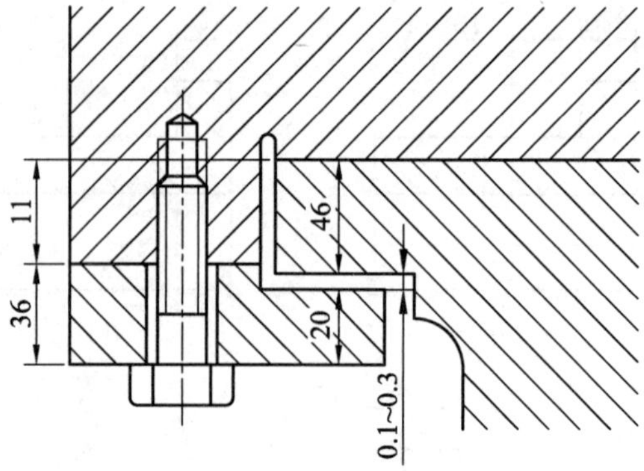

题 5-23 图

5-25　题 5-25 图所示为传动轴装配图。现采用调整法装配，以右端垫圈为调整环，装配精度要求 A_0＝0.05～0.2 mm（双联齿轮的端面跳动量）。试采用固定调整法确定各组成零件的尺寸及公差，并计算加入调整垫片的级数及各组垫片的尺寸及公差。

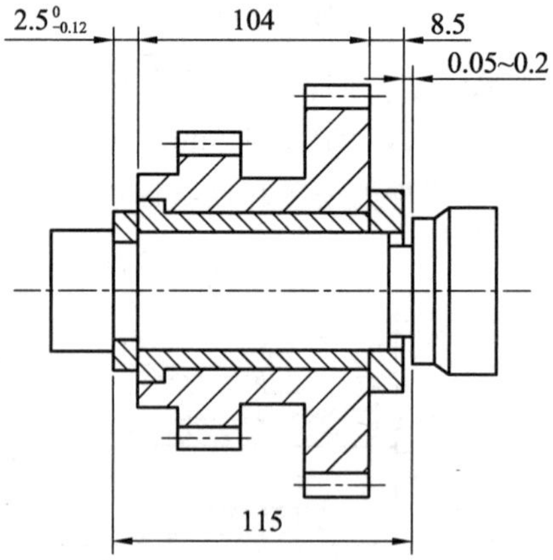

题 5-25 图

第 6 章　机械制造技术的发展

6.1　机械制造技术的发展趋势

6.1.1　现代机械制造技术的特点和产生

机械工业是国民经济的支柱产业，现代机械制造技术是机械工业赖以生存和发展的重要保证，以优质、高效、低耗、洁净、灵活为特征的现代机械制造技术在工业发达国家较早得到发展与应用，而在我国，有些工厂至今仍采用较落后的技术，沿用较落后的工艺及装备，与工业发达国家相比，存在一定差距。因此，重视和大力发展现代机械制造技术对我国的国民经济发展具有重大意义。

1. 现代机械制造技术的特点

现代机械制造技术的特点可用先进性、实用性和前沿性来概括。

(1) 先进性

先进性主要表现在优质、高效、低耗、洁净、灵活(柔性)5 个方面。

① 优质：利用现代制造技术，使加工制造出的零部件或整机质量高，性能好；零部件尺寸精确，表面光洁，内部组织致密，无缺陷及杂质，使用性能好；整机的结构合理，色彩美观宜人，可靠性高。

② 高效：使用现代制造技术，不仅表现在生产过程中，生产效率得到了很大的提高，大大降低了操作者的劳动强度，而且还表现在产品的开发过程中，提高了产品的开发效率和质量，缩短了生产准备时间。

③ 低耗：采用现代制造技术，可以降低整个生产过程中的原材料及能源消耗。

④ 洁净：生产过程不污染环境，使有害废弃物零排放或少排放。

⑤ 灵活：能快速对市场变化及产品设计的更改做出反应，适应多品种柔性生产。

(2) 实用性

现代制造技术是面向工业生产的实用技术，它具有量大面广和讲究实效的特点。因为现代制造技术内涵极其丰富，同时又是动态发展的，它具有多种不同的模式和层次，可以应用于各种类型的机械工厂。

(3) 前沿性

现代先进制造技术的前沿性主要表现在：它是信息技术和其他高新技术与传统制造技术相结合的产物，是制造技术研究最活跃的前沿领域。某些先进制造工艺和装备可能目前应用还不广泛，但是它们代表着一定的发展方向，可望得到越来越广泛的应用。

2. 现代机械制造技术的产生背景与产生方式

(1) 产生背景

现代机械制造技术之所以产生，主要受以下两方面因素的推动：

① 机械产品更新换代加快。近年来，机械产品更新换代的速度不断加快，而且朝着大型、成套、复杂、精密、高效、高运行参数等方向发展，从而对机械制造技术提出了更高更新的要求。

② 市场竞争加剧。面对越来越激烈的市场竞争，制造业的经营战略不断发生变化，市场响应速度(T)、产品质量(Q)、生产成本(C)、售后服务(S)成为企业赢得市场的基本要素。为此，机械制造技术必须适应这种变化，大力发展和采用优质、高效、低耗、洁净、灵活的现代机械制造技术。

(2) 产生方式

现代机械制造技术是从传统的机械制造技术发展起来，不断吸收高新技术成果，或与高新技术实现了局部或系统集成而产生的，其具体产生方式主要有两种：

① 常规制造过程优化。常规制造过程优化是形成现代机械制造技术的重要方式，它是在保持原有制造原理不变的前提下，通过变更制造工艺条件，优化制造工艺参数，或是通过以制造方法为中心，实现制造设备、辅助工艺和材料、检测控制系统技术的集成和改进等。

② 与高新技术相结合。高新技术的发展对新型制造技术的出现有重大影响。一方面，新能源、新材料、微电子、计算机等高新技术的不断引入、渗透和融合，为新型制造技术的出现提供了技术支持；另一方面，高新技术的产业化也需要现代制造技术为其提供相应的装备。典型的新型制造技术有：引入激光、电子束、离子束等新能源而形成的多种高密度能量加工；引入计算机技术而形成的数控加工、工艺模拟技术、CAD/CAE/CAM 集成技术等。

6.1.2 现代机械制造技术的发展趋势

1. 概述

质量、成本和效率是推动现代机械制造技术发展的三个永恒主题，同时，环保和服务业逐渐成为人们关注的目标。为实现这些目标，现代机械制造技术的总趋势是向自动化、最优化、柔性化、集成化、精密化、高速化、清洁化和智能化方向发展。

机械加工的基本任务是以一定的生产率和成本实现零件的加工和机器的装配，围绕这一基本任务正在形成：研究各种成形方法及其运动学原理的表面成形几何学；研究材料分离原理和加工表面质量的材料加工物理学；研究加工设备的机械学原理和能量转换方式的机械制造设备学；研究机械制造过程的计划、调度和管理的机械制造系统工程学；等等。

微电子技术、控制技术、传感技术与机电一体化技术的迅速发展，特别是计算机的广泛应用，在机械制造领域形成了许多新的观念、新的模式。

由系统论、信息论和控制论所形成的系统科学与方法论开始在机械制造领域产生愈来愈大的影响，这种方法论着重从整体与部分、整体与外部环境之间的相互联系、相互作用、相互制约的关系中来考察对象，由此产生了制造系统的概念。

现在，制造的观念已经是具有整体目的性并包含物质流、信息流和能量流的系统。有的学者认为，制造系统应该包括从原料到产品实现其社会价值的整个范围，而过去只将在一个工厂范围内进行的工作考虑为制造系统。

人们早就认识到物质和能量在制造过程中的作用，但对信息的认识却仅始于 20 世纪 50 年代。随着微电子技术尤其是机电一体化技术及计算机技术在机械行业日益广泛和深入的应用，人们开始自觉和积极地研究、开发和利用机械制造过程中的信息。

长期以来，机械制造靠的是工人和技术人员的技艺和经验，制造技术主要是制造经验的总结。随着对机械零件制造精度与效率要求的不断提高，主要靠操作者的技艺来保证质量的旧模式已被动摇，机械设备的加工能力、制造精度以及监测、补偿控制系统在质量保证中正起着越来越大的作用。可以预料，机械制造将越来越密切地依赖知识，依靠科学。事实上，今天的机械制造比以前任何时候都更紧密地依赖诸如数学、物理、化学、电子技术、计算机技术、系统论、信息论、控制论等各门学科的基本理论和最新成果，正在形成一种新的制造模式。

当前，机械制造技术的发展主要沿着三条主线进行：

① 机械制造工艺方法进一步完善与开拓，除了传统的切削与磨削技术仍在不断发展和完善以外，各种特种加工方法也在不断产生并得到快速发展。

② 加工技术向高精度方向发展，例如出现了“精密工程”与“纳米技术”。

③ 加工技术向自动化、柔性化、集成化和智能化方向发展，正在沿着数控技术(NC)、柔性制造系统(FMS)、计算机集成制造系统(CIMS)、智能制造系统(IMS)的台阶向上攀登。

与以上三条主线的发展相配合，机械制造中的计量与测试技术、机械产品的装配技术、工况监测与故障诊断技术、机械设备的性能试验技术、机械产品的可靠性保证与质量控制技术、人工智能在机械制造中的应用等方面，均会有突飞猛进的发展。

2. 目前进展和发展趋势

(1) 采用自动化技术，实现制造自动化

微电子、计算机、自动化技术与制造技术相结合，形成了实现制造自动化的三个范畴：制造过程自动化、制造技术自动化和制造系统自动化。

① 应用集成电路、可编程序控制器、计算机等新型控制元件和装置，实现工艺设备的单机、生产线或系统的自动化控制。应用新型传感、无损检测、理化检验、计算机和微电子技术，实时测量并监控工艺过程的温度、压力、位移、应力、应变、振动、声、像、电、磁及合金与气体的成分、组织结构等参数，实现在线测量和测试的电子化、数字化、计算机化，以及工艺参数的闭环控制，进而实现自适应控制。

② 应用计算机技术、网络技术等，建立计算机辅助设计(CAD)、计算机辅助工艺过程设计(CAPP)、计算机辅助工程分析(CAE)、计算机辅助制造(CAM)、产品数据管理(PDM)、管理信息系统(MIS)、企业资源需求计划(ERP)等制造技术自动化系统，使制造过程信息的生成与处理高效快捷。

③ 将数控、机器人、自动化搬运仓储、自动化单元技术综合用于加工及物流过程，形成从单机到系统，从刚性到柔性，从简单到复杂的不同档次的柔性自动化系统，如数控机床(CNC)、加工中心(MC)、柔性制造单元(FMC)、柔性制造系统(FMS)和柔性生产线(FML)，及至形成计算机集成制造系统(CIMS)和智能制造系统(IMS)。

(2) 利用计算机技术，实现适应于多品种、小批量的柔性制造

制造是一个需求驱动的受控过程。伴随着物质生活的丰富，市场竞争的加剧，客观需求越来越多样化，从而限制了大量生产方式的发展，使制造业朝着低成本、高质量、高效率

条件下的多品种、中小批量自动生产方式转变，在这种条件下产生了柔性制造的概念和技术。

FMS正是将“柔性”和“自动”两者相乘，其主要特征和效果是：① 以多品种、中小批量的生产方式，最大限度地适应市场需求；② 机床利用率显著提高，辅助时间显著缩减，生产成本明显下降；③ 生产周期大为缩短，库存量大为减少，市场响应能力明显增强；④ 自动化水平极大提高，劳动强度明显降低，产品质量得到可靠保证，生产环境显著改善。

(3) 加工与设计之间的界限逐渐淡化，并趋向集成及一体化

CAD/CAM、FMS、CIMS、并行工程(CE)、快速原型技术(RP)等先进制造技术的出现，使加工与设计之间的界限逐渐淡化，并走向一体化。同时，新的非常规加工方法的出现，使冷热加工之间，加工过程、检测过程、物流过程、装配过程之间的界限亦趋向淡化、消失，而集成于统一的制造系统之中。

(4) 机械加工向超精密、超高速方向发展

超精密加工技术目前已进入纳米加工时代，加工精度达0.025 μm，表面粗糙度达0.004 5 μm。精密切削加工技术由目前的红外波段向可见光波段或不可见紫外线和X射线波段趋近；超精密加工机床向多功能模块化方向发展；超精加工材料由金属扩大到非金属。目前超高速切削铝合金的切削速度已超过1 600 m/min，铸铁为1 500 m/min。超高速切削已成为解决一些难加工材料加工问题的一条途径。

(5) 工艺技术与信息技术、管理技术紧密结合，先进制造生产模式获得不断发展

先进制造技术系统是一个由技术、人和组织构成的集成体系，三者有效集成才能取得满意的效果。因而先进制造工艺只有通过与信息、管理技术紧密结合，不断探索适应市场需求的新型生产模式，才能提高先进制造工艺的使用效果。先进制造生产模式(诸如柔性生产、及时生产、精益生产、敏捷制造、并行工程、分散网络化制造等)是制造工艺与信息、管理技术紧密结合的结果，反过来它也影响并促进制造工艺的不断革新与发展。

(6) 计算机的广泛应用，使机械制造向最优化和智能化方向发展

人工智能在机械制造中的广泛深入的应用，延伸、加强和取代了人的部分脑力劳动，产生了“智能制造”的概念。在专业领域中，人类专家具有许多宝贵的知识、经验及独特的思维方法。采用与发展人工智能，特别是其中最为重要的分支——专家系统，是使这一部分脑力劳动自动化、计算机化的有效途径。专家系统的类型很多，用于机械制造领域的主要有工艺规程编制专家系统，设计专家系统，测试、控制与诊断专家系统等。利用专家系统，可以使制造过程实现最优化。此外，在机械制造领域中正在研究和应用的人工智能项目还有CAD/CAM智能一体化、智能机器人等。人工智能在机械制造中的应用，其发展前景十分广阔。

6.2 精密与超精密加工技术

6.2.1 概述

1. 加工精度的发展

近代机械制造技术的出现以18世纪后期(1776年)发明并制造蒸汽机为标志，当时在

镗缸机(Wilkinson)上花了 27.5 个工作日才能将 650 mm 直径的灰铸铁汽缸加工到 1 mm 左右的精度。随着生产的发展,要求不断提高机器的运转精度,为此必须相应地提高零件的尺寸和几何形状精度。在 19 世纪中期相继出现了各种金属切削方法和机床(如 Stowell 螺纹加工机床、Whitney 铣床、Fitch 六角车床等),形成了精度理论和公差制度。20 世纪中叶以后又出现了各种新型工具材料和特种加工方法,使 200 多年来机械加工的精度不断得到提高。1850 年机器零件的尺寸精度已达到 0.01 mm。20 世纪初由于发明了能测量 0.001 mm 的千分表和光学比较仪等,加工精度逐渐向微米级过渡,成为机械加工精度发展进程中的转折点,当时在机械工业中将达到微米级精度的加工称为精密加工。近 50 年来,迅速发展的宇航工业、计算机产业、激光技术、自动控制技术等,对加工精度提出了更高的要求。另外,由于生产集成电路的需要,出现了各种微细加工工艺(微小尺寸零件亚微米级加工精度的加工技术)。目前机械加工精度已提高到纳米级($1\ nm=10^{-9}\ m$),从而进入了超精密加工的时代,现在测量超大规模集成电路所用的电子探针,其测量精度已可达 0.25 nm,实现了原子级尺寸的加工和测量。

2. *精密与超精密加工的范畴*

1983 年日本的 Taniguchi 教授在考查了许多精密与超精密加工实例的基础上,对精密与超精密加工的现状进行了完整的综述,并对其发展趋势进行了预测,他把精密和超精密加工的过去、现状和未来系统地归纳为图 6-1 所示的几条曲线。

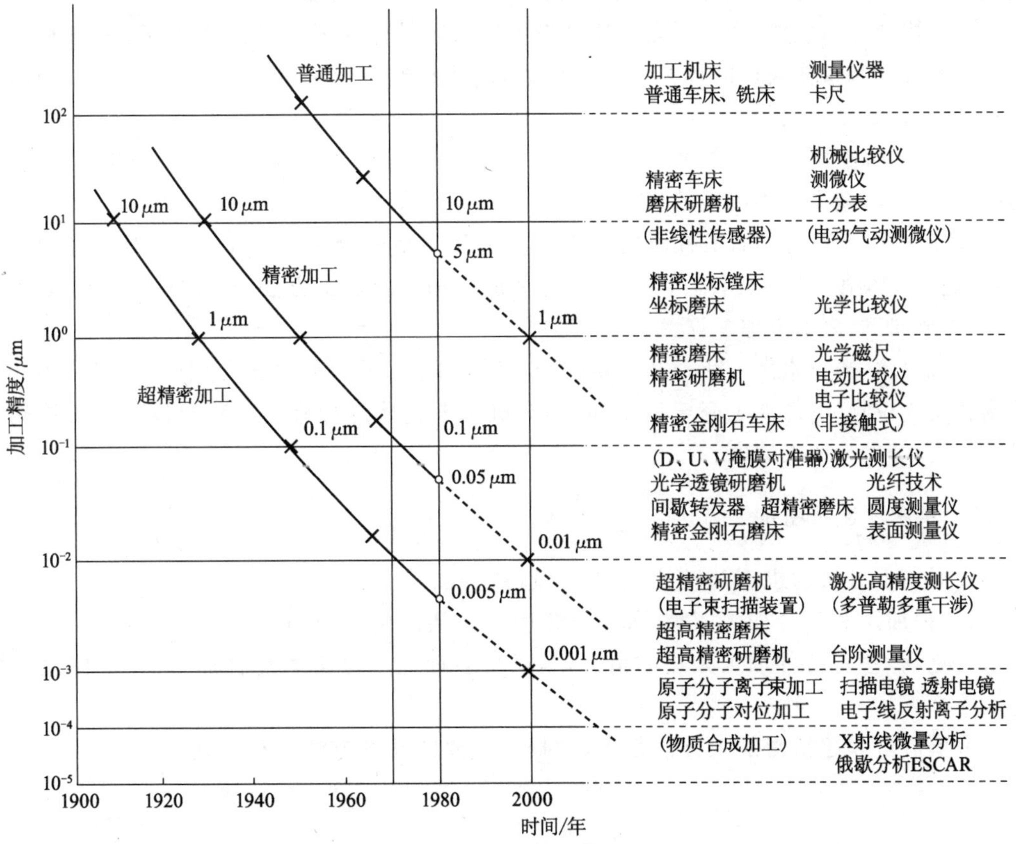

图 6-1　达到的加工精度和年代的关系示意图

从图中可见，传统的机械加工方法（普通加工）与精密和超精密加工方法一样，随着新技术、新工艺、新设备以及新的测试技术和仪器的采用，其加工精度都在不断地提高。加工精度的不断提高，反映了加工工件时材料的分割水平不断由宏观进入微观世界的发展趋势。随着时间的进展，原来认为是难以达到的加工精度会变得相对容易。因此，普通加工、精密加工和超精密加工只是一个相对概念，其间的界限随着时间的推移不断变化。当前一般认为：普通加工所达到的精度是 1 μm（称为微米加工），精密加工所达到的精度是 0.1～0.01 μm（称为亚微米加工），而超精密加工所达到的精度是 0.001 μm（称为纳米加工）。

3. 精密与超精密加工的特点

① "进化"加工。一般加工时，"工作母机"（机床）的精度总是要比被加工零件的精度高，这一规律称"蜕化"或"母性"原则。对于精密和超精密加工，由于被加工零件的精度要求很高，用高精度的"母机"有时甚至已不可能，这时可利用精度低于工件精度要求的机床设备，借助工艺手段和特殊工具，加工出精度高于"母机"的工件，这一规律称"进化"原则。

② 微量切除。超精密加工时，吃刀量极小，是微量切除和超微量切除，因此对刀具刃磨、砂轮修整和机床均有很高要求。

③ 多学科综合。精密加工和超精密加工是一门综合性高技术，要达到高精度和高表面质量，需考虑加工方法的选择、加工工具及其材料的选择、被加工材料的结构及质量、加工设备的结构及技术性能、测试手段和测试设备的精度、恒温净化防振的工作环境、工件的定位与夹紧方式和操作人员的技艺等诸多因素，因此精密和超精密加工是一个系统工程，不仅复杂，而且难度很大。

④ 与自动化联系十分紧密。采用计算机控制、在线检测、适应控制、误差补偿等技术，提高加工质量，减少人为因素的影响。

⑤ 特种加工和复合加工方法的出现。精密和超精密加工方法中，不仅有传统加工方法，如超精密车削、铣削、磨削等，而且有特种加工和复合加工方法，如精密电加工、激光加工、电子束加工、离子束加工等。

⑥ 加工检测一体化。精密和超精密加工时，加工和检测联系十分紧密，有时采用在线检测和在位检测（工件加工完毕后不卸下，在机床上直接进行检测），甚至进行在线检测和误差补偿，以提高加工精度。

6.2.2 精密和超精密加工方法

根据加工方法的机理和特点，精密和超精密加工方法可以分为刀具切削加工、磨料加工、特种加工和复合加工四类，如图 6-2 所示。从图中可以看出，有些是传统加工方法的精密化，有些是特种加工方法的精密化，或是多种加工方法的复合加工（如机械化学抛光）。

由于精密和超精密加工方法很多，现择其主要的几种方法进行论述。

- 精密加工和超精密加工
  - 刀具切削加工：车削、铣削、镗孔、钻微孔
  - 磨料加工
    - 固结磨料加工
      - 磨削：砂轮磨削、砂带磨削
      - 研磨：精密研磨、油石研磨
      - 超精加工：精密超精加工
      - 珩磨：精密珩磨
      - 砂带研抛
      - 超精研抛
    - 游离磨料加工
      - 抛光：精密抛光、弹性发射加工、液中研抛、液体动力抛光、挤压研抛
      - 喷射加工
  - 特种加工
    - 电火花加工：成形加工、线切割加工
    - 电化学加工：蚀刻加工、化学铣削
    - 超声波加工
    - 微波加工
    - 电子束加工
    - 离子束加工：去除加工、附着加工、结合加工
    - 激光束加工
  - 复合加工

图 6-2　各种精密加工和超精密加工方法

1. 金刚石刀具的超精密切削

(1) 切削机理

金刚石刀具的超精密切削主要是应用天然单晶金刚石车刀对铜、铝等软金属及其合金进行切削加工，以获得极高的精度和极小的表面粗糙度的一种超精密加工方法。它属于一种原子、分子级加工单位去除的加工方法，因此，其机理与一般切削机理有很大的不同。金刚石刀具在切削时，其背吃刀量 a_p 在 1 μm 以下，刀具可能处于工件晶粒内部切削状态。这样，切削力就要超过分子或原子间巨大的结合力，从而使刀刃承受很大的剪切应力，并产生很大的热量，造成刀刃的高应力、高温的工作状态。这对于普通的刀具材料是无法承受的，因为普通材料刀具的切削刃不可能刃磨得非常锐利，平刃性也很难保证，且在高温、高压下会快速磨损和软化，而金刚石刀具却能胜任，因为金刚石刀具不仅具有很好的高温强度和高温硬度，而且其材料本身质地细密，经过仔细修研，刀刃的几何形状很好，切削刃钝圆半径可达 0.01～0.005 μm，其直线度误差极小(0.1～0.01 μm)。

在金刚石超精密切削过程中，虽然刀刃处于高应力高温环境，但由于其速度很高、进给量和背吃刀量极小，故工件的温升并不高，塑性变形小，可以获得高精度、小表面粗糙度的加工表面。

金刚石刀具的超精密切削是当前软金属材料最主要的超精密加工方法，但用它切削铁碳合金材料时，由于高温环境下刀具上的碳原子会向工件材料扩散，刀刃会很快磨损(即扩散磨损)，所以，一般不用金刚石刀具来加工钢铁等黑色金属。这些材料的工件常用立方氮化硼(CBN)等超硬刀具材料进行切削，或用超精密磨削的方法来得到高精度的表面。目前，金刚石刀具的切削机理正在进一步研究之中。

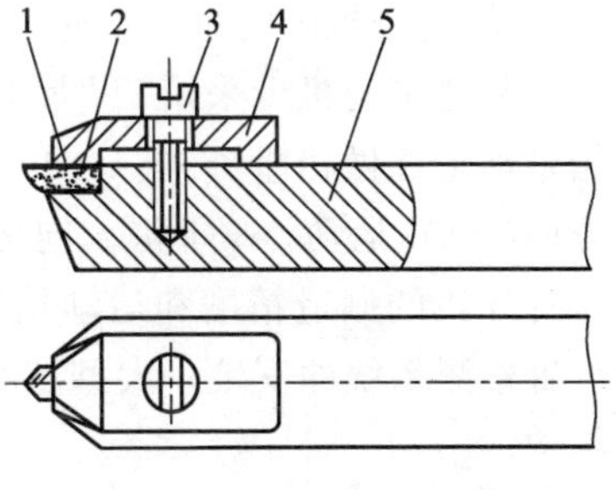

1—垫片；2—金刚石；3—螺钉；4—压板；5—刀体

图 6-3　机械夹固式金刚石车刀

(2) 金刚石刀具及其刃磨

金刚石刀具是将金刚石刀头用机械夹持或粘接方式固定在刀体上构成的，图 6-3 为机械夹固式金刚石车

刀。金刚石刀头被安装在刀体 5 的槽中，上、下各垫一层 0.1 mm 厚的紫铜片，以防止压紧时刀头破裂，通过螺钉 3 与压板 4 将金刚石固定在刀体上。

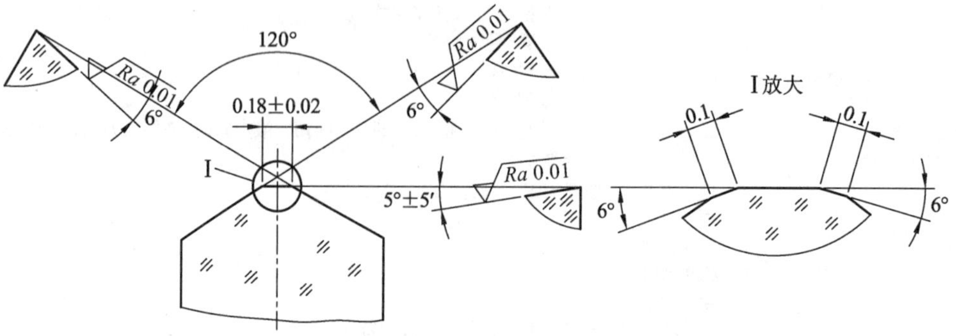

图 6-4　带直线修光刃的金刚石精车刀

金刚石刀具的刃磨是一个关键技术。图 6-4 是一种带直线修光刃的金刚石车刀刀头部分。它的过渡刀刃为直线，由于其调整较为困难，故常用圆弧刃代替。刀具的前角不宜太大，否则易产生崩裂，常取 $\gamma_o < 6°$，后角 α_o 通常取 6° 左右，取主偏角 $\kappa_r = 30°$，但由于在刀尖两侧各有一个 0.1 mm 的过渡刃，故其实际主偏角为 6°左右。同时还要求前、后面的表面粗糙度极小（Ra0.01 μm），且不能有崩口、裂纹等表面缺陷。因此，对金刚石刀具的刃磨质量要求非常高。

金刚石刀具的刃磨可采用 320 号天然金刚石粉与 L－AN15 全损耗系统用油配制的研磨剂，在高磷铸铁盘上进行，如图 6-5 所示，以红木结构的轴承支撑，具有很高的回转精度及精度保持性，并能起到消振的作用。

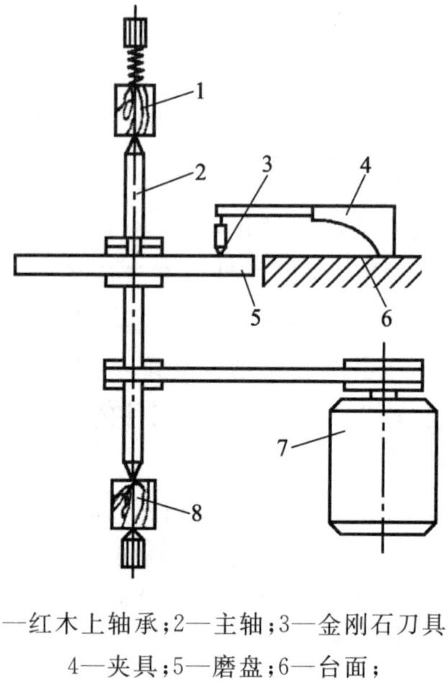

1—红木上轴承；2—主轴；3—金刚石刀具；4—夹具；5—磨盘；6—台面；7—电动机；8—红木下轴承

图 6-5　金刚石车刀刃磨机

（3）超精密机床的结构特点

超精密切削机床是保证超精密加工质量的首要条件，应具有高精度、高刚度、高稳定性等特点；同时要有精密的微进给系统，以实现微量切削；另外还要求机床处于极稳定的工作环境（即恒温、超净、防振）。下面将从五个方面简述超精密机床的结构特点。

① 超精密机床的总体布局

一般超精密机床采用“T”形布局，不用后顶尖，主轴箱带动工件做铅垂方向（z 向）运动，刀架溜板做水平方向（x 向）运动。z 向和 x 向运动分离将有助于提高床身导轨的制造精度和运动精度，也便于 z、x 向运动位置检测系统的安装。大型超精密车床多数制成立式结构。

② 超精密机床主轴部件

主轴部件是超精密机床保证加工精度的核心。要获得较高的回转精度，主轴结构必须简单又便于加工。由于滚动轴承影响回转精度的因素较多，故绝大多数超精密机床都采用空气轴承主轴部件。空气轴承主轴具有回转精度高(0.05～0.025 μm)、摩擦小、发热少、驱动功率小、振动小等优点，但也存在刚度小、承载能力低的缺点，因而通常用于中小型超精密机床上，大型超精密机床则通常采用液体静压轴承主轴部件。

图 6-6 所示为空气静压轴承的主轴结构，结构较为简单，易于制造。其主轴球面采用不锈钢制成，凹半球轴承由锆铜制成，球面轴承圆周共有直径为 0.03 mm 的 12 个进气口 6，球面轴承之间的间隙为 0.012 mm；主轴后支承的进气口 1 的直径和个数与球面轴承的进气口一样。其主轴加工的关键为球面加工，可选用研磨球面作为球面加工的最终工序。研磨时若能选择好研磨剂，严格控制工件及周围环境的温度变化，并采取防尘措施，能使球体圆度误差控制在 0.1 μm 以下，表面粗糙度 *Ra* 为 0.01 μm 以下。该主轴的动刚度很高，高速回转时轴线非常稳定。经测试，在转速为 500 r/s 时，其径向跳动量仅为 0.05 μm、轴向窜动小于 0.01 μm。

③ 床身导轨

超精密机床对导轨的要求是运动平稳、运动直线度高。超精密机床的床身和导轨多采用热膨胀系数小、阻尼特性好、尺寸稳定的花岗岩制造。目前超精密机床导轨主要采用空气静压导轨和液体静压导轨，其中空气静压导轨具有移动精度高、摩擦力小、高速运动时发热少等特点，但其刚度、承载能力及抗振性能均较低，多用于小型机床中。液体静压导轨的主要特点是精度高、刚度高、承载能力大、但高速运动时发热大，多用于中大型机床上。

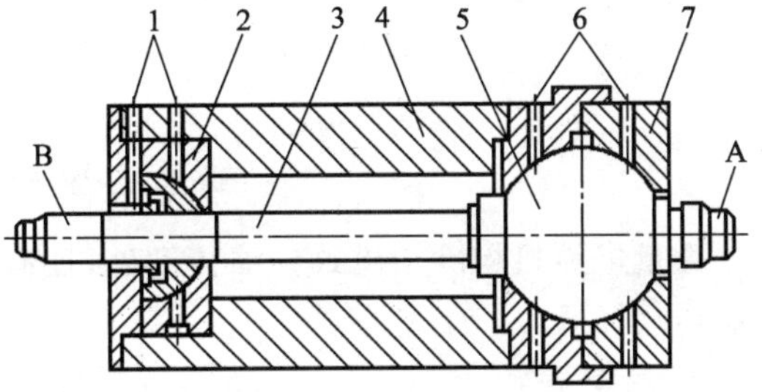

1，6—进气口；2—球面半轴承；3—球轴；
4—主轴箱；5—整球面；7—整球面轴承
A—主轴前端(装卡盘)；B—主轴后端(装带轮)

图 6-6　空气静压轴承的主轴结构

④ 进给驱动系统和微量进给机构

超精密机床对进给驱动系统的总体要求：刚度高、运动平稳、传动无间隙、移动灵敏度高、调速范围宽。超精密机床一般采用分辨率为 0.01 μm 的精密数控驱动系统，采用直流或交流伺服电动机通过精密丝杆带动导轨上的运动件。

精密和超精密切削时，要实现 1 μm 或更小的微量进给，就必须消除运动件的“爬行”现象。因此，一方面要提高传统进给系统的制造精度，改进结构形式(例如采用步进电动机——滚珠丝杠机构，可使每一脉冲的进给量达 0.25～1 μm)，另一方面要研究开发高刚度、小间隙、低摩擦和小惯性的微量进给机构。下面简要介绍利用铁磁材料磁致伸缩原理构成的微量进给机构。

镍、钴、铁等合金铁磁材料，其在磁场中的长度随周围磁场强度的变化而变化。图 6-7a 为利用铁磁材料的磁致伸缩原理而设计的磁致伸缩微量进给机构的工作原理图。该机构顺序循环一次(即夹头 1 夹紧，夹头 2 松开—接通电源，磁致伸缩杆 3 缩短了 ΔL，杆的右端面从 A 移至 A'位置，而左瑞面 B 位置保持不变—夹头 2 夹紧，夹头 1 松开—切断电源，杆伸长，杆的左端面由 B 移至 B'位置，杆 3 又恢复原来长度 L)，可使进给机构精确地移动一个微小距离 ΔL。由于铁磁材料的磁致伸缩性能稳定，磁致伸缩杆又有较高刚度，所以该机构可获得精度很高的连续微量进给。图 6-7b 为该机构在机床上应用的示意图。改变励磁电流的大小和时间相位，就可调节进给速度和改变进给方向(使原来伸长变为缩短，原来缩短变为伸长)，实现无级调速和换向。这种机构的缺点是，由于磁致线圈电阻功率的热效应，从而引起磁致伸缩杆的伸长，影响进给的精度。

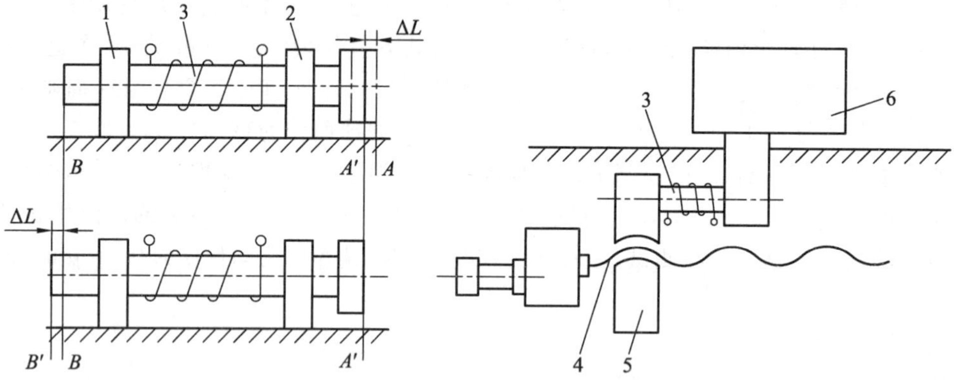

(a) 工作原理图　　(b) 应用示意图

1,2—夹头；3—磁致伸缩杆；4—丝杠；5—螺母；6—滑板

图 6-7　磁致伸缩微量进给机构

微量进给机构除了磁致伸缩传动外，还有电致伸缩传动、机械传动、弹性变形传动、热膨胀传动等形式。

2. 精密磨削

(1) 精密磨削机理

精密磨削主要是靠砂轮的精细修整，使磨粒具有微刃性和等高性(见图 6-8)，磨削后，加工表面留下大量极细微的磨削痕迹，残留高度极小。利用微刃的滑挤、摩擦和抛光作用，精密磨削可获得高精度(1～0.1 μm)和低表面粗糙度(*Ra*0.2～0.025 μm)的加工表面。

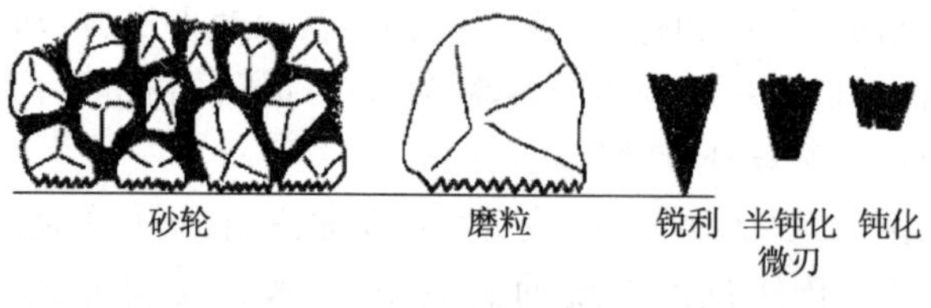

图 6-8　磨粒的微刃性和等高性

(2) 精密磨削砂轮及其修整

精密磨削时磨粒上大量的等高微刃是用金刚石修整工具以极低而均匀的进给速度(10～15 mm/min)精细修整得到，砂轮修整是精密磨削的关键之一。精密磨削所用砂轮的选择以易产生和保持微刃为原则。砂轮的粒度可选择粗粒度和细粒度两种，粗粒度砂轮经过精细修整，微刃切削作用是主要的；细粒度砂轮经过精细修整，半钝态微刃在适当压力下与工件表面的摩擦抛光作用比较显著，其加工表面粗糙度值较粗粒度砂轮所加工的要低。

精密磨削砂轮修整方法有单粒金刚石修整、金刚石粉末烧结型修整器修整和金刚石超声波修整等，分别如图 6-9a、b 和 c 所示。一般修整时，修整器应安装在低于砂轮中心 0.5～

1.5 mm 处，尾部向上倾斜 10°～15°，使金刚石受力小，使用寿命长，如图 6-10 所示。砂轮修整的规范：修整器进给速度 10～15 mm/min，修整深度 2.5 μm/单行程，修整 2～3 次单行程，光修（无修整深度）1 次单行程。

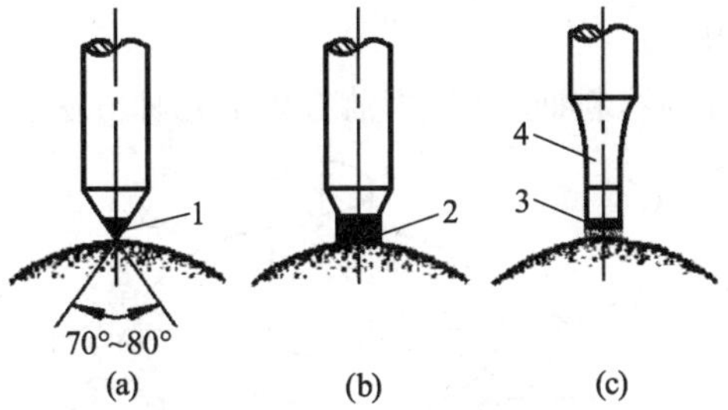

1—单粒金刚石；2—金刚石粉末烧结块；
3—金刚石；4—超声波修整头

图 6-9　精密磨削时砂轮修整

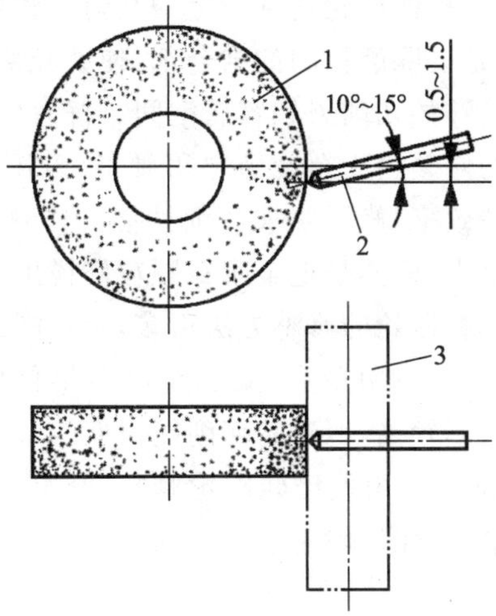

1—砂轮；2—金刚石修整器；3—工件

图 6-10　金刚石修整砂轮时的安装位置

（3）精密磨床精度及结构

精密磨床应有高几何精度，如主轴回转精度、导轨直线度，以保证工件的几何形状精度要求；应有高精度的横向进给机构，以保证工件的尺寸精度，以及砂轮修整时的微刃性和等高性；还应有低速稳定性好的工作台纵向移动机构，不能产生爬行、振动，以保证砂轮的修整质量和加工质量。由于砂轮修整时的纵向进给速度很低，其低速稳定性对砂轮修整非常重要，是一定要保证的。

影响精密磨削质量的因素很多，除上述分析的砂轮选择及其修整、磨床精度及其结构外，尚有磨削工艺参数选择、工作环境等诸多因素的影响。

3. 超硬磨料砂轮精密和超精密磨削

超硬磨料砂轮目前主要指金刚石砂轮和立方氮化硼（CBN）砂轮，主要用来磨削难加工材料，如各种高硬度、高脆性材料，其中有硬质合金、陶瓷、玻璃、半导体材料及石材等，这些材料的加工一般要求较高，故多属于精密和超精密加工范畴。

（1）超硬磨料砂轮磨削特点

① 可用来磨削各种高硬度、高脆性金属和非金属难加工材料，对于钢铁等材料适于用立方氮化硼砂轮来磨削；

② 磨削能力强，耐磨性好，使用寿命长，易于控制加工尺寸及实现加工自动化；

③ 磨削力小，磨削温度低，加工表面质量好；

④ 磨削效率高，加工综合成本低。

现在，金刚石砂轮、立方氮化硼砂轮已广泛用于精密加工，近年来发展起来的金刚石微粉砂轮超精密磨削已日趋成熟，将在生产中推广应用。金刚石砂轮精密和超精密磨削已经成为陶瓷、玻璃、半导体、石材等高硬脆材料的主要加工手段。

超硬磨料砂轮磨削时，也有砂轮选择、机床结构、磨削工艺、砂轮修整和平衡、磨削液等问题，其中砂轮修整问题比较突出，故简要论述如下。

(2) 超硬磨料砂轮修整

分析砂轮的修整(Dressing)过程，可以将它分为整形(Truing)和修锐(Sharpening)两个阶段，整形指使砂轮达到一定的几何形状要求，如砂轮出厂时，其几何形状不够精确故需整形；修锐是去除磨粒间的结合剂，使磨粒突出结合剂一定高度(一般是磨粒尺寸的1/3左右)，形成足够的切削刃和容屑空间。普通砂轮的修整是整形和修锐合为一步进行，而超硬磨料砂轮的修整由于超硬磨料很硬，修整困难，故分为整形和修锐两步进行。整形要求几何形状和高效率，修锐要求磨削性能。修整机理是除去金刚石颗粒之间的结合剂，使金刚石颗粒露出来，而不是把金刚石颗粒修锐出切削刃。

超硬磨料砂轮的修整方法很多，视不同的结合剂材料而不同，当前有以下几种方法：

① 车削法。用单点、聚晶金刚石笔修整，修整精度和效率较高，但砂轮切削能力低。

② 磨削法。用碳化硅砂轮修整，修整质量和效率较好，但碳化硅砂轮磨损很快，是目前最广泛采用的方法。

③ 电加工法。有电解修锐法、电火花修整法等，只适用于金属(或导电)结合剂砂轮，修整效果较好。电解修锐法的效果比较突出，已较广泛地用于金刚石微粉砂轮的超精密加工中，并易于实现在线修锐，其原理如图6-11所示。

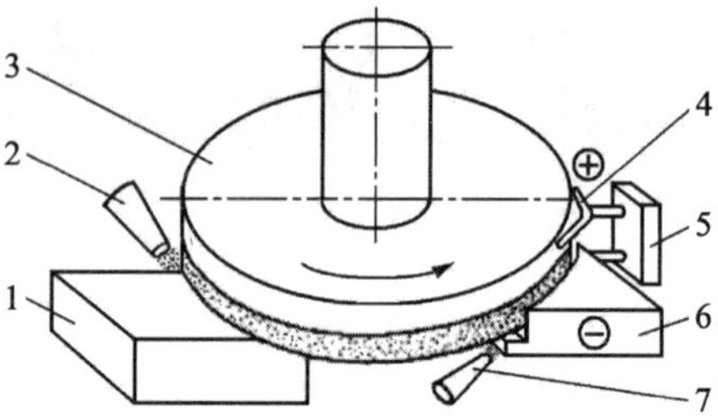

1—工件；2—冷却液；3—超硬磨料砂轮；4—电刷；5—支架；6—负电极；7—电解液

图6-11　电解修锐法

4. 新型研磨抛光方法

近年来，在研磨和抛光方法上出现了许多新方法，如油石研磨、磁性研磨、电解研磨、软质粒子抛光(弹性发射加工等)、浮动抛光、液中研抛、磁流体抛光、挤压研抛、喷射加工、砂带研抛、超精研抛等。现仅举磁性研磨和软质粒子抛光为例进行阐述。

(1) 磁性研磨

工件放在两磁极之间，工件和磁极间放入含铁的刚玉等磁性磨料，在直流磁场的作用下，磁性磨料沿磁力线方向整齐排列，如同刷子一般对被加工表面施加压力，并保持加工间隙。研磨压力的大小随磁场中磁通密度及磁性磨料填充量的增大而增大，因此可以调节。研磨时，工件一面旋转，一面沿轴线方向振动，使磁性磨料与被加工表面之间产生相对运动。这种方法可研磨轴类零件内外圆表面，也可用来去毛刺，对钛合金的研磨效果较好，如图6-12所示。

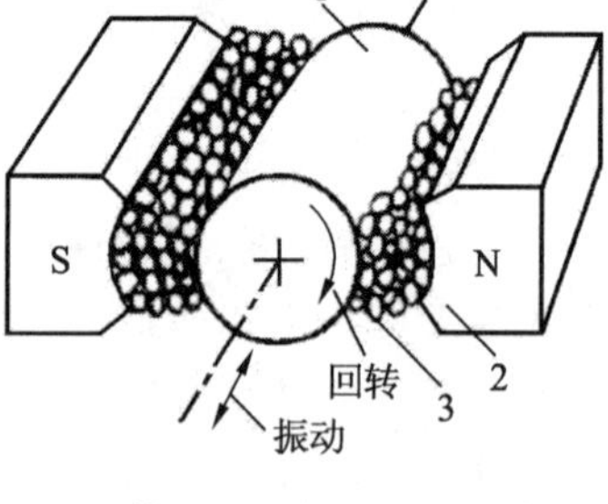

1—工件；2—磁极；3—磁性磨料

图6-12　磁性研磨原理

(2) 软质磨粒抛光(包括机械和机械化学抛光)

其特点是可以用较软的磨粒，甚至比工件材料还要软的磨粒(如 SiO_2、ZrO_2)来抛光。它不产生机械损伤，极大地减少了一般抛光中所产生的微裂纹、磨粒嵌入、洼坑、麻点、附着物、污染等缺陷，可获得极好的表面质量。

典型的软质磨粒机械抛光是弹性发射加工(Elastic Emission Machining，简称EEM)，它是一种无接触的抛光方法，是利用水流加速微小磨粒，使磨粒与工件被加工表面产生很大的相对运动，并以很大的动能撞击工件表面的原子晶格，使表层不平处的原子晶格受到很大的剪切力，致使这些原子被移去。图 6-13 是其原理图，抛光液的入射角要尽量小以增加剪切力，抛光器为聚氨酯球，抛光时抛光器与工件不接触。

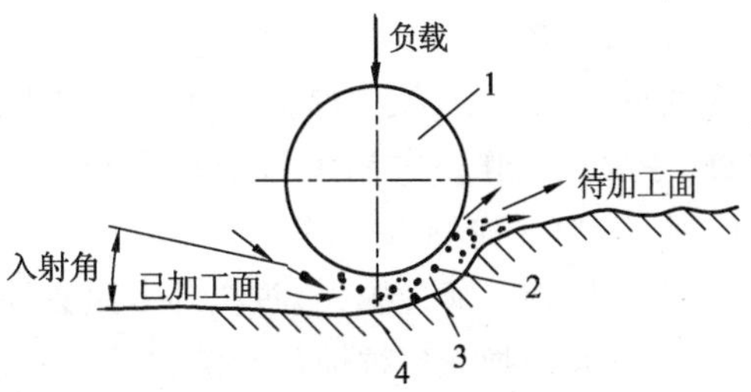

1—聚氨酯球；2—磨粒；3—抛光液；4—工件

图 6-13 弹性发射加工原理

6.2.3 微细加工技术

1. 微细加工概念及加工方法

微细加工技术是指制造微小尺寸零件的生产加工技术。从广义的角度讲，微细加工包含了各种传统精密加工方法和一些新的方法，如精密超精密切削加工、精密超精密磨料加工、特种加工等。从狭义上讲，微细加工主要是指半导体集成电路制造技术，因为微细和超微细加工是在半导体集成电路制造技术的基础上形成并发展的，它们是大规模集成电路和计算机技术的基础，是信息时代、微电子时代、光电子时代的关键技术之一。因此，其加工方法多偏重于集成电路制造中的一些工艺，如化学气相沉积、热氧化、光刻、离子束溅射、真空蒸镀及整体微细加工技术。

微小尺寸加工和一般尺寸加工是不同的，其不同点主要表现在以下几个方面：

① 精度表示方法。一般加工的精度是用加工误差与加工尺寸的比值来表示，这就是精度等级的概念。在微细加工时，由于加工尺寸很小，精度用尺寸的绝对值来表示，即用去除一块材料的大小来表示，从而引入了“加工单位”的概念。在微细加工中，加工单位可以小到分子级和原子级。

② 微观机理。在一般加工时，由于吃刀量较大，晶粒大小可以忽略而作为一个连续体来看待。微细加工时，由于切屑很小，切削在晶粒内进行，晶粒作为一个个不连续体而被切削，因而常规的切削理论对微细加工不适用。

③ 加工特征。一般加工以获得一定的尺寸、形状、位置精度为加工特征，微细和超微细加工却以分离或结合原子、分子为加工特征，以离子束、电子束、激光束为加工基础，采用沉积、溅射、蒸镀等手段进行各种处理。

微细和超微细加工的方法很多，可以分为切削加工、磨料加工、特种加工和复合加工四类。从方法上看与精密和超精密加工基本一致，但微细和超微细加工对象通常为集成电路，故多是分子、原子单位加工方法，它可以分为：

① 分离(去除)：从工件上分离原子或分子，如电解加工、电子束加工、离子束加工和溅射加工等。

② 附着(沉积)：在工件表面上覆盖一层物质，如化学镀、电镀、电铸、离子镀、分子束外延、离子束外延等。

③ 结合：在工件表面上渗入或注入一些物质，如氧化、氮化、渗碳、离子注入等。

④ 变形：利用气体火焰、高频电流、热射线、电子束、激光、液流、气流和微粒子束等使工件被加工部位产生变形，改变尺寸和形状，是一种很有前途的微细加工方法。

2. 光刻加工

在微细加工中，光刻加工是其主要加工方法之一，它又称光刻蚀加工或刻蚀加工，简称刻蚀，主要是制作由高精度微细线条所构成的高密度微细复杂图形。光刻加工过程如图6-14所示，包括如下工序：

① 预处理。通过抛光、酸洗等方法去除基片氧化膜表面的杂质。

② 涂胶。把光致抗蚀剂涂敷在已镀有氧化膜的半导体基片上。

③ 曝光。由光源发出的光束，经掩膜在光致抗蚀剂涂层上成像，称为投影曝光，或将光束聚焦形成细小束斑，通过扫描在光致抗蚀剂涂层上绘制图形，称为扫描曝光，两者统称为曝光。常用的光源有电子束、离子束等。

④ 显影与烘片。曝光后的光致抗蚀剂在特定溶剂中把曝光图形显示出来，即为显影，其后进行200～250 ℃的高温处理以提高光致抗蚀剂的强度，称为烘片。

⑤ 刻蚀。即利用化学或物理方法，将没有光致抗蚀剂部分的氧化膜除去。刻蚀的方法有化学刻蚀、离子刻蚀、电解刻蚀等。

⑥ 剥膜与检查。用剥膜液去除光致抗蚀剂称为剥膜。剥膜后进行外观、线条、断面形状、物理性能和电学特性等检查。

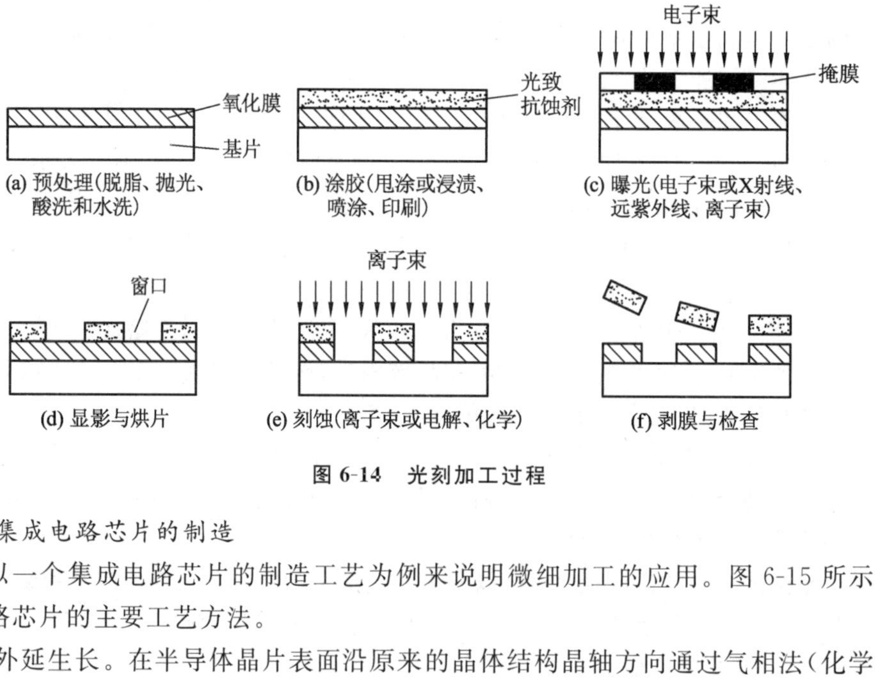

(a) 预处理(脱脂、抛光、酸洗和水洗)　(b) 涂胶(甩涂或浸渍、喷涂、印刷)　(c) 曝光(电子束或X射线、远紫外线、离子束)

(d) 显影与烘片　(e) 刻蚀(离子束或电解、化学)　(f) 剥膜与检查

图 6-14　光刻加工过程

3. 集成电路芯片的制造

现以一个集成电路芯片的制造工艺为例来说明微细加工的应用。图6-15所示为一块集成电路芯片的主要工艺方法。

① 外延生长。在半导体晶片表面沿原来的晶体结构晶轴方向通过气相法(化学气相沉积)生长出一层厚度为10 μm以内的单晶层，以提高晶体管的性能。外延生长层的厚度及其电阻率由所制作的晶体管的性能决定。

② 氧化。在外延生长层表面通过热氧化法生成氧化膜。该氧化膜与晶片附着紧密，是良好的绝缘体，可作绝缘层防止短路和电容绝缘介质。

③ 光刻。即刻蚀，是在氧化膜上涂覆一层光致抗蚀剂，经图形复印曝光(或图形扫描曝光)、显影、刻蚀等处理后，在基片上形成所需要的精细图形，并在端面上形成窗口。

④ 选择扩散。基片经外延生长、氧化、光刻后，置于惰性气体或真空中加热，并与合适

的杂质（如硼、磷等）接触，则窗口处的外延生长表面将受到杂质扩散，形成 1～3 μm 深的扩散层，其性质和深度取决于杂质种类、气体流量、扩散时间和扩散温度等因素。选择扩散后就可形成半导体的基区（P 结）或发射区（N 结）。

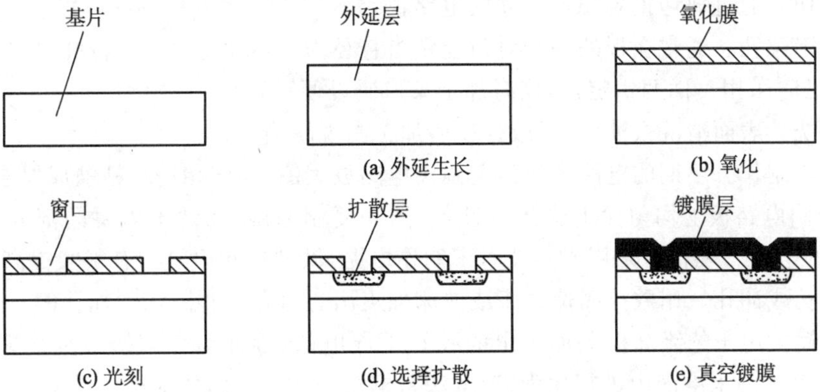

图 6-15　集成电路芯片的主要工艺方法

⑤ 真空镀膜。在真空容器中，加热导电性能良好的金、银、铂等金属，使之成为蒸气原子而飞溅到芯片表面，沉积形成一层金属膜。完成集成电路中的布线和引线准备，再经过光刻，即可得到布线和引线。

4. 印制电路板制造

(1) 印制电路板的结构和分类

印制电路板是用一块板上的电路来连接芯片、电器元件和其他设备的，由于其上的电路最早是采用筛网印刷技术来实现的，因此通常称为印制电路板，也称为印制线路板。图 6-16 表示了三种普通印制电路板，其中图 a 为单面板，图 b 为双面板，图 d 为多层板。

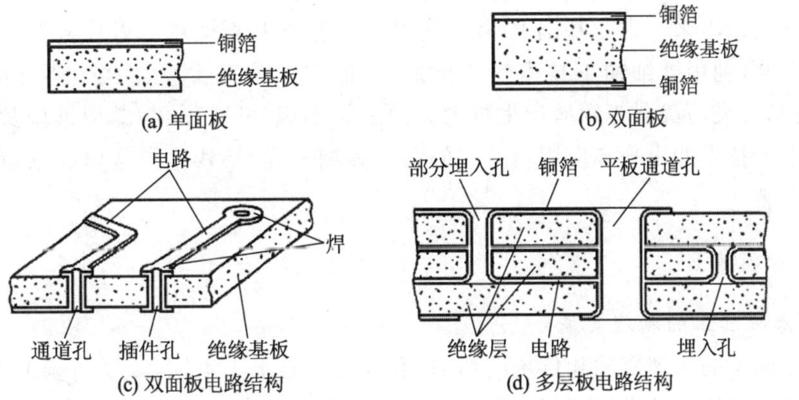

图 6-16　印制电路板

单面印制电路板是最简单的，它是在一块厚 0.25～0.3 mm 的绝缘基板上粘一层厚 0.02～0.04 mm 的铜箔而构成。绝缘基板是将环氧树脂注入多层薄玻璃纤维板，然后经热镀、辊压的高温和高压使各层固化并硬化，形成既耐高温又抗弯曲的刚性板材，以保证芯片、电器元件、外部输入、输出装置等接口的位置和连接。双面印制电路板是在基板的上、下面均粘有铜箔，这样两面均有电路，可用于比较复杂的电路结构。由于电路越来越复杂，因此又出现了多层电路板,现在已达到16层甚至更多。

(2) 印制电路板的制造

一块单层印制电路板的制造过程可分以下几个工序:

① 剪切。通过剪切得到规定尺寸的电路板。

② 钻定位孔。通常在板的一个对角上钻出直径为3 mm的两个定位孔,以便以后在不同工序加工时采用一面两销定位,同时加上条形码以便识别。

③ 清洗。表面清洗去油污,以减少以后加工出现缺陷。

④ 电路制作。早期的电路制作是先画出电路放大图,经照相进行精缩成要求大小作为原版,在印制电路板上均匀涂上光致抗蚀剂,照相复制原版,腐蚀不需要的部分,清洗后就得到所需的电路。现在多采用光刻技术来制作电路,微型化和质量均有很大提高。

⑤ 钻孔或冲孔。用数控高速钻床或冲床加工出通道孔、插件孔、附加孔等。

⑥ 电镀。由于绝缘基板上加工出的孔是不导电的,因此对于双层板要用非电解电镀(在含有铜离子的水溶液中进行化学镀)方法将铜淀积在通孔内的绝缘层表面上。

⑦ 镀保护层。如镀金等。

⑧ 测试。

多层电路板的制造是在单层电路板的基础上进行的,首先要制作单层电路板,再将它们粘合在一起而形成,图6-16d所示为三层电路板,其中有通孔、埋入孔和部分埋入孔等。多层电路板的制造关键技术有:各层板间的精密定位、各层板间的通孔连接等。

5. 微细加工技术的应用

20世纪60年代以来,微电子技术已广泛渗透到机械工程的各个领域,机电一体化已成为现代机械制造技术的重要特征。20世纪80年代中后期兴起的微型机械研究,集中反映了这一发展趋势。1987年美国首次制造出直径为100 μm的静电微型电机,其转子直径仅为60 μm。此外,外形尺寸从几十微米到几百微米的微型齿轮、微型弹簧、微型涡轮及微型机构也相继制造出来。在此基础上,尺寸为几毫米甚至几百微米的微型机器人就有可能制造出来。因此,利用微细加工技术生产出的微细装置,将对生物、医学、环境控制、航空航天、传感技术及灵巧武器等领域产生重大而深远的影响,可以预测,微型机械及其制造技术将如同微电子技术的出现和应用所产生的巨大影响一样,导致人类认识和改造世界的能力有重大的突破。

6.2.4 纳米级加工

1. 纳米级加工的物理实质

纳米级加工的物理实质和传统的切削、磨削加工有很大不同,一些传统的切削、磨削方法和规律已不能用在纳米级加工。欲得到1 nm的加工精度,加工的最小单位必然在亚纳米级。由于原子间的距离为0.1~0.3 nm,纳米级加工实际上已到了加工精度的极限。在纳米级加工中,试件表面的一个个原子或分子将成为直接的加工对象,因此纳米级加工的物理实质就是要切断原子间的结合,实现原子或分子的去除。

各种物质是以共价键、金属键、离子键或分子结构的形式结合形成,在纳米级加工中要切断原子间结合能需要很大的能量密度,约为10^5~10^6 J/cm^3。传统的切削、磨削实际上是利用原子、分子或晶体间连接处的缺陷而进行加工的,消耗的能量密度较小。用传统的切削、磨削加工方法进行纳米级加工,要切断原子间的结合就相当困难了。因此直接利用光子、电子、离子等基本能子进行加工,必然是纳米级加工的主要方向和方法。

纳米级加工要求达到极高的精度,使用基本能子进行加工时,如何进行有效的控制以达到原子级的去除,是实现纳米级加工的关键。近年来纳米级加工已有很大的突破,例如用电子束光刻加工大规模集成电路时,已实现 0.1 μm 线宽的加工;离子刻蚀已实现微米级和纳米级表层材料的去除;扫描隧道显微技术已实现单个原子的去除、搬迁、增添和原子的重组。纳米加工技术现在已成为现实的、有广阔发展前景的全新加工领域。

2. LIGA 技术

LIGA 是它所包括的三种核心工艺即光刻(Lithographie)、电铸(Galvanoformung)和注塑(Abformung)德文单词的缩写,该技术是 20 世纪 80 年代中期由德国 W. Ehrfeld 教授等人发明的,被认为是一种三维立体微细加工的最有前景的新技术,将对微型机械的发展起到很大的促进作用。

如图 6-17 所示,LIGA 工艺过程如下:

① 深层同步辐射 X 射线光刻:将从同步辐射源放射出的具有短波长和很高平行度的 X 射线作为曝光光源,可在最大厚度达 500 μm 的光致抗蚀剂上刻出掩膜图形的三维实体;

② 电铸:用曝光蚀刻的图形实体作为电铸胎膜,利用电沉积法在胎膜上沉积金属以形成金属微结构零件;

③ 注塑:将电铸制成的金属微构件作为注射成形的模具,即能加工出所需的微型零件。

由于 X 射线的平行度很高,能使微细图形的感光聚焦深度远比常规光刻法深,一般可达 25 倍以上,因而蚀刻的实体厚度较大,使制出的零件有较大的实用性。另外,X 射线的波长极短(小于 1 nm),可得到极好的解像性能,蚀刻面的表面粗糙度通常为 *Ra* 0.02~0.03 μm,最小能达 *Ra* 0.01 μm。此外,用此法除可制造树脂类零件外,也可在精密注塑成形的树脂零件基础上再电铸得到金属或陶瓷材料的零件。应用 LIGA 工艺可制作直径为 130 μm、厚度为 150 μm 的微型涡轮;也可制作厚度为 150 μm、焦距为 500 μm 的柱面微型透镜,并可获得非常光滑的表面。

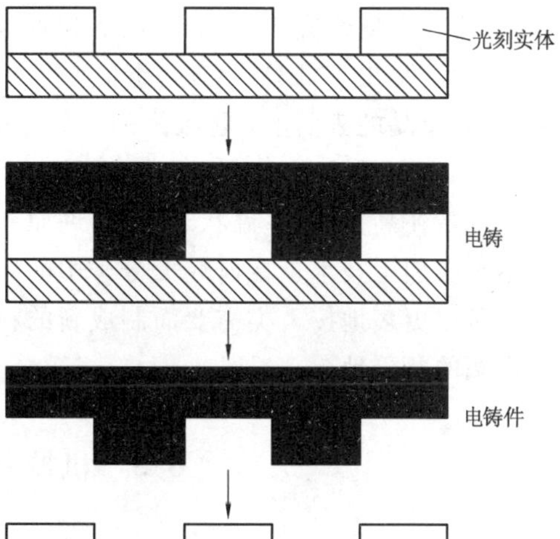

图 6-17　LIGA 工艺流程

目前在 LIGA 工艺中有加工牺牲层的方法,可使获得的微型器件中有部分能脱离母体而移动或转动,这在制造微型电机或其他驱动器时很重要。还有人研究控制光刻时的照射深度,即用部分透光的掩膜,使同一块光刻胶在不同位置曝光深度不同,从而获得的光刻模型可以有不同的高度,用这方法能够得到真正的三维立体微型器件。

用 LIGA 技术已研制成功或正在研制的产品有微传感器、微电机、微机械零件、集成光学和微光学元件、微型医疗器械和装置、纳米技术元件及系统等,材料可以是金属及其合金、陶瓷、聚合物和玻璃等,刻出的图形侧壁陡峭,表面光滑,是一般常规的微电子工艺无法替代的，它极大地扩大了微结构的加工能力，使得原来难以实现的微机械能够制造出来，但它所要求的同步辐射源费用较高，致使应用受到限制。

3. 扫描隧道显微加工技术

扫描隧道显微镜(Scanning Tunneling Microscope，简称 STM)是 1981 年由两位在 IBM 瑞士苏黎世实验室工作的科学家 C. Binning 和 H. Rohrer 发明的。STM 发明初期是用来测量试件三维微观表面形貌的，在检测技术的实际应用中发现可以通过显微探针操纵试件表面的单个原子，实现原子级的精密加工。

STM 的工作原理主要基于量子力学的隧道效应。当一个具有原子尺度的探针针尖足够接近被加工表面某一原子 A 时，探针针尖原子与 A 原子的电子云相互重叠，此时如在探针与被加工(测量)表面之间施加适当电压，即使探针针尖与 A 原子并未接触，也会有电流在探针与被加工材料间通过，这就是隧道电流。从受力分析考虑，在外加电场作用下 A 原子受到两方面力的作用：一方面是探针针尖原子对原子 A 的吸引力，包括范德华(Van Der Wall)力和静电力；另一方面是被加工工件上其他原子对 A 原子的结合力。在外界电场作用下，当探针针尖原子与 A 原子的距离小到某一极限距离时，探针针尖原子对 A 原子的吸引力将大于工件上其他原子对 A 原子的结合力，探针针尖就能拖动 A 原子跟随探针在加工表面上移动，实现原子搬迁。控制探针针尖与被移动原子之间的偏压和距离是实现原子搬迁的两个关键参数。

扫描隧道显微加工技术，即原子级加工技术发展迅速，已取得多项重要成果。1990 年美国 IBM 实验室研究人员在超真空和低温(4K)环境下成功地用氙原子在金属晶体 Ni(110)表面上写出了“IBM”字样；继氙原子搬迁后，美国 D. M. Eigler 等实现了分子的搬迁排列，在铂单晶的表面上，将吸附的一氧化碳分子用 STM 搬迁排列起来，构成了一个身高仅为 5 nm 的世界上最小的人的图样，人们称它为一氧化碳小人；1995 年中国真空物理研究所的研究员在高真空、室温状态下，借助原子搬迁在 Si(111)表面上加工出了“#”图案。

纳米级加工技术正在研究大分子中的原子搬迁、增加原子、去除原子和原子列的重组，这无疑可以更多地按人类需要而制成新的材料，蛋白质分子的修改将给纳米生物学开拓出一个广阔的新天地。

6.3 机械制造自动化技术

6.3.1 机械制造系统自动化

机械制造系统自动化的目的：① 提高或保证产品的质量；② 减少人的劳动强度和劳动量，改善劳动条件，减少人为因素的影响；③ 提高生产率；④ 减少生产面积和人员，节省能源消耗，降低产品成本；⑤ 提高对市场变化的响应速度和竞争能力。

机械制造系统自动化可以分为单一品种大批量生产的自动化和多品种小批量生产的自动化两大类，由于两类的特点不同，所采用的自动化手段也不同。

(1) 单一产品大批量生产的自动化

产品单一、批量大时，可采用专用设备、专用流水线和自动线等刚性自动化措施来实现，一旦产品变化，则不能适应。通常采用的自动化措施有：① 通用机床的自动化改造；

② 自动机床和半自动机床；③ 组合机床；④ 自动生产线（简称自动线），自动线在汽车、拖拉机和轴承等制造业中应用十分广泛。

图 6-18 是由三台组合机床组成的自动线，加工箱体零件。自动线中有转台和鼓轮使工件转位以便进行多面加工。图 6-19 是自动线的组成。较长的自动线一般都分成若干段，每段之间配置储料装置，便于分段维修，以免因故造成全线停车，从而保证自动线的工作。在自动线设计中，生产节拍及其平衡是十分重要的，要根据产品的生产纲领，计算自动线的生产节拍，并按此节拍拟订零件的工艺过程，进行节拍平衡。

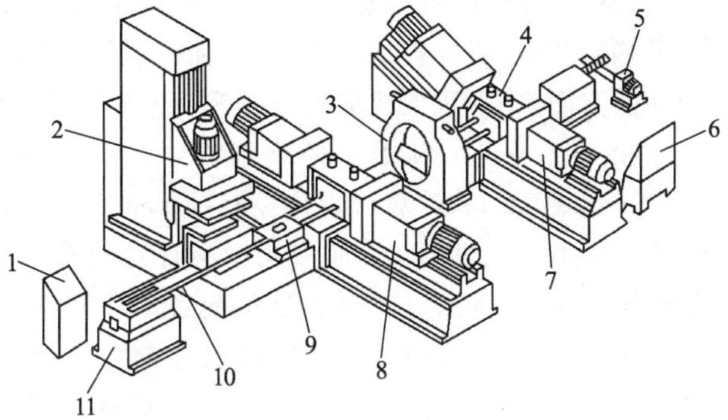

1—控制台；2，7，8—组合机床；3—鼓轮；4—夹具；5—切屑输送装置；6—液压油泵站；9—转台；10—工件输送带；11—输送带传动装置

图 6-18　加工箱体零件的组合机床自动线

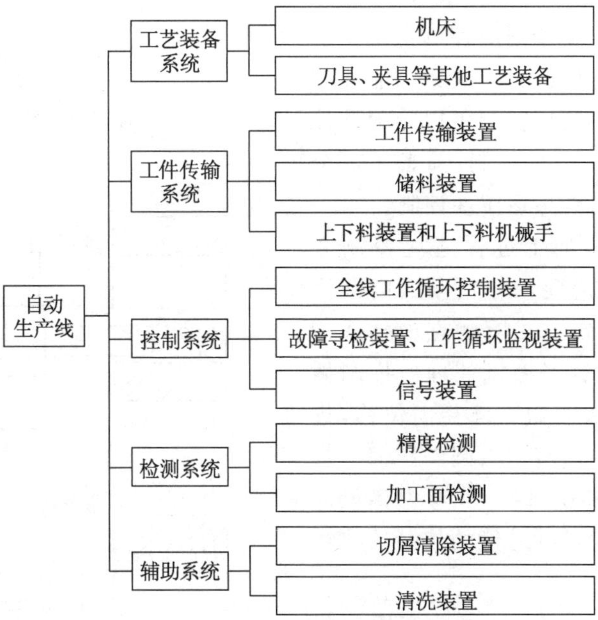

图 6-19　自动线的组成

（2）多品种小批量生产的自动化

在机械制造业中，大部分工厂企业都是多品种小批量生产，多年来，实现多品种小批量生产自动化是一个难题。由于计算机技术、数控技术、加工中心、工作站、工业机器人等的

发展,使这方面已有很大突破,出现了以计算机集成制造系统为代表的机械制造系统自动化。实现多品种小批量生产自动化可以采取以下措施:

① 成组技术(Group Technology,GT)。在机械加工中成组技术是成组工艺和成组夹具的综合,它是根据零件的几何形状、尺寸等几何特点和工艺特点的相似性进行分组分类,编制成组工艺,设计成组夹具。

② 数字控制(Numerical Control,NC)技术和数控机床。在制造工艺中,数字控制技术主要是用来控制机床的运动,保证工件的尺寸和形位,由于它所控制的运动是以脉冲数量来计算,每一个脉冲信号机床运动部件所移动的距离称为脉冲当量,故称之为数字控制。数字控制技术已经发展成基础技术,不仅可用于机床上,而且可用于机器人等其他机械中。

从数字控制机床的功能方面来看,数控机床有简易型、经济型、全功能型和可进行多种加工并带有自动换刀装置的加工中心。从数字控制系统方面来看,则可分为计算机控制(Computer Numerical Control,CNC)和计算机直接控制(Direct Numerical Control,DNC)。计算机控制是用单台计算机控制单台机床,目前多用微型计算机控制系统,其特点是通用性能好,硬件和软件功能强,工作可靠,维修方便,价格便宜。计算机直接控制是用一台计算机以分时方式控制多台机床完成各自不同的工作,故又称群控。计算机直接控制已发展为多级的递阶控制。

③ 适应控制(Adaptive Control,AC)。在机械加工(如切削和磨削)中,在线检测加工状态,并及时修正控制参数,以实现加工过程的优化,获得预定的加工目标或效果,这种控制称为适应控制。一个适应控制系统要能进行工作,必须具备判别功能、决策功能和校正功能。加工过程的适应控制可以分为性能适应性控制和几何适应性控制,前者又可分为优化适应性控制和约束适应性控制。

图 6-20a 为机械加工过程适应控制系统,图 6-20b 为控制内孔尺寸精度的内圆磨床几何适应控制系统,它用双触点电感式传感器检测,其采样数据经微机处理后控制微进给机构带动砂轮头架做工件径向位移,进行尺寸精度补偿。一般精密内圆磨床都有自动修整砂轮及尺寸补偿机构,可考虑将尺寸精度补偿和修整砂轮尺寸补偿的控制系统统一起来。

④ 柔性制造系统。它是当前应用得最广泛的制造系统,一般是指可变的、自动化程度较高的制造系统,由多台数控机床或加工中心组成,没有固定的加工顺序和节拍,能在不停机调整的情况下更换工件及夹具,在时

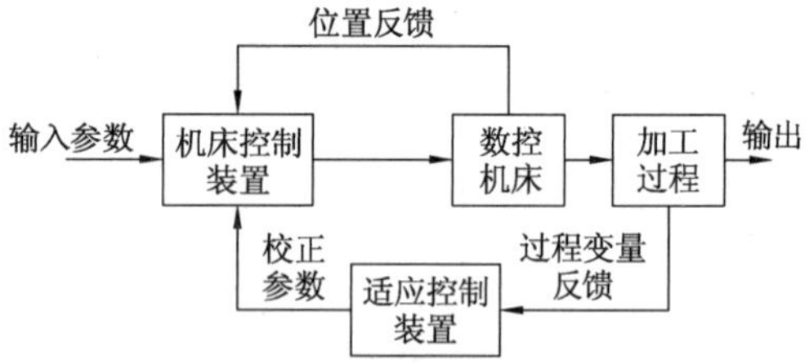

(a) 适应控制系统原理

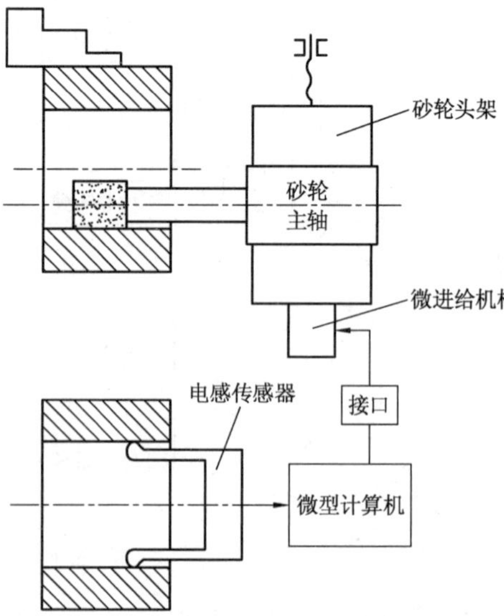

(b) 内圆磨床几何适应控制系统

图 6-20 机械加工过程适应控制

间和空间(多维性)上都有高度的可变性。

⑤ 计算机集成制造系统。又称为计算机综合制造系统，一般它是由以计算机辅助设计(Computer Aided Design,CAD)为核心的产品建模信息系统，以计算机辅助制造(Computer Aided Manufacturing,CAM)为中心的加工、检测、装配自动化工艺系统和以计算机辅助生产管理(Computer Aided Production Management,CAPM)为主的管理信息系统(Management Information System,MIS)所组成的综合体。其中管理信息系统包括生产计划的制定和调度、物资供应计划和财务管理等。集成制造系统是一个产品设计和制造的全盘自动化系统，它强调信息集成和功能集成，进行分级管理和递阶控制。

6.3.2 柔性制造系统

(1) 特点和适应范围

柔性制造系统一般是由多台数控机床和加工中心组成，并有自动上料和下料装置、仓库和输送系统，在计算机及其软件的集中控制下，实现加工自动化，它具有高度柔性，是一种计算机直接控制的自动化可变加工系统。与传统的刚性自动线相比，有下列突出的特点：

① 具有高度的柔性，能实现多种工艺要求不同的同"族"零件加工，实现自动更换工件、夹具、刀具及装夹，有很强的系统软件功能；② 具有高度的自动化程度、稳定性和可靠性，能实现长时间的无人自动连续工作(如连续24 h工作)；③ 提高设备利用率，减少调整、准备终结等辅助时间；④ 具有高生产率；⑤ 降低直接劳动费用，增加经济收益。

柔性制造系统的适应范围很广，如图6-21所示，图中柔性制造单元、柔性制造生产线都属于柔性制造系统的范畴。柔性制造系统主要解决单件小批生产的自动化，把高柔性、高质量、高效率结合和统一起来，具有很强的生命力，是当前最有实效的生产手段，并逐渐向中大批多品种生产的自动化发展。

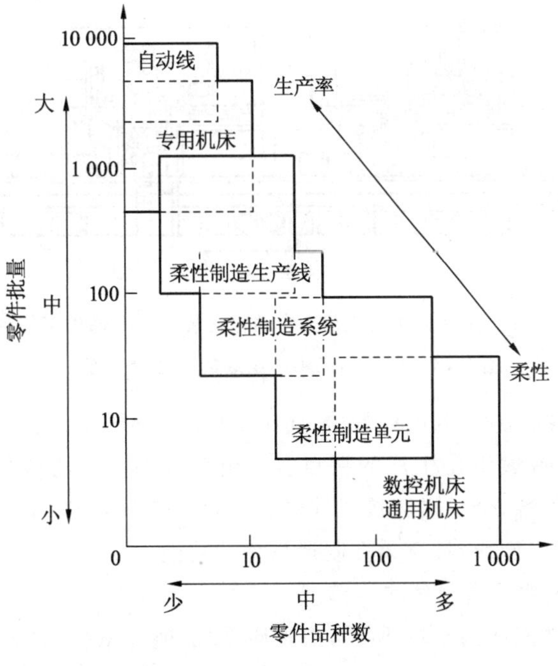

图6-21 柔性制造系统的适应范围

(2) 柔性制造系统的类型

如上所述，柔性制造系统可分类如下：

① 柔性制造单元(Flexible Manufacturing Cell，FMC)。它是由单台计算机控制的数控机床或加工中心、环形(圆形或椭圆形)托盘输送装置或工业机器人所组成，采用切削监视系统实现自动加工，不停机就可转换工件进行连续生产(见图 6-22)，它是一个可变加工单元，是组成柔性制造系统的基本单元。

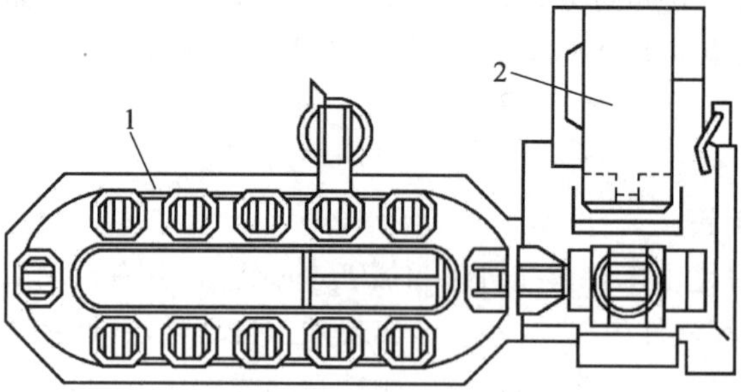

1—托盘输送装置；2—加工中心

图 6-22　柔性制造单元

② 柔性制造系统(FMS)。它是由两台或两台以上的数控机床、加工中心或柔性制造单元所组成，配有自动输送装置(有轨、无轨输送车或机器人)、工件自动上下料装置(托盘交换或机器人)和自动化仓库，并有计算机综合控制功能、数据管理功能、生产计划和调度管理功能、监控功能等，图 6-23 为由两台加工中心所组成的柔性制造系统，配备有轨运输车和托盘交换装置。

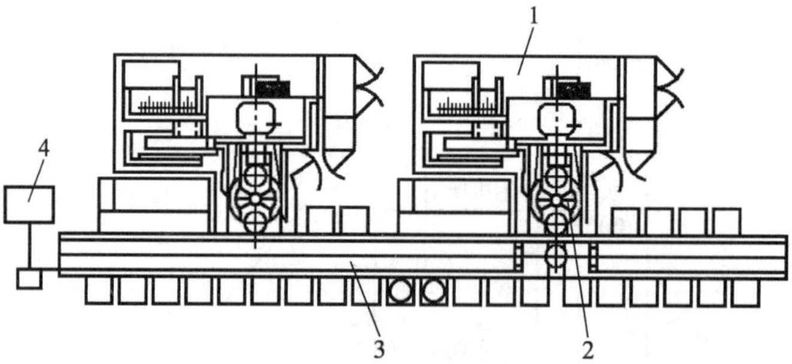

1—加工中心；2—托盘交换装置；3—自动输送装置；4—输送车控制器与键盘

图 6-23　两台加工中心组成的柔性制造系统

③ 柔性制造生产线(Flexible Manufacturing Line，FML)。它是针对某种类型(族)零件的，带有专业化生产或成组化生产的特点。它由多台加工中心或数控机床组成，其中有些机床带有一定的专用性，全线机床按工件的工艺过程布局，可以有生产节拍，但它本质上是柔性的，是可变加工生产线，具有柔性制造系统的功能。

(3) 柔性制造系统的组成和结构

柔性制造系统的组成如图 6-24 所示，由物质系统、能量系统和信息系统三部分组成，各个系统又由许多子系统构成，各系统间的关系如图 6-25 所示。

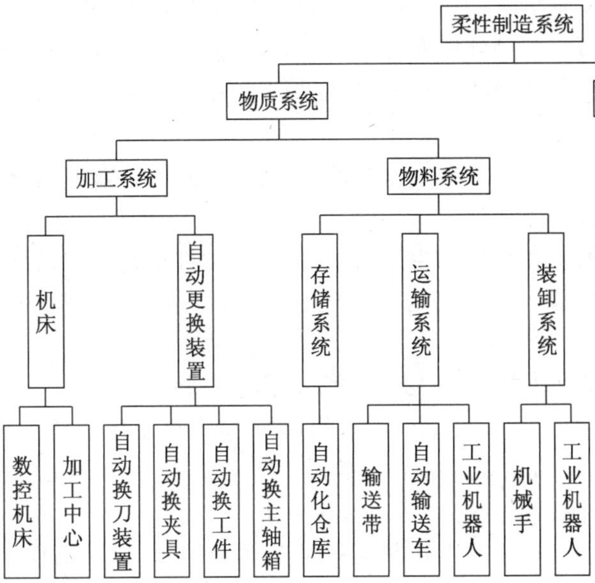

图 6-24　柔性制造系统的组成

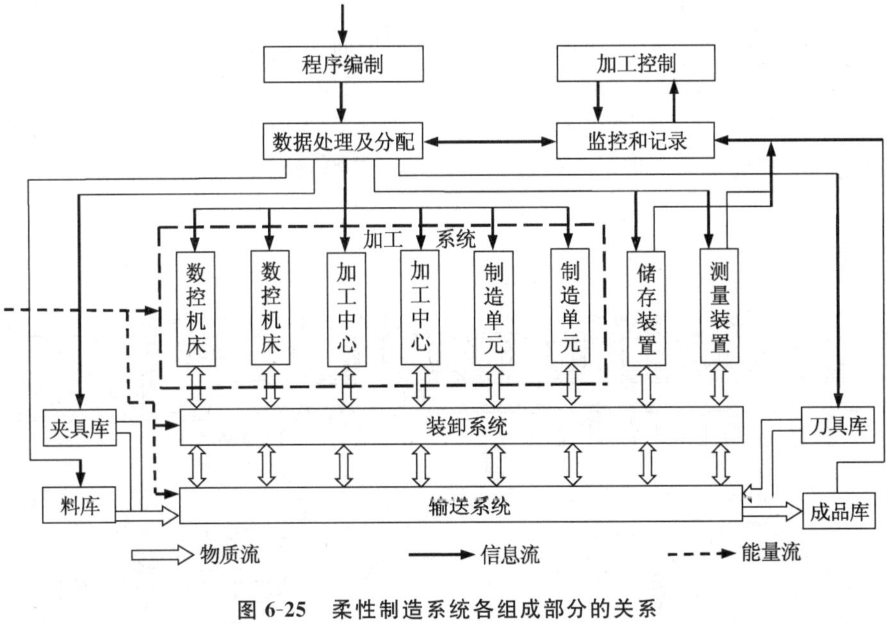

图 6-25　柔性制造系统各组成部分的关系

柔性制造系统的主要加工设备是加工中心和数控机床，目前以铣镗加工中心（立式和卧式）和车削加工中心占多数，一般多由 3～6 台组成。柔性制造系统常用的输送装置有输送带、有（无）轨输送车、行走式工业机器人等，也可用一些专用输送装置。在一个柔性制造系统中可以同时采用多种输送装置形成复合输送网。输送方式可以是线形、环形和网形。柔性制造系统的储存装置可采用立体仓库和堆垛机，也可采用平面仓库和托盘站。托盘是一种随行夹具，其上装有工件夹具（组合夹具或通用、专用夹具），工件装夹在工件夹具上，托盘、工件夹具和工件形成一体，由输送装置输送，托盘装夹在机床的工作台上。托盘站还可暂时存储，配置在机床附近，起缓冲作用。仓库可分为毛坯库、零件库、刀具库和夹具库等，其中刀具库有集中管理的中央刀具库和分散在各机床旁边的专用刀具库两种类型。柔性制造系统中除主要加工设备外，还应有清洗工作站、去毛刺工作站和检验工作站等，它们都是柔性工作单元。

柔性制造系统多由小型计算机、计算机工作站和设备控制装置（如机床数控系统）形成递阶控制、分组管理，其工作内容有以下几方面：

① 生产工程分析和设计。根据生产纲领和生产条件，对产品零件进行工艺过程设计，对整个产品进行装配工艺过程设计，设计时应考虑工艺过程优化、能适应生产调度变化的动态工艺等问题。

② 生产计划调度。制订生产作业计划，保证均衡生产，提高设备利用率。

③ 工作站和设备的运行控制。工作站是由若干设备组成的，如车削工作站是由车削加工中心和工业机器人等所组成。工作站和设备的运行控制是指对机床、物料输送系统、物料存储系统、测量机、清洗机等的全面递阶控制。

④ 工况监测和质量保证。对整个系统的工作状况进行监测和控制，保证工作安全可靠，运行连续正常，质量稳定合格。

⑤ 物资供应与财会管理。使运行的柔性制造系统产生实际技术经济效果，因为柔性制造系统的投资比较大，实际运行效果是必须考虑的。

图 6-26 所示为一个比较完善的柔性制造系统平面布置图，整个系统由 3 台组合铣床、2 台双面镗床、双面多轴钻床、单面多轴钻床、车削加工中心、装配机、测量机、装配机器人和清洗机等组成，加工箱体零件并进行装配。物料输送系统由主通道和区间通道组成，通过沟槽内隐藏着的拖曳传动链带动无轨输送车运动。若循环时间较短，区间通道还可作为临时寄存库。整个系统由计算机控制，有些工作由手工完成，如工件在随行夹具上的安装、组合夹具的拼装等。

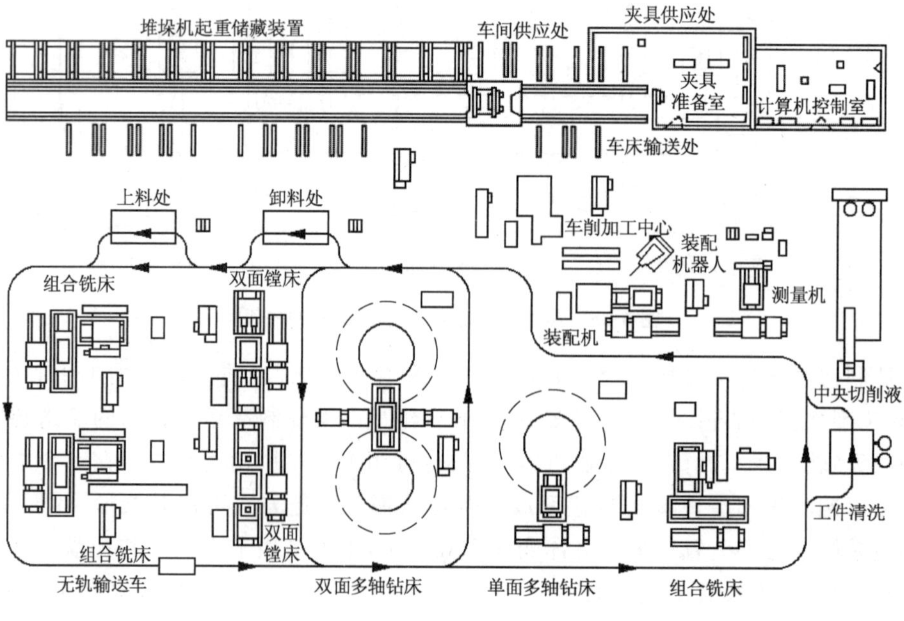

图 6-26 柔性制造系统

6.3.3　计算机辅助制造

利用计算机分级结构将产品的设计信息自动地转换成制造信息，以控制产品的加工、装配、检验、试验、包装等全过程，以及与这些过程有关的全部物流系统和初步的生产调度，这就是计算机辅助制造（CAM）。

目前，CAM 的应用可以概括为两大类：一类是计算机直接与制造过程连接，以便对制造过程及其设备实施监视和控制，这是 CAM 的直接应用，如 CNC 和 FMS 等；另一类是计算机并不直接与制造过程连接，而是用计算机提供生产计划、进行技术准备、发出各种指令和有关信息，以便使生产资源的管理更为有效，从而对制造过程进行支持，这是 CAM 的间接应用。此时，由人给计算机输入数据和程序，再按照计算机的输出去指导生产。

计算机辅助制造系统的组成可以分为硬件和软件两方面：硬件方面有数控机床、加工中心、输送装置、装卸装置、存储装置、检测装置、计算机等；软件方面有数据库、计算机辅助工艺过程设计、计算机辅助数控程序编制、计算机辅助工装设计、计算机辅助作业计划编制与调度、计算机辅助质量控制等。

随着计算机在上述各部门的广泛应用，人们越来越认识到，单纯孤立地在某个部门用计算机辅助进行各项工作，还远没有发挥计算机控制生产的潜在能力，只有用更高层的计算机将各个环节集中和控制起来，组成更高水平的制造系统，才能取得更大、更全面的经济效益。因此，目前较大规模的 CAM 系统均采用二级或三级计算机分级结构。如用一台微机控制某一单个过程，一台小型计算机负责控制一群微机，再用一台中型或大型计算机负责监控几台小型计算机，这样就形成了一个计算机网络。用这个网络对复杂的生产过程进行监督和控制，同时用来进行诸如零件程序设计和安排作业计划等各种生产准备和管理工作。图 6-27 表示了计算机辅助制造系统的分级结构，可以看出其功能是全面的、广泛的，涉及整个制造领域。

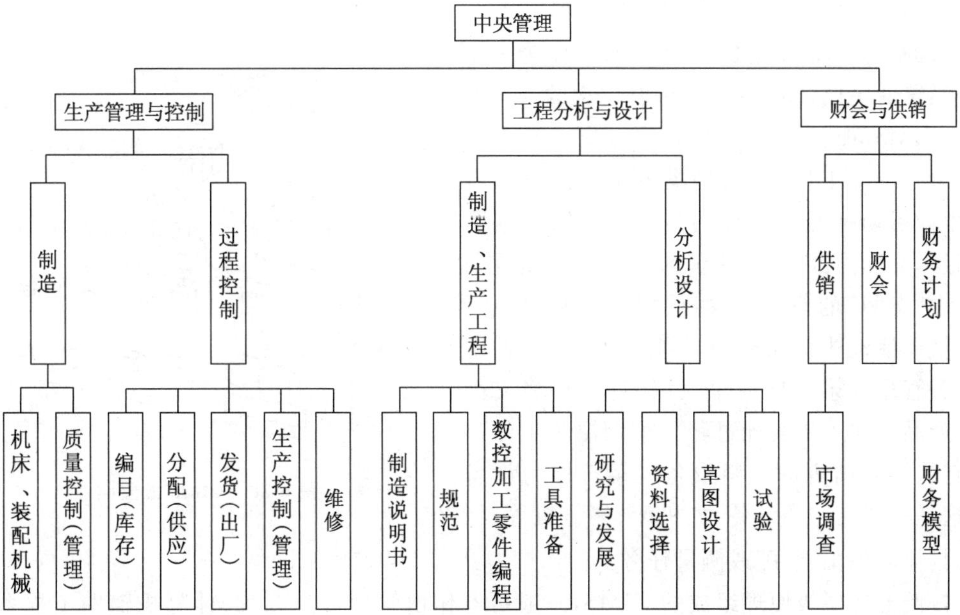

图 6-27　计算机辅助制造系统的分级结构

计算机辅助制造过程是一个庞大的系统工程。由于计算机的应用几乎已经深入现代制造业的每一个角落,因此,广义地讲,目前所谈及的制造系统自动化技术都属于计算机辅助制造的范畴。

6.3.4 计算机集成制造系统

(1) 计算机集成制造系统(CIMS)的基本概念

CIMS是20世纪70年代后,在计算机技术、信息技术及自动化制造技术(如CAD/CAM、FMS等)的基础上发展起来的,它是将一个工厂中的全部生产活动用计算机进行集成化管理的高柔性、高效益的自动化制造系统,是目前计算机控制的制造系统自动化技术的最高层次。世界各国都投巨资组织研究和开发,我国也已把它列入了863高新技术发展计划。

计算机集成制造(CIM)这个术语虽然已得到公认,但至今并没有一个为大家普遍所接受的定义。1988年德国国家标准研究所颁布的DIN技术报告中,将CIM定义为"是与制造有关的、企业内部和外部所有部门功能的信息处理的综合利用,以获得产品计划和制造所需要的工程功能和组织功能的集成,并借助于适当的接口、数据库和网络,达到信息资源在部门之间的共享"。这就是说,CIMS是一个信息与知识高度集成的系统,其真谛在于,以计算机来辅助制造系统的集成,即以充分的信息交流或信息共享,促进制造系统或制造企业组织结构的优化及运行优化,以实现产品的订货、设计、制造、管理和销售过程的高度自动化和总体最优化,从而提高企业的竞争能力和生存能力。建立系统的关键在于,必须首先建立一个各功能部门能共享的庞大的数据库系统,并用信息网络将各部门联系起来。因此,CIMS之新,就新在现代信息技术的应用,以及在这种技术环境下制造系统的新的组织形式和运行方式。

(2) CIMS的基本组成

CIMS的主要技术基础是FMS,但又不同于一般的FMS,而是集成化的FMS。作为一个复杂系统的集成,CIMS必须是有层次的。一般认为,CIMS可分为五层,如图6-28所示。

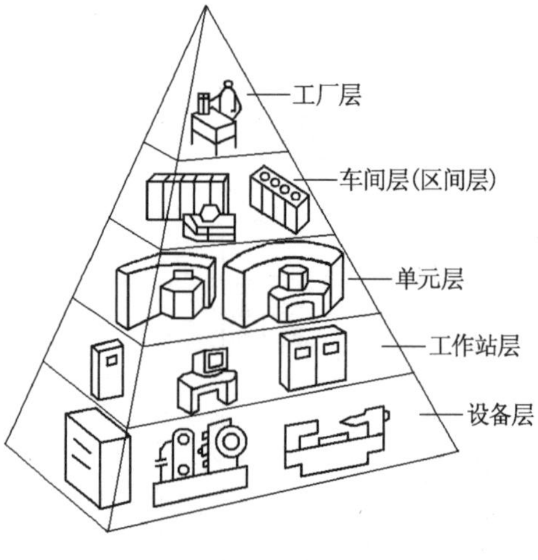

图6-28 CIMS五层图

第一层为工厂层,它是决策工厂的整体资源、生产活动和经营管理的最高层。第二层为车间层,又称为区间层,这里的车间并不是目前工厂中"车间"的概念,车间层仅表示它要执行工厂整体活动中的某部分功能,进行资源调配和任务管理。第三层为单元层,这一层将支配一个产品的加工或装配过程。第四层为工作站层,它将协调站内的一组设备。第五层为设备层,这是一些具体的设备,如机床、测量机等,将执行具体的加工、装配或测量任务。

按照上述层级原理组成的CIMS,一般可看作由管理信息系统、计算机辅助工程系统、生产过程控制与管理系统及物料的储存、运输和保障系统等四个子系统和一个数据库组成的大系统。图 6-29 是 CIMS 的组成框图。

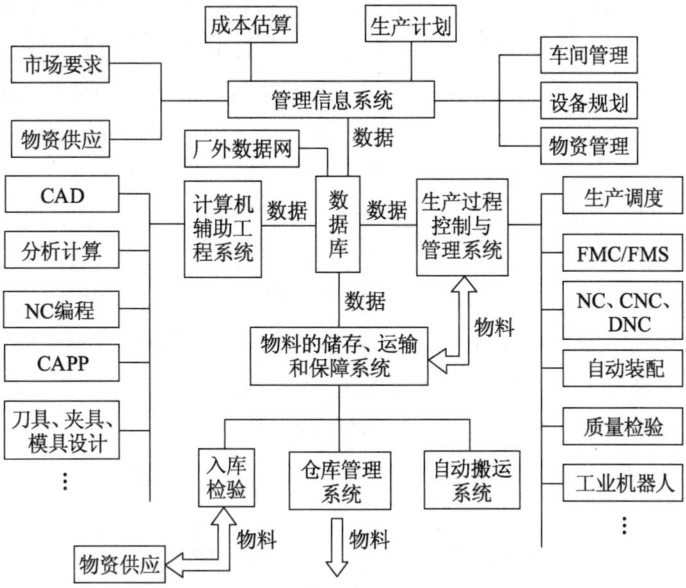

图 6-29　CIMS 的组成框图

① 管理信息系统。这是生产系统的最高层次，是企业的灵魂，它将对生产进行战略决策和宏观管理。它根据市场需求和物资供应等信息，从全局和长远的观点出发，通过决策模型来决定投资策略和生产计划。同时，将决策结果的信息和数据，通过数据库和通信网络与各子系统进行联系和交换，对各子系统进行管理。

② 计算机辅助工程系统。这是企业产品研究的开发系统，并能进行生产技术的准备工作。它能根据决策信息进行产品的计算机辅助设计，对零件和产品的使用性能、结构、强度等进行分析计算；利用成组技术的方法对零件、刀具和其他信息进行分类和编码，并在此基础上进行零件加工的计算机辅助工艺设计和编制数控加工程序，以及进行相应的工、夹具设计等生产技术准备工作。

③ 生产过程控制与管理系统。它从数据库中取出由管理信息系统和计算机辅助工程系统中传出的相应的信息数据，对生产过程进行实时控制和管理，并把生产中出现的新信息通过数据库反馈给有关的子系统，如产品质量问题、生产统计数据、废次品率等，以使决策机构做出相应的反应，及时调整生产。

④ 物料的储存、运输和保障系统。这是组织原材料和配件的供应、成品和半成品的管理与输送及各功能部门与车间之间的物流系统。

⑤ 数据库。CIMS 中的数据库涉及的部门众多，含有不同类型、不同逻辑结构和物理结构的数据及不同的操作语言和不同的定义等。因此，除各部门经常使用的某些信息可由中央数据库统一管理外，一般都在各部门或地区内建立专用的数据库，即在整个系统中建立一个分布式数据库。分布式数据库技术是由数据库技术和计算机网络通信技术相结合而发展起来的，在 CIMS 中采用这种技术可以有效地实现异机同构、数据共享的要求。

(3) CIMS 的应用实例——我国国家 CIMS 工程研究中心简介

CIMS 是在新的生产组织原理和概念下形成的一种新型的生产模式，国外一些大公司在采用了 CIMS 后已取得了显著的经济效益。如日本的一家柔性自动化工厂，其集成制造系统具有 74 台计算机，对整个系统进行集成控制，能生产 2 000 多种机床零件，而每种零件的最小批量仅为 1～5 件，全厂只需要 10 名工人。可见 CIMS 具有极强的应变能力和极高的劳动生产率。因此专家预言，CIMS 将成为 21 世纪占主导地位的新型制造技术。

我国国家 CIMS 工程研究中心（CIMS—ERC），是 863 计划中自动化领域在“七五”期间的重点建设项目，1987 年 7 月开始论证实施，历时 5 年，于 1992 年完成整体集成运行。目前，CIMS—ERC 在技术上已经实现了在计算机网络及分布式数据库支持下，将不同类型的计算机及设备控制器按信息共享、柔性生产的目的集成起来，从而形成了从工程设计、生产调度与控制到加工制造的集成试验制造系统。系统可以完成对有限加工对象（回转体和非回转体的有限品种）的 CAD/CAPP/CAM 的集成；建立了一个包括加工制造、物料储存、刀具与夹具管理及测量等 8 个工作站的柔性制造单元，并实现了 CAD/CAM 的集成；实现了车间层、单元层、工作站层、设备层的递阶调度与控制。CIMS—ERC 的工程系统结构如图 6-30 所示，它由两大部分组成，即信息系统和制造系统。

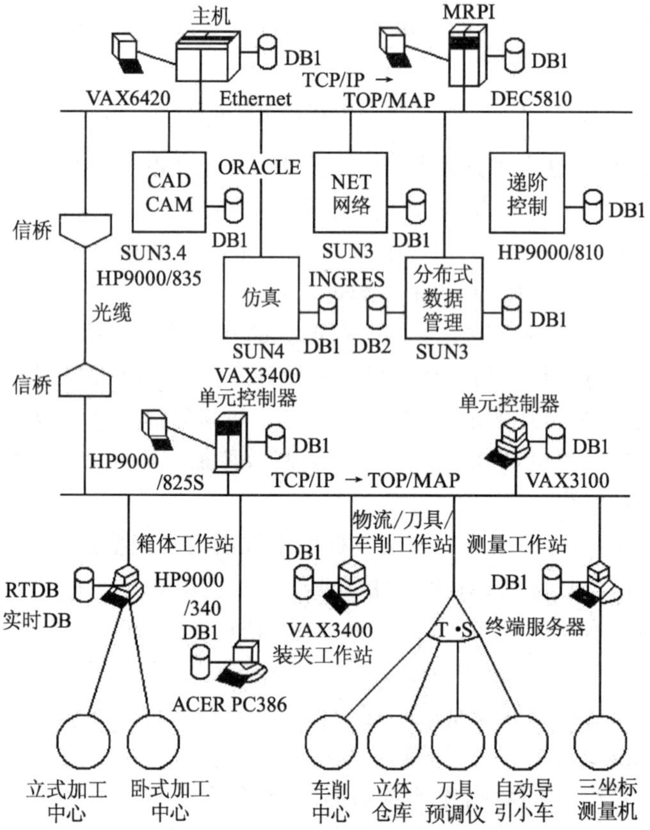

图 6-30　CIMS－ERC 的工程系统结构示意图

① 信息系统。它包括系统各层的规划与控制系统和完成工程设计（CAD/CAPP/CAM）所需要的软硬件系统，以及支持上述两个系统的工厂自动化网络、分布式数据库及 CIMS 仿真三个支持系统软硬件。

② 制造系统。它包括加工检测系统，由卧式加工中心、立式加工中心、车削中心和三坐

标测量机各一台组成;物料储运系统,由立体仓库、机器人、无轨输送小车及缓冲站等组成;刀具管理系统,由中央刀库、对刀仪和刀具准备间等组成;工件装夹管理系统,由组合夹具、装卸台等组成。

制造系统在信息系统的管理和控制下工作,并及时地将制造信息反馈给信息系统。CIMS—ERC 的整个工作过程从工厂/车间计划开始,向设计部门及单元控制器下达零件设计计划及周生产计划。根据设计计划,CAD 进行零件设计,产生零件图样;CAPP/CAM 再根据 CAD 的结果进行工艺设计,产生工艺路线、工序及数控加工程序;夹具 CAD 产生组合夹具组装图;根据周生产计划,单元控制器将形成双日滚动计划,并通过调度模块产生作业单,下发给各有关工作站,最后通过监控模块对各工作站进行监控;刀具工作站根据作业单准备好刀具,在对刀仪上测量刀具尺寸后,将刀具装到加工中心的辅助刀库上;物流工作站准备好毛坯,并将它运送到装夹站,装夹站安装好待加工的毛坯后,由无人输送小车运送到缓冲站或加工中心,与此同时,加工工作站根据调度指令将向加工中心加载加工程序代码,控制加工中心进行加工。

CIMS—ERC 的技术性能已可与世界先进国家的 CIMS 相比,它的开发成功已引起了世界各国的普遍关注。

6.3.5　智能制造系统

智能制造系统(Intelligent Manufacturing System,IMS)是制造系统的最新发展,也是自动化制造系统的未来发展方向,也就是说,未来的制造系统至少应同时具有智能化和自动化两个主要特征。

1. 智能制造系统的基本概念

智能制造系统是一种由智能机器和人类专家共同组成的人机一体化智能系统,它将人工智能技术融合进制造系统的各个环节中,通过模拟人类专家的智能活动,诸如分析、推理、判断、构思和决策等,取代或辅助制造环境中应由人类专家来完成的那部分活动,使系统具有智能特征。

由于计算机永远不可能代替人(至少目前看来是如此),因此,即使是最高级的智能制造系统,也不可能离开人类专家的支持。从这个意义上讲,有理由认为智能制造系统是由 3 部分组成的,即

$$智能制造系统=常规制造系统+人工智能技术+人类专家$$

因此,智能制造系统是典型的人机一体化系统。

智能制造系统之所以出现,这是由需求来推动的,主要表现在以下 5 个方面:

① 制造系统中的信息量呈爆炸性增长的趋势,信息处理的工作量猛增,仅靠传统的信息处理方式,已远远不能满足需求,这就要求系统具有更多的智能,尽量减少人工干预。

② 专业性人才和专门知识的严重短缺,极大地制约了制造业的发展,这就需要系统能存储人类专家的知识和经验,并能自主进行思维活动。根据外部环境条件的变化自动做出适当的决策,尽量减少对人类专家的依赖。

③ 市场竞争越来越激烈,决策的正确与否对企业的命运生死攸关,这就要求决策人的素质高、知识面全,人类专家很难做到这一点。于是,就要求系统能融合尽可能多的决策人知识和经验,并提供全面的决策支持。

④ 制造技术的发展常常要求系统的最优解，但最优化模型的建立和求解仅靠一般的数学工具是远远不够的，要求系统具有人类专家的智能。

⑤ 有些制造环境极其恶劣，如高温、高压、极冷、强噪声、大振动、有毒等工作环境，使操作者根本无法在其中工作，也必须依靠人工智能技术解决问题。

2. 智能制造系统的特征

与传统的制造系统相比，智能制造系统具有以下特征：

① 自组织能力。此指智能制造系统中的各种智能设备，能够按照工作任务的要求，自行集结成一种最合适的结构，并按照最优的方式运行。完成任务以后，该结构随即自行解散，以备在下一个任务中集结成新的结构。自组织能力是智能制造系统的一个重要标志。

② 自律能力。即搜集与理解环境信息和自身的信息，并进行分析判断和规划自身行为的能力。智能制造系统能根据周围环境和自身作业状况的信息进行监测和处理，并根据处理结果自行调整控制策略，以采用最佳行动方案。这种自律能力使整个制造系统具备抗干扰、自适应和容错等能力。

③ 学习能力和自我维护能力。智能制造系统能以原有的专家知识为基础，在实践中不断进行学习，完善系统知识库，并删除库中有误的知识，使知识库趋向最优。同时，还能对系统故障进行自我诊断、排除和修复。这种特征使智能制造系统能够自我优化并适应各种复杂的环境。

④ 人机一体化。智能制造系统不是单纯的“人工智能”系统，而是人机一体化智能系统，是一种混合智能。基于人工智能的智能机器只能进行机械式的推理、预测、判断，它只能具有逻辑思维（专家系统），最多做到形象思维（神经网络），完全做不到灵感思维，只有人类专家才真正同时具备以上3种思维能力。人机一体化方面突出人在制造系统中的核心地位，同时在智能机器的配合下，更好地发挥人的潜能，使人机之间表现出一种平等共事、相互“理解”、相互协作的关系，使二者在不同的层次上各显其能，相辅相成。因此，在智能制造系统中，高素质、高智能的人将发挥更好的作用，机器智能和人的智能将真正地集成在一起，互相配合，相得益彰。

3. 智能制造系统的主要研究领域

理论上，人工智能技术可以应用到制造系统中所有与人类专家有关、需要由人类专家做出决策的部分，归纳起来，主要包括以下内容：

① 智能设计。工程设计，特别是概念设计和工艺设计需要大量人类专家的创造性思维、判断和决策，将人工智能技术，特别是专家系统技术引入设计领域就变得格外迫切。目前，在概念设计和工艺设计领域应用专家系统技术均取得一些进展，但距人们的期望还有很大距离。

② 智能机器人。制造系统中的机器人可分为两类：一类为位置固定不动的机械手，完成焊接、装配、上下料等工作；另一类为可以自由移动的运动机器人，这类机器人在智能方面的要求更高些。

智能机器人应具有下列“智能”特性：视觉功能，即能够借助于机器人的“眼”看东西，这个“眼”可采用工业摄像机；听觉功能，即能够借助于机器人的“耳”去接受声波信号，机器人的“耳”可以是个话筒；触觉功能，即能够借助于机器人的“手”或其他触觉器官去接受（或获取）触觉信息，机器人的触觉器官可以是各种传感器；语音能力，即能够借助于机器人的

“口”与操作者或其他人对话，机器人的口可以是个扩音器；理解能力，即机器人能根据接收到的信息进行分析、推理并做出正确决策，理解能力可以借助于专家系统来实现。

③ 智能调度。与工艺设计类似，生产和调度问题往往无法用严格的数学模型描述，常依靠计划人员及调度人员的知识和经验，往往效率很低。在多品种、小批量生产模式占优势的今天，生产调度任务更显繁重，难度也大，必须开发智能调度及管理系统。

④ 智能办公系统。指该系统应具有良好的用户界面，善解人意，能够根据人的意志自动完成一定的工作。一个智能办公系统应具有“听觉”功能和语言理解能力，工作人员只需口述命令，办公系统就可根据命令去完成相应的工作。

⑤ 智能诊断。系统能够自动检测本身的运行状态，如发现故障正在或已经形成，则自动查找原因，并进行使故障消除的作业，以保证系统始终运行在最佳状态下。

⑥ 智能控制。能够根据外界环境的变化，自动调整自身的参数，使系统迅速适应外界环境。对于可以用数学模型表示的控制问题，常可用最优化方法去求解。对于无法用数学模型表示的控制问题，就必须采用人工智能的方法去优化求解。

总之，人工智能在制造系统中有着广阔的应用前景，应大力加强这方面的研究。由于受到人工智能技术发展的限制，制造系统的完全智能化实现起来难度很大，目前应从单元技术做起，一步一步向智能自动化制造系统方向迈进。

6.3.6 绿色制造

1. 概述

制造业是将可用资源（包括能源）通过制造过程，转化为可供人类使用和利用的工业产品或生活消费品的产业。制造业一方面是制造人类财富的支柱产业，另一方面又产生大量废弃物（物料废弃物、能源废弃物、产品使用终结后的废弃物等）。在生产力高度发展和物质产品空前丰富的今天，世界却面临着令人忧虑的问题：更新换代的加快使得产品使用寿命越来越短，造成数量越来越多的废弃物；资源过快的开发和消耗，造成资源短缺和面临衰竭；环境污染和自然生态的破坏已严重威胁人类的生存条件。如不采取有效措施，后果将不堪设想。有鉴于此，如何使制造业尽可能减少环境污染是当前研究的一个重要方向。

20世纪50年代，制造业广泛采用末端治理技术来治理环境污染，与较早采用的稀释排放相比，末端治理是一大进步，不仅有助于消除污染事件，也在一定程度上缓解了生产活动对环境污染、生态破坏的势头。随着工业化的进一步发展，污染物急剧增加，末端治理也显现出局限性。在末端治理的实施过程中，人们得到了深刻的教训并达成了两个共识：一方面更清楚地认识到制造业及其产品对环境的危害，另一方面也找到了改进这种现状的方向和目标，即减少或消除工业生产对环境污染的根本出路在于实施绿色制造战略。只有在产品的设计和生产制造过程中，不用或少用有毒有害的原材料，在高效利用原材料的同时，减少能源消耗，创造清洁的生产环境，提高废弃余料、半成品和成品的再利用率，才能最终实现绿色制造。

绿色制造（Green Manufacturing，GM）又称为环境意识制造（Environmentally Conscious Manufacturing，ECM）或面向环境的制造（Manufacturing for Environment，MFE），它是一个综合考虑环境影响和资源效率的现代化制造模式，其目标是使产品从设计、制造、包装、运输、使用到报废处理的整个生命周期，对环境的影响（副作用）最小，资源效率最高。

绿色制造的内容包括3部分，即用绿色材料、绿色能源，经过绿色的生产过程（包括绿色设计、绿色工艺技术、绿色生产设备、绿色包装、绿包管理等)，生产出绿色产品。绿色制造具有以下几个方面的特点：

① 具有系统性。与传统的制造系统相比，绿色制造除应保证一般的制造系统功能外，还要求资源和能源利用率最高，废弃物最少，并且尽量减少或消除环境污染。

② 突出预防性。绿色制造是对产品和生产过程进行综合预防环境污染，强调预防为主，通过减少污染物源和保证环境安全的回收利用，使废弃物最小化或消失在生产过程中。

③ 保持适合性。绿色制造必须结合企业产品的特点和工艺要求，使绿色制造目标既符合企业经营发展的要求，又不损害生态环境并保持自然资源的潜力。

④ 符合经济性。通过绿色制造既可节省原材料和能源的消耗，减少废弃物的处理费用，降低生产成本，又能增强市场竞争力。

⑤ 注意有效性和动态性。绿色制造从末端治理转向对产品及生产过程的连续控制，使污染物最小化或消失在生产过程中，综合运用再生资源、能源、物料的循环利用技术，有效减少对环境的污染。

2. 绿色制造技术

(1) 绿色制造技术的类型

绿色制造是未来加工技术的发展方向之一，在具体的物料转化过程中，要充分考虑制造过程中资源消耗和环境影响问题。根据制造系统的实际情况，对制造工艺方法和过程进行优化选择和规划设计，尽量选取物料和能源消耗少、废弃物少、对环境污染小的工艺方案和技术路线，从而减少制造资源的消耗，减小对环境的影响。它的目标是对资源的合理利用和降低对环境造成的污染。根据这两个目标可将绿色制造技术划分为 3 种类型：节约资源的技术、节省能源的技术和环保型技术。

① 节约资源的技术

指在生产过程中简化工艺系统组成、节省原材料消耗的工艺技术。它的实现可从设计和工艺两方面着手。在设计方面，通过减少零件数量、减轻零件重量、采用优化设计等方法使原材料的利用率达到最高；在工艺方面，可通过优化毛坯制造技术、优化下料技术、少/无切屑加工技术、干式加工技术、新型特种加工技术等方法来减少材料消耗。

② 节省能源的技术

指在生产过程中降低能量损耗的工艺技术，可采取的措施如下：

a. 提高设备的传动效率，减少摩擦与磨损。例如，采用电主轴，消除主传动链传动造成的能量损失；采用滚珠丝杠、滚动导轨代替普通丝杠、滑动导轨，减小运动副的摩擦损失。

b. 合理安排加工工艺，选择加工设备，优化切削用量，使设备处于满负荷、高效率运行状态。如粗加工时采用大功率设备，精加工时采用小功率设备。

c. 改进产品和工艺过程设计，采用先进成形方法，减少制造过程中的能量消耗。例如，零件设计尽量减少加工表面；采用净成形(无屑加工)制造技术，以减少机械加工量；采用高速切削技术，实现以车代磨等。

d. 采用适度自动化技术。不适度的全盘自动化，会使机器设备结构复杂，运动增加，消耗过多的能量。

③ 环保型技术

指通过一定的工艺技术，使生产过程中产生的废液、废气、废渣、噪声等对环境和操作者有影响或危害的物质尽可能减少或完全消除。目前最有效的方法是在工艺设计阶段全面考虑，积极预防污染的产生，同时增加末端治理技术。

(2) 机械加工中的绿色制造技术

在机械加工中，绿色制造技术主要是在切削和磨削上采用干式加工。传统的切削和磨削加工过程中，切削液几乎是不可缺少的，它对保证加工精度、提高表面质量和生产效率具有重要的作用。但随着人们环境保护意识的增强，以及环保法律法规要求的日趋严格，切削液的负面影响逐渐被人们所重视。人们正试图不用或少用切削液，干式加工技术可较好地解决当前的生态环境、技术、经济间的协调与持续发展问题。

干式切削加工有两种方法：完全干式切削加工和准干式切削加工。完全干式切削加工是指在加工过程中不加任何切削液的加工方法，它对刀具材料、机床结构、刀具装夹方式等均有较高的要求，目前应用范围还比较有限。介于完全干式切削与湿式切削二者之间的加工技术称为准干式切削加工(Near Dry Machining，NDM)或最少切削液切削加工(Minimal Quantities of Lubricant，MQL)。由此可见，当切削过程中所用的切削液数量很少时，即为准干式切削加工。准干式切削加工技术可大幅度减小刀具—切屑及刀具—工件间的摩擦，起到降低切削温度、减小刀具磨损和提高加工表面质量的作用。由于所使用切削液的量很少，但效果明显，既提高了生产效率，又不会造成环境污染，对许多工件材料和加工方法而言，准干式切削加工是经济可行的。

干式磨削由于会使磨削液的功能全部丧失，目前在实际加工中应用得还不多，但如果使用热传导性良好的 CBN 砂轮进行低效率磨削，仍可采用干式磨削加工方式。干式磨削加工中较为有效的一种方法就是强冷风磨削。

(3) 再制造技术

再制造的含义是指产品报废后，将其进行拆卸和清洗，对其中的某些零件采用表面工程或其他加工技术进行翻新和再加工，使零件的形状、尺寸和性能得到恢复和再利用。

再制造技术是一项对产品全生命周期进行统筹规划的系统工程，其主要研究内容包括产品的概念描述；再制造策略研究和环境分析；产品失效分析和寿命评估；回收与拆卸方法研究；再制造的设计、质量保证与控制、成本分析；再制造综合评价等。

6.4　特种加工技术

6.4.1　概述

第二次世界大战后，随着宇航、电子等尖端技术的飞速发展，新型工程材料不断地涌现和被采用，零件的形状日趋复杂，对零件的加工精度和表面质量要求也越来越高，传统的切削加工已经很难、甚至无法胜任这样的加工要求。为了解决这些加工难题，于是各种区别于传统切削加工方法的特种加工先后应运而生。

特种加工是相对传统的切削加工而言的，是指除了车、铣、刨、磨、钻等传统的切削加工之外的一些新的加工方法，是一种利用电能、化学能、热能、光能、声能、电化学能及其复合加工技术，对金属或非金属材料进行加工的方法。目前国内外已采用或正开发研制的特种加工方法有 30 余种，成为制造业中不可缺少的一个组成部分。

特种加工的分类还没有明确的规定，一般按能量和作用原理可分为表 6-1 所示几种类型。不同的特种加工方法都有其特定的使用场合和规律，选择不当就不能加工或效益很差。因此，须根据加工对象的材料特性和结构特点、加工的经济效益来合理选择。

表 6-1 常用特种加工方法分类

主要能量形式	加工方法	表示符号	对工件材料的适用性
电、热能	电火花加工	EDM	任何导电材料
	电火花线切割加工	WEDM	
	电子束加工	EBM	任何材料
	等离子弧加工	PAM	
电、化学能	电解加工	ECM	任何导电材料
电、化学、机械能	电解磨削	ECG	
	电解珩磨	ECH	
电、机械能、光、热能	离子束加工	IBM	任何材料
	激光加工	LBM	
声、机械能	超声加工	USM	任何硬脆材料
化学能	化学加工（铣削）	CHM	与化学溶剂作用的材料
光、化学能	光化学加工	PCM	
液流、机械能	水射流切割（水刀）	WJC	任何材料
	磨料喷射加工	AJM	

传统切削加工时刀具材料比工件硬，利用机械能把工件上多余的材料切除。但是在工件材料越来越硬，加工表面越来越复杂的情况下，原来行之有效的方法就转化为限制生产率和影响加工质量的不利因素了。在某种场合，特种加工是一般传统切削加工的补充，扩大了机械加工的领域。它具有两个较为突出的特点：① 特种加工使用的工具硬度一般小于被加工材料的硬度，如电火花加工、电解加工使用的电极硬度大大低于被加工工件硬度；某些特种加工无须工具，如激光束、电子束加工是采用激光束、电子束的亮点进行；② 加工过程中工具与工件之间不接触或间接接触，因此不存在显著的机械切削力，工件很少产生机械变形和热变形，有助于提高工件的加工精度和表面质量。特种加工的上述特点使它特别适合于难加工材料（硬、脆、软、韧）的加工、复杂的成形零件（异形型腔、小孔、深孔、窄缝等）的加工，以及一些特殊的精密微细加工。

因篇幅所限，以下仅介绍几种特种加工方法。

6.4.2 电火花加工

在一定的介质中，通过工具电极和工件电极之间的脉冲放电的电蚀作用，对工件进行加工的方法，称为“电火花加工”（Electrical Discharge Machining，EDM），又称“电蚀加工”。

(1) 电火花加工原理

电火花加工的原理如图 6-31 所示。在充满液体介质的工具电极和工件之间的很小间隙上，施加脉冲电压，于是间隙中就产生了很强的电场，使两极间的液体介质在间隙最小处或在绝缘强度最低处，按脉冲电压的频率不断地被电离击穿，产生脉冲放电。由于放电时间很短，且发生在放电区的极小区域上，所以能量密度高度集中（达 $10^6\sim10^7$ W/mm²），放电区的温度可高达$(1\sim1.2)\times10^4$℃，使工件上的一小部分金属被迅速熔化和汽化。由于熔化和汽化的速度很高，故带有爆炸性质，在爆炸力的作用下，将熔化了的金属微粒迅速抛出，再被流体介质冷却凝固，并从间隙中冲走。每次放电后，工件表面形成一个小圆坑（见图 6-31a），放电过程多次重复进行，大量小圆坑重叠在工件上，材料被蚀除。随着工具电极不断进给，工具电极的轮廓尺寸就被精确地复映在工件上，达到尺寸和形状加工的目的（见图 6-31b）。

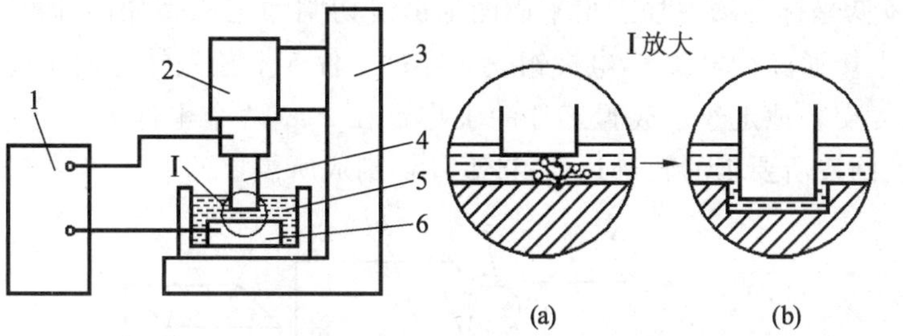

1—脉冲电源；2—送进机构及间隙自动调整器；3—立柱；4—工具电极；5—工作液；6—工件

图 6-31　电火花加工原理图

(2) 电火花加工工艺特点

① 由于电火花加工是利用极间火花放电时产生的电腐蚀现象，靠高温熔化和汽化金属进行蚀除加工的，因此，可以使用较软的紫铜等工具电极，对任何导电的难加工材料（如硬质合金、耐热合金、淬火钢、不锈钢、金属陶瓷、磁钢等，用普通方法难以加工或无法加工）进行加工，达到以柔克刚的效果。

② 由于电火花加工是一种非接触式加工，加工时不产生切削力，不受工具和工件刚度限制，因而有利于实现微细加工，如薄壁、深小孔、盲孔、窄缝及弹性零件等的加工。

③ 由于电火花加工中不需要复杂的切削运动，因此有利于异形曲面零件的表面加工，而且，由于工具电极的材料可以较软，因而工具电极较易制造。

④ 尽管放电温度较高，但因放电时间极短，所以加工表面不会产生厚的热影响层，因而适于加工热敏感性很强的材料。

⑤ 脉冲电源的电脉冲参数调节及工具电极的进给等，均可通过一定措施实现自动化，这使得电火花加工与微电子、计算机等高新技术的渗透与交叉成为可能。目前，自适应控制、模糊逻辑控制的电火花加工已经开始出现和应用。

⑥ 电火花加工时，工具电极会产生损耗，这会影响加工精度。

(3) 电火花加工应用

由于上述特点，电火花加工非常适合模具制造工业，因此电火花加工中 90%以上都用于模具制造。冲模是生产上常见的模具，由于形状复杂、尺寸精度高，尤其是凹模用一般机械加工十分困难，甚至不可能，靠钳工手艺制作，劳动量大、耗费时间长、不易保证质量，热处理又易变形和断裂。电火花加工能很好地解决这些问题，还能加工硬质合金冲模。型腔模（包括锻模、压铸模、挤压模等）用切削方法加工几乎不可能，采用电火花加工则比较方便。

电火花加工按其加工方式和用途不同，大致可分为电火花成形加工、电火花线切割加工、电火花磨削和镗磨加工、电火花同步回转加工、电火花表面强化与刻字等五大类，其中尤以电火花成形加工和电火花线切割加工的应用最为广泛。

6.4.3 电火花线切割加工

(1) 线切割原理

电火花线电极切割加工(Wire Cut EDM，WEDM)简称“线切割”，其基本原理与电火花加工相同，属同一范畴，不同之处是工具电极由一根移动的钼丝(ϕ0.02～ϕ0.15 mm)所代替，工件靠 x、y 两坐标移动来加工出平面图形。线切割加工原理如图 6-32 所示，在工具电极钼丝与工件上接通脉冲电源 6，电极钼丝 4 穿过工件 5 上预先钻好的小孔，经导轮 3 由储丝筒 1 带动往复交替地走丝。放置工件的工作台在 x、y 两个坐标方向分别安装有步进电机，通过数字控制按所要求的轨迹运动，将工件切割成所需要的形状。

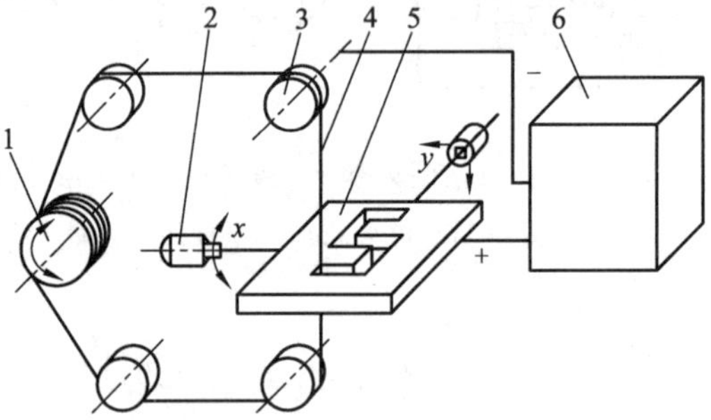

1—储丝筒；2—工作台驱动电机；3—导轮；4—电极钼丝；5—工件；6—脉冲电源

图 6-32 线切割加工原理图

(2) 线切割工艺特点

电火花线切割加工与电火花电极工具加工相比较，具有如下特点：

① 省掉了成形工具电极，大大降低了电极的设计和制造费用，缩短了生产准备时间，这对多品种、小批量生产十分有利。

② 由于电极丝比较细，所以可加工微细的异形孔、窄缝和复杂形状的工件。

③ 由于切缝很窄，且只对工件材料进行图形的轮廓加工(见图 6-32)，蚀除量很少，在同样的电参数下，可比电火花成形加工获得较高的生产率，而且有些割下的余料还可以利用，这对加工贵金属有重要意义。

④ 由于采用移动的长金属丝进行加工，使单位长度金属丝的损耗减少，从而对加工精度影响小，特别在低速走丝线切割加工时，电极丝采用铜丝仅使用一次，电极损耗很小，可加工出精度很高的零件。

⑤ 自动化程度高。大多采用数控编程，操作使用方便，工人劳动强度低，易于实现微机控制。

⑥ 不能加工盲孔类零件，对阶梯面(立体成形面)等的加工较为困难。

(3) 线切割应用

① 加工模具。适用于各种形状的冲模，调整不同的间隙补偿量，只需一次编程就可以

切割凸模、凸模固定板、凹模及卸料板等，还可加工挤压模、粉末冶金模、弯曲模、拉丝模、塑料模、冷拔模等通常带有锥度的模具。

② 加工电火花成形加工用的电极。如一般穿孔加工的电极及带锥度型腔加工的电极。对于铜钨、银钨合金之类的材料，用线切割加工特别经济，同时也适用于微细复杂形状的电极加工。

③ 加工零件。在试制新产品时，用线切割在板料上可直接割出零件，例如切割特殊微电机硅钢片转子铁心、特殊蝶形弹簧片等。由于不需要另行制造模具，所以可极大地缩短制造周期、降低成本。

6.4.4 电解加工

(1) 电解加工原理

利用金属工件在电解液中所产生的"阳极溶解"作用而进行加工的方法，称为电解加工(Electro-chemical Machining，ECM)。如图 6-33 所示，加工时工件接在直流电源的正极(称为工件阳极)，工具接在直流电源负极(称为工具阴极)，两极之间的直流电压通常为 5～25 V，保持 0.05～1 mm 的间隙距离。电解液通常采用 10%～20%的 NaCl 或 $NaNO_3$ 水溶液，由电解液泵输送(压力为 0.5～2 MPa)，从两极间隙中快速流过。此时，作为阳极的工件金属逐渐电解腐蚀，电解的产物被电解液冲走，脏的电解液集中后，经离心分离器、过滤器清洁处理后再使用。

电解加工开始时，因工件形状与工具形状不同，电极之间间隙不相等，间隙小的地方电场强度高，电流密度大，电解液流速也高，工件在此处溶解速度快，而在工具与工件间隙较大处，加工速度就慢(见图 6-33b)，工具电极不断向下进给，直到工具的形状复映到工件上，从而使工件达到要求的形状与尺寸(见图 6-33c)。

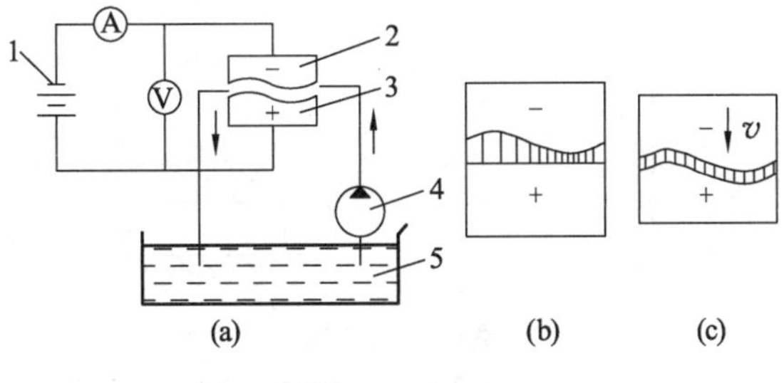

1—直流电源；2—工具阴极；3—工件阳极；4—电解液泵；5—电解液

图 6-33　电解加工原理图

(2) 电解加工工艺特点

① 加工范围广，不受金属材料本身硬度、强度和韧性的限制；凡是能导电的材料均可进行电解加工，如硬质合金、淬火钢、不锈钢、耐热合金等难加工的材料。

② 生产效率高，约为电火花加工的 5～10 倍，在某些情况下，如加工叶片、锻模等复杂型面时，比切削加工的生产率还要高。

③ 由于加工过程中不存在机械切削力和电火化加工时的热效应，所以加工表面不产生残余应力和变形，并且加工表面边缘没有飞边毛刺，加工表面粗糙度 Ra 值小于 1 μm。

④ 加工过程中阴极工具在理论上不会损耗，可长期使用。电极材料可用铜或钢制成，

一个工具电极可加工成千上万个零件。

⑤ 电解加工可达表面粗糙度 $Ra1.25\sim0.32\ \mu m$，比电火花加工的表面粗糙度值小。但电解加工不易达到较高的精度和加工稳定性，这一方面是由于阴极的设计、制造和修正比较困难，另一方面是影响电解加工间隙稳定性的参数很多，控制比较困难。

⑥ 电解加工的附属设备比较多，机床造价较高。另外，电解产物需妥善处理，电解加工中释放出的氯气对环境污染比较大，对设备和人员有害。近年来采用硝酸钠非线性电解液代替氯化钠电解，可提高加工精度和减少机床的腐蚀。

(3) 电解加工应用

电解加工是继电火花加工之后发展较快、应用较广的一项新工艺，目前已用于枪炮的膛线，航空发动机的叶片，汽车、拖拉机等机械制造业中的模具和难加工材料的加工。此外，还可用于表面抛光、去毛刺、刻印、制作标牌、磨削、珩磨等方面。

6.4.5 激光加工

(1) 激光加工(Laser Beam Machining，LBM)基本原理

激光是20世纪60年代出现的一种新光源，是一种亮度高、方向性佳、单色性好的相干光。通过光学系统把激光束聚焦成一个极小的光斑(直径仅几微米或几十微米)，使光斑处获得 $10^8\sim10^{10}$ W/cm^2 的功率密度，产生10 000 ℃以上的高温，从而能在千分之几秒甚至更短的时间内使被加工物质熔化和汽化，或改变物质的性质，以达到工件蚀除或使材料局部改性的目的。图6-34为激光加工原理示意图。

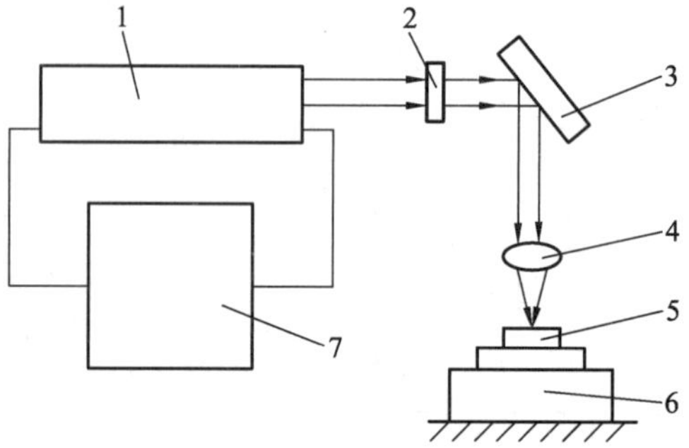

1—激光器；2—部分反射镜；3—反射镜；4—聚光镜；5—工件；6—工作台；7—激光器电源

图6-34 激光加工原理示意图

实现激光加工的设备主要由激光器、电源、光学系统和机械系统等组成。其中，激光器是最重要的部分，按所使用的工作物质种类，激光器可分为固体激光器、气体激光器、液体激光器和半导体激光器。激光加工中应用较广泛的是固体激光器和液体激光器。

目前，激光加工的机理还不十分清楚，但从试验研究来看，光能被集中照射在工件表面，同时也开始热扩散，使斑点周围的金属熔化，随着激光能量的继续吸收，凹坑中的金属汽化并迅速膨胀，压力突然增大，熔化物被爆炸性地高速喷射出来，高速喷射所产生的反冲压力，又在工件内部形成一个方向性很强的冲击波，工件材料在高温熔化和冲击波的作用下，蚀除了部分物质，工件表层留下一个具有一定锥度的小孔，从而实现打孔、蚀刻和切割。当采用较小的能量密度时，使加工区域材料熔融粘合，可对工件进行焊接。

(2) 激光加工工艺特点

① 适用范围广，几乎对所有的金属材料和非金属材料都可以进行激光加工(不像电火花与电解加工那样要求被加工材料具有导电性)。高硬合金、耐热合金、陶瓷、石英、金刚石等脆硬材料都可采用激光加工。

② 激光能聚焦成极细的光束，输出功率可以调节，因此可用于精密微细加工。

③ 加工所用工具是激光束，属于非接触加工，所以无明显的机械力，也无工具损耗等问题；还能通过透明体进行加工，如对真空管内部进行焊接加工等。

④ 激光加工速度快、热影响区小，而且容易实现加工过程自动化，便于与机器人、自动检测系统、计算机数字控制等先进技术相结合。

⑤ 激光加工是一种热加工，影响因素很多，因此精密微细加工时的精度，尤其是重复精度和表面粗糙度不易控制，必须进行反复试验，寻找合理的参数。另外，由于光的反射作用，对于光泽表面或透明材料的加工，必须预先进行色化或打毛处理。

⑥ 激光加工设备复杂，一次性投资较大。

(3) 激光加工应用

① 激光打孔。几乎所有的金属材料和非金属材料都可以用激光打孔，特别是对坚硬材料可进行微小孔加工(ϕ0.01～ϕ1 mm)，孔的深径比可达 50～100，也可加工异形孔。激光打孔已经广泛应用于金刚石拉丝模、宝石轴承、陶瓷、玻璃等非金属材料、硬质合金和不锈钢等金属材料的小孔加工。

② 激光切割。采用激光可对许多材料进行高效的切割加工，切割速度一般超过机械切割。对金属材料切割厚度可达 10 mm 以上，对非金属材料则可达几十毫米。切缝宽度一般为 0.1～0.5 mm。激光切割切缝窄、速度快、热影响区小、省材料、成本低。不仅可以切割金属材料，还可以切割布匹、木材、纸张、塑料等非金属材料。

③ 激光焊接。利用激光的能量把工件上加工区的材料熔化使之粘合在一起。激光焊接速度快、无焊渣，可实现同种材料、不同种材料甚至金属与非金属的焊接，用于集成电路、晶体管元件等的微型精密焊接。

④ 激光热处理。通过激光束的照射，使金属表面原子迅速蒸发，产生微冲击波导致大量晶格缺陷形成，实现表面的硬化。采用激光热处理不需要淬火介质、硬化均匀、变形小、速度快，硬化深度可精确控制。

6.4.6　超声波加工

(1) 超声波加工基本原理

人耳对声音的听觉范围为 16～16 000 Hz 的声波。频率低于 16 Hz 的振动波称为次声波，频率超过 16 kHz 的振动波称为超声波。加工用的超声波频率为 16～25 kHz。

超声波加工(Ultrasonic Machining，USM)是利用产生超声波振动的工具，带动工件和工具间的磨料悬浮液，冲击和抛磨工件的被加工部位，使其局部材料破坏而成为粉末，以进行穿孔、切割和研磨等加工。

图 6-35 为超声波加工原理图。加工时，在工具 3 和工件 1 之间加入液体(水或煤油等)和磨料混合的悬浮液 2，并使工具以很小的力 $\boldsymbol{F}$ 轻轻压在工件上。超声波换能器 5 产生 16 kHz 以上的纵向振动，并借助于变幅杆 4 把振幅放大到 0.05～0.1 mm，驱动工具端面做超声波

振动，迫使工作液中的悬浮液磨料以很大的速度和加速度，不断地撞击、抛磨加工表面，把表面材料粉碎成微粒打击下来。虽然每次打击下来的材料很少，但由于每秒打击的次数多达 1.6×10^4 次以上，所以仍具有一定的加工速度。与此同时，工作液受工具端面的超声振动作用而产生的高频、交变的液压正负冲击波和“空化”作用，促使工作液钻入被加工材料的微裂缝处，加剧了机械破坏作用的效果。所谓“空化”作用，是指当工具端面以很大的加速度离开工件表面时，加工间隙内形成的负压和局部真空，在工作液体内形成很多微空泡；当工具端面以很大的加速度接近工件表面时，空泡闭合，引起极强的液压冲击被，可以强化加工过程。此外，循环流动的工作液不断带走加工碎屑，同时也使得加工区域的磨料不断得到更新。随着工具不断地进给，上述加工过程持续进行，工具的形状便被复映到工件上，直至达到所要求的尺寸和形状为止。

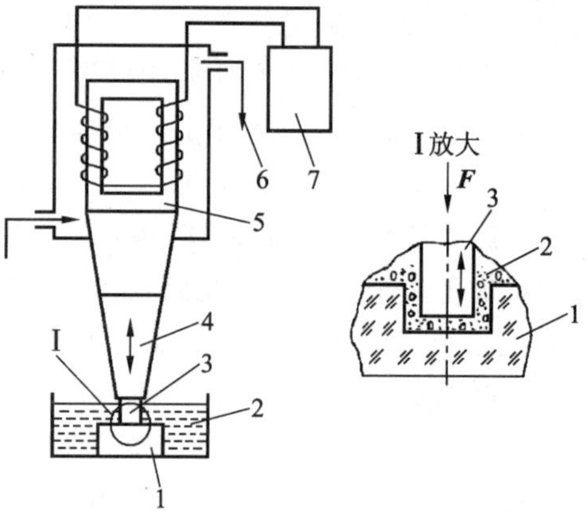

1—工件；2—悬浮液；3—工具；4—变幅杆；5—超声波换能器；6—冷却水；7—超声波发生器

图 6-35　超声波加工原理图

(2) 超声波加工工艺特点

① 可加工任何材料。被加工材料受到的是磨粒和液体分子的连续冲击、抛磨和空化作用，所以该方法适合加工高熔点的硬质合金、淬火钢等金属硬脆材料，并且特别适合电火花和电解无法加工的非导电材料，如宝石、陶瓷、玻璃和锗、硅等各种半导体材料。

② 加工精度高、表面质量好。由于材料的去除是靠极小粒度磨料和水分子的瞬时局部撞击作用，因此，工件表面的宏观切削力、切削应力和切削热均很小，不会引起残余应力及烧伤等现象。而且，由于工件的被加工过程是上述微去除过程的叠加，因此加工表面粗糙度值较小，Ra 值可达 0.1 μm，加工精度可达 0.01 mm。

③ 加工设备简单。由于被加工出的工件形状是工具形状的复映，而工具可用软的材料制成较复杂的形状，因此不需要工具与工件之间做比较复杂的相对运动即可完成诸如异形孔、雕刻花纹及图形的加工。

④ 超声波加工效率不高。对导电材料的加工效率远不如电火花与电解加工，对软质材料及弹性大的材料，加工较为困难。

(3) 超声波加工应用

目前，在各工业部门中，超声波加工主要用于硬脆材料的孔加工、套料、切割、雕刻及研磨金刚石拉丝模等。此外，在加工硬质金属及贵重脆性金属材料时，利用工具做超声振动，辅以其他加工方法(如切削加工或电加工)进行复合加工，可减小切削力、减小表面粗糙度值、延长刀具使用寿命、提高生产率。图 6-36 即为超声振动车削加工示意图。超声车削时，超声频电振荡通过换能器和变幅杆使刀具在工件切削点位置的切向产生一定频率和振幅的振动，从而改变了刀

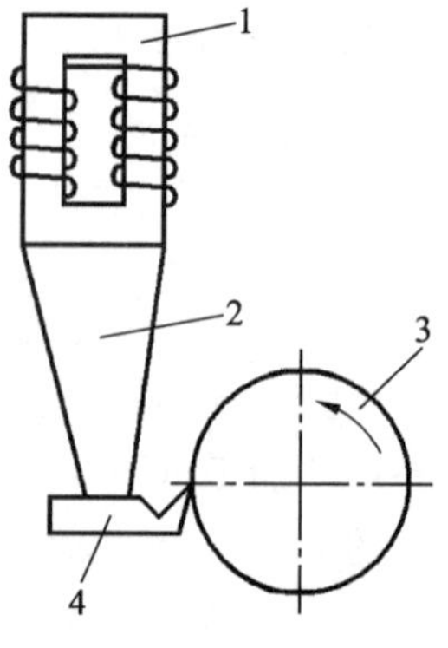

1—换能器；2—变幅杆；3—工件；4—车刀

图 6-36　超声振动车削加工

具与工件表面的相互作用条件：当刀尖振动位移与工件表面旋转方向相反时，提高了实际切削速度及车刀实际前角，有利于减小切削力，改善切屑形成条件；当刀尖振动位移与工件表面旋向同向时，刀尖瞬时脱离加工表面，使相对净切削时间减少，从而有利于刀具和工件表面的冷却润滑，提高加工表面质量。

另外，超声波还可用于超声清洗、超声焊接、超声测距和探伤等。

6.4.7　电子束加工

(1) 电子束加工原理

电子束加工(Electron Beam Machining，EBM)是在真空状态下，利用高速电子的冲击动能转化成局部热能而对材料进行加工，其加工原理如图 6-37 所示。在真空状态下，利用电能将阴极(钨丝)加热到 2 700 ℃以上，发射出电子并形成电子云，在阳极吸引下，使电子朝着阳极方向加速运动，经聚焦后，得到功率密度极高(可达 10^9 W/cm^2)、直径仅为几微米的电子束，它以极高的速度作用到被加工表面上，使被加工部位的材料在极短的时间(几分之一微秒)内温度迅速升高到几千摄氏度的高温，从而把局部材料瞬时熔化或汽化掉，实现去除加工。

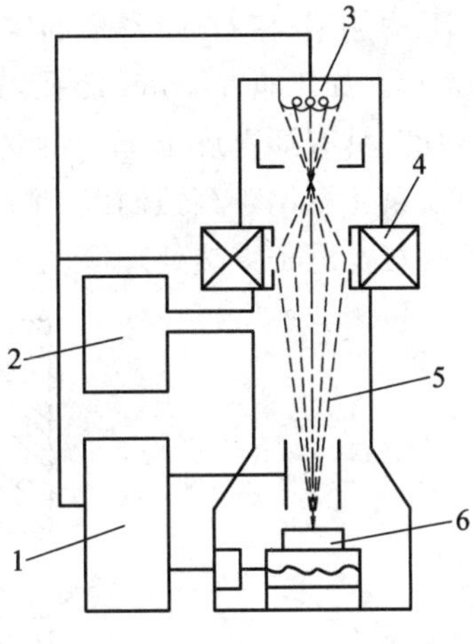

1—电源及控制系统；2—抽真空系统；
3—电子枪系统；4—聚焦系统；
5—电子束；6—工件

图 6-37　电子束加工原理图

(2) 电子束加工工艺特点

① 由于电子束可聚集极高的能量密度，因此，其加工范围相当广泛，几乎可对任何金属导体、半导体和非导体材料进行加工。

② 由于电子束流可聚成几微米甚至几分之一微米的小斑点，因此加工面积可以很小，能加工微孔、窄缝、半导体集成电路等。

③ 电子束加工是一种非接触式加工，加工过程中工件不受机械力作用，因此，不产生宏观应力和变形，而且加工过程中不存在工具损耗问题。

④ 可以通过磁场和电场对电子束的强度、位置、聚焦等进行直接控制，整个加工过程容易实现自动化。而且，利用电子束在磁场中的偏转原理，可使电子束在工件内部偏转，从而加工弯孔和自由曲面，如图 6-38 所示。

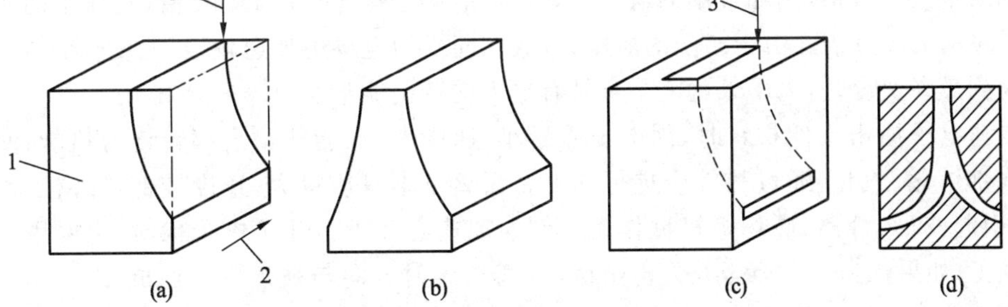

1—工件；2—工件运动方向；3—电子束

图 6-38　电子束加工曲面和弯孔

⑤ 因电子束流可以分割成多条细束，可以实现多束同时加工，一秒钟可以加工出数千个小孔，从而极大地提高了生产率。

⑥ 由于电子束加工是在真空中进行的，因而产生污染少，加工表面在高温时也不易氧化，特别适于加工易氧化材料及纯度要求较高的半导体材料。

⑦ 电子束加工需要一套专用设备和真空系统，价格较贵。

(3) 电子束加工应用

电子束打孔已在生产中实际应用。据报道，目前电子束微加工的最小孔径可达0.001～0.003 mm，加工的尺寸精度可达0.01～0.000 1 μm，孔的深径比为30以上，以加工不锈钢、耐热钢、宝石、拉丝模的锥孔及微型孔、弯孔、弯缝最为适宜。例如，在0.1mm厚的不锈钢板上加工ϕ0.2 mm的孔，速度为3 000孔/s；在人造革、塑料上用电子束打大量微孔，可使其具有如真皮革那样的透气性。图6-39所示为电子束加工的喷丝头异形孔。此外，电子束还可用于刻蚀制版、难熔金属（如钽、铌、钼等）和化学性能活泼金属（如钛、锆、铀等）的焊接及电子束热处理等。

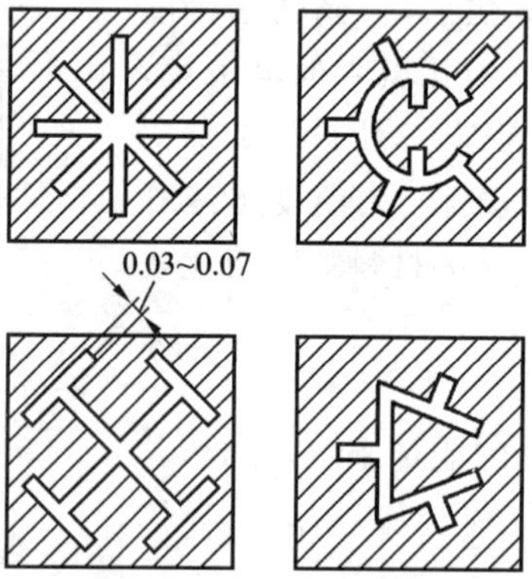

图6-39　喷丝头异形孔

6.4.8　离子束加工

(1) 离子束加工原理

离子束加工（Ion Beam Machining，IBM）原理与电子束加工类似，也是在真空条件下，把氩（Ar）、氪（Kr）、氙（Xe）等惰性气体，通过离子源产生离子束并经过加速、集束、聚焦后，投射到工件表面的加工部位，以实现去除加工。所不同的是离子是带正电荷的，其质量比电子的质量大千万倍，例如最小的氢离子，其质量是电子质量的1 840倍，氩离子的质量是电子质量的7.2万倍。由于离子的质量大，故在同样的电场中加速较慢，速度较低，但是，一旦加速到最高速度时，离子束比电子束具有更大的冲击能量。

高速电子撞击工件材料时，因电子质量小、速度大，动能几乎全部转化为热能，使工件材料局部熔化、汽化，通过热效应进行加工。而离子本身质量大，速度较低，撞击工件材料时，将引起变形、分离、破坏等机械作用。例如加速到几十至几千电子伏时，主要用于离子溅射加工；如果加速到一万至几万电子伏，且离子入射方向与被加工表面成25°～30°时，离子可将工件表面的原子或分子撞击出去，以实现离子铣削、离子蚀刻或离子抛光等；当加速到几十万电子伏或更高时，离子可穿入被加工材料内部，称为离子注入。

图 6-40 所示为考夫曼型离子源，常用的还有双等离子管型离子源。

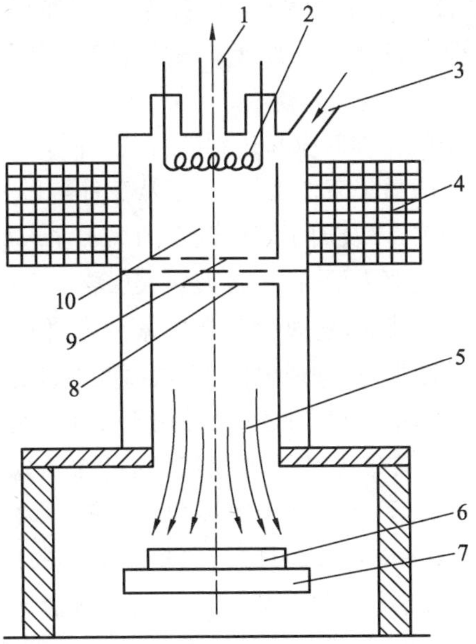

1—真空抽气口；2—灯丝；3—惰性气体注入口；4—电磁线圈；5—离子束流；6—工件；7—阴极；8—引出电极；9—阳极；10—电离室

图 6-40　考夫曼型离子源

(2) 离子束加工工艺特点

① 由于离子束可以通过光学系统进行聚焦扫描，离子束轰击材料是逐层去除原子，离子束流密度及离子能量可以精确控制，所以离子蚀刻可以达到纳米级的加工精度。离子镀膜可以控制在亚微米级精度，离子注入的深度和浓度也可以极精确地控制。所以可以说，离子束加工是所有特种加工方法中最精密、最微细的加工方法，是当代纳米加工技术的基础。表 6-2 列出了一些材料的典型刻蚀率。

② 由于离子束加工是在高真空中进行，所以污染少，特别适用于对易氧化的金属、合金材料和半导体材料的加工。

③ 离子束加工是靠轰击材料表面的原子来实现的，它是一种微观作用，宏观压力很小，所以加工压力、变形等极小，加工质量高，适合于对各种材料和低刚度零件的加工。

④ 离子束加工设备费用贵，成本高，加工效率低，因此应用范围受到一定限制。

表 6-2　典型刻蚀率

靶材料	刻蚀率 /($nm \cdot min^{-1}$)
Si	36
AsGa	260
Ag	200
Au	160
Pt	120
Ni	54
Al	55
Fe	32
Mo	40
Ti	10
Cr	20
Zr	32
Nb	30

注：1. 条件为 1 000 eV、1 mA/cm^2、垂直入射。
2. 1 nm=10^{-9} m。

(3) 离子束加工应用

离子束加工的应用范围正在不断扩大、不断创新，通过精确的定量控制，可对材料实现“纳米级”或“原子级”加工，即可将材料的原子一层层地“铣削”下来，尺寸精度的控制可用原子间距为单位。

离子束加工按照其所利用的物理效应和达到的目的不同，可以应用在许多领域，目前用于改变零件尺寸和表面力学性能的离子束加工有：用于从工件上做去除加工的离子刻蚀加工，用于给工件表面加膜的离子膜加工，以及用于表面改性的离子注入加工等。如离子刻蚀加工，用氩离子束轰击已经机械磨光的玻璃表面时，可将玻璃表层剥离 1 μm 左右，形成极光滑的表面；用离子束轰击厚度为 0.2 mm 的玻璃，能改变其折射率分布，使之具有偏光作用；离子束刻蚀的另一个应用是刻蚀高精度的图形，如集成电路、声表面波器件、磁泡器件、光电器件和光集成器件等微电子学器件的亚微米图形。离子膜加工已用于镀制润滑膜、耐热膜、耐蚀膜、耐磨膜、装饰膜和电气膜等，如在表壳和表带上镀渗氮钛膜，这种渗氮钛膜呈金黄色，它的反射率与18K 金镀膜相近，耐磨性和耐腐蚀性大大优于镀金和不锈钢，而价格仅为黄金的 1/60；用离子镀膜在切削工具表面镀渗氮钛、渗碳钛等超硬层，可提高刀具的使用寿命；离子镀膜还可显著延长工模具的使用寿命。表 6-3 为模具离子镀前后的使用寿命比较。离子注入在半导体方面的应用很普遍，如将硼、磷等“杂质”离子注入半导体，用以改变导电型式(P 型或 N 型)和制造 P—N 结，制造一些通常用热扩散难以获得的各种特殊要求的半导体器件。因此，离子束加工已成为制造半导体器件和大面积集成电路的重要手段。

表 6-3　离子镀前后模具性能比较

模具名称	产品材料	模具材料	镀层种类	镀层厚度/μm	表面硬度 /HV	寿命/件
螺栓冷镦模	45 钢	65Nb	无	无	700	10 万
			TiN	5	2000	50 万
螺母切边模	35 钢	Cr12MoV	无	无	680	5 万
			TiN	5	2300	40 万
筷笼注塑模	LDPE	45 钢	无	无	350	20 万
			TiN	5	2000	300 万

6.4.9　超高压水射流切割加工

超高压水射流切割加工(Water Jet Cutting，WJC)利用超高压水射流(俗称水刀)进行材料切割(简称水切割)，是近年来加工领域的一项新技术。水切割技术的应用始于 20 世纪 70 年代，最早使用于航天器材料的切割，以后扩展到各行各业，诸如机械、汽车、建筑、采矿、化工、医疗、食品、服装、制鞋、电子等。全世界的许多制造厂已先后安装了近 1 000 多套水切割系统，我国现在也能制造由微机控制的二维切割平面运行工作台的超高压水射流万能切割机。

(1) 水切割加工原理

水切割加工是利用高速液流对工件的冲击作用来去除材料，如图 6-41 所示，采用高压、高速细束水流或水与磨料的二相混合流冲击被切割材料，使冲击点处材料断裂而导致分离。液体由水泵组 8 抽出，通过增压器 2 增压，达 200～400 MPa，存入储液蓄能器 3，使脉动的液流稳定。高压水通过特殊管道以接近三倍声速(500～900 m/s),从极细的人造蓝宝石制造的喷嘴组件 4 管口的小孔中射出,可切开几百毫米的钢板,还可以切割任何几何图形,且切割表面光洁、无高温影响。水切割的穿透深度取决于液压压射的速度、压力及压射距离,液流的功率密度可达 10^6 W/mm^2。

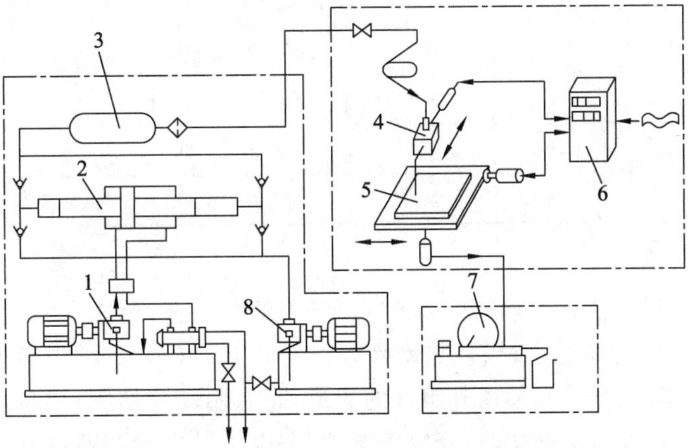

1—液压泵站;2—增压器;3—储液蓄能器;4—喷嘴组件;
5—工件台;6—数控柜;7—废水处理装置;8—水泵组

图 6-41　水切割系统示意图

(2) 水切割工艺特点

① 由于采用水流等液力作为刀具,因此切割材料不受导电和非导电、金属和非金属的限制,目前已用于水切割的材料多达 500 余种。

② 水切割是一种冷切割,因此无热变形或汽化物,被切材料的物理、力学性能,材质的晶间组织结构不会发生变化。

③ 切缝小,可节约材料,降低加工成本。水切割喷口直径仅 0.05～0.5 mm,故可加工很薄、很软的非金属材料(例如铜、铝、铅、塑料、木材、橡胶、纸等)。

④ 非接触性切割,切割面变形小,无机械应力和翘曲,切边质量好,加工工件无须去毛刺。

⑤ 由于采用数控加工,故能在任意位置开始或停止切割,适于复杂及精密零件的切割。

⑥ 液力加工过程中,"切屑"混入液体中,故不存在灰尘,不会有爆炸或火灾的危险。液体经过很好的过滤,与"切屑"分离后又能重复使用。

表 6-4 为某些材料水切割的加工参数。

表 6-4　某些材料水切割的加工参数

切割材料	板厚/mm	喷嘴孔径/mm	喷射压力/MPa	切割速度/(mm•min^{-1})	切割材料	板厚/mm	喷嘴孔径/mm	喷射压力/MPa	切割速度/(mm•min^{-1})
1Cr18Ni9	10	1.0	294	100	GFRP 塑料	6	1.5	294	2000
1Cr18Ni9	20	1.5	294	70	CFRP 塑料	6	1.0	294	200
中碳钢	30	1.5	294	50	CFRP 塑料	16	1.5	294	300
纯钛	10	1.0	294	200	AFRP 塑料	10	1.0	294	300
钛合金	50	1.0	294	50	AFRP 塑料	18	1.0	294	200

续表

切割材料	板厚/mm	喷嘴孔径/mm	喷射压力/MPa	切割速度/($mm\cdot min^{-1}$)	切割材料	板厚/mm	喷嘴孔径/mm	喷射压力/MPa	切割速度/($mm\cdot min^{-1}$)
钴镍合金	20	1.5	294	50	玻璃	20	1.5	294	200
铝	10	1.0	294	300	石英玻璃	11	1.0	294	300
硬铝	90	1.0	294	10	混凝土	200	2.0	245	100
铜	10	1.0	294	100	石墨	20	1.0	294	200
钴合金	9	1.5	294	400	大理石	20	1.5	294	150
GFRP 塑料	36	1.0	245	200					

(3) 水切割应用

水切割的用途很广泛，目前应用的部门有航天航空工业：用于切割钛合金、铝合金、不锈钢、碳纤维、航空玻璃及复合材料、热敏性强的材料等；汽车工业：仪表板、地毯、门框、车顶保险杠、车窗玻璃、镜子及其他内外组件的成形切割、制动片切割；建材业：玻璃纤维绝缘材料、大理石、花岗石等石材的切割，花纹图案切割；电子及电脑产业：印刷电路板及薄膜形状的成形切割；纸质包装材料产业：卫生纸、防水纸、发泡纸、纸板及瓦楞纸板的纵横向切割及修边；一次性使用产品制造业：尿片及医院穿着等用过即丢产品的成形切割；制鞋及成衣产业：鞋内底及外底、靴皮上部、织物及非织物的成形切割。其他应用还包括超高压清洗机等。可见超高压水射流切割技术大有发展前途。

6.4.10 摩擦焊

(1) 摩擦焊基本原理

摩擦焊接(Friction Welding)是利用金属焊接表面摩擦加热的一种热压焊接方法。两个圆截面工件摩擦焊接时，其焊接原理如图 6-42 所示，这是摩擦焊的一种最普通的形式。工件 1 夹持在可以高速旋转的夹头上。焊接开始时，工件 1 首先高速旋转，然后工件 2 向工件 1 方向移动、接触，并施加一定的轴向压力，即摩擦压力，这时摩擦加热过程就开始了。当经过一段选定的摩擦时间或达到规定的摩擦变形量(即工件 2 的摩擦位移量)以后，立即停止工件 1 的转动，同时对接头施加较大的顶锻压力。接头在顶锻压力的作用下产生一定的塑性变形，即顶锻变形量。在保持一段时间以后，松开两个夹头，取出焊件，全部焊接过程结束。

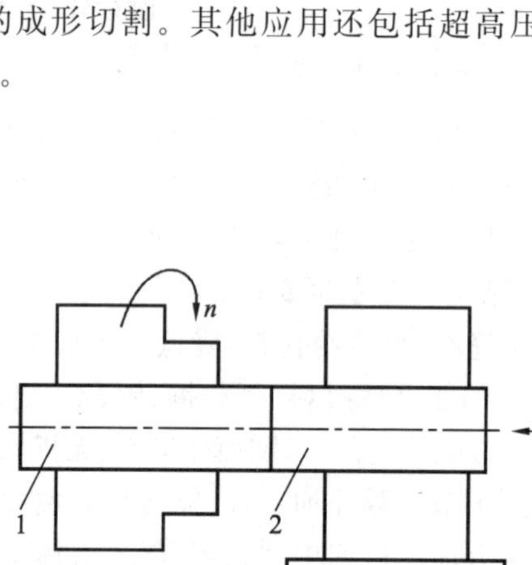

1,2—工件；n—转速；P—轴向(摩擦或顶锻)压力

图 6-42 摩擦焊原理示意图

(2) 接头组织、性能和金属的摩擦焊接性

以 45 号钢为例，摩擦焊接头的金属组织如图 6-43 所示，可以分成以下三个区域：① 正火区：指接头金属被加热到 820 ℃以上的区域，其中包括未被挤出的高速摩擦塑性变形层和产生塑性变形的高温(950 ℃以上)母材金属。正火区一般为机械性能良好的索氏体组

织，但当接头的加热和冷却速度太快或太慢时，也会产生马氏体组织和过热组织；② 部分正火区：指接头金属被加热到 723～820 ℃之间的区域，通常是索氏体和铁素体组织，但当接头的加热和冷却速度太快时，也可能产生马氏体组织；③ 回火区：指接头金属加热温度在 723 ℃以下的区域，由于摩擦焊的加热时间很短，通常看不出回火区金属组织的变化。

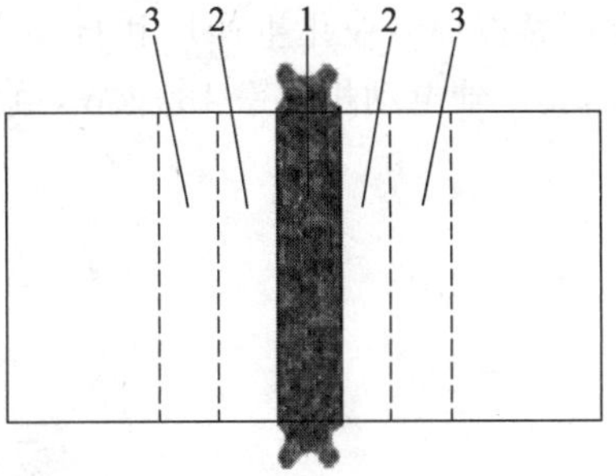

1—正火区；2—部分正火区；3—回火区

图 6-43　45 号钢摩擦焊接头的金相组织

从 45 号钢摩擦焊接头的金相分析可见，在焊缝中没有未焊透、夹杂、气孔、裂缝和金属过热等缺陷，接头的焊接断面大于母材断面，加热区窄，拉伸试验断于母材，弯曲试验可达 180°角。接头有很高的强度、塑性和韧性，机械性能良好。

金属的摩擦焊接性是指金属在摩擦焊接过程中形成与母材等力学性能接头的能力，它与下列因素有关：① 同种金属与合金易焊在一起，而两种互不溶解和扩散的金属很难焊在一起。② 表面氧化膜易破碎的金属摩擦焊接性好，如低碳钢比不锈钢好焊。③ 高温强度高、塑性低、导热性好的金属及高温力学性能和物理性能差别太大的异种金属摩擦焊接性差。④ 淬透性好的材料及脆性材料不易摩擦焊。⑤ 高温氧化性大的材料不易摩接焊。⑥ 摩擦系数小的材料如黄铜、铸铁由于摩擦加热功率低也不容易焊接。

(3) 摩擦焊工艺特点

① 生产率高。焊接时间以秒计，摩擦焊机易实现自动化，操作简单，容易维护。

② 焊接质量好且稳定。由于摩擦焊热源特点和顶锻压力的作用，使得焊缝金属形成晶粒细化、力学性能高的锻造组织，焊件尺寸精度高，不合格品率低。如我国用摩擦焊代替闪光焊生产锅炉省煤器蛇形管，生产率由原来 20 件/h 提高到 120 件/h，但接头不合格品率由 10%降低到 0.01%，焊接的柴油机预燃室全长的最大误差为 ±0.1 mm。

③ 成本低。由于焊机功率小，焊接时间短，与闪光焊相比可节省电能 80%～90%，同时焊件顶锻留量小，且焊前不需特殊加工处理、不需要填充材料和保护气体等，因此与电弧焊相比，成本大约可降低 30%。

④ 适用的金属材料广泛，并能焊接异种钢和异种金属。

⑤ 工作场地无火花、弧光及有害气体，大大改善了卫生和劳动条件。

⑥ 摩接焊的主要缺点：接头形状应为圆形或圆环形，非圆截面工件的焊接很困难；由于受到摩擦焊机主轴电动机功率和压力不足的限制，目前最大的焊接断面为 200 cm^2；大型盘状工件和薄壁管件因不容易夹持也很难焊接；摩擦焊机的一次性设备投资较贵，因此更适于大批量集中生产。

(4) 摩擦焊应用

自 1956 年以来，摩擦焊在国内外得到了迅速的发展，到目前为止，全世界在生产上应用的摩擦焊机已有 5 000 台左右，每年大约生产 10 亿件产品。我国是研究、应用摩擦焊最早的国家之一，在电力电气、电机变压器、电站锅炉、汽车拖拉机、金属切削刀具、轻工机械和石油钻探等工业部门，已应用摩擦焊方法生产各种铝－铜过渡接头、铜－不锈钢水电接头、锅炉蛇形管和阀门、内燃机排气门和轴瓦、圆柄刀具、纺织机梭芯和石油钻杆等产品，并且建立了摩擦焊专业化生产厂和自动生产线。目前我国最大的摩擦焊机——石油钻杆摩擦焊机，其主轴电动机功率 180 kW，最大顶锻压力 120 t，可以焊接直径 168 mm 的大型石油钻杆。

习题和思考题

6-1 现代机械制造技术有哪些特点？

6-2 试述现代机械制造技术的发展趋势。

6-3 说明精密和超精密加工的概念、重要性及其特点。

6-4 说明金刚石刀具超精密切削的机理、加工条件和应用范围。

6-5 精密磨削为何能够获得高精度和小表面粗糙度值的加工表面？

6-6 超硬磨料砂轮精密和超精密磨削中有哪些关键问题？

6-7 微细加工和一般尺寸加工的不同之处主要表现在哪些方面？

6-8 试述集成电路的一般制造过程。

6-9 试述单层印制电路板的制造过程。

6-10 纳米级加工的物理实质是什么？举例说明现有哪些加工方法？

6-11 分别说明单一产品大批量生产、多品种小批量生产的自动化各有哪些措施？

6-12 试总结柔性制造系统的特点。

6-13 分析柔性制造系统的组成及其各组成部分的关系。

6-14 说明计算机辅助制造的概念，其硬件和软件各由哪些部分组成？

6-15 如何理解 CIM？按照层级原理组成的 CIMS 是由哪几部分组成的？

6-16 说明智能制造系统的概念和特征。

6-17 说明绿色制造的概念、内容和特点。

6-18 试述特种加工的分类、特点和应用范围。

6-19 试述电火花成形的加工原理、工艺特点和应用。

6-20 试述电火花线切割的加工原理、工艺特点和应用。

6-21 试述电解加工的原理、工艺特点和应用。

6-22 试述激光加工的原理、设备组成、工艺特点和应用。

6-23 试述超声波加工的原理、设备组成、工艺特点和应用。

6-24 比较说明电子束加工和离子束加工的原理、工艺特点和应用范围。

6-25 试述超高压水射流切割的加工原理、工艺特点和应用范围。

6-26 试述摩擦焊的基本原理、接头的组织性能、工艺特点和应用范围。

主要参考文献

[1] 机械工程师手册编委会. 机械工程师手册[M]. 3版. 北京:机械工业出版社，2007.
[2] 杨叔子. 机械加工工艺手册[M]. 2版. 北京:机械工业出版社，2011.
[3] 王先逵. 机械加工工艺手册[M]. 2版. 北京:机械工业出版社，2015.
[4] Hitomi K. Manufacturing Systems Engineering[M]. 2nd ed. London: Taylor & Francis Ltd, 1996.
[5] Mikell P G. Fundamental of Modern Manufacturing[M]. 4th ed. New York: Yohn Wiley & Sons, INC. 2010.
[6] 张宪民,陈忠. 机械工程概论[M]. 武汉:华中科技大学出版社，2011.
[7] 王先逵. 计算机辅助制造[M]. 2版. 北京:清华大学出版社，2008.
[8] Mikell P G. Automation, Production Systems and Computer-Integrated Manufacturing[M]. 3rd ed. New Jersey: Prentice Hall, 2007.
[9] 周骏平,林岗. 机械制造自动化技术[M]. 2版. 北京:机械工业出版社，2007.
[10] 马履中,周建忠. 机器人与柔性制造系统[M]. 北京:化学工业出版社，2007.
[11] 周凯,刘成颖. 现代制造系统[M]. 北京:清华大学出版社，2005.
[12] 许香穗,蔡建国. 成组技术[M]. 2版. 北京:机械工业出版社，2005.
[13] 赵先仲. 数控加工技术[M]. 北京:高等教育出版社，2010.
[14] 魏永涛. 数控加工技术与现代加工技术[M]. 北京:清华大学出版社，2011.
[15] 杨叔子. 金属切削机床及工艺装备基础[M]. 北京:机械工业出版社，2012.
[16] 贾亚洲. 金属切削机床概论[M]. 2版. 北京:机械工业出版社，2013.
[17] 王隆太. 先进制造技术[M]. 2版. 北京:机械工业出版社，2015.
[18] 王先逵. 机械制造工艺学[M]. 3版. 北京:机械工业出版社，2013.
[19] 陈日曜. 金属切削原理[M]. 2版，北京:机械工业出版社，2012.
[20] 韩荣第. 金属切削原理与刀具[M]. 3版. 哈尔滨:哈尔滨工业大学出版社，2004.
[21] 李伯民,赵波,李清. 磨料、磨具与磨削技术[M]. 2版，北京:化学工业出版社，2016.
[22] 陆剑中. 金属切削原理与刀具[M]. 5版. 北京:机械工业出版社，2016.
[23] 贾春德，姜增辉. 车铣原理[M]. 北京:国防工业出版社，2003.
[24] 郑修本. 机械制造工艺学[M]. 2版. 北京:机械工业出版社，2004.
[25] 王世敬，温筠. 机械制造技术[M]. 东营:石油大学出版社，2002.
[26] 盛定高. 现代制造技术概论[M]. 北京:机械工业出版社，2003.
[27] 王先逵. 现代制造技术手册[M]. 北京:国防工业出版社，2001.
[28] 艾兴,等. 高速切削加工技术[M]. 北京:国防工业出版社，2004.
[29] 何宁. 高速切削技术[M]. 上海:上海科学技术出版社，2012.

[30] 陈旭东. 机床夹具设计[M]. 北京:清华大学出版社，2010.
[31] 王光斗，王春福. 机床夹具设计手册[M]. 3 版. 上海:上海科学技术出版社，2011.
[32] 唐宗军. 机械制造基础[M]. 北京:机械工业出版社，2011.
[33] 卢秉恒. 机械制造技术基础[M]. 3 版. 北京:机械工业出版社，2008.
[34] 刘英，袁绩乾. 机械制造技术基础[M]. 2 版. 北京:机械工业出版社，2008.
[35] 于骏一，邹青. 机械制造技术基础[M]. 2 版. 北京:机械工业出版社，2009.
[36] 张世昌，李旦，张冠伟. 机械制造技术基础[M]. 3 版. 北京:高等教育出版社，2014.
[37] 翁世修，吴振华. 机械制造技术基础[M]. 上海:上海交通大学出版社，1999.
[38] 袁绩乾，李文贵. 机械制造技术基础[M]. 北京:机械工业出版社，2003.
[39] 曾志新. 机械制造技术基础[M]. 武汉:武汉理工大学出版社，2001.
[40] 张福润，徐鸿本，刘延林. 机械制造技术基础[M]. 武汉:华中科技大学出版社，2000.
[41] 宁生科. 机械制造基础[M]. 西安:西北工业大学出版社，2004.
[42] 韩秋实，王红军. 机械制造技术基础[M]. 3 版. 北京:机械工业出版社，2010.
[43] 袁俊哲，王先逵. 精密和超精密加工技术[M]. 2 版. 北京:机械工业出版社，2007.